U0058258

旗 標 FLAG

好書能增進知識　提高學習效率　卓越的品質是旗標的信念與堅持

旗 標 FLAG

http://www.flag.com.tw

旗 標 FLAG

好書能增進知識　提高學習效率　卓越的品質是旗標的信念與堅持

旗　標　FLAG

http://www.flag.com.tw

超圖解　The Pioneer
　　　　Guide for All Makers

使用
• ESP8266
• MicroPython

Python

物聯網

實作入門

感謝您購買旗標書，
記得到旗標網站
www.flag.com.tw
更多的加值內容等著您…

<請下載 QR Code App 來掃描>

1. FB 粉絲團：旗標知識講堂

2. 建議您訂閱「旗標電子報」：精選書摘、實用電腦知識搶鮮讀; 第一手新書資訊、優惠情報自動報到。

3. 「更正下載」專區：提供書籍的補充資料下載服務, 以及最新的勘誤資訊。

4. 「旗標購物網」專區：您不用出門就可選購旗標書!

買書也可以擁有售後服務, 您不用道聽塗說, 可以直接和我們連絡喔!

我們所提供的售後服務範圍僅限於書籍本身或內容表達不清楚的地方, 至於軟硬體的問題, 請直接連絡廠商。

● 如您對本書內容有不明瞭或建議改進之處, 請連上旗標網站, 點選首頁的 讀者服務 , 然後再按右側 讀者留言版 , 依格式留言, 我們得到您的資料後, 將由專家為您解答。註明書名 (或書號) 及頁次的讀者, 我們將優先為您解答。

學生團體	訂購專線：(02)2396-3257 轉 362
	傳真專線：(02)2321-2545
經銷商	服務專線：(02)2396-3257 轉 331
	將派專人拜訪
	傳真專線：(02)2321-2545

國家圖書館出版品預行編目資料

超圖解 Python 物聯網實作入門：使用 ESP8266 與 MicroPython / 趙英傑 作. -- 臺北市：旗標, 2018 . 5
面；公分

ISBN 978-986-312-523-5 (平裝)

1. Python(電腦程式設計) 2.微電腦 3. 電腦程式設計

312.32P97   107004274

作　　者／趙英傑

發 行 所／旗標科技股份有限公司

　　　　　台北市杭州南路一段15-1號19樓

電　　話／(02)2396-3257(代表號)

傳　　真／(02)2321-2545

劃撥帳號／1332727-9

帳　　戶／旗標科技股份有限公司

監　　督／陳彥發

執行企劃／黃昕暐

執行編輯／黃昕暐

美術編輯／林美麗

封面設計／古鴻杰

校　　對／黃昕暐

新台幣售價：699 元

西元 2024 年 6 月初版 9 刷

行政院新聞局核准登記-局版台業字第 4512 號

ISBN 978-986-312-523-5

版權所有‧翻印必究

Copyright © 2022 Flag Technology Co., Ltd.
All rights reserved.

本著作未經授權不得將全部或局部內容以任何形式重製、轉載、變更、散佈或以其他任何形式、基於任何目的加以利用。

本書內容中所提及的公司名稱及產品名稱及引用之商標或網頁, 均為其所屬公司所有, 特此聲明。

這是一本結合 Python 語言、電子電路、微電腦控制和物聯網的圖解入門書。

Python 無疑是近年最受注目的通用型程式語言，它的語法簡單易學，不僅智慧型手機、個人電腦到網路雲端應用平台都支援 Python 程式，應用領域更遍及系統工具、網路程式、數值分析到人工智慧。而開放原始碼的 MicroPython 專案，則可在拇指大小的微電腦控制器上執行 Python 程式，讓你直接用 Python 控制硬體或開發物聯網專案，就連歐洲太空總署也將 MicroPython 應用在控制太空載具（詳見 MicroPyhon 官網論壇的 "MicroPython and the European Space Agency" 貼文，網址：goo.gl/CMPpP2）。

MicroPython 支援多種 32 位元控制板，本書採用的是內建 Wi-Fi 無線網路、價格低廉的 ESP8266 系列控制板。本書的目標是讓沒有電子電路基礎，對微電腦、電子 DIY 及物聯網有興趣的人士，也能輕鬆閱讀、認識 Python 語言，進而順利使用 Python 與 ESP8266 控制板完成互動應用。因此，實驗用到的電子、電路組裝和 Python 程式觀念，皆以手繪圖解的方式說明。

為了方便讀者進行實驗，書本裡的電路都採用現成的模組，並搭配圖解說明，讓讀者不單只會照著接線，也能理解電子模組背後的原理，進而能靈活改造應用並實踐自己的想法。

書中涉及某些較深入的概念，或者和「動手做」相關，但是在實驗過程中沒有用到的相關背景知識，都安排在各章節的「充電時間」單元（該單元的左上角有一個電池充電符號），像第 1 章 1-38 頁「記憶體類型說明」，讀者可以日後再閱讀。

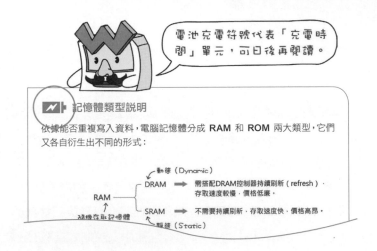

在撰寫本書的過程中，收到許多親朋好友的寶貴意見，尤其是旗標科技的編輯黃昕暐先生提供許多專業的看法，也幫忙添加幾段文字，讓內文更通順。筆者也依照這些想法和指正，逐一調整解說方式，讓圖文內容更清楚易懂。也謝謝本書的美術編輯林美麗小姐，以及封面設計古鴻杰先生，容忍筆者數度調整版型。

衷心期盼本書能幫助讀者認識 MicroPython 與微電腦控制應用，成為樂在其中的自造者（Maker）。

趙英傑　2018.4.15 於
台中糖安居
http://swf.com.tw/

本書範例下載

本書範例檔案可在旗標網站免費下載，網址為：

```
http://www.flag.com.tw/DL.asp?FT797
```

範例檔中包含
這些資料夾：

內含各章節的原始碼

包含ESP8266韌體燒錄、LCD圖像
轉換以及吸取螢幕色彩工具。

範例程式　　工具軟體

底下是「範例程式」資料夾裡的其中一個範例程式檔 (diy3_1.py) 的內容。
讀者可用文字編輯器或第 1 章介紹的程式編輯器開啟：

```python
# -*- coding: utf-8 -*-

"""
        程式說明請參閱3-12頁
"""

from machine import Pin
import time
p2 = Pin(2, Pin.OUT)

while True:
    p2.value(0)
    time.sleep(0.5)
    p2.value(1)
    time.sleep(0.5)
```

代表此程式檔用UTF-8（萬國碼）
編碼，支援中文和多國語系。

註解文字

程式碼本體

在 MicroPython 控制板上面「貼入」執行程式碼時 (參閱 3-14 頁)，僅需
複製「註解」之後的「程式本體」。

在內文中礙於紙張寬度，若程式碼太長只能強制折行呈現，但實際程式碼
要打在同一行時，會在折行處標示『↵』符號，例如：

```python
def setfreq(self, freq):
    self.i2c.writeto_mem(self.address, 0x00, ↵
        ustruct.pack(">BH", 0x00, freq))
```

目錄

1 認識 MicroPython 與 ESP8266 控制板

00001

2 認識電子零件與工具

00010

3 MicroPython 基本操作

00011

4 開關電路

00100

5 Python 程式設計基礎

00101

6 Wi-Fi 無線網路
00110

7 序列埠通信
00111

8 數位調節電壓強弱與全彩 LED 控制

01000

9 電晶體與蜂鳴器和直流馬達控制

01001

10 控制伺服馬達

01010

11 類比信號處理

01011

12 I^2C 介面：連接週邊與擴充 ESP8266 的類比輸入埠

01100

13 超音波距離感測器與 I^2C 直流馬達驅動控制板實驗

01101

14 製作 GPS 軌跡記錄器
01110

15 SPI 介面控制：LED 矩陣和 MicroSD 記憶卡
01111

16 網路程式基礎入門

10000

17 物聯網應用初步

10001

18 物聯網應用

10010

A uPyCraft 與 Tera Term 使用說明

10011

B 編譯客製化的 MicroPython 韌體

10100

1

00001

認識 MicroPython 與 ESP8266 控制板

1-1 認識 MicroPython、pyboard 和 ESP8266 控制板

MicroPython 是個在微控器上運作的開放原始碼 Python 3 直譯器，最初用於 ARM Cortex M 微控器 (STM32F405RG)，由劍橋大學數學科學中心的物理學家 Damien P. George (達米安・喬治) 在閒暇之餘開發而成。達米安教授開發了一款搭載此 ARM 微控器以及 MicroPython 直譯器的微控制板，命名為 pyboard，並於 2013 年成功在 Kickstarter 募資平台募集到將近 9 萬 8 千英鎊。

Pyboard 1.1 控制板配備 32 位元的 ARM 微控器、microUSB 介面和 microSD 記憶卡插座、三軸加速感測器、30 個通用型輸出/入介面 (GPIO)，定價 £28 英鎊 (約新台幣 1120 元)。

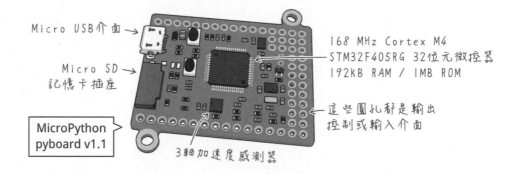

ESP8266 模組、NodeMCU 和 WEMOS D1 mini 控制板

繼 pyboard 大獲成功，達米安教授於 2016 年 3 月再度募集到資金，把 MicroPython 移植到 ESP8266 模組。**ESP8266 是結合 Wi-Fi 連網功能的 32 位元微控器和快閃記憶體的模組**。當它在 2014 年問世時，儘管製造商並沒有特別的行銷計畫，但憑藉著美金 5 元的震撼售價，相較於當時動輒新台幣上千元的微控器 Wi-Fi 擴充板，ESP8266 的名號迅速遠播各大社群媒體，轟動自造者圈。

pyboard 板本身不具連網功能。ESP8266 當時在歐美地區的實際販售價格約美金 7 元。

市面上的 ESP8266 模組有不同的包裝形式，名稱用 "ESP" 開頭加上數字編號，從 ESP-01 到 ESP-12。這些模組通稱 **Generic ESP8266 Module（通用型 ESP8266 模組，以下簡稱「通用型 ESP 模組」）**，主要差異在於尺寸、控制接腳數量、天線類型（印刷電路、陶瓷或 U-FL 外接天線插孔）和記憶體容量；記憶體容量最大、控制接腳數最多的是 ESP-12 形式。

ESP8266板（ESP-01型）

整合Wi-Fi功能
的32位元微控器

天線

512KB、1MB或4MB
(32Mbit) 快閃記憶體

內含微控器和4MB快閃記憶體

ESP-12型

ESP 模組相當於「半成品」，除非您略懂電子電路與焊接，否則通常不會購買通用型 ESP 模組，因為它需要額外的電源供應以及 USB 介面電路才能使用。

有些廠商替通用型模組加上電源和 USB 晶片，變成更適合開發實驗的控制板。像左下圖這個稱為 NodeMCU 的控制板，只要用 USB 線接上電腦，就能著手開發物聯網應用。

ESP8266模組（ESP-12S）

NodeMCU 1.0控制板

Wemos D1 mini控制板

另一款也頗受歡迎的控制板是 WEMOS D1 mini（以下簡稱 D1 板），它的功能幾乎和 NodeMCU 一樣，只是少了一個按鍵和一個 LED（可以自己接）。上面兩款 ESP8266 控制板都能燒錄（安裝）MicroPython 韌體，本書選用 D1 板。

D1 板的體積比較小，接腳也比較少，但 NodeMCU 板的很多接腳無法被我們自訂的程式使用，所以 D1 的可用接腳其實和 NodeMCU 一樣。

燒錄在晶片裡的程式，稱為「韌體」。

電子零組件、模組和擴展板

微電腦控制板像是具有大腦和神經線，但是沒有感官和行動能力的物體。我們可以替它加上眼睛（如：紅外線或超音波感測器）、耳朵（如：麥克風）和手腳（如：馬達），再加上控制程式，就能做出各種自動控制應用。例如，加上溫度感測器和一些控制線路，以及判斷條件的程式碼，就能讓 MicroPython 板自動控制電風扇的運轉；加上馬達以及障礙物感測器，即可組裝一台自走車或機器人。

在創作微電腦專案的過程中，有些人喜歡從頭自己把電路組裝起來。好處是可以對電路有更多的認識，但是必須花費較多的時間組裝：

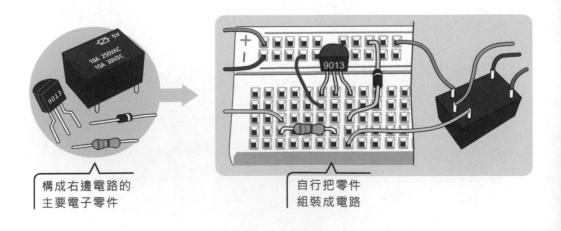

構成右邊電路的主要電子零件

自行把零件組裝成電路

市面上有許多現成的特定功能模組，
只要簡單的接線就能和控制板組裝
在一起：

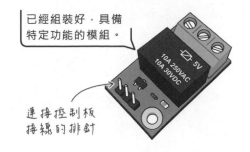

已經組裝好，具備
特定功能的模組。

連接控制板
接線的排針

有些控制板，像 Arduino，有許多為它量身打造的相容模組，稱為**擴展板**
（**shield**）。D1 板也有一些專屬擴展板，使用時，只需將它插入控制板上的插
槽，連接線都免了。缺點是價格比較高且接線比較沒有彈性；不同功能的擴展
板，也許會佔用相同的接孔，無法一起使用。

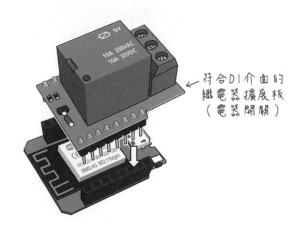

符合D1介面的
繼電器擴展板
（電器開關）

MPU, MCU 和 SoC

電腦的**中央處理器**（Central Processing Unit，簡稱 **CPU**）就像大腦，負責執行
程式、運算和邏輯推演；中央處理器也稱作**微處理器單元**（**Microprocessor
Unit，簡稱 MPU**）。

pyboard 和 Arduino 控制板上面的微處理器不僅包含 CPU，還內建記憶體、類
比/數位訊號轉換器以及周邊控制介面，相當於把完整的電腦功能，全部塞入
一個矽晶片。這種微處理器，稱為**單晶片微電腦**（Single Chip Microcomputer）或
微控器（Microcontroller Unit，簡稱 **MCU**）。

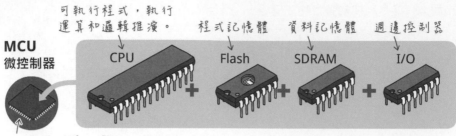

可執行程式，執行運算和邏輯推演。 程式記憶體 資料記憶體 週邊控制器

MCU 微控制器

CPU + Flash + SDRAM + I/O

一個微控制器，整合了數個IC的功能。

智慧型手機以及某些個人電腦的處理器，把特定功能和處理器整合在同一個晶片上，例如，圖像處理單元 (顯示卡)、Wi-Fi 網路、藍牙、音效處理...等等，這種處理器叫做**系統晶片** (System on a Chip，簡稱 SoC)。採用 SoC 的裝置，通常需要較高速的運算效能 (運作時脈達數百 MHz～數 GHz) 以及較大的記憶體容量 (單位是 MB 或 GB)，所以記憶體不在同一個晶片上。

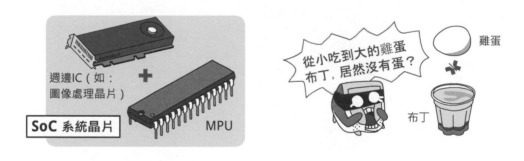

週邊IC (如：圖像處理晶片) + SoC 系統晶片 MPU

從小吃到大的雞蛋布丁，居然沒有蛋？ 雞蛋 布丁

ESP8266 晶片屬於 SoC。就功能而言，SoC 大於 MCU：

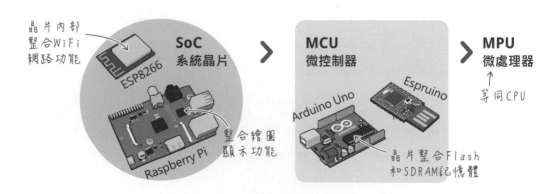

晶片內部整合WiFi網路功能 SoC 系統晶片 ESP8266

整合繪圖顯示功能 Raspberry Pi

MCU 微控制器 Arduino Uno Espruino

晶片整合Flash和SDRAM記憶體

MPU 微處理器 等同CPU

嵌入式系統

安裝在電梯、冷氣機、微波爐、汽車...裡面，執行特定任務和功能的微控器與軟體，稱為**嵌入式系統（Embedded System）**。以電冰箱為例，嵌入式系統負責偵測冰箱裡的溫度，並適時啟動壓縮機讓冰箱維持在一定的冷度。因為這種嵌入式系統的任務很單純，不需要強大的運算處理能力和大量的記憶體，所以它們多採用 8 位元的微控器。

電腦或智慧型手機透過作業系統開機之後，使用者可以選擇執行多種應用程式；MicroPython 控制板並沒有作業系統，而且一次只能執行一個程式檔。

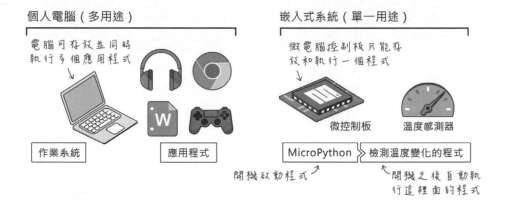

微控制器在處理器效能和記憶體容量各方面，都無法和個人電腦相比，這兩者擅長領域不同：個人電腦適合處理影音多媒體、繪製圖表、大數據分析...等工作；即時控制、連接感測器、低耗電以及需要長時間運作的場合，微控制器顯然比較適合，而且體積小價格低。

使用微控制板的注意事項

微電腦控制板不同於其他 3C 產品，它沒有精美的外殼保護。出貨時，廠商通常會用防靜電袋（外觀像褐色半透明塑膠袋）來包裝控制板。板子上有許多或圓或方、具有光澤的焊接點。

ESP8266 控制板兩側的圓孔是擴充介面接點，用來銜接感測器和周邊設備控制電路。NodeMCU 板的擴充介面已經如上圖般焊好排針，而 D1 板通常可讓消費者選擇已焊、未焊；如果不想自己動手，可以選擇已經焊接好的版子：

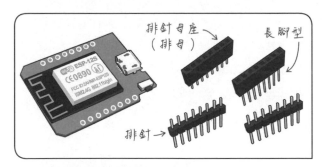 

已焊接好排母或排針的板子

平常拿取電路板的時候，請盡量不要碰觸到元件的接腳與焊接點，尤其在冬季比較乾燥的時節，我們身上容易帶靜電，可能會損壞板子上的積體電路。

> 積體電路就是板子上黑黑一塊，兩旁或四周有許多接腳的元件。

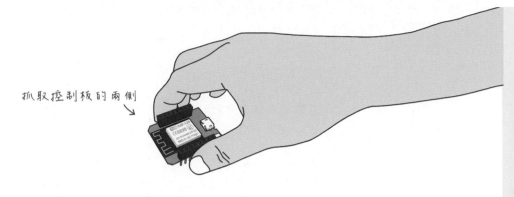

抓取控制板的兩側

電子工廠的作業員會帶上靜電手環（antistatic wrist strap），導出身上的靜電。這種手環可在電子材料行和網路商店買到。

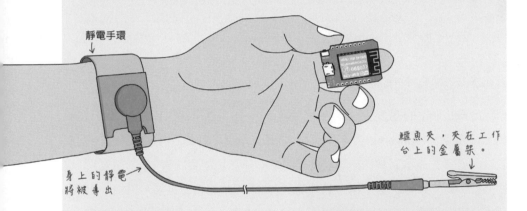

靜電手環

身上的靜電將被導出

鱷魚夾，夾在工作台上的金屬架。

組裝電子零件時，我從未戴過靜電手環。牆壁、橡膠和木頭，都是不導電的材質，可是，靜電卻可通過它們。因此，冬天或乾燥的天氣開車門或者住家的金屬門之前，可以先用手碰觸一下旁邊的牆壁，釋放累積在身體裡的靜電後，再開門，就不會被靜電電到啦。

筆者在拆解電子商品或取用 IC 零件之前，都會先碰一下牆壁，或者打赤腳（在舖設地磚或磨石地板上）作業。

1-2 認識程式語言

「程式」是指揮電腦做事的一連串指令，沒有程式，電腦只是一個普通的箱子。程式語言有很多種，它們大致分成**高階**和**低階**兩大類型，越接近人類自然語言的語法越「高階」，也越容易學習。若用駕駛汽車來比喻，用高階語言寫程式，相當於駕駛自動排擋的車子，低階語言則像駕駛手排汽車，後者的駕駛要比較了解汽車的結構，操作起來比較複雜，但也更能觸及機器的核心。

微處理器只認得 0 和 1 構成的指令（稱為**機械碼**），所以程式語言需要透過「轉譯」軟體，把程式碼轉換成機械碼。轉譯方式大致有三種：

● 直譯（interpret）　　● 編譯（compile）　　● 組譯（assembly）

組合語言和組譯器

早期的微控制器的運算能力弱、記憶體容量小，因此通常採用接近 0 和 1 機械碼的**組合語言（Assembly）**來開發程式，**組合語言**的轉譯器稱為**組譯器**。程式設計師必須先徹底了解微處理器的架構才有辦法用組合語言（低階語言）寫程式，它的執行效率高，程式碼也最精簡，但是不容易閱讀和維護。不同微處理器的指令不盡相同，將來的專案若用不同的微處理器，程式碼幾乎要全部重寫。

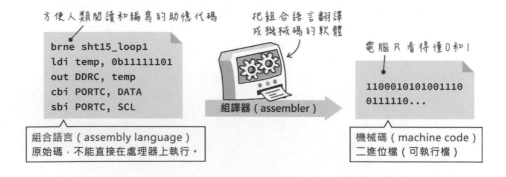

轉譯之後的**二進位檔**相當於電腦上的**可執行檔**，可直接在微控器上執行。

編譯式語言和編譯器

根據摩爾定律，處理器的效能約每隔 18 個月提昇一倍，價格也下降一半。隨著處理器速度變快、記憶體容量變大，專案開發工具和程式語言也逐漸改用較容易編寫、維護的高階語言。

高階語言的代表是 C 和 C++ 語言，廣受自造者歡迎的 Arduino 控制板採用的程式語言，就是簡化的 C++ 語言。電腦作業系統和許多應用軟體，例如，文書處理器、瀏覽器，甚至程式語言（如：Python）也都是用 C 或 C++ 語言寫成的。C 語言的轉譯器稱為**編譯器（complier）**，轉譯過程叫做**編譯**。

用簡單英文構成的敘述

```
digitalWrite(LED, HIGH);
delay(1000);
digitalWrite(LED, LOW);
delay(1000);
```

高階語言 (high level language)

把整個原始碼全轉譯成機械碼

編譯 (compile)

1100010101001110
0111110...

機械碼 (machine code)

直譯式語言和直譯器

如果把「轉譯」軟體看待成翻譯人員，C 語言的編譯器相當於文稿翻譯，要把整篇文章翻譯完畢才能交差；**直譯相當於「口譯」，採逐句翻譯方式**，其優點是輸入程式碼的時候，可以立即得到回應，感覺像在和電腦對話，很適合程式初學者，缺點則是執行效率較差。

高階語言

```
while True:
    led.high()
    time.sleep(0.5)
    led.low()
    time.sleep(0.5)
```

直譯器 (interpreter)

一次翻譯一句

1100010101001110
0111110...

機械碼

直譯式語言的語法也比編譯式更容易學習也容易理解，Python, BASIC, JavaScript, PHP, ...等語言都屬於直譯式。底下是在終端機顯示「你好！」的 C 語言與 Python 語言的對照，Python 顯然簡潔多了：

C語言

```
#include <stdio.h>
int main() {
  printf("你好！");
  return 0;
}
```

Python 3語言

```
print("你好！")
```

語法簡單不代表直譯式語言只能執行一些簡單的任務，實際上，Python 廣泛被專業人士用於網路工具程式開發、數值分析、影像辨識、人工智慧...等工作。

小結一下直譯、編譯和組譯的不同：**編譯和組譯產生的二進位檔可直接在微控制器運作；直譯式則需要在電腦或者微控器上安裝直譯器，才能執行程式碼。**

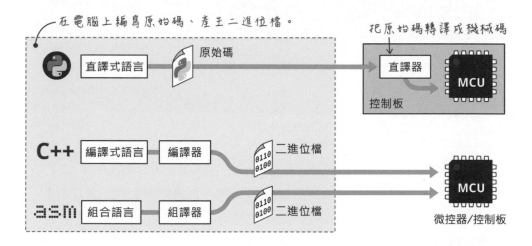

Linux 和 macOS 作業系統都有內建 Python 直譯器，Windows 系統使用者需要自行安裝。

電腦上普遍採用的 Python 直譯器是用 C 語言開發出來的，所以這類直譯器又稱為 CPython。

近年在基礎程式設計教學上，流行「圖像式」程式語言，像 Scratch 和 Blockly。優點是直覺易懂、容易上手，缺點是功能受限，大都只能使用特定的硬體套件。當然，圖像式語言的執行效率低、程式檔也比較龐大，但初學者也不會用它來製作複雜的專案，所以也夠用了。

1-3 在個人電腦上安裝 Python 3.x 版本

目前廣泛使用的 Python 語言版本是第 2 和第 3 版，這兩個版本的語法不完全相容，有些電腦作業系統預設安裝的是 2.x 版。**MicroPython 是以 Python 3.4 版為基礎設計而成，語法和電腦版的 Python 3.x 相同**，也包含標準程式庫（參閱下文說明），因此練習程式語法時，可先在電腦上測試，不一定要用到控制板。

最新版的 Python 可在 python.org 網站免費下載。Windows 的使用者可依系統版本選擇安裝 x86（32 位元版）或 x86-64（64 位元版）；首頁的**下載**鈕下載的是 32 位元版，要下載 64 位元版本，請點選網頁底下的最新發行版本（你的電腦顯示的版本編號可能和此不同），進入「發行（release）」頁面：

首頁的下載鈕下載的是 32 位元版

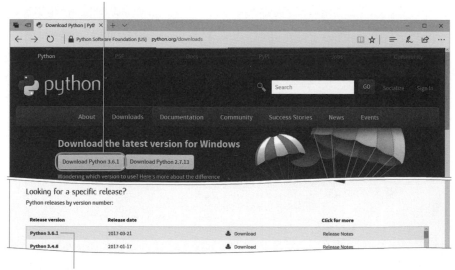

點選最新發行版本

捲到「發行」頁面底下，可選擇下載適用於各個作業系統的版本：

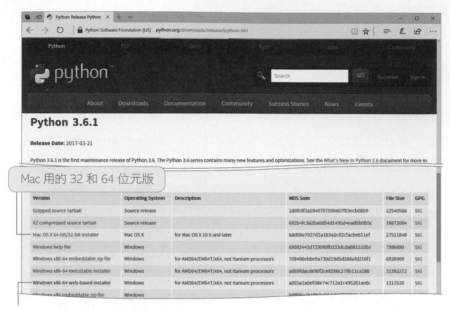

Mac 用的 32 和 64 位元版

Windows 用的 64 位元線上安裝版

安裝 Windows 版 Python 3

下圖是 Windows 版的安裝畫面。請務必勾選底下的 **Add Python 3.6 to PATH**（將 Python 加入 PATH 變數）選項，才能在任何路徑執行 Python 程式。

2 按下自訂安裝

1 勾選這個選項

按下**自訂安裝**選項，看看程式將會安裝哪些東東。

預備安裝的元件中，跟本書比較相關的包含：

● **pip**：pip 是 Python 預設的套件安裝程式。「**套件（package）」是 Python 語言的擴充功能**，例如，Python 原本不具備連接序列埠裝置的功能，但透過 pip 安裝適當的套件它就有了相關的操控指令。

● **IDLE**：IDLE 是 Python 的「整合開發環境」，用來撰寫、編輯和執行 Python 程式。tcl/tk 則是 Python 語言的「視窗套件」，方便程式設計師開發具備圖形操作介面的應用程式，IDLE 本身是完全用 Python 和 tcl/tk 套件寫成的跨平台應用程式。

> Python 程式通常都是在終端機或命令提示字元視窗中執行，沒有圖形操作介面。

● **py launcher**（啟動器）：目前的主流 Python 程式分成 2.x 和 3.x 版，不同版本的執行環境也不一樣，假如電腦同時安裝了 Python 2.x 和 3.x 版，可以透過此「py 啟動器」決定用哪個版本的 Python 來執行程式。

按下一步（next）鈕進入**進階選項**畫面：

勾選這個選項

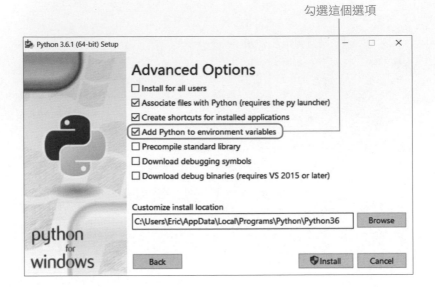

請勾選 **Add Python to environment variables**（將 Python 加入環境變數），
搭配前面的 PATH 變數設定，好讓程式在任何路徑都能啟動 Python。

安裝 Mac 版 Python 3

執行 Mac 版的 Python 3 安裝程式後，若想知道究竟有哪些東西被安裝到電
腦，請在進行到**安裝類型**時，按下**自定**鈕：

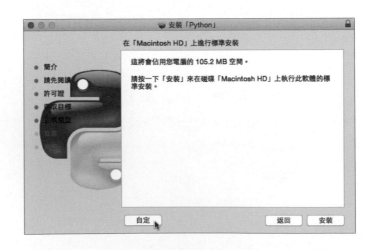

從自定安裝選項，可以看到預設會安裝 pip 工具：

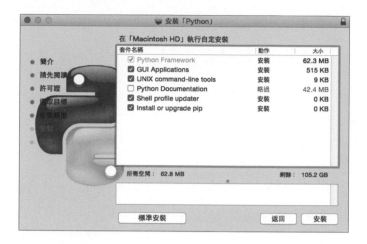

驗收安裝結果

Python 安裝完畢後，開啟**命令提示字元**，輸入 "python -V" 命令，它將回報安裝的 Python 版本，代表安裝成功：

大寫 V

如果你的電腦系統已預先安裝 Python 2.x 版，上面的命令將回報 2.x 版，請改用 py 命令，它預設將啟動 3.x 版：

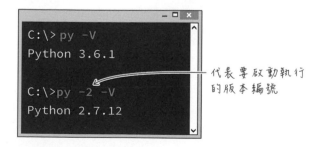

代表要啟動執行的版本編號

在 macOS 上，請輸入
"python3 -V" 命令：

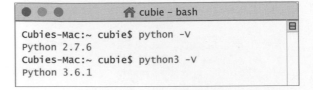

```
Cubies-Mac:~ cubie$ python -V
Python 2.7.6
Cubies-Mac:~ cubie$ python3 -V
Python 3.6.1
```

使用 pip 安裝 Python 套件

Python 程式語言廣受歡迎的原因，除了語法清晰、易學、易懂之外，更有完善的函式和程式庫支援，許多基本功能不必全部自己從頭編寫，直接拿現成的來開發即可。就好像煮火鍋，自己熬湯、準備食材，要花費很多功夫和專業知識；用現成的湯底和火鍋料，輕輕鬆鬆、美味上桌。

Python 語言內建的程式庫稱為**標準程式庫（Standard Library）**，包括存取電腦系統資訊、讀寫檔案、網路連線、數學函式...等等，它們隨著 Python 主程式一併安裝；程式庫也稱為**模組（module）**。

除了內建的程式庫，Python 還有大量由其他程式設計師開發的模組和**套件（package）**，收錄在 PyPI（Python Package Index，Python 套件索引）網站（https://pypi.python.org）。套件是一組執行某項功能的模組的集合，用餐點來比喻，模組是「單點」，套件則是「套餐」。例如，「公車動態查詢」程式可能由網路通訊、資料擷取和篩選等模組構成，這樣的一組工具程式就稱為「套件」。

一杯飲品（模組）

一份套餐（套件）

下文將使用一個 Python 語言寫成的 ESP8266 韌體燒錄程式，叫做 esptool，我們可在 PyPI 網站搜尋並閱讀這個工具程式的說明。

輸入套件搜尋欄位

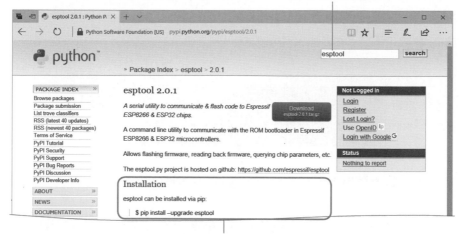

套件安裝方式說明

如同網頁上的說明，**套件可以透過 pip 套件管理員，在終端機（命令提示字元）進行安裝**，指令語法以及在 macOS 的終端機操作示範如下：

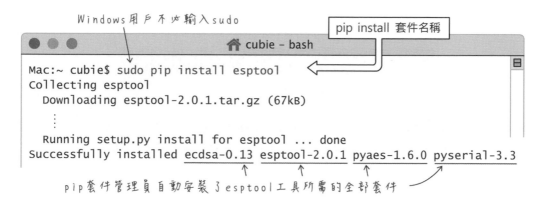

pip 會自動搜尋、下載並安裝指定的套件。從下載結果可以看到，除了 esptool，pip 連帶下載了其他 3 個套件。這是因為 esptool 工具程式需要加密和序列埠連線功能，但這些功能已經有人寫好並且分享出來，所以 esptool 的程式設計師不需要費心鑽研序列通訊與加密的細節，而是透過匯入既有的套件來完成，其中的 pyserial 就是負責序列通訊的套件。

假如你的電腦系統預先安裝了 Python 2.x 版，請把 "pip" 指令換成 "pip3"，代表安裝套件給 Python 3 使用。

pip 套件管理員還具備**列舉**（**list**）、**更新**（**upgrade**）和**解除安裝**（**uninstall**）等功能。例如，list 參數可列出目前已安裝的所有套件，搭配 **outdated**（**代表「過期」**）**參數**可僅列出有新版本可用的套件：

此套件有新
版本可用 ⟶
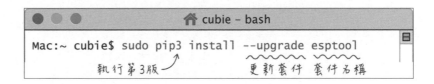

```
C:\>pip list --outdated
pylint (1.7.1) - Latest: 1.7.2 [wheel]
```

假設 esptool 套件有新版本，可執行 upgrade 參數進行更新：

```
Mac:~ cubie$ sudo pip3 install --upgrade esptool
```
執行第3版 ↗　　　更新套件 套件名稱

如果 **pip 工具本身**有新版本，請執行底下的命令升級：

```
C:\> python -m pip install --upgrade pip
```
Mac用戶請改成python3

pip 的 **uninstall 參數用來解除安裝指定的套件**，實際解除安裝之前，它會先列舉該套件的檔案路徑和內容讓我們確認是否刪除。底下是解除安裝 pyserial 套件的命令示範：

```
C:\>pip uninstall pyserial
Uninstalling pyserial-3.3:
  c:\python36\lib\site-packages\pyserial-3.3.dist-info\descripti
  c:\python36\lib\site-packages\pyserial-3.3.dist-info\installer
  :
  c:\python36\scripts\miniterm.py
Proceed (y/n)?
```
按'y'確認刪除；按'n'取消

1-4 WEMOS D1 mini 和 NodeMCU 控制板簡介

NodeMCU 和 WEMOS D1 mini 控制板的核心都是 ESP8266 的 ESP-12E 模組，只是週邊零件不同。**ESP8266 模組的工作電壓是 3.3V**。平常做實驗時，我們通常用 USB 線連接電腦和微控制板，USB 除了用於傳輸資料，也能提供 5V, 500mA（亦即 0.5A，USB 3.0 介面可提供約 1A）的電源給控制板。

NodeMCU 和 D1 控制板都有一個**直流電壓調節元件**，把 5V 轉換成 3.3V：

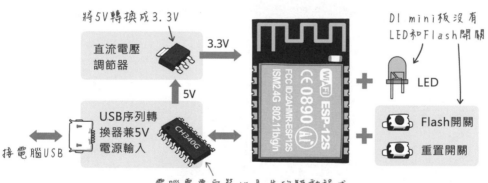

上圖左下角的**「USB 序列轉換器（序列通訊 IC）」**是微控器和個人電腦 USB **的連接介面**，MicroPython 的韌體以及我們開發的程式，都是透過 USB 傳送給控制版。D1 mini 控制板有不同版本，底下是 D1 mini V2.2.0 版的正、反面外觀：

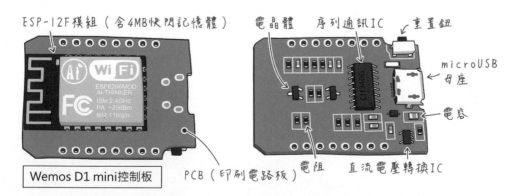

V2.3.0 板改良了電源電路，也採用改良天線設計的 ESP-12S 模組，外觀的主要差異是 Micro USB 和按鍵的位置。就功能而言，2.2.0 和 2.3.0 完全一樣：

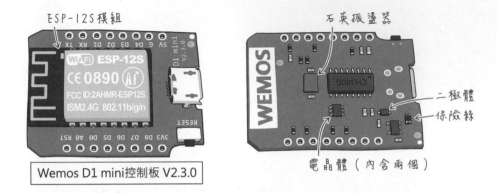

WEMOS 另有加大快閃記憶體容量的 Pro 版，但普通 4MB 記憶體的 D1 mini 足敷本書使用。

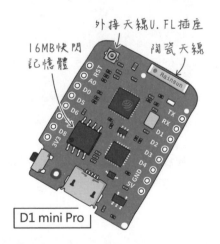

ESP8266 微控制器的內部結構

底下是 D1 mini 板子上的 ESP8266 微控制器的內部結構，主要包含 Tensilica L106 微控器和 4MB 快閃記憶體兩大部份：

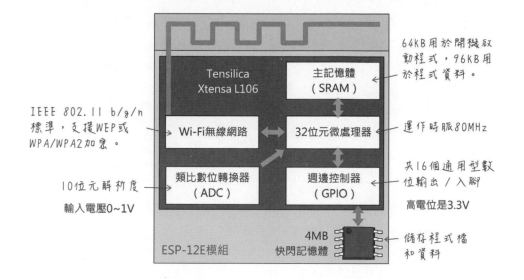

64KB 用於開機啟動程式，96KB 用於程式資料。

IEEE 802.11 b/g/n 標準，支援 WEP 或 WPA/WPA2 加密。

運作時脈 80MHz

10 位元解析度 輸入電壓 0~1V

共 16 個通用型數位輸出／入腳

高電位是 3.3V

儲存程式檔和資料

微控器各單元說明：

- **32 位元微處理器**：運作時脈 80MHz，可超頻至 160MHz。

- **週邊控制器**：控制 GPIO（General Purpose Input/Output，通用輸入/輸出），也就是「數位接腳」，用於輸出或輸入 0 和 1 的數位訊號。

- **類比數位轉換器**：因為微處理器只能理解數位訊號，某些感測器輸出的連續電壓變化值（類比值），需要透過它轉換成數位訊號，才能讓程式處理。

我們所生活的世界，是**類比（analog）**的。以天氣變化來說，氣溫不會在瞬間從 0 度變成 30 度，中間有一個連續的變化過程。電腦所能處理的訊號是不連續的（或者說，離散式的）**數位（digital）**資料，不是高電位（1），就是低電位（0），沒有所謂的「模稜兩可」或「中間值」。

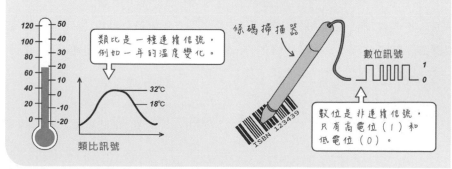

MicroPython 韌體以及我們自行撰寫的程式，都儲存在**快閃記憶體**當中，因此快閃記憶體又稱為**程式記憶體**；程式在執行階段所暫存的資料，例如，要傳遞給顯示器周邊裝置的文字，將存放在 SRAM，所以 SRAM 又稱做**資料記憶體**。

表 1-1 列舉了 WEMOS D1 mini 控制板上面的記憶體類型和容量，詳細的記憶體分類説明，請參閱本章末的「充電時間」。

表 1-1

名稱	類型	容量大小	用途
SRAM	揮發性 (volatile)，代表資料在斷電後消失。	64KB（系統使用）+96KB（程式使用）	**資料記憶體**；暫存程式運作中所需的資料。
Flash	非揮發性，代表斷電後，資料仍存在。	4MB	**程式記憶體**；存放 MicroPython 韌體和我們自訂的程式碼；MicroPython 韌體程式約佔用 600KB。

下載與安裝 USB 驅動程式

ESP8266 控制板的 USB 序列通訊 IC，有多種廠牌和型號，它們的功能都一樣，但是晶片型號不同，驅動程式也不一樣。初次連接 ESP8266 控制板時，Windows 系統會自動下載、安裝驅動程式，macOS 需要手動安裝。WEMOS D1 mini 板的 USB 序列通訊 IC 的型號與驅動程式下載網址：

> **CH340G 晶片**，驅動程式網址：https://goo.gl/rWhMSL（官方版）或 https://goo.gl/YAys6k（非官方 Mac 版）

其中，非官方 Mac 版驅動程式可解決之前的官方版本在 Sierra 系統造成當機的問題。某些 ESP8266 控制板（如：NodeMCU）採用的 USB 序列通訊 IC 是另一款，驅動程式也不同：

> **CP2102 晶片**，驅動程式網址：https://goo.gl/VzoG7N

驅動程式安裝完畢後，Windows 系統的使用者可在**裝置管理員**的**連接埠**（**COM 和 LPT**），查看控制板使用的連接埠名稱以及更新驅動程式。

> 讀者的控制板的連接埠號可能和筆者不同。

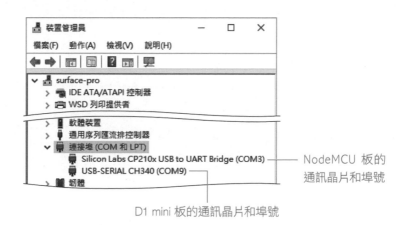

NodeMCU 板的
通訊晶片和埠號

D1 mini 板的通訊晶片和埠號

Windows 系統使用 **COM**（原意是 **COMmunication，通訊**）代表通訊埠，像上圖中的 COM3 和 COM9。**macOS**（**一種基於 Unix 的作業系統**）**和 Linux 則用 TTY 代表通訊埠。**

TTY 的原意是 "teletypewriter"（電傳打字機，早期用來操作並和大型電腦連線的終端機）。**macOS 和 Linux 系統把每個裝置都看待成檔案，存在 /dev 路徑底下**，因此在 Mac 的終端機視窗輸入底下的命令，將能列舉所有通訊埠：

列舉檔案的命令
（原意為 list）　　　代表顯示詳細資料的參數
　　　↓　　　　　　↓
　　　ls　　-l　　/dev/tty.*　　代表僅列舉 /dev/ 路徑底下，
　　　　　　　　　　　　　　　　← tty 開頭的所有檔案。

筆者在 Mac 上連接兩個控制板，CH340G 晶片採用非官方驅動程式，從執行 ls 命令的結果得知，D1 mini 板在 Mac 上的通訊埠稱為 "/dev/tty.wchusbserial16320"。

列舉/dev路徑底下，"tty"開頭的所有檔案。

採CH340G晶片的控制板　採CP2102晶片的控制板

1-5 下載與燒錄 MicroPython 韌體

把程式碼上傳到微控制板，稱為「燒錄」或「刷入（flash）」。新買的 D1 mini 板或 NodeMCU 並沒有包含 Python 語言直譯器，必須先燒錄 MicroPython 韌體才能使用。請到 MicroPython 官網的下載頁（https://micropython.org/download），下載最新 ESP8266 版韌體（**.bin 檔，**bin 代表 binary，「二進位」之意）。

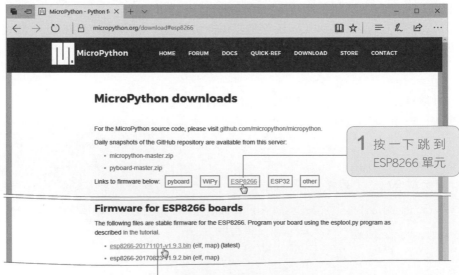

1 按一下跳到 ESP8266 單元

2 按一下第一個連結，下載最新版（此例為 1.9.3 版）

燒錄 MicroPython 韌體有四種免費工具可用，具體操作步驟請參閱下文：

- **Flash 下載工具**：圖像操作介面，只有 Windows 版。
- **NodeMCU Flasher**：圖像操作介面，只有 Windows 版。
- **uPyCraft**：圖像操作介面，有 Windows 與 Mac 版，請參閱附錄 A 介紹。
- **esptool 文字命令工具**：可用於 Windows, Mac 和 Linux 系統。

MiclroPython 韌體和程式碼都儲存在晶片內部的快閃記憶體，日後有新版韌體時，可再使用這些工具之一重新燒錄；快閃記憶體通常可超過 10 萬次重複燒寫，不用擔心它會故障。

使用 Flash 下載工具燒錄韌體

Flash 下載工具是晶片製造商樂鑫信息科技（上海）公司的官方燒錄工具（https://goo.gl/ofEX6J，已收錄在書本範例檔），可用於所有 ESP8266 系列控制板。另一款 NodeMCU Flasher（https://goo.gl/aC6h7b）的性質跟它類似，但許多人都已改用官方工具。

Flash 下載工具無需安裝即可使用，但是它的所在路徑請不要包含中文，也就是不建議將 Flash 下載工具的應用程式資料夾（FLASH_DOWNLOAD_TOOLS）放在「桌面」或「下載」等位置，你可以將它存入隨身碟的根目錄。

Flash 下載工具的操作畫面和燒錄步驟如下：

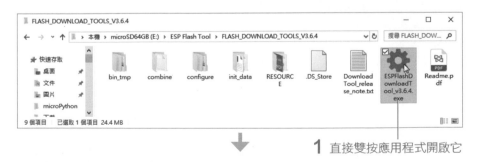

1 直接雙按應用程式開啟它

螢幕上將出現一個選單視窗和命令行視窗，燒錄完成之前，請勿關閉任一視窗。請按下 **ESP8266 DownloadTool** 鈕，開啟 ESP8266 燒錄工具：

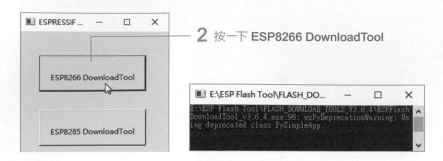

2 按一下 **ESP8266 DownloadTool**

燒錄工具上面的幾個欄位，用於指定韌體檔的位置，以及燒入 ESP8266 的位址。請在第一個欄位選擇 .bin 格式的韌體檔（如：esp8266-20171101-v1.9.3.bin），位址欄位請輸入 0x00000，序列通訊速率（BAUD）可以選擇較快的速率，節省下載時間。其餘選項 CrystalFreq（石英震盪頻率）、SPI SPEED（SPI 介面速度）、SPI MODE（SPI 模式）、FLASH SIZE（快閃記憶體大小）請依下圖設定：

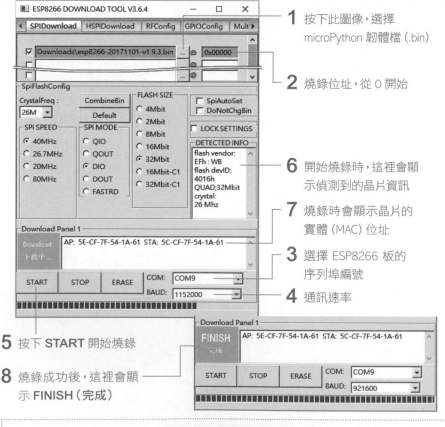

1 按下此圖像，選擇 microPython 韌體檔（.bin）

2 燒錄位址，從 0 開始

6 開始燒錄時，這裡會顯示偵測到的晶片資訊

7 燒錄時會顯示晶片的實體（MAC）位址

3 選擇 ESP8266 板的序列埠編號

4 通訊速率

5 按下 **START** 開始燒錄

8 燒錄成功後，這裡會顯示 FINISH（完成）

燒錄之前，也可以先按下 **ERASE** 鈕，清除快閃記憶體內容。

使用 esptool 燒錄韌體

esptool 是用 Python 語言撰寫的燒錄程式，可在 Windows, Mac 或 Linux 等系統的終端機（命令提示字元）中執行。**替 ESP8266 控制板燒錄韌體檔案之前，我們通常會先執行清除快閃記憶體（相當於重新格式化電腦硬碟）的命令**，在 macOS 的終端機執行清除快閃記憶體的命令如下：

Windows 版的使用者，只需要替換命令裡的**序列埠名稱**，其餘參數都一樣：

清除記憶體之後，再燒錄 **.bin 韌體檔**。底下是在 macOS 的終端機，替 ESP8266 控制板燒錄 .bin 韌體檔的命令，**整個命令寫成一行**，請自行替換通訊埠名稱和韌體檔名，其餘參數不用改：

燒錄過程，終端機會出現一堆訊息，主要是告知偵測到的晶片型號
（ESP8266）、變更通訊速率成 460800、自動偵測到快閃記憶體大小為
4MB...等等，**燒錄成功之後，它會重新啟動控制板，這個 ESP8266 板就變成
MicroPython 控制板了。**底下是在 Windows 系統上燒錄韌體的樣子：

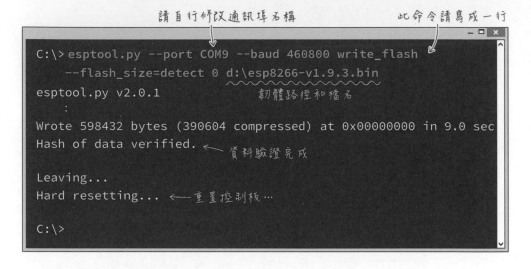

如果燒錄過程出現錯誤，你可以嘗試降低通訊速率（如：115200）並且把快閃
記憶體的介面模式強置為 DIO：

```
esptool.py --port 埠號 --baud 115200 write_flash --flash_
size=detect -fm dio 0 韌體檔名.bin
```

1-6 透過終端機操控 MicroPython 控制板

MicroPython 控制板就像一個沒有螢幕和鍵盤的小電腦，透過 USB 線和電
腦連線，即可在電腦上使用終端機軟體（或者說「序列埠控制台」）來操控
MicroPython 控制板。

MicroPython控制板　　　USB連線　　　終端機軟體

電腦充當MicroPython控制
板的顯示器和命令輸入設備

終端機軟體，在 Windows 上通常使用免費的 PuTTY 或 Tera Term（參閱附錄 A），macOS 和 Linux 則使用內建的 screen。如果你有具備 USB-OTG 功能（就是可以外接 USB 隨身碟或滑鼠）的 Android 手機或平板，也能使用 Serial USB Terminal 之類的 USB 通訊軟體連接 MicroPython 控制板。

在 Windows 系統安裝與使用 PuTTY

請在 goo.gl/XD4xjF 網址下載 PuTTY，或者搜尋 PuTTY 也能找到下載點。安裝完畢後，可雙按 PuTTY 程式的圖示開啟它，或者在命令提示字元視窗輸入 putty，也能啟動 PuTTY。

請在 PuTTY 的設置畫面設定埠號、通訊速率和連接類型：

輸入埠號　　　　　　通訊速率設定成 115200

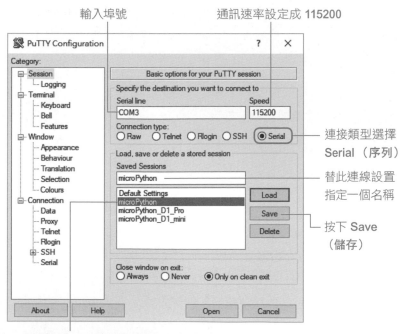

連接類型選擇 Serial （序列）

替此連線設置 指定一個名稱

按下 Save （儲存）

日後只要雙按設置名稱即可開啟

按下 **Open（開啟）**鈕之後，終端機視窗將被開啟並顯示 MicroPython 控制板傳來的訊息。下圖第一行裡的 ets_task() 用於設定工作排程和優先權，由 MicroPython 內部自行設置執行，我們不用理會它。

代表「找不到檔案」的錯誤訊息

命令提示字元

若終端機畫面漆黑一片，請按 `Ctrl` + `D`（代表「暖開機」），控制板將被重置（soft reset），並顯示上圖的訊息。訊息當中包含一個「找不到檔案」的錯誤訊息，是正常的，因為 MicroPyhton 板開機或重置之後，預設會找尋並執行名叫 "main.py" 的檔案（用戶自訂的程式檔），但是這個檔案目前並不存在。

> MicroPython 的系統錯誤訊息代碼和 Linux 系統相同。例如，錯誤代碼 2 的 ENOENT 代表 "No such file or directory"（找不到檔案或目錄），完整的錯誤代碼、縮寫和意義列表，可參閱：https://goo.gl/nbpChB

若要結束通訊，直接關閉視窗即可；關閉之前，PuTTY 會詢問你是否確定要關閉連線：

在 Mac 使用 screen 連接 MicroPython 控制板

在 macOS 或 Linux 系統的終端機輸入底下的 screen 命令：

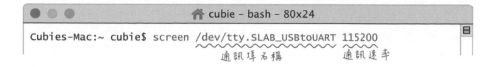

```
● ● ●              🏠 cubie – bash – 80x24
Cubies-Mac:~ cubie$ screen /dev/tty.SLAB_USBtoUART 115200
```
通訊埠名稱　　　　　　通訊速率

即可啟動 screen 並連線到指定通訊埠的序列裝置：

```
● ● ●              🏠 cubie – screen – 80x24
#5 ets_task(40100164, 3, 3fff829c, 4)
OSError: [Errno 2] ENOENT
MicroPython v1.9.3-8-g63826ac5c on 2017-11-01; ESP module with ESP8266
Type "help()" for more information.
>>>
```

若要關閉 screen，請先按下 `Ctrl` 和 `A` 鍵，再按一下 `K` 鍵，終端機視窗底下將出現一行訊息，詢問是否要關閉連線；按下 `Y` 鍵，即可關閉。

```
Really kill this window [y/n]
```

1-7 MicroPython 和 Arduino 的 程式開發流程比較

採用 C 或 Arduino 語法的開發板，需要在電腦上使用特定的開發工具編寫程式，然後編譯成機械碼。如果程式語法有誤，編譯器會停止編譯並且指出錯誤的地方；修正語法錯誤且編譯無誤，即可上傳二進位檔給控制板執行。

在電腦上用專屬工具開發程式並且編譯成機械碼再上傳控制板執行。

USB連線上傳

ARDUINO

編寫程式 ▶ 編譯 ▶ 上傳　　　　　執行

假如程式的執行結果不符預期，比方說，假設你在編寫一個控制 LED 閃爍的程式碼，上傳執行之後覺得需要調整 LED 閃爍的間隔時間，那麼，你得修改原始碼、重新編譯、上傳再測試。

MicroPython 有下列 A, B 兩種操控方式，其一是用 USB 或 Wi-Fi 與控制板連線，在電腦終端機軟體裡面操控它；或者，先在電腦上編寫好程式原始碼，再上傳到控制板執行。

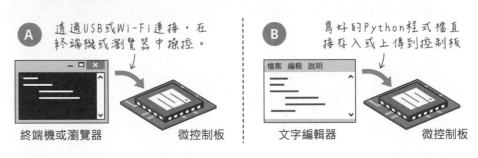

終端機或瀏覽器　　　　　微控制板　　　文字編輯器　　　　　微控制板

直譯＋編譯的混合執行環境

MicroPython 內含執行 Python 程式所需的直譯器，可立即翻譯並執行Python。其實，Python 程式的執行環境是「直譯＋編譯」的混合體，為了提高程式執行效率，程式敘述會被編譯成適合微控器讀取、執行的「中介碼」。

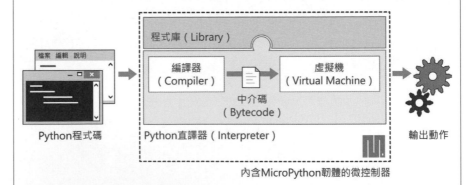

內含MicroPython韌體的微控制器

中介碼是介於方便人類閱讀的程式碼（Python）和機器碼之間的程式碼，主要是為了支援不同微處理器而設計。因為支援 MicroPython 語言的控制板，像 pyboard、WEMOS D1 mini 板、Micro:bit.. 等，採用的微處理器都不相同，所以 Python 語言的直譯器必須能翻譯成不同的處理器機械碼。翻譯與執行中介碼的程式叫做「虛擬機」。

一般的 C/C++ 程式語言所編譯出的可執行檔，都只能在特定的微處理器和作業系統上執行，像 Word 軟體有 Windows 和 Mac 兩種版本。

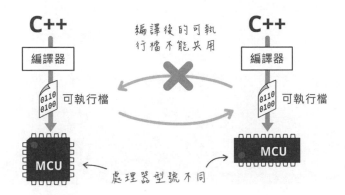

先把 Python 程式翻譯成中介碼的話，只要改寫「虛擬機」，就能把 MicroPython 移植到不同處理器系列的微控制板。

附帶一提，上傳程式碼到 pyboard 和 ESP8266 控制板的操作方式不一樣：當 pyboard 和電腦 USB 連線時，pyboard 將被看待成隨身碟；只要把 Python 程式檔拖入此「隨身碟」，就能在 pyboard 控制板執行 Python 程式。pyboard 沒有內建網路晶片，所以預設無法用網路連線。

動手做 1-1　用 Python 控制 LED 閃爍

初學程式所學到的第一個程式碼，多半是在螢幕上顯示 "Hello World!"（你好！）；初學微控制板的第一個程式，通常是控制 LED 閃爍……本書也不例外。ESP8266 模組上面有內建一個 LED，接在第 2 腳，本單元將控制它閃爍：

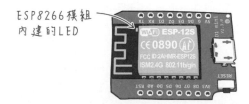

ESP8266模組內建的LED

從終端機點滅 LED

使用 PuTTY 或 screen 連接 ESP8266 控制板之後,在終端機畫面輸入底下的敘述,看不懂這些程式碼沒有關係,第 3 章會進行說明。

如果沒有出現命令提示字元" >>> ",請先按一下Ctrl和D鍵。

```
COM3 - PuTTY                                            _ □ ×
>>> from machine import Pin    ←—— 匯入控制接腳的程式庫
>>> led = Pin(2, Pin.OUT)      ←—— 將腳2設定成「輸出」模式
>>> led.value(0)
>>> led.value(1)               ←—— 在腳2輸出低電位
>>> led.value(0)               ←—— 在腳2輸出高電位
>>>
```

當程式輸入完第 2 行,把腳 2 設定成「輸出」模式之後,控制板上的 LED 可能就會被點亮。接著,控制板上的 LED 會隨著你輸入 led.value(0) 和 led.value(1) 而被點亮和熄滅。到此,讀者可能會感到納悶,為何在腳 2 輸出低電位時 LED 反而被點亮?這是因為板子上的那個 LED 是反接的,第 3 章有詳細的說明。

如果程式輸入錯誤,例如,把 Pin 的 P 打成小寫,控制板將回應錯誤訊息,通常我們只要看訊息的最後一行

```
COM3 - PuTTY                                            _ □ ×
>>> from machine import (pin)  ←—— P要大寫
Traceback (most recent call last):
  File "<stdin>", line 1, in <module>    } 錯誤訊息
ImportError: cannot import name pin
>>>                            ←—— 無法匯入名叫pin的模組
```

請重新輸入程式碼,或者按「上」方向鍵,它將顯示之前輸入的程式敘述,修正錯誤之後再按下 Enter 鍵執行。

底下的敘述可讓腳 2 的 LED 不停閃爍：

```
COM3 - PuTTY
>>> from machine import Pin
>>> import time          ←————— 匯入控制時間的程式庫
>>> led = Pin(2, Pin.OUT)
>>> while True:  ←——— 記得冒號結尾
...     led.value(0)
...     time.sleep(1) ←— 暫停（持續目前狀態）1秒
...     led.value(1)
...     time.sleep(1) ←— 按三次Enter鍵退出
...                      縮排並執行程式
... while的下一行，
... 程式會自動縮排。
...
```

有些程式指令由多行敘述組成，像上面的 while，在冒號後面按下 <kbd>Enter</kbd>，下一行前面的命令提示字元將變成 3 個小點(...)，程式敘述也會自動縮排。程式輸入完畢後，按 3 次 <kbd>Enter</kbd> 即可執行程式。

這個程式將導致 LED 不停地閃爍。中斷程式運作的方法是按下 <kbd>Ctrl</kbd> + <kbd>C</kbd> 鍵，終端機將出現控制板傳回的警告訊息，此例的訊息是告訴我們程式被鍵盤（的 <kbd>Ctrl</kbd> + <kbd>C</kbd> 鍵）事件中斷了。

```
Traceback (most recent call last):
  File "<stdin>", line 3, in <module>
KeyboardInterrupt:
>>>           ←—— 代表「鍵盤中斷」
```

從這兩個簡單的例子，可以體會到 MicroPython 板的優點：輸入程式敘述之後，可立即在控制板子上驗證。這種透過終端機和微控器互動、可直接輸入程式並立即執行的機制，又稱為 **REPL**（**Read Evaluate Print Loop**，**輸入-求值-輸出迴圈**）介面。

記憶體類型說明

依據能否重複寫入資料，電腦記憶體分成 **RAM** 和 **ROM** 兩大類型，它們又各自衍生出不同的形式：

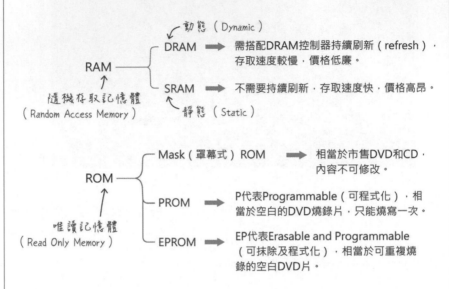

儲存在 RAM 當中的資料，斷電後就會消失，存在 ROM 裡的資料不會消失。即使接上電源，**DRAM 的資料會在約 0.25 秒之後就流失殆盡**，就像得了健忘症一樣，需要有人在旁邊不停地提醒，這個「提醒」的行為，在電腦世界中叫做**刷新**（refresh）。

微控器晶片內部採用 SRAM，因為通電之後，就能一直記住資料，無需額外加裝記憶體控制器，而且**資料的存取速度比 DRAM 快約 4 倍**。不過它的單價較高，所以一般的個人電腦主記憶體不採用 SRAM（但要求速度的場合，像顯示卡，就會用 SRAM）。

ROM 雖然叫做「唯讀」記憶體，但實際上，**除了 Mask ROM 之外，上述的 ROM 都能用特殊的裝置寫入資料**。就像燒錄光碟片需要用燒錄機，燒錄光碟時的資料寫入動作，不僅需要較高的能量，而且速度比讀取慢很多。

底下是任天堂掌上型遊戲機的遊戲卡匣電路板，上面有兩種記憶體晶片，左邊是暫存玩家資料的 SRAM，右邊電池下方的是儲存遊戲軟體程式的 Mask ROM。電池負責提供電源給 SRAM，以便在關機之後記住玩過的遊戲關卡等資料：

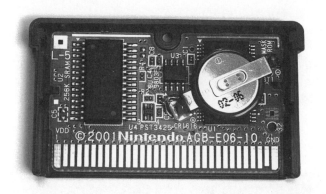

右邊是 **EPROM 記憶體**的外觀照片，晶片上面有個用於清除資料的玻璃窗：用紫外線光連續照射 10 分鐘，方可清除資料。

玻璃窗口

清除和寫入 EPROM 資料都要特殊裝置，很不方便。現在流行的是 **EEPROM**（頭一個 E 代表 "Electrically"，全名譯作**電子抹除式可複寫唯讀記憶體**）和 **Flash**（**快閃記憶體**）。

EEPROM 和 Flash 都能透過電子訊號來清除資料，不過，它們的寫入速度仍舊比讀取速度來得慢。**EEPROM 和 Flash 的主要差異是「清除資料」的方式**：EEPROM 能一次清除一個 byte（位元組，即：8 個位元），Flash 則是以「區段（sector）」為清除單位，依照不同晶片設計而定，每個區段的大小約 256 bytes~16KB。Flash 的控制程式也比較複雜，但即便如此，由於 Flash 記憶體晶片較低廉，因此廣泛用在隨身碟和其他儲存媒介。

安裝 Thonny 程式開發工具

Thonny（網址：https://thonny.org）是專門為 Python 初學者打造的免費 IDE（整合開發環境），有 Windows, Mac 和 Linux 版本。Thonny 整合了 MicroPython 程式開發、燒錄韌體、上傳程式檔以及瀏覽 ESP8266 等開發板 的快閃記憶體檔案系統內容等功能。

在 Thonny 官網的右上角，點擊電腦作業系統名稱的連結，即可下載安裝程 式。

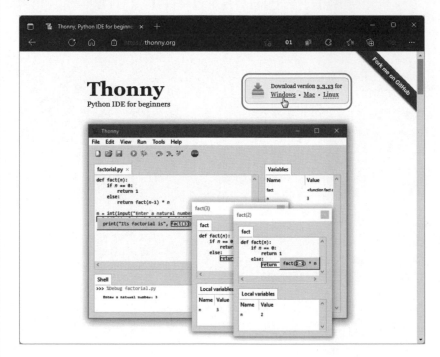

Thonny 程式開發工具的詳細介紹，及其操作說明，請參閱筆者網站的**使用 Thonny Python IDE 編寫 MicroPython 程式**系列文章，網址：https://swf. com.tw/?p=1477

2

00010

認識電子零件
與工具

2-1 電壓、電流與接地

電（或者説「電荷」）在導體中流動的現象，稱為電流。導體指的是銅、銀、鋁、鐵等容易讓電荷流通的物質。導體的兩端必須有**電位差**，電荷才會流動。若用建在山坡上的蓄水池來比喻（參閱下圖），導體相當於連接水池的水管；電位差相當於水位的高度差異；電流則相當於水流：

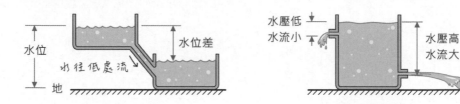

如果兩個蓄水池的水位相同，或者沒有連結，則水不會在兩者之間流動：

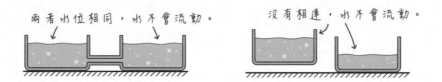

電流的單位是**安培**（ampere, 簡寫成 A），同樣以水流來比喻，安培相當於水每秒流經水管的立方米（m^3）水量。實際上，1A 代表導體中每秒通過 6.24×10^{18} 的電子之電流量（關於安培的另一個定義，請參閱第三章「用歐姆定律計算出限流電阻值」）。

電子產品的消耗電流越大，代表越耗電。許多電子商品的電源供應器都有標示輸出電流，像筆者的筆記型電腦的電源供應器，標示的輸出電流量是 4.74A，平板電腦的電流輸出為 2A，手機則是 1A。

像 ESP8266 控制板，比較不耗電，它的電流量通常採用 mA 單位（毫安培，也就是千分之一安培）：

```
1mA = 0.001A（註：m 代表 10⁻³）
```

電壓與接地

電位差或**電勢差**稱為**電壓**，代表推動電流能力的大小，其單位是**伏特**（volt，簡寫成 V）。ESP8266 控制板的工作電壓是 3.3V，它的周邊設備有些也用 3.3V，有些則是 5V。電壓的大小相當於地勢的段差，或相對於地面的位差；處於高位者稱為**正極**，低地勢者為**負極**或**接地**（Ground，簡稱 GND）：

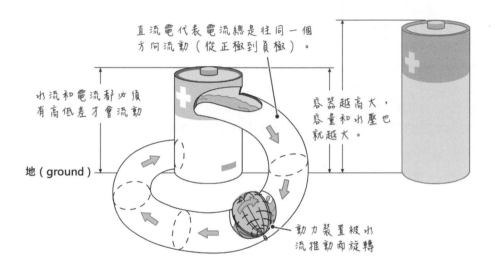

然而，所謂的「低地勢」到底是多低呢？生活中的地勢，通常以海平面為基準，以底下的 A, B, C 三個蓄水池為例，若把 B 水池的底部當成「地」，C 水池的水位就是低於海平面的負水位了：

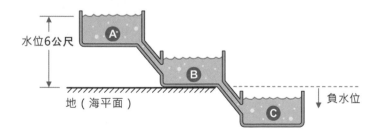

普通的乾電池電壓是 1.5V，若像下圖左一樣串接起來，從 C 電池（一）極測量到 A 電池的（＋）極，總電壓是 4.5V；但如果像下圖右，把 B 電池的（一）當成「地」，從接地點測量到 A 的電壓則是 3V，測量到 C 的另一端，則是 -1.5V！

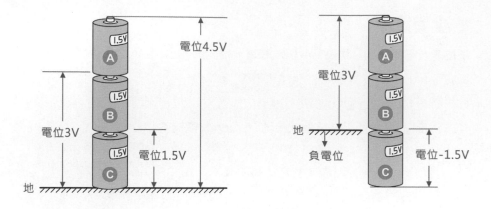

電壓的電路符號

電池有分正、負極性，然而，電路圖（參閱下文「看懂電路圖」一節）中的電池符號往往不會明確標示出正、負極，僅僅用一長一短的線條表示，其中的**短邊是負極**（「減號」，記憶口訣：取「簡短」的諧音「減」短）。

電路圖通常不使用「電池」的符號，因為電路板不見得採用電池供電，底下是常見的電池、正電源和接地（負極）符號：

此外，電路圖中出現的接地符號往往不只一個，實際組裝時，**所有接地點都要接在一起**（稱為「共同接地 common ground」），如此，電路中的所有電壓，無論是 5V 或 3.3V，才能有一個相同的基準參考點。

2-2 電阻

阻礙電流流動的因素叫**電阻**。假如電流是水流，電阻就像河裡的石頭或者細小的渠道，可以阻礙電流流動。**電阻器**通常簡稱**電阻**，可以降低和分散電子元件承受的電壓，避免元件損壞：

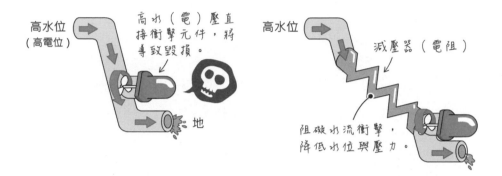

電阻有多種不同的材質和外型，本書採用的電阻器都是普通的碳膜電阻：

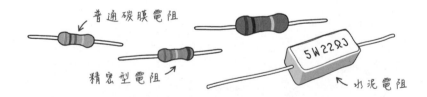

電阻有兩種代表符號，有些電路圖上的電阻旁邊還會標示阻值。**電阻沒有極性**，因此沒有特定的連接方式：

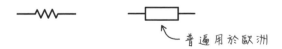

本書採用的電子零件都有長腳（導線），這種零件通稱「直插式」，方便手工組裝及焊接。D1 mini 控制板上的電子零件沒有長腳，外觀也微小許多，而且電阻也沒有色環。這種微小、方便機器直接焊接在電路板表面的零件，通稱表面黏著元件（Surface Mount Device，簡稱 SMD）。

電路與負載

電路代表「電流經過的路徑」，它的路徑必須是像下圖一樣的**封閉路徑**，若有一處斷裂，電流就無法流動了。電路裡面包含電源和負載，以及在其中流動的電流。負載代表把電轉換成動能（馬達）、光能（燈泡）、熱能（暖氣）...等形式的裝置：

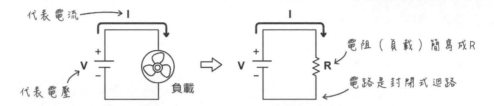

就像本章開頭電壓與電流圖解當中的渦輪一樣，當它受到水力衝擊而轉動時，它也會對水流造成阻礙，因此，可以把負載視同電阻。

> 按照字面上的意思，「短路」就是「最短的路徑」，相當於一般道路的捷徑，更貼切的說法是，「阻礙最少、最順暢的通路」。
>
> 電流和水流一樣，會往最順暢的通路流動。電源電路一定要有負載（電阻），萬萬不可將正負電源用導線直接相連，將有大量電流通過導線，可能導致電池或導線過熱，引起火災（因為導線的電阻值趨近於 0，參閱 3-26 頁的**歐姆定律**，電阻值越小，電流量越大；電流越大，消耗功率和發熱量也越大）：

電阻的色環

電阻的單位用**歐姆（Ω，或者寫成 Ohm）**表示。每一種電阻外觀都會標示電阻的阻值，有鑑於小功率的電阻零件體積都很小，為了避免看不清楚或誤讀標示，一般的電阻採用顏色環（也稱為**色碼**）來標示電阻值（也稱為**阻抗**）；表面黏著式電阻，則直接用數字標示。

普通電阻上的色環有四道，前三環代表它的阻值，最後一環距離前三環較遠，代表誤差值，我們通常只觀看前三道色環：

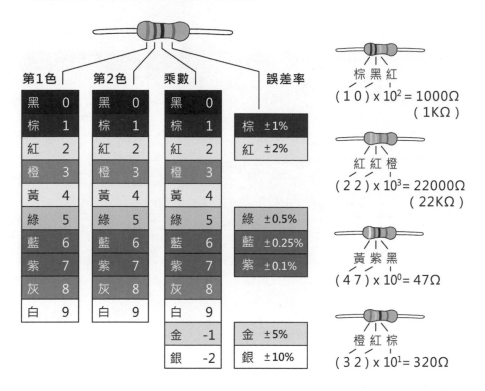

其中：

● **K 代表 1000（千，Kilo）**。例如，1K 就是 1000，2200 通常寫成 2.2K 或 2K2。

● **M 代表「百萬，Million」**

讀者最好能記住電阻色碼，底下的記憶口訣提供參考：

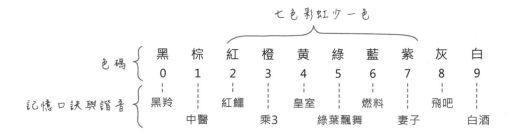

許多網頁和 Android, iOS 的 App 都有提供查表功能，像免費的 ElectroDroid（Android 系統），以及 iOS 系統 (iPhone, iPod touch 和 iPad) 上的 Resistulator 或 Elektor Electronic Toolbox 等：

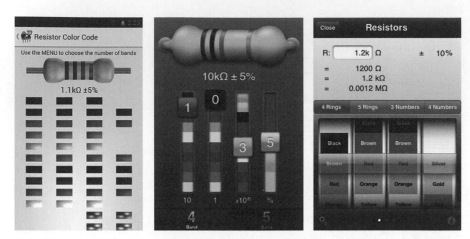

由左至右：ElectroDroid, Resistulator 和 Elektor Electronic Toolbox

電阻的類型

普通的電阻材質分成**碳膜**和**金屬皮膜**兩種，「碳膜電阻」的價格比較便宜，但是精度不高，約有 5%~10% 的誤差。換句話說，標示 100 歐姆的電阻，真實值可能介於 95~105 歐姆之間。然而，隨著電阻值增加，誤差值也會擴大，例如，100K 歐姆 (10 萬歐姆) 的誤差值就介於 ±5K (5000 歐姆)。

「金屬皮膜」電阻又稱為「精密電阻」，精度比較高（如：0.5%），也比較貴。高頻通訊和高傳真音響需要用到精密電阻，**微電腦電路用一般的「碳膜電阻」就行了。**

> 導線本身也有阻抗，像線徑 1.25mm（或者說 16AWG，參閱下文）的導線，一公尺的電阻值約為 0.014 歐姆，阻值很小，通常忽略不計。

可變電阻

有些電阻具備可調整阻值的旋鈕（或者像滑桿般的長條型），稱為**可變電阻**（簡稱 variable resister，簡稱 VR）或者**電位計** (potentiometer，簡稱 POT)。常見的可變電阻外觀如下，精密型可變電阻，又稱為**微調電位器** (trim pot)：

滑動式可變電阻　　半固定式　　精密型旋轉式　　塑膠軸　　金屬軸

可變電阻外側兩隻接腳的阻值是固定的,中間的阻值則會隨著旋鈕轉動而變化:

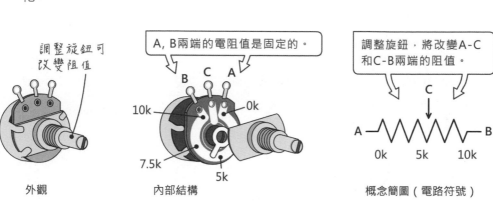

調整旋鈕可改變阻值

A, B兩端的電阻值是固定的。

調整旋鈕,將改變A-C和C-B兩端的阻值。

B C A

10k　　0k

7.5k

5k

外觀　　　　　　內部結構　　　　　　概念簡圖(電路符號)

A　5k　B

0k　5k　10k

2-3 電容

電容器就是**電的容器**,簡稱**電容**,單位是法拉(Farad,簡寫成 F),代表電容所能儲存的電荷容量,數值越大,代表儲存容量越大。電容就像蓄水池或水庫,除了儲水之外,還具有調節水位的功能:

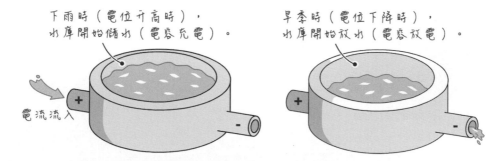

下雨時(電位升高時),水庫開始儲水(電容充電)。

旱季時(電位下降時),水庫開始放水(電容放電)。

電流流入

+　-

+　-

理想的直流電壓或訊號，應該像下圖一樣的平穩直線，但是受到外界環境或者相同電路上其他元件的干擾而出現波動（**正常訊號以外的波動，稱為「雜訊」**），這有可能導致某些元件開開關關，令整個電路無法如期運作：

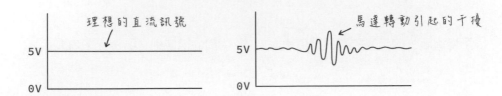

就像蓄水池能抑制水位快速變化一樣，即使突然間湧入大量的電流，電容的輸出端仍能保持平穩地輸出。在積體電路和馬達的電源接腳，經常可以發現相當於小型蓄水池的電容（又稱為「旁路電容」），用來平穩管路間的水流波動：

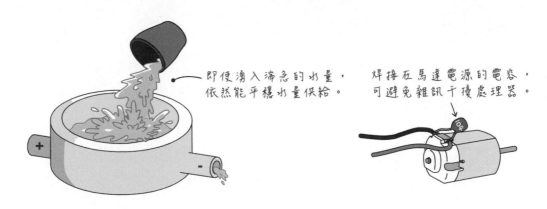

當施加電壓至電容器兩端時，電容器將逐漸累積儲存的電荷，此稱為**充電**；移除電壓後，電容器所儲存的電荷將被釋放，稱為**放電**。微電腦電路使用的電容值通常很小，常見的單位是 nF, pF 和 μF，例如，吸收馬達電源雜訊的電容值採 100nF。

- μ 代表 10^{-6}（百萬分之一），也就是 $1000000\,\mu F = 1F$

- n 代表 10^{-9}，因此 $1000nF = 1\mu F$

- p 代表 10^{-12}，因此 $1000pF = 1nF$

電容的類型

電容有多種不同的材質種類，數值的標示方式也不一樣，主要分成**有極性**（亦即，接腳有正、負之分）和**無極性**兩種：

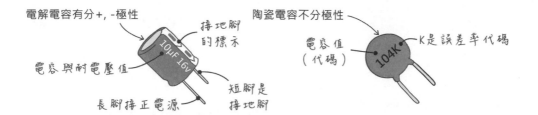

電解電容有分+, -極性　　接地腳的標示　　陶瓷電容不分極性　　電容值（代碼）　　K是誤差率代碼　　電容與耐電壓值　　短腳是接地腳　　長腳接正電源

常見的有極性電容為「電解電容」，容量在 1μF 以上，經常用於電源電路。這種圓桶狀的電容包裝上會清楚地標示容量、耐電壓和極性，此外，電解電容有一長腳和一短腳，**短腳代表負極**（也就是接地，記憶口訣：減短，「**減**」號那一端比較短）：

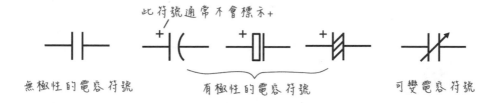

此符號通常不會標示+

無極性的電容符號　　有極性的電容符號　　可變電容符號

電解電容的標示簡單易懂，標示 10μF，就代表此電容的值是 10μF。連接電解電容時，請注意電壓不能超過標示的耐電壓值，正、負腳位也不能接反，否則電容可能會爆裂。**電容耐壓值通常選用電路電壓的兩倍值，例如，假設電路的電源是 5V，電容耐壓則挑選 10V 或更高值。**

無極性電容的種類比較多，包含陶瓷、鉭質和麥拉，容量在 1μF 以下；數位電路常用陶瓷和鉭質。這些電容上的標示，100pF 以下，直接標示其值，像 22 就代表 22pF。

100pF 以上，則用容量和 10 的冪次方數字標示，例如，104 代表 0.1μF（或者說 100nF），換算方式如下：

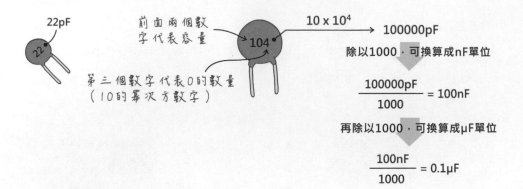

前面兩個數字代表容量

第三個數字代表0的數量（10的冪次方數字）

10×10^4

100000pF

除以1000，可換算成nF單位

$$\frac{100000pF}{1000} = 100nF$$

再除以1000，可換算成μF單位

$$\frac{100nF}{1000} = 0.1μF$$

電容通常沒有標示誤差值，普通的電解電容的誤差約 ±20%，無極性電容（陶瓷和鉭質）的常見誤差標示 J（±5%）、K（±10%）和 M（±20%）。

像電阻一樣，電容也有**可變電容**，只是比較少見，因為它們的容量值變化範圍比較有限，通常用於舊型類比式收音機（就是透過旋鈕轉動頻率指針，而非透過按鈕和數字調整頻率的那一種）的收訊頻率調整器。

2-4 二極體

二極體是一種**單向導通**的半導體元件，相當於水管中的「逆止閥門」。 二極體的接腳**有區分極性**，導通時，會產生 0.6~0.7V 電壓降。換句話說，它需要 0.6V 以上的電壓才會導通，假設流入二極體的電壓是 5V，從另一端流出就變成 4.3V：

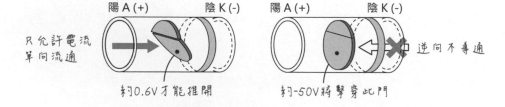

陽 A (+)　　　陰 K (-)　　　　陽 A (+)　　　陰 K (-)

只允許電流單向流通

逆向不導通

約0.6V才能推開　　　　約-50V將擊穿此門

二極體的外觀和電路符號如下：

二極體的電流可以從**陽極（＋ 或 A）**流向**陰極（- 或 K）**，反方向不能流通；如果反向電壓值太高（以 1N4001 型號為例，約 -50v）， 二極體將被貫穿毀損（稱為「崩潰電壓」或者「尖峰逆電壓」，簡稱 PIV 值）：

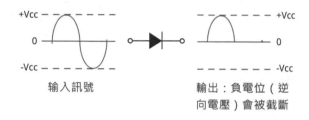

選用二極體時，必須考量它的耐電流量（或**最大順向電流**）、尖峰逆電壓和切換時間（從導通到截止狀態或者相反所花費的時間，也就是反應速度）。常見的通用型二極體的型號為 1N4001~1N4007，它們之間的差別在於承受逆向電壓的能耐。

表 2-1

型號	最大順向電流	最大逆向電壓
1N4001	1A	50V
1N4002	1A	100V
1N4007	1A	1000V

在微電腦電路中，1N4001 應該夠用，但反正它們的體積和零售價格都一樣，所以用大一點的型號也無妨。另一種常用於收音機、音響等信號處理的二極體型號是 1N4148，最大順向電流是 200mA，最大逆向電壓則是 100V。

D1 mini 控制板的 Micro USB 介面附近有連接一個二極體，型號是 B5819W。當 D1 控制板連接 USB 時，板子的 5V 接腳可提供 5V 輸出給外部電路使用；相反地，5V 接腳也可以連接外部電源，供電給控制板。這個二極體用於避免外部的 5V 電源從 USB 介面回流到個人電腦：

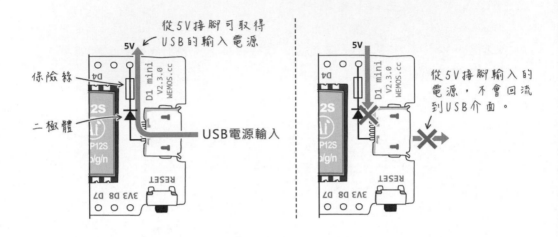

附帶一提，二極體上面的保險絲規格是 0.5A（500mA），若輸入電流超過此值，此保險絲將會變成「高阻抗」，阻斷電流輸入來保護控制板。

2-5 發光二極體（LED）

發光二極體（簡稱 LED） 是最基本的輸出介面裝置，以音響擴大機為例，從面板上的 LED 燈號，可以得知它是否處於運作狀態以及音量輸出的強度。

LED 同樣是單向導通元件，若接反了它不會亮。由於它的體積小、不發熱、消耗功率低且耐用，廣泛運用在電子產品的訊號指示燈，隨著高功率、高亮度的 LED 量產與綠能產業的蓬勃發展，LED 也逐漸取代傳統燈泡用於照明。

底下是 LED 的電路符號。LED 有各種尺寸、外觀和顏色，常見的外型如下，**長腳接正極**（＋）、**短腳接負極**（-，或接地），**LED 外型底部有一個切口，也代表接負極**：

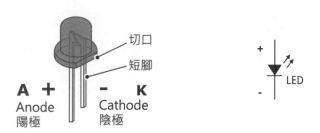

本書採用的 LED 都是一般的小型 LED，依照紅、綠、橙、黃等顏色不同，工作電壓、電流和價格也不一樣，電壓介於 1.7V～2.2V，電流則介於 10mA～20mA 之間。

> 紅色的 LED 最便宜。

表 2-2

顏色	最大工作電流	工作電壓	最大工作電壓	最大逆向電壓
紅	30mA	1.7V	2.1V	5V
黃	30mA	2.1V	2.5V	5V
綠	25mA	2.2V	2.5V	5V

電子元件分成「主動」和「被動」兩大類，可以對輸入訊號或資料加以處理、放大或運算的是**主動元件**。主動元件需要外加電源才能展現它的功能，像微處理器、LED 和二極體都需要加上電源才能運作；不需要外加電源就能展現特性的是**被動元件**，泛指電阻、電容和電感這三類：

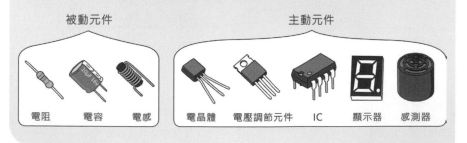

2-6 看懂電路圖

電路圖就是展示電子裝置所需的零件型號，以及零件如何相連的藍圖，相當於組合模型的說明書。因此，對電子 DIY 有興趣的人士，可以不用了解電路的運作原理，但是絕對要看懂電路圖。就像我們的語言會有各地的「方言」一樣，電路圖中的符號也會因為國家或年代的不同而有些微的差異。

電路圖裡的線條代表元件「相連結」的部分，像下圖左邊的電路，實際的接線形式類似右圖：

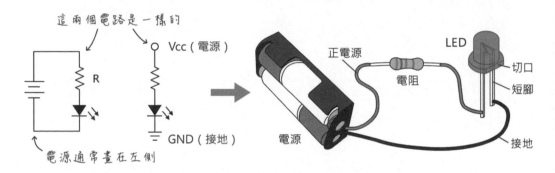

電路圖大多不像上圖般簡單，圖中會出現許多相互交錯的線條，像底下的麥克風放大器電路圖一樣（左、右兩圖是相同的）。並非所有交錯的線條都是「相互連結」在一起，而是**只有在交錯的線條上面有「小黑點」的地方，才是彼此相連的**：

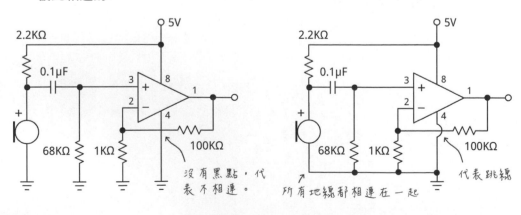

早期的電路圖使用「跳線」的符號清楚地標示沒有相連。

> 電路圖中，兩條交錯的線條：
>
> - 如果交接處有一個小黑點，代表線路相連。
> - 如果交接處沒有圓點，代表線路沒有相連。

電路圖只標示零件的連結方式，實際的擺設方式和空間佔用的大小並不重要。電路圖有時也會用代號來標示零件，零件的實際規格另外在「零件表」中標示，例如：

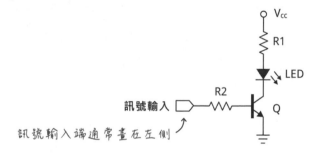

零件表	
R1	330Ω
R2	25KΩ
LED	紅色
Q	9013

訊號輸入端通常畫在左側

「輸出/輸入」符號

有時電路圖不會畫出完整的電路，像是 ESP8266 的周邊介面，就沒有必要連同 ESP8266 處理器的電路一併畫出來，這時，電路圖會使用一個多邊型符號代表信號的輸入或輸出：

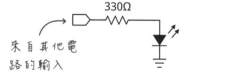

來自其他電路的輸入

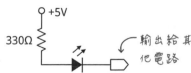

輸出給其他電路

2-7 微控制板和實驗電路的電源供應器

當 MicroPython 程式檔寫入控制板之後，控制板將能脫離電腦獨立運作。此時，控制板可以透過 USB 電源供應器或者行動電源供電：

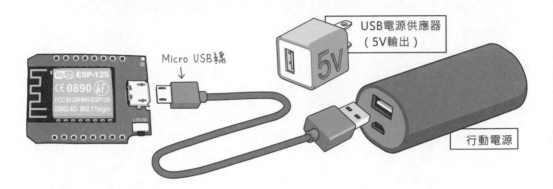

Micro USB線

USB電源供應器
（5V輸出）

行動電源

WEMOS 有一款和 D1 mini 插槽相容的鋰電池供電與充電板，能把 3.7V 鋰電池升壓至 5V，供電給 D1 控制板。擴充板上的 Micro USB 可接 5V 電源替鋰電池充電：

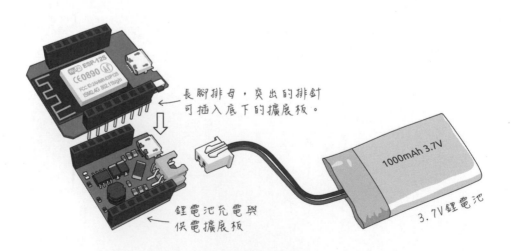

長腳排母，突出的排針
可插入底下的擴展板。

1000mAh 3.7V

鋰電池充電與
供電擴展板

3.7V鋰電池

2-8 電子工作必備的量測工具：萬用電錶

一般稱為「三用電錶」或「萬用電錶」，主要用於測量電壓、電流和電阻值，有些多功能的電錶還可以測試二極體、電晶體、電容、頻率、電池...等等。

電錶有「數位」和「類比」兩種，數位式電錶採用 LCD 顯示測量值，類比式電錶則用電磁式指針。指針量表的外觀如下圖，其好處是反應靈敏，像在測試電路是否短路時，可以從指針迅速擺動的情況得知：

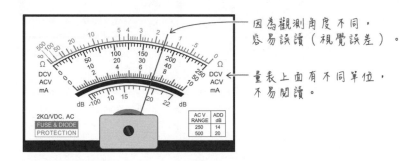

因為觀測角度不同，容易誤讀（視覺誤差）。

量表上面有不同單位，不易閱讀。

不過，電壓、電流、電阻...等量值全擠在一個指針面板，初學者需要一段時間練習閱讀。此外，電磁式指針比起液晶面板，更容易受外界干擾，而且可能因使用者的視角而產生讀取誤差，所以不建議讀者購買類比式電錶。

數位式的好處是精確、方便且功能較多樣化。數位電錶又分成手動和自動切換檔位兩種，建議購買自動切換型：

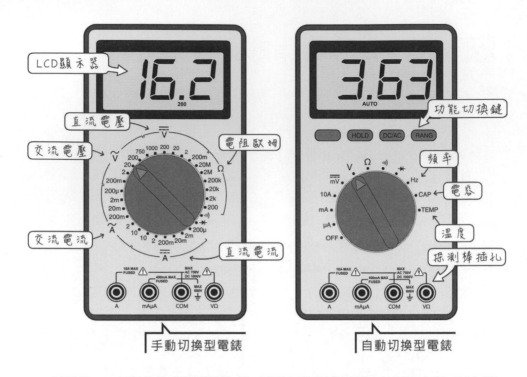

手動切換型電錶　　　　　　　自動切換型電錶

以測量 20V 以內的直流電壓為例，手動切換型的電錶，在測量之前，要先調整到 DC 的 20 檔位；若要測試高於 20V 的直流電，則要切換到 200V 檔位。如果是自動切換型，只需要調整到 DC 或 DCV，不用管測試的範圍。

使用萬用電錶

一組電錶都會附帶兩條測試棒（或稱「探棒」），一黑一紅。電錶上有兩個或更多測試棒插孔，其中一個是**接地（通常標示為 COM），用來接黑色測試棒**，其他插孔用來接紅色測試棒：

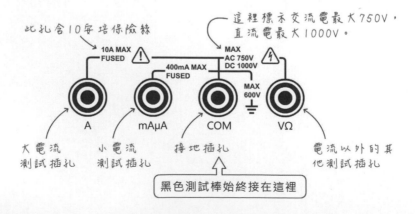

除了基本的兩個測試棒插孔，多餘的插孔通常都是用於測試電流，有些還分成大電流和弱電流測試孔；電流插孔內部包含大、小安培值的保險絲（fuse），電錶上也有標示可測試的最大電流值，若超過此值，內部的保險絲將會熔斷。

動手做 2-1 測量電阻或電容

測試電阻時，先將電錶的檔位切換到**歐姆**（通常標示為Ω），並像下圖一樣接好測試棒，再用測試棒的金屬部分碰觸電阻的接腳即可。測試過程中要注意，手指不要碰觸到測試棒或元件的接腳，以免造成測量誤差：

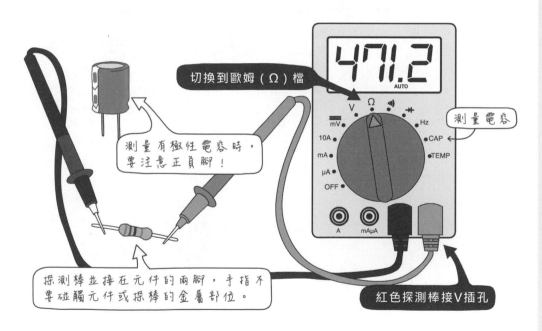

切換到歐姆（Ω）檔

測量電容

測量有極性電容時，要注意正負腳！

探測棒並接在元件的兩腳，手指不要碰觸元件或探棒的金屬部位。

紅色探測棒接V插孔

如果你的電錶具有電容測試功能，請先切換到標示為 CAP 或電容符號的檔位，並注意電容接腳的極性。

> 如果你要測量電路板上的電阻或電容元件，必須先把它們從板子上拆下來，不然測得的電阻或電容值可能會受到線路其他元件的影響而不準確。

測量電壓

如果你的電錶無法自動換檔,那麼,在測量電壓(或電流)時,若不確定其最大值,**最好先把轉盤調到電壓值比較高的檔位**,然後再換到合適的檔位。請注意,測量電壓或電流的過程中,不要切換檔位;切換檔位之前要先移開測試棒:

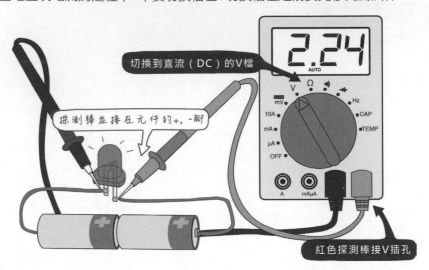

切換到直流(DC)的V檔

探測棒並接在元件的+, -腳

紅色探測棒接V插孔

測量電流

測量電流之前要先拆下線路,這就好像要觀察水管裡面的水流量時,要把水管鋸斷一樣。測試棒像下圖一樣,分別接在截斷的線路兩端,才能讓電流流入儀表測量。**紅色測試棒記得要接在測量電流的插孔**:

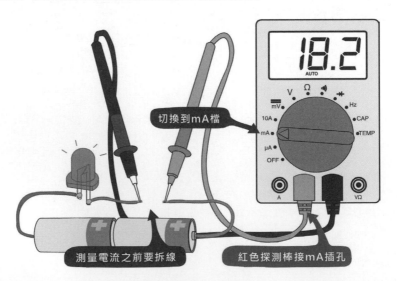

切換到mA檔

測量電流之前要拆線

紅色探測棒接mA插孔

2-9 麵包板以及其他電子工具

麵包板是一種不需焊接,可快速拆裝、組合電子電路的用具(早期的電子愛好者用銅線、釘子,在切麵包的木質砧板上組裝電路,因而得名)。麵包板裡面有長條型的金屬將接孔以垂直或水平方式連結在一起。上下兩長條水平孔,用於連接電源,它的外型與內部結構如下圖:

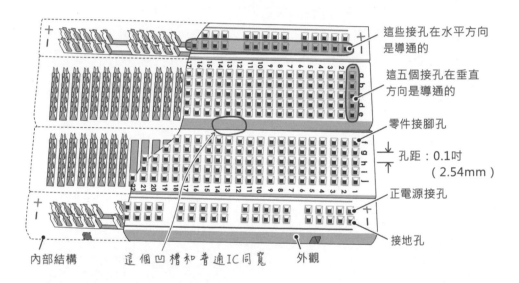

這些接孔在水平方向是導通的

這五個接孔在垂直方向是導通的

零件接腳孔

孔距:0.1吋
(2.54mm)

正電源接孔

接地孔

內部結構　這個凹槽和普通IC同寬　外觀

麵包板有不同的尺寸,建議至少購買一塊 165 mm x 55 mm (2.2" x 7")、830 孔的規格(也稱為 full sized)。

底下是在麵包板上組裝 LED 電路的模樣,零件和導線的金屬部分,直接插入接孔:

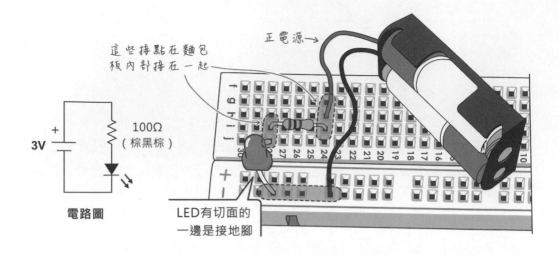

這些接點在麵包
板內部接在一起

正電源→

100Ω
（棕黑棕）

3V

電路圖

LED有切面的
一邊是接地腳

為了方便電子實驗，讀者還可以購買與麵包板相容的電源供應板（它們有多種
外觀，但功能都差不多）：

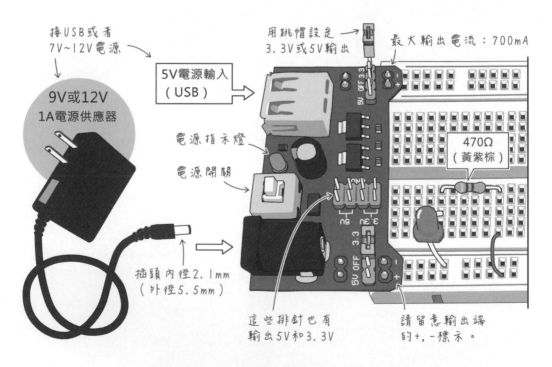

接USB或者
7V~12V電源

用跳帽設定
3.3V或5V輸出

最大輸出電流：700mA

5V電源輸入
（USB）

9V或12V
1A電源供應器

電源指示燈

電源開關

470Ω
（黃紫棕）

插頭內徑2.1mm
（外徑5.5mm）

這些排針也有
輸出5V和3.3V

請留意輸出端
的+，－標示。

受限於 D1 mini 板子上的 0.5A 保險絲，**當透過 Micro USB 供電時，控制板的
電源電路最多只能提供 500mA 電流**；在電流充足的情況下，D1 mini 板子上的
5V 轉 3.3V 電壓調節元件 ME6211，最大也只能輸出 500mA。

在開啟 Wi-Fi 網路的情況下，**D1 mini 板平均消耗電流約 75mA**。如果你打算在控制板上連接多個消耗電流量較大的負載，像伺服馬達、點陣 LED，就需要外接 5V 電源給負載，而 D1 mini 板子上的 5V，也能接入外部電源（**最高不可超過 6.5V**），這樣就不需要額外透過 USB 供電了。**從 5V 接孔輸入電源時，請勿同時從 Micro USB 接電；接外部電源時，若要透過 USB 上傳新程式，請先拔除或關閉外部電源**：

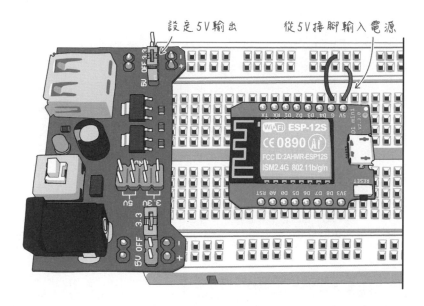

導線與跳線

導線分成單芯與多芯兩種類，並且各自有不同的粗細（線徑）：

電子材料行有販賣現成的麵包板導線（又稱為**跳線**），一包裡面通常有不同長短和不同顏色，導線的長度都是麵包板孔距（0.1 吋）的倍數。習慣上，**正電源線通常用紅色線、接地則用黑色**，不同顏色的導線有助於辨別麵包板上的接線：

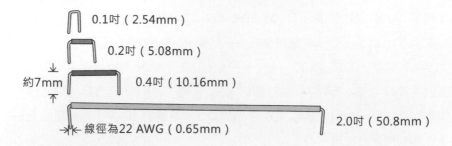

0.1吋（2.54mm）

0.2吋（5.08mm）

0.4吋（10.16mm）

約7mm

線徑為22 AWG（0.65mm）

2.0吋（50.8mm）

AWG 代表「美國導線規格（American Wire Gauge）」，是普遍的導線直徑單位，像電源線、SATA 硬碟傳輸線...等線材上面通常都會印有 AWG 單位。AWG 數字越大，線徑越細，像 20AWG 線徑為 0.81mm、22AWG 線徑是 0.65mm。

某些跳線前端有附排針，方便插入控制板上的排插孔：

附有排針的導線，方便
插入控制板的插孔。

電子材料行有賣成捆的單芯導線，建議購買 **22 AWG 或 24AWG 線徑**，可用於麵包板，也能用在電路板焊接。

> 你也可以從舊電器、電腦、電話線、鍵盤、滑鼠、磁碟機排線...等連接線中取得導線來使用。

杜邦接頭也是常見的連接線，它有 1, 2, 3, 4, 8, ...等不同數量的插孔形式可選。讀者可以在電子材料行買到不同導線長度和不同接頭的完成品（如：公對公、公對母和母對母），或者自行買接頭回來焊接：

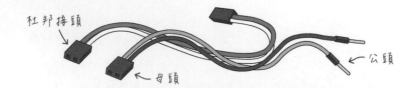

杜邦接頭

母頭

公頭

鱷魚夾和**測試鉤**是電子實驗常用到的連接線,電子材料行有販賣焊接好鱷魚夾與導線的成品,也有單賣各種顏色的鱷魚夾和測試鉤零件,讓買家自行焊接:

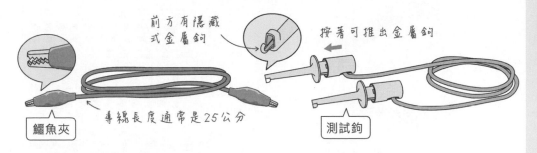

前方有隱藏式金屬鉤

按著可推出金屬鉤

導線長度通常是25公分

鱷魚夾

測試鉤

底下是鱷魚夾的使用示範。測試鉤的好處是,它露出的金屬接點少,比較不用擔心碰觸到其他元件而發生短路:

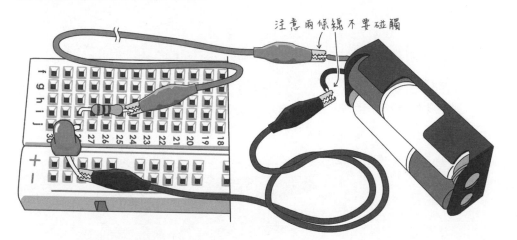

注意兩條線不要碰觸

尖嘴鉗與斜口鉗

尖嘴鉗用於夾取和拔除電子零件及導線,斜口鉗用於剪斷電線或零件多餘的接線:

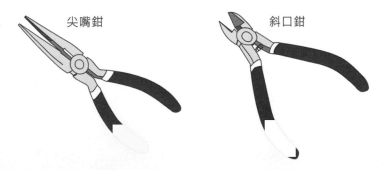

尖嘴鉗   斜口鉗

尖嘴鉗在拔除麵包板上的零件時，也挺好用的，例如：

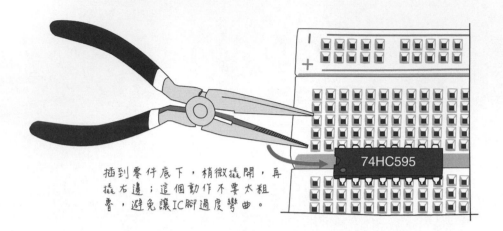

插到零件底下，稍微撬開，再撬右邊；這個動作不要太粗魯，避免讓IC腳過度彎曲。

剝線鉗以及使用尖嘴鉗與斜口鉗剝除導線的絕緣皮

「**剝線鉗**」是專門用來剝除電線絕緣皮的工具，它有不同的外觀形式，以及剝線（線徑）規格，建議選擇包含常用的 **22AWG** 線徑的款式：

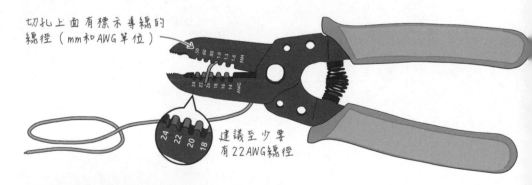

切孔上面有標示導線的線徑（mm和AWG單位）

建議至少要有22AWG線徑

只要熟練操作尖嘴鉗和斜口鉗，也能**剝除導線的絕緣皮**：

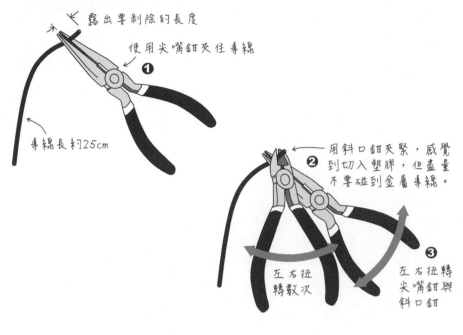

露出要剝除的長度

使用尖嘴鉗夾住導線 ➊

導線長約25cm

用斜口鉗夾緊，感覺到切入塑膠，但盡量不要碰到金屬導線。 ➋

左右扭轉數次

➌ 左右扭轉尖嘴鉗與斜口鉗

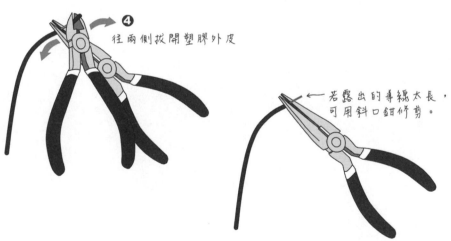

➍ 往兩側拔開塑膠外皮

若露出的導線太長，可用斜口鉗修剪。

但是用這種方式剝除導線外皮也有風險：若不小心傷到導線的金屬部份，可能會導致導線容易斷裂。

M E M O

3

00011

MicroPython
基本操作

本章將以一個簡易的 LED 閃爍範例，說明從編寫程式到上傳至 MicroPython 板執行的過程。雖然這只是一個小小的例子，但對於剛接觸 MicroPython 或 Python 程式設計的讀者而言，其中包含許多重要的基礎知識。

本章也將介紹電子學當中最重要的**歐姆定律**，透過這則簡單的公式，我們能計算出要替 LED 加上多少數值的電阻，才不會燒毀 LED，也可以計算出電子零件的耗電量（消耗功率）。

3-1 MicroPython 程式設計基礎

MicroPython 的程式要配合硬體的規劃，而且指令敘述要具體、明確，像「開始閃爍 LED」這個指示，對電腦來說太抽象了。由於控制板有許多接腳，程式必須明確指出要控制的接腳以及閃爍的間隔時間。以控制連接在第 2 腳的 LED 為例，完整的敘述類似這樣，程式基本上會從第一行敘述循序往下執行：

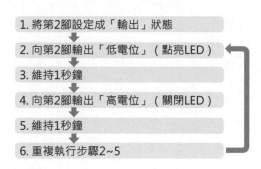

1. 將第2腳設定成「輸出」狀態
2. 向第2腳輸出「低電位」（點亮LED）
3. 維持1秒鐘
4. 向第2腳輸出「高電位」（關閉LED）
5. 維持1秒鐘
6. 重複執行步驟2~5

每個程式語言都有自己的詞彙和語法，大多數程式語言都以英語為基礎，MicroPython 也不例外。實際指揮 D1 mini 控制板時，我們必須把上面的指示，改寫成 MicroPython 的詞彙和文法。

Python 程式編輯器

你可以用任何文字編輯器編寫 Python 程式，就連「記事本」也行，但專用的程式編輯器具有語法提示、程式糾錯、自動編排格式...等方便的功能。在電腦上安裝 Python 3.x 版時，它一併安裝了名叫 IDLE 的程式編輯器，只是它的介面稍嫌陽春了一些。另一款針對 Python 程式初學者的免費編輯器，叫做 Thonny（網址：thonny.org），有 Windows, macOS 和 Linux 版本：

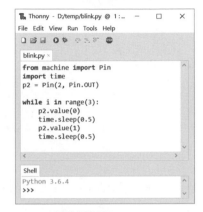

電腦版 Python 內建的 IDLE 程式編輯器　　Thonny 程式編輯器

許多知名的程式編輯器，例如 Atom, Sublime Text 和微軟免費的 Visual Studio Code，也都有支援 Python，讀者可自由選用偏愛的程式編輯器。

WEMOS D1 mini 控制板接腳

底下是 D1 mini 控制板的核心模組 ESP-12S 的接腳，模組原廠的技術文件以 GPIO 前綴來標示每個數位腳，第 2 腳有連接一個電阻和 LED。請注意，**第 2 腳接在 LED 的陰極（K）**，這意謂著**腳 2 輸出低電位，LED 會點亮**；腳 2 輸出高電位，LED 不亮（參閱下文「負載的接法：源流與潛流」一節）：

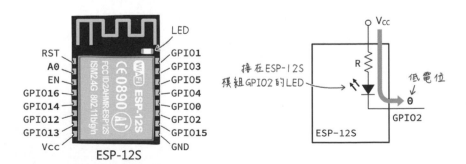

底下是 D1 mini 的接腳名稱，這個控制板把 GPIO 重新命名成以 D 為前綴，從 D1 到 D8，然而，MicroPython 程式裡的數位腳編號，是以 GPIO 命名為準：

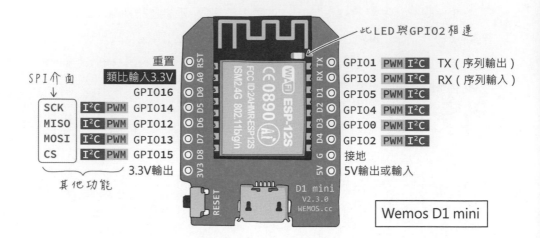

如同第一章提到的，GPIO 代表「**通用**輸出/入」。現在的微控器尺寸越來越小，為了能在有限的空間容納更多功能，只好賦予同一個接腳多重功能，所以叫做「通用」。為了避免查閱對應接腳名稱的麻煩，筆者把 GPIO 編號列印在紙上，用透明膠帶黏在控制板插槽兩側，如下圖左所示，其餘是筆者焊接的 D1 mini 相容實驗板：

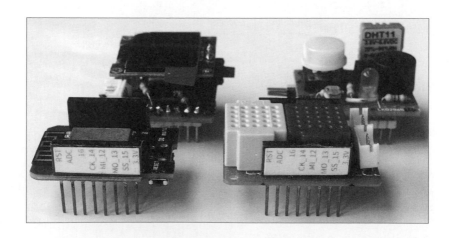

> 除非特別註明，書本提到的控制板接腳編號都是 GPIO 編號。由於有不少廠商採用 ESP8266 模組生產控制板，不同廠商的控制板可能有不同的接腳命名，所以 MicroPython 才會統一使用 ESP8266 模組的 GPIO 接腳編號。

匯入控制接腳狀態的程式庫

在程式中使用控制板的接腳之前，必須先明確指定接腳編號以及它的功用。在 ESP8266 控制板上，**與硬體相關的指令都被歸納在 machine 程式庫**，這些指令又依功能，分類放在不同的**類別**（class，參閱第 10 章）。例如，與設置與控制接腳相關的指令，位於 machine 程式庫當中的 Pin 類別：

> 接腳的英文做叫 "pin"。

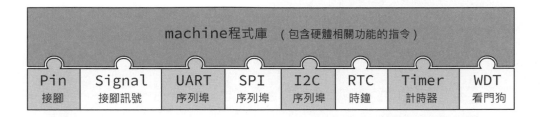

使用某個程式庫裡的指令時，需要先執行 **import** 指令匯入程式庫，寫法有兩種：

剛入手新的 3C 產品時，你可能不需要閱讀說明書就能自己摸索出它的功能。但是接觸新的電子零件或模組時，我們需要查閱廠商提供的技術文件，才能了解它的電氣特性和訊號格式。

程式庫也一樣，從 MciroPython 官網的 DOCS 連結，可瀏覽 MicroPyhton 語言的說明文件，底下是 ESP8266 版的說明頁（http://docs.micropython.org/en/latest/esp8266/），左側的 **libraries** 選單項目包含各個程式庫的說明：

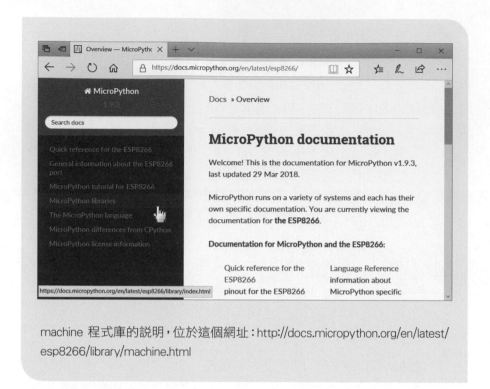

machine 程式庫的說明，位於這個網址：http://docs.micropython.org/en/latest/esp8266/library/machine.html

使用變數儲存接腳的設定值

匯入控制接腳的程式庫之後，我們將利用它來設定接腳的狀態，例如，接腳編號是 2、模式是輸出。而且，這個設定值必須要儲存起來讓後面的程式碼取用。

在程式中，**儲存資料的容器稱為「變數」**，每個儲存容器都要有個名字。假設要在程式中儲存數字 2，而我們把這個儲存容器取名成 "num"，程式碼寫成：

num = 2

程式中的「等號」不是相等，而是「把右邊值賦予給左邊的容器」之意，整個敘述請唸成「把 num 設定成 2」。

取用變數時，只要寫出變數的名字即可，例如，這個敘述將在終端機顯示 num 值和 3 相加的結果：

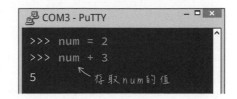

綜合以上說明，把第 2 腳設定成「輸出」功能的程式敘述如下，被匯入執行的 Pin 類別將產生能被我們的程式操作的「物件」：

```
from machine import Pin

p2 = Pin(2, Pin.OUT)
```
自訂的變數名稱　　接腳編號　　代表「輸出」

Pin物件 ← 腳2的控制功能

變數 → p2

上面的程式片段可以改寫成底下這樣，匯入整個 machine 程式庫，如此，每個 Pin 類別名稱之前都要加上 "machine."，代表存取 **machine 程式庫裡的 Pin 類別**；"machine.Pin" 當中的**點符號**相當於中文連接詞「的」：

```
import machine  ← 匯入machine程的所有模組
p2 = machine.Pin(2, machine.Pin.OUT)
```
Pin前面要加上machine.

把 **GPIO 腳的工作模式設成「輸出」**之後，該腳預設將輸出低電位。所以，在終端機執行上面兩行敘述之後，第 2 腳的 LED 將會點亮。我們透過 Pin 物件的 value（代表「值」）屬性改變預設的輸出值，像這樣：

```
import machine
p2 = machine.Pin(2, machine.Pin.OUT , value=1)
```
輸出預設成「高電位」

Python 程式指令大小寫有別，像 "Pin.OUT" 不能寫成 "pin.out"。如果忘了明確指出 Pin 的來源，會導致**名稱未定義（undefined）**錯誤：

```
COM3 - PuTTY                                          _ □ ×
>>> import machine
>>> p2 = Pin(2, Pin.OUT)   ←── 未指出Pin的來源
Traceback (most recent call last):
  File "<stdin>", line 1, in <module>
NameError: name 'Pin' is not defined  ←── 名稱錯誤:'Pin'未定義
>>>
```

設定變數名稱時，必須遵守底下兩項規定：

- 變數名稱只能包含字母、數字和底線（_）。

- 不能用數字開頭。

除了上述的規定之外，還有幾個注意事項：

- 變數的名稱**大小寫有別**，因此 LED 和 Led 是兩個不同的變數！

- 變數名稱應使用有意義的文字，如 LED 和 pin（代表「接腳」），讓程式碼變得更容易理解。

- 若要用兩個單字來命名變數，例如，命名代表「時脈接腳」的 "clock pin" 時，我們通常會把兩個字連起來，第二個字的首字母大寫，像這樣：clockPin。這種寫法稱為「駝峰式」記法。有些程式設計師則習慣在兩個字中間加底線：clock_pin。

- 避免用特殊意義的「保留字」來命名。例如，import 是「匯入程式庫」的指令，為了避免混淆，請不要將變數命名成 import。完整的 Python 3 語言保留字表列，可在電腦的 Python 語言直譯器輸入底下兩行敘述取得：

```
Python 3                                              _ □ ×
>>> import keyword
>>> print(keyword.kwlist)   ←── 在終端機顯示全部關鍵字
['False', 'None', 'True', 'and', 'as', 'assert', 'break',
'class', 'continue', 'def', 'del', 'elif', 'else', 'except',
'finally', 'for', 'from', 'global', 'if', 'import', 'in',
'is', 'lambda', 'nonlocal', 'not', 'or', 'pass', 'raise',
'return', 'try', 'while', 'with', 'yield']
>>>
```

MicroPython 沒有內建 keyword 程式庫,所以上面的命令必須在電腦上執行。我們還能透過 iskeyword() 函式確認某個名稱是否為關鍵字,若傳回 False,就代表不是:

測試對象用單引號或雙引號包圍

```
Python 3                                                    _ □ ×
>>> print(keyword.iskeyword('for'))    ← 查看 for 是不是關鍵字
True
>>> print(keyword.iskeyword('num'))    ← 查看 num 是不是關鍵字
False
```

輸出數位訊號

每個 GPIO 接腳都能輸出**高電位(1)**和**低電位(0)**
訊號,輸出數位訊號的指令是位於 Pin 物件裡的
value,還有 on() 以及 off()。

value 代表「值」。

接腳物件.value(0或1)

```
p2.value(1) ← 腳2輸出高電位
p2.value(0) ← 腳2輸出低電位
```

接腳物件.on()
接腳物件.off()

```
p2.on() ← 腳2輸出高電位
p2.off() ← 腳2輸出低電位
```

替程式加上註解

註解是寫在程式碼裡面的說明文字,方便人們日後回頭檢閱程式時,能夠快速理解程式碼的用途。**Python 的單行註解用井號(#)開頭,多行註解則要用 3 個連續單引號或引號包圍**。底下是替程式碼加上註解的例子,MicroPython 不支援中文,但是我們可以在程式編輯器(如:Thonny)裡面輸入中文註解:

多行註解用3個單引號或雙引號包圍

```
'''
第3章的閃爍LED範例         ← 寫給人看的說明，Python解譯器會自動忽略它。
不需要額外接線。
'''
from machine import Pin

# 把第2腳（D4）設為「輸出」
p2 = Pin(2, Pin.OUT)
```

單行註解用#號開頭

3-2 使用迴圈執行重複性質的工作

重複、單調乏味的工作最適合交給電腦處理了。假設要讓腳 2 的 LED 閃爍 3 次，每次閃爍間隔時間為 0.5 秒，最簡單的寫法就是重複 3 次相同的敘述，但顯然是糟糕的寫法：

囉唆的程式寫法

人類的想法

重複3次以下工作：
　　點亮LED
　　持續0.5秒
　　關閉LED
　　持續0.5秒

```
p2.value(0)
time.sleep(0.5)
p2.value(1)
time.sleep(0.5)

p2.value(0)
time.sleep(0.5)
p2.value(1)
time.sleep(0.5)

p2.value(0)
time.sleep(0.5)
p2.value(1)
time.sleep(0.5)
```

使用 for 執行已知次數的重複工作

反覆執行相同敘述的指令，統稱為**迴圈** (loop)；對於需要執行已知迴圈次數的敘述，可以交給 **for 迴圈**指令達成，例如：

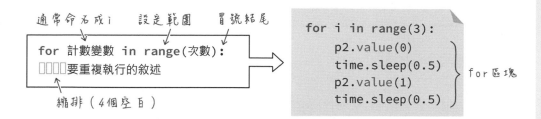

請記得 **for 敘述後面要用冒號 (:) 結尾**，被重複執行的敘述稱為 **for 區塊**程式：在 Python 語言中，隸屬**同一區塊的每一行敘述前面都要加上相同數量的空白**，通常是 **4 個空白字元**，或者 **1 個 Tab (定位) 字元**。

time.sleep(0.5) 敘述代表「執行 time 模組的 sleep() 指令，時間參數為 0.5 秒」。**sleep 有「睡眠」之意**，在 **Python 中則代表「暫停」或者「持續目前狀態」**。所以上面的 for 區塊程式，將先點亮 LED，並維持點亮狀態 0.5 秒，再執行關閉 LED 指令。

使用 for 迴圈構成的閃爍 3 次 LED 的完整程式碼如下：

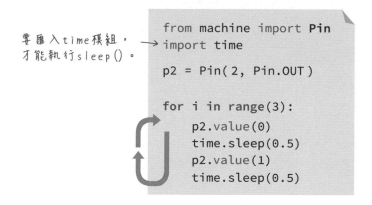

要匯入time模組，才能執行sleep()。

```
from machine import Pin
import time
p2 = Pin(2, Pin.OUT)

for i in range(3):
    p2.value(0)
    time.sleep(0.5)
    p2.value(1)
    time.sleep(0.5)
```

Python 透過**縮排**來表示區塊範圍,是表達程式語意相當重要的一環。Python 沒有嚴格規定縮排的空格數量,但是你自己要維持一致的風格(建議空 4 格),以上面的 for 迴圈為例,如果迴圈內部敘述的縮排不一致,Python 解譯器將無法判斷程式區塊的範圍。

例如,底下敘述將導致 "IndentationError:unexpected indent"(縮排錯誤;未預期的縮排):

縮排的空格數目不一致

```
for i in range(3):
    p2.value(0)
    time.sleep(0.5)
     p2.value(1)
    time.sleep(0.5)
```

用於網頁的 JavaScript 語言以及 Arduino 的 C 語言,使用大括號標示區塊範圍,縮排僅是為了方便閱讀,讓程式碼看起來有井井有條,沒有實質意義。底下是 Arduino 的程式片段:

不一定要縮排 →

```
void setup() {
    Serial.begin(9600);
    pinMode(13, OUTPUT);
    pinMode(2, INPUT);
}
```

使用大括號標示區塊範圍

動手做 3-1　使用 while 執行已知次數或無限重複的工作

實驗說明:透過另一個迴圈指令 **while**,讓腳 2 的 LED 不停地閃爍。

while 指令語法如下。while 敘述同樣要用冒號結尾,區塊程式也要縮排。條件式是個運算結果為**是(True)**或**否(False)**,代表是否要持續執行 while 區塊的敘述;直接寫 True 或 1,表示要不斷地重複執行:

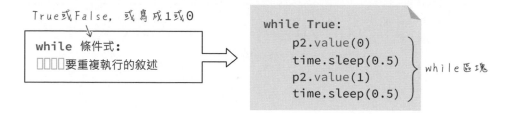

True或False，或寫成1或0

```
while 條件式：
    □□□□要重複執行的敘述
```

```
while True:
    p2.value(0)
    time.sleep(0.5)      ⎫
    p2.value(1)          ⎬ while區塊
    time.sleep(0.5)      ⎭
```

實驗材料與電路：一塊 WEMOS D1 mini 板，無需額外的零件。

實驗程式：不停閃爍 LED 的完整程式碼如下：

```
from machine import Pin
import time
p2 = Pin(2, Pin.OUT)

while True:
    p2.value(0)
    time.sleep(0.5)
    p2.value(1)
    time.sleep(0.5)
```

實驗結果：在終端機輸入上面的程式碼執行之後，LED 將不停閃爍，透過底下任一方法可中斷程式：

● 在終端機中按 Ctrl + C 鍵

● 按一下控制板的 Reset（重置）鈕

● 拔除控制板的電源

> 若按下**重置**鈕，縱使終端機仍與 D1 mini 控制板維持連線，但我們將無法繼續在目前的終端機視窗輸入指令，請關閉終端機、拔除 D1 mini 板的 USB 線再重新連線。

3-3 MicroPython 的互動解譯器模式 （REPL）操作說明

操作 MicroPython 控制板的過程，需要和 MicroPython 的互動解譯器，也就是 **REPL（Read Evaluate Print Loop，輸入-求值-輸出迴圈）** 介面打交道，所以最好先熟悉它的操作技巧。

在終端機中複製與貼入程式碼

複製文字：使用滑鼠拖曳選取一段文字，被選取的文字將呈現反白狀態，這樣就複製好了：

貼入文字：在貼入位置，按滑鼠右鍵：

複製終端機內容時，請留意命令提示字元和程式碼之間有個空格，如果連同此空格一起複製、貼上，執行時會出現「不當縮排」的錯誤：

REPL 模式的自動縮排功能

在終端機中輸入 for, whie, if, ...等區塊程式時，程式的下一行會自動縮排。以輸入底下的「顯示 0~5 之間的奇數」程式碼為例 (這段程式碼的説明請參閱第四章「改變程式流程的 if 條件式」一節)：

```
for i in range(6):
    if i%2 == 0:
        continue
    print(i)
```

輸入第一行程式碼，並按下 `Enter` 鍵，由於第一行是 for 敘述開頭，因此第 2 行會自動縮排：

```
COM3 - PuTTY                                    _ □ ×

>>> for i in range(6):
...     _  ←──────── 文字插入點位置
```

接著輸入第 2 行，因為這一行是 if 敘述，所以第 3 行也會自動縮排：

```
COM3 - PuTTY                                    _ □ ×

>>> for i in range(6):
...     if i%2 == 0:
...         _  ←──────── 文字插入點位置
```

若要結束區塊 (解除一層縮排)，請按一下 `←Backspace` (退位) 鍵：

```
COM3 - PuTTY                                    _ □ ×

>>> for i in
range(6):
...     if i%2 == 0:
...         continue    按一下Backspace鍵，
...     _  ←────────    可「解除縮排」一次。
```

程式最後按一下 ⟵Backspace 鍵，再按一下 Enter 鍵即可執行程式；或者，直接按
3 次 Enter 鍵也能結束區塊並執行程式：

```
COM3 - PuTTY                              _ □ ✕
>>> for i in
range(6):
...     if i%2 == 0:
...         continue
...     print(i)
...  ⟵————————————————————  按一下Backspace鍵
1                                        解除縮排，
3                                        再按一下Enter鍵，
5                                        執行程式碼
>>>
```

使用「貼入模式」貼入程式碼

如果你複製在程式編輯器寫好的程式碼，貼入終端機視窗，程式原本的縮排格
式將被打亂，造成程式執行錯誤：

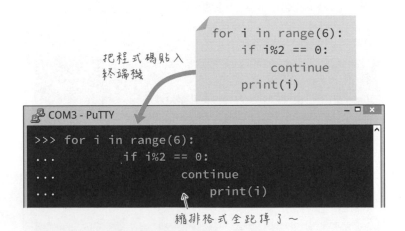

把程式碼貼入
終端機

```
for i in range(6):
    if i%2 == 0:
        continue
    print(i)
```

```
COM3 - PuTTY                              _ □ ✕
>>> for i in range(6):
...         if i%2 == 0:
...                 continue
...                     print(i)
```

縮排格式全跑掉了～

為了避免格式錯亂，把程式貼入終端機之前，請先**按** `Ctrl` + `E` **鍵，進入「貼入模式」**，原本的提示字元將變成三個連續等號。若要**取消貼入模式，請按下** `Ctrl` + `C` **鍵**；貼入完畢後，請**按** `Ctrl` + `D` **鍵離開**：

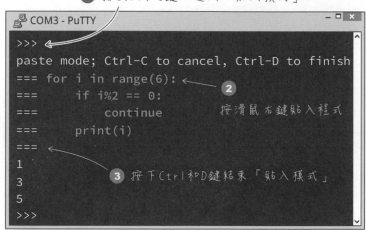

原始（Raw）模式

按 `Ctrl` + `A` 鍵會進入 (我們通常用不到的) **原始模式**，命令提示字元將變成一個 '>'。在原始模式中，所有你輸入以及貼入的內容不會出現在終端機裡面，直到你按下 `Ctrl` + `D`，它才會回覆 OK 並立即執行程式：

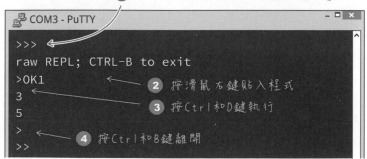

總結 MicroPython 的互動解譯器操作模式的快捷鍵：

- ↑、↓ 鍵：瀏覽之前輸入過的指令

- Ctrl + A 鍵：進入原始 (Raw) 模式

- Ctrl + B 鍵：離開原始模式

- Ctrl + C 鍵：中斷程式執行

- Ctrl + E 鍵：進入**貼入模式**

- Ctrl + D 鍵：在**貼入模式**中執行程式/離開貼入模式；在非貼入模式中，將重置微控制板。

3-4 上傳程式檔到 ESP8266 控制板

透過終端機 REPL 模式輸入的程式碼，不會儲存在微控制板，每當你按下 Ctrl + D 重置，剛才輸入的程式碼就消失了。MicroPython 板允許我們上傳事先編寫好的 Python 程式檔，再從控制板啟動執行。

上傳程式檔的方式有兩種：

- 透過 USB 線：在電腦的文字命令列（終端機）透過工具程式上傳。

- 透過網頁瀏覽器：ESP8266 控制板需要事先設定 Wi-Fi 連線。

提供 MicroPython 控制板管理檔案（如：上傳與刪除程式檔）的工具程式，有 rshell, mpfshell 和 ampy，它們都是開放原始碼。ampy 的開發者是美國一家電子零組件供應商 Adafruit (adafruit.com)，它的功能比較完整，因此本書採用 ampy。

安裝 ampy

請在命令列（終端機）透過 pip 命令安裝 ampy：

```
D:\python> pip install adafruit-ampy
```

使用 Mac 電腦的讀者請執行 pip3 並在前面加上 sudo：

```
Cubies-Mac:~ cubie$ sudo pip3 install adafruit-ampy
```

日後若需要更新 ampy 程式，請在 pip 命令最後加上 --upgrade，例如：

```
D:\python> pip install adafruit-ampy --upgrade
```

安裝完畢後，在終端機視窗輸入 "ampy --help" 將能顯示 ampy 命令的說明：

```
D:\python> ampy --help
Usage: ampy [OPTIONS] COMMAND [ARGS]...

  ampy - Adafruit MicroPython Tool
   :
```

透過 ampy 傳入 Python 程式碼給控制板執行

在程式編輯器中輸入底下，讓 LED 閃爍 5 次的程式碼，並將它命名為 blink.py 儲存：

假設你的 blink.py 檔儲存在 D 磁碟機的 "python" 目錄，你可以先在命令列進入該目錄：

接著執行底下的命令，上傳 blink.py 檔到 MicroPython 板並立即執行：

MicroPython 程式檔名（含 .py）最長不可超過 255 個字元。

控制板的 USB 序列埠同時只能連結一個應用程式，如果控制板目前已經和 PuTYY 或 screen 連線，請先中斷連線，再執行 ampy 命令，否則會出現連線錯誤。

在控制板的 LED 閃爍的同時，你可以注意到，命令列（終端機）在控制板程式執行期間會被「凍結」；若要在程式執行期間，同時透過命令列進行其他操作，請在上面的 run 參數後面加上 "--no-output"（代表「不等待程式輸出結果」）：

「不等待程式輸出結果」參數

```
D:\python> ampy --port com3 run --no-output blink.py
```

上傳程式檔並存入控制板

上一節的 run 命令非常適合用在控制板上測試、執行程式檔，但程式檔依然沒有保存在控制板。使用 **put 參數**可將 Python 程式檔儲存在控制板的快閃記憶體：

上傳檔案到控制板

```
D:\python> ampy --port com3 put blink.py
```

blink.py

上傳之後，再透過 PuTTY 或 screen 連接控制板，並使用 import 敘述匯入 blink.py，即可執行程式檔：

COM3 - PuTTY

```
>>> import blink        不用加副檔名 ".py"
```

列舉、下載與刪除控制板裡的檔案

ampy 命令的 **ls 參數**（代表 "list"，列舉）可列舉控制板快閃記憶體裡的檔案。MicroPython 控制板的快閃記憶體裡面至少會有一個名叫 boot.py 的開機設定檔：

```
D:\> ampy --port com3 ls
blink.py
boot.py  } 兩個檔案

D:\>
```

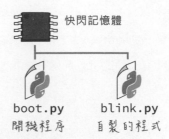

快閃記憶體

boot.py blink.py
開機程序 自製的程式

get 參數可在命令提示字元（終端機）中呈現控制板裡的程式檔內容，例如，顯示 boot.py 檔：

代表「取得」 檔名

```
D:\> ampy --port com3 get boot.py
# This file is executed on every boot (including wake-boot from
import esp
esp.osdebug(None)
import gc
gc.collect()

D:\>
```

若要將檔案下載到電腦，請在最後加上檔案路徑和檔名：

下載檔名

```
D:\> ampy --port com3 get boot.py boot.py

D:\> ampy --port com3 get boot.py C:\abc.py
```
下載 boot.py 到
C 槽的 abc.py 檔

使用 **rm 參數**（代表 "remove"，移除）來刪除檔案，執行此命令會直接刪除檔案，不會詢問是否確認刪除（請勿刪除 boot.py 檔）：

```
D:\> ampy --port com3 rm blink.py
```
刪除 blink.py

3-5 負載的接法：源流與潛流

從控制板連接負載時，需要留意負載的電壓和消耗電流，以免損壞控制板或負載。以 LED 為例，第 2 章提到，LED 的工作電壓約 2V，但 D1 mini 控制板 GPIO 接腳的輸出電壓是 3.3V，為了避免燒毀 LED，我們需要在控制板和 LED 之間連接一個**電阻**。此電阻值通常介於 **220Ω~680Ω**（阻值越高，LED 的亮度將越黯淡），連接方式有底下兩種：

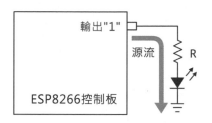
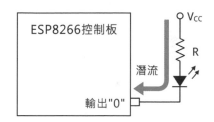

左邊的接法是由控制器提供負載所需的電流，一般稱之為**源流（Source Current）**；當接腳的輸出狀態為**邏輯 1 時，電流由微處理器流出，經元件後至地端**。若採用右圖的接法，電流是由電源（Vcc）提供；當接腳的輸出狀態為**邏輯 0 時，電流由 Vcc 流出，經元件後進入微處理器，此謂之潛流（Sink Current）**。

一般而言，右邊（潛流）的接法比較不消耗處理器的電流，但我們習慣把 1 視作「開啟」，0 當成「關閉」，因此左邊（源流）的接法比較常見。

請注意，ESP8266 模組的源流最高值為 12mA、潛流最高容許值為 20mA，換句話說，無論用哪一種接法，**請勿從控制板流出 12mA 或者流入 20mA 以上的電流**，否則可能會損壞控制板。

動手做 3-2 自行連接 LED

實驗說明：採「源流」接法，控制 LED 閃爍。

實驗材料：

電阻 220Ω	1 個
LED（顏色不拘）	1 個

實驗電路：LED 可以接在任一 GPIO 腳，本例接在第 16 腳。底下是電路圖和麵包板示範接線：

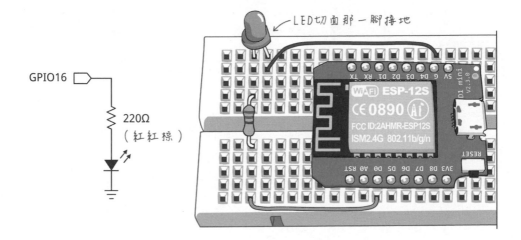

實驗程式：由於 LED 電路採**源流**接法，控制器輸出高電位將點亮 LED。你可以在終端機中透過 Pin 物件的 on() 和 off() 指令驗證：

```
>>> from machine import Pin
>>> led = Pin(16, Pin.OUT)
>>> led.value(1)      ←—— 在 16 腳輸出高電位，點亮 LED。
>>> led.value(0)
```

使用 Signal 類別設定正、反相輸出值

內接在 ESP8266 模組第 2 腳的 LED 採用「潛流」接法，所以在腳 2 輸出低電位會點亮 LED。可是，我們一般的習慣是「輸出高電位代表點亮 LED」，幸好，有一個名叫 Signal 的類別可以幫我們自動反轉輸出狀態。

例如，在預設情況下，底下的程式會點亮腳 2 的 LED：

```
COM3 - PuTTY

>>> from machine import Pin
>>> ledPin = Pin(2, Pin.OUT, value=1)
>>> ledPin.value(0)  ←── 在2腳輸出低電位，點亮LED。
>>> ledPin.value(1)
```

底下是使用 Signal 反轉輸出狀態的程式。首先要匯入 Signal 類別，建立 Signal 物件時把 invert（訊號反相）參數設定為 True，再透過它（led 物件）輸出數位訊號，value(1) 實際是輸出低電位，因而點亮 LED：

匯入machine程式庫裡的Signal類別

```
COM3 - PuTTY

>>> from machine import Pin, Signal
>>> ledPin = Pin(2, Pin.OUT, value=1)
>>> led = Signal(ledPin, invert=True)
>>> led.value(1)  ←── 點亮LED
>>> led.value(0)
>>> led.on()  ←── 點亮LED
>>> led.off()
```

Signal(Pin物件, invert=是否反相)

3-6 用歐姆定律計算出限流電阻值

03

電阻可限制電流的流動，也有降低電位（電壓）的功能。電子電路的電源通常採用 3.3V 或 5V，比 LED 的工作電壓高，因此連接 LED 時，我們需要如下電路加上一個電阻，將電壓和電流限制在 LED 的工作範圍：

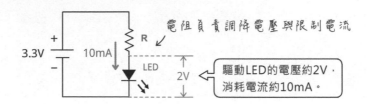

在這個電路中，我們已知 LED 元件的工作電壓和電流，以及電源的電壓，要**求出將電流限制在 10mA 的電阻值**。

電路中的電壓、電流和電阻之間的關係，可以用**歐姆定理**表示：**電流和電壓成正比，和電阻成反比**。只要知道歐姆定律中任意兩者的值，就能求出另一個值：

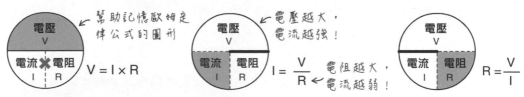

為了計算方便，**LED 工作電壓通常取 2V，電流則取 10mA**。此電路中的電阻兩端的**電位差**是 1.3V，根據**歐姆定律**，可以求出電阻值為 110Ω：

> 高亮度 LED 的工作電壓約 3V，工作電流約 30mA。

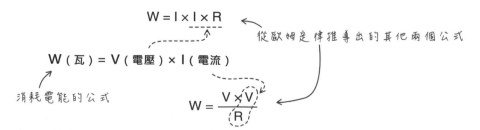

電阻兩端的電位差

$$R = \frac{V}{I} \quad \Rightarrow \quad \frac{3.3V - 2V}{10mA} \quad \Rightarrow \quad \frac{1.3V}{0.01A} = 130\Omega$$

計算單位是安培，10mA就是0.01A

歐姆定律公式中的電流單位是 A（安培），因此計算之前要先把 mA 轉成 A（亦即，先將 10mA 除以 1000）。計算式求得的阻值只是當做參考的理論值，假設求得的電阻值是 315Ω，市面上可能買不到這種數值的電阻，再加上元件難免有誤差，電源不會是精準的 3.3V、每個 LED 的耗電量也會有些微不同。

為了保護負載（LED），我們可以取比計算值稍微高一點的電阻值，以便限制多一點電流，或者，如果你想要增加一點亮度，可以稍微降低一點電阻值（某些 LED 的最大耐電流為 30mA，因此降低阻值不會造成損壞）。

> 水能導電，人體約含有 70% 的水份，因此人體也會導電。電對於人體的危害不在於電壓的大小，而是通過人體的電流量。1~5mA 的電流量就能讓人感到刺痛，50mA 以上的電流會讓心臟肌肉痙攣，有致命的危險。
>
> 在潮溼、流汗的情況下，人體的阻抗值降低，從歐姆定律可得知，阻抗越小，電流越大，因此千萬不要用潮溼的手去碰觸 110V 電源插座。

電阻的額定功率

被電阻限制的電流和電位，也就是電阻所消耗的能量，將轉變成熱能。選用電阻時，除了阻值之外，還要考量它所成承受的消耗功率（瓦特數，Watt，簡寫成 **W** 或**瓦數**，代表一秒鐘所消耗的電能），以免過熱而燒毀。功率的計算公式如下：

$$W = I \times I \times R$$

從歐姆定律推導出的其他兩個公式

$$W（瓦）= V（電壓）\times I（電流）$$

消耗電能的公式

$$W = \frac{V \times V}{R}$$

以上一節的 LED 電路為例，10mA 時的電阻消耗電能為：

公式

$W = V \times I$ ➡ 1.3V × 0.01A ➡ 0.013W ➡ 13mW

計算單位用安培

電阻兩端的電位差

為了安全起見，電阻的瓦數通常取一倍以上的算式值。一般微電腦電路採用的電阻大都是 1/4W (0.25W) 或 1/8W (0.125W)，就這個例子來說，選用 1/8W 綽綽有餘。

電阻的串連與並連

電阻串接在一起，阻抗會變大，並接則會縮小。當手邊沒有需要的電阻值時，有時可用現有的電阻串連或並連，得到想要的阻值。例如，並連兩個 1KΩ 電阻，將變成 500Ω：

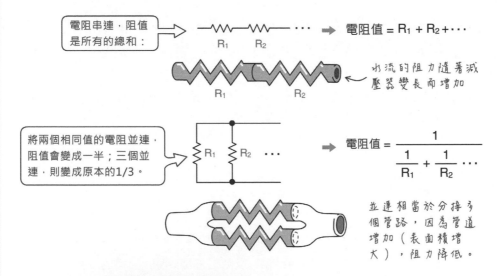

電阻串連，阻值是所有的總和：

電阻值 = $R_1 + R_2 + \cdots$

R_1 R_2

水流的阻力隨著減壓器變長而增加

R_1 R_2

將兩個相同值的電阻並連，阻值會變成一半；三個並連，則變成原本的1/3。

R_1 R_2

電阻值 = $\dfrac{1}{\dfrac{1}{R_1} + \dfrac{1}{R_2} \cdots}$

並連相當於分接多個管路，因為管道增加（表面積增大），阻力降低。

串並連電阻值的計算範例如下：

1KΩ   1KΩ

500Ω

電阻值 = $\dfrac{1}{\dfrac{1}{1000 + 1000} + \dfrac{1}{500}}$

$= \dfrac{1}{0.0005 + 0.002}$

$= 400$

03

4

00100

開關電路

4-1 認識開關

幾乎所有 3C 產品都有開關,它的作用是切斷或者連接電路。開關也是基本的輸入設備,像電腦鍵盤、滑鼠按鍵和家電設備的控制器;開關有按鍵式、滑動式、微動型…等不同形式和尺寸,但大多數的開關是由可動元件 (稱為「刀」,pole) 和固定的導體 (稱為「擲」,throw) 所構成;依照「刀」和「擲」的數量,分成不同的樣式,例如:單刀單擲 (Single Pole Single Throw, SPST)。幾種常見的開關外型和電路符號如下:

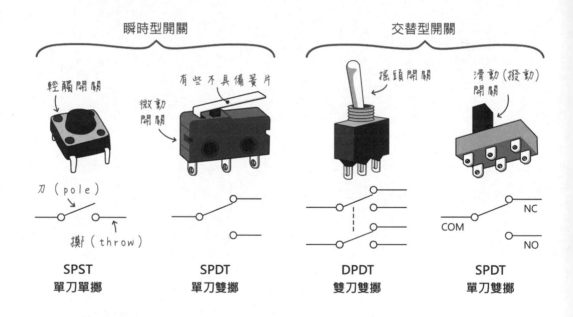

若依照開關的**持續狀態**區分,可分成「瞬時型」和「交替型」兩種。「交替型」普遍用於電源開關,按一下開、切換到另一邊則是關。控制板的「重置」鍵屬於「瞬時型」,按著不放時維持某個狀態,一放開就切換到另一個狀態。

從早期的開關結構的外觀，讀者不難理解為何開關的可動部分叫做「刀」：

外觀像虎頭鍘的「刀（pole）」
擲（throw）
導線的接點

除了不同外型與尺寸之外，開關可分成兩種類型：

● 常開（normal open，簡稱 N.O.）：接點平常是不相連的，按下之後才導通。

● 常閉（normal close，簡稱 N.C.）：接點平常是導通的，按下之後不相連。

「常開」裡的「開」，並不是指「打開開關」，而是電路**中斷**、**不導通**：

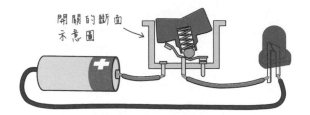

開關的斷面示意圖

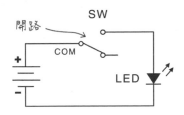

「閉路」指的是「封閉的迴路」，也就是電路**相連**、**導通**：

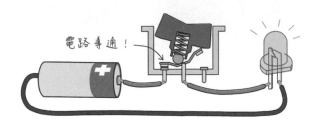

電路導通！

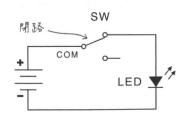

像**微動開關**的接點上，就有標示 NC 和 NO，還有一個 **COM**（**共接點**，或稱為**輸入端**）。若不確定開關的接腳模式，可以用三用電錶的「歐姆」檔測量，若測得的電阻值為 0，代表兩個接腳處於導通狀態：

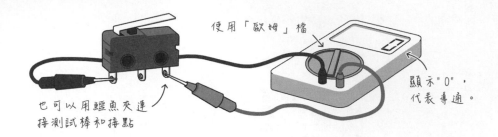

使用「歐姆」檔

也可以用鱷魚夾連接測試棒和接點

顯示 "0"，代表導通。

測試另一個接腳看看，平時處於「不導通」狀態，按著按鈕時，則變成「導通」，由此可知此接腳為「常開」：

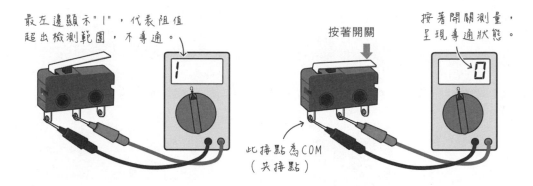

最左邊顯示 "1"，代表阻值超出檢測範圍，不導通。

按著開關

按著開關測量，呈現導通狀態。

此接點為COM（共接點）

若測量另外兩個接腳，無論開關是否被按下，都會呈現不導通的狀態：

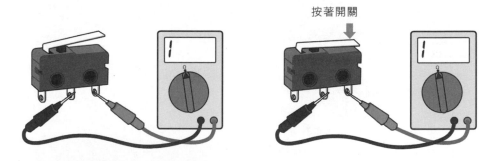

按著開關

本書的電路圖當中的開關符號，通常採用左下角的「通用型」開關符號，有些電路會依據開關的類型標示出對應的符號：

開關的通用符號

按壓式開關

輕觸開關

開關也是感測器

「開關」也是最基本的感測器，像滑鼠裡面往往就有兩三個**微動開關**，偵測滑鼠鍵是否被按下或放開。微動開關常見於自動控制裝置，像移動平台裝置（如：光碟機的托盤）的兩側，各安裝一個偵測平台碰觸的感應器，以便停止馬達繼續運轉。該感應器就是微動開關，因為它被用於偵測物體移動的上限，所以又被稱作「**極限開關**（limit switch）」。

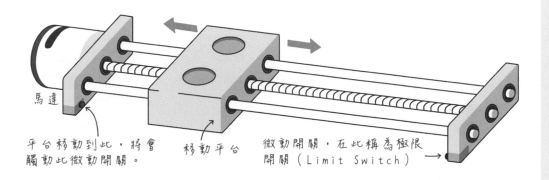

馬達

平台移動到此，將會
觸動此微動開關。

移動平台

微動開關，在此稱為極限
開關（Limit Switch）

本質上，開關用於代表訊號的「有」或「無」狀態，或者「導通」或「斷路」狀態。除了上文介紹的基本開關元件，市面上還有其他形形色色的開關，例如，裝置在玻璃窗邊，用磁鐵感應窗戶是否被開啟的「磁簧開關」，以及感應震動、傾斜的「水銀開關」...等等，電路裝設方式和一般開關差不多。

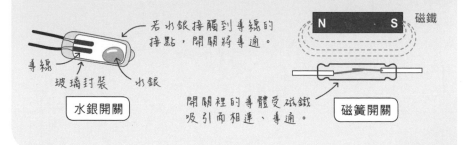

若水銀接觸到導線的
接點，開關將導通。

導線

玻璃封裝   水銀

水銀開關

N   S   磁鐵

開關裡的導體受磁鐵
吸引而相連、導通。

磁簧開關

4-2 開關電路與上/下拉電阻

假設我們想要用一個開關來切換高、低電位，**底下的接法並不正確**：

若沒有按下開關，GPIO 接腳既沒接地，也未接到高電位。輸入訊號可能在 0 與 1 之間的模糊地帶飄移，造成所謂的**浮動訊號**，D1 mini 板將無法正確判斷輸入值。

> D1 mini 板的 GPIO 接腳編號為 0, 1, 2, 3, 4, 5, 12, 13, 14, 15, 16，開關電路可以接在任何 GPIO 腳。但 D1 mini 板子上第 2 腳有內接一個 LED，所以第 2 腳通常在實驗時用於測試訊號輸出，而第 1 和第 3 腳則保留給序列埠使用（請參閱第 7 章），因此開關或其他數位輸入訊號，**通常會避免使用 1, 2 和 3 腳**。

正確的接法如下。若開關沒有被按下，數位第 2 腳將透過 **10KΩ（棕黑橙）**接地，因而讀取到**低電位值（LOW）**；按下開關時，3.3V 電源將流入第 2 腳，產生**高電位（HIGH）**。如果沒有 12KΩ 電阻，按下開關時，正電源將和接地直接相連，造成短路：

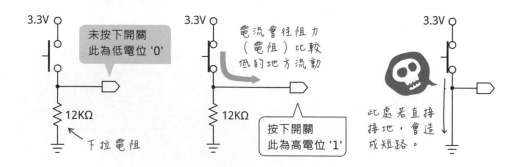

上圖中的電阻一端接 GPIO，另一端接地的接法，稱為**下拉（pull-down）電阻**。底下是另一種開關的接法，電阻的一端接電源，稱為**上拉（pull-up）電阻**。按照下圖的接法，當開關接通時，GPIO 的輸入值為「低電位」：

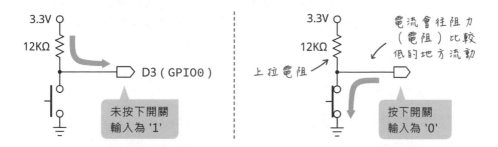

D1 mini 控制板的上拉和下拉電阻

D1 mini 控制板採用的 ESP-12 模組，**在開機時，有些腳位必須接高電位，而且 GPIO15 腳要接低電位，才會進入執行使用者自訂程式的工作模式**：

● 接高電位：Reset, EN, GPIO0, GPIO2。Reset 接腳在晶片內部已經有上拉電阻，所以預設（也就是空接時）為高電位。

● 接低電位：GPIO15。

因此，D1 mini 板子已經在這些腳位接好電阻，部份電路圖如下。由於 D1 mini 也是開源硬體，完整的電路圖可在官網的商品頁的 "Schematic"（電路圖）單元連結找到，網址：https://wiki.wemos.cc/products:d1:d1_mini：

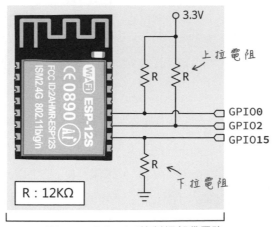

Wemos D1 mini控制板部份電路

如果把開關接在控制板的 0, 2 或 15 腳，就不需要額外接電阻了。

上文提到 ESP8266 開機或重置時，某些腳要接低或高電位，如果把該接高
電位的第 0 腳，在通電之前先接地的話，控制板將無法回應或接受任何輸
入命令。但只要開機之後，第 0 腳接低電位或高電位都沒問題。

動手做 4-1 用麵包板組裝開關電路

實驗說明：認識開關電路，透過程式檢測開關狀態從而點亮或關閉 LED 燈。

實驗材料：

WEMOS D1 mini 控制板	1 個
輕觸開關或 D1 mini 專屬「按鍵擴展板」	1 個

下圖左是 D1 mini 專屬「按鍵擴展板」的外觀，上面只有一個按鍵（輕觸開關），
直接將它插入 D1 mini 控制板即可使用。下圖右則是電子材料行都買得到的輕
觸開關：

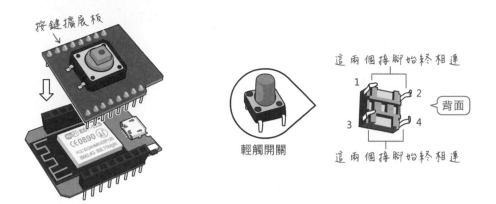

輕觸開關有四個接點,但實際上只需用到兩個接點 (1, 3 或 2, 4),因為同一邊的兩個接點始終是相連的。

實驗電路:控制板的第 0 腳已包含上拉電阻,所以可如下圖右般,直接連接開關:

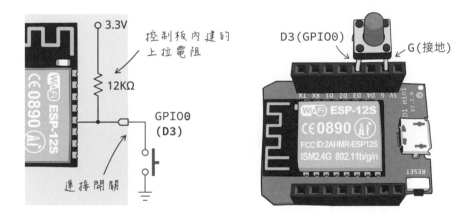

WEMOS 推出的「按鍵擴展板」,其開關也是連接在第 0 腳 (D3) 和 GND 腳。附帶一提,右邊的開關接法是錯的,因為輸入端的值始終是高電位:

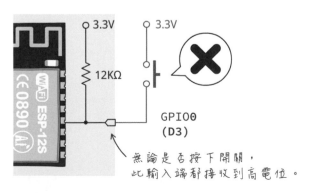

實驗程式：D1 mini 板的所有 **GPIO 接腳**都能讀取/輸出 0 與 1 訊號。只要輸入值**超過 2.475V**，就代表**高電位（1）**；若**輸入值低於 0.825V**，則代表**低電位（0）**，介於 0.825V~2.475V 之間的訊號電壓，相當於雜訊。讀取數位輸入值的語法如下：

```
from machine import Pin

sw = Pin(0, Pin.IN)
```
　　　　　　　　　—— 設定成「輸入」狀態

底下的敘述將能讀取腳 0 的值，並存入 val 變數：

```
val = sw.value()
```
　　　　　　　　—— 讀取腳0的輸入值

在終端機輸入底下的程式，其中的井號和它後面的註解文字不用輸入（因為終端機不接受中文）：

```
from machine import Pin                        井號開頭的內容是註解

led = Pin(2, Pin.OUT)    # LED接腳（輸出）
sw = Pin(0, Pin.IN)      # 開關接腳（輸入）

while True:
    val = sw.value()         # 讀取開關值
    led.value(val)           # 設定燈光
```

反覆讀取開關狀態並設定燈光

底下是**不正確的寫法**：程式僅讀取一次開關值，然後就結束了。

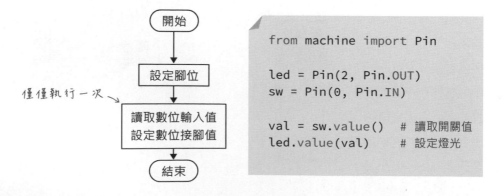

```
from machine import Pin

led = Pin(2, Pin.OUT)
sw = Pin(0, Pin.IN)

val = sw.value()    # 讀取開關值
led.value(val)      # 設定燈光
```

開始 → 設定腳位 → 讀取數位輸入值 設定數位接腳值 → 結束

僅僅執行一次

實驗結果：執行程式後，未按下開關時，LED 不會亮；按著開關，點亮 LED：

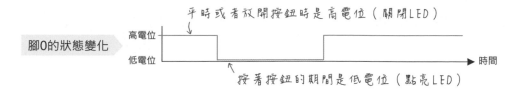

平時或者放開按鈕時是高電位（關閉LED）

腳0的狀態變化

高電位

低電位

時間

按著按鈕的期間是低電位（點亮LED）

啟用 ESP8266 晶片內部的上拉電阻

ESP8266 晶片的每個 GPIO 接腳內部也有上拉電阻，只是**需要透過程式指令啟用**；第 16 腳同時有上拉和下拉電阻，但 **MicroPython 僅支援啟用上拉電阻**：

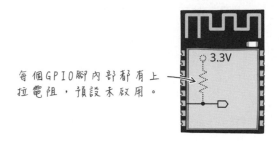

每個GPIO腳內部都有上拉電阻，預設未啟用。

啟用上拉電阻的方式是在 Pin 物件設置敘述中，加入 **Pin.PULL_UP 參數**，底下的敘述將啟用第 13 腳內部的上拉電阻：

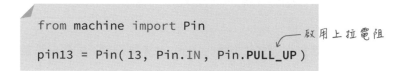

```
from machine import Pin

pin13 = Pin(13, Pin.IN, Pin.PULL_UP)
```

啟用上拉電阻

只要啟用上拉電阻，外部電路就不需要額外的電阻，可直接連接開關：

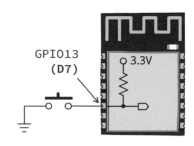

GPIO13
(D7)

3.3V

根據廠商的技術文件，GPIO 腳內的上拉電阻值介於 30K~100K，電阻值越高，允許通過的電流量越低（參閱第 3 章「**歐姆定律**」説明），因此**高上拉電阻**的設計又稱為**弱上拉**（weak pull-up）；相反地，**低上拉電阻**的設計，允許更高電流量，因而稱作**強上拉**（strong pull-up）。

上拉電阻值越高，對抗雜訊干擾的能力也越弱，對開關切換訊號的反應靈敏度也會降低，因此，一般都不使用內建的上拉電阻。普通的按鈕開關電路通常採用 10KΩ 的外接上拉電阻，對於要求高反應速率的電子訊號切換場合，上拉電阻通常使用 5KΩ，甚至 4.7KΩ 或 1KΩ。

別忘了，啟用上拉電阻的開關，按下開關時的輸入值是「低電位」：

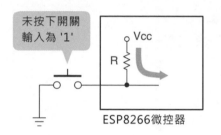
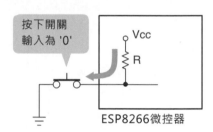

4-3 改變程式流程的 if 條件式

程式中，**依照某個狀況來決定執行哪些動作，或者重複執行哪些動作的敘述，稱為「控制結構」**。if 條件式是基本的控制結構，它具有「如果...則...」的意思。想像一下，當您把錢幣投入自動販賣機時，「如果」額度未達商品價格，「則」無法選取任何商品；「如果」投入的金額大於選擇的商品，「則」退還餘額：

這個判斷金額是否足夠,以及是否退還餘額的機制,就是典型的 if 條件式。

if 判斷條件式的語法如下 (else 和 elif 都是選擇性的):

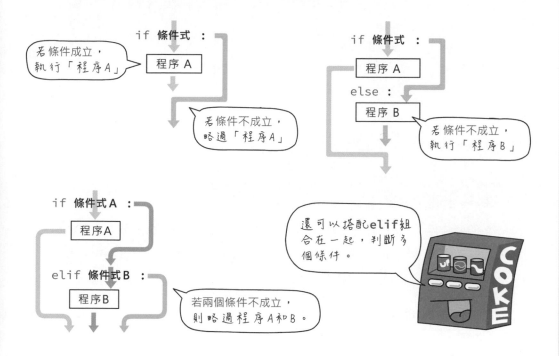

底下 for 區塊裡的 if 條件敘述將判斷 i 變數值 (從 0 到 9) 是否為偶數,若是則在終端機輸出 i 的值:

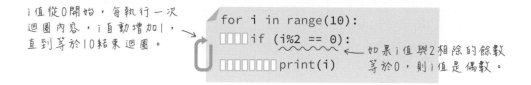

比較運算子

if 條件判斷式裡面,經常會用到**比較運算子以**是否相等、大於、小於或其它狀況作為測試的條件。比較之後的結果會傳回一個 **True** (代表**條件成立**) 或 **False** (代表**條件不成立**) 的布林值。常見的比較運算子和説明請參閲表 4-1:

表 4-1 比較運算子

比較運算子	說明
==	如果兩者**相等**則成立，請注意，這要寫成**兩個連續等號**，中間不能有空格
!=	如果**不相等**則成立
<	如果左邊小於右邊則成立
>	如果左邊大於右邊則成立
<=	如果左邊小於或等於右邊則成立
>=	如果左邊大於或等於右邊則成立

條件式當中的且、或和反相測試

當您要使用 if 條件式測試兩個以上的條件是否成立時，例如，測試目前的時間是否介於 6 和 18 之間，可以搭配邏輯運算子的**且（AND）**、**或（OR）**和**反相（NOT）**使用。它們的語法和範例如表 4-2 所示：

表 4-2 邏輯運算子

名稱	運算子	運算式	說明
且（AND）	and	A and B	只有 A 和 B 兩個值**都成立**時，整個條件才算成立
或（OR）	or	A or B	只要 A 或 B **任何一方成立**，整個條件就算成立
反相（NOT）	not	not A	把成立的變為不成立；不成立的變為成立

底下程式的執行結果，將在終端機顯示 "yes!"，因為 time 大於等於 6 且小於等於 18：

```
time = 15
if time >= 6 and time <= 18:
    print('yes!')
else:
    print('no.')
```

動手做 4-2 LED 切換開關

實驗說明：沿用「動手做 4-1」的 LED 和開關電路，筆者把軟體需求改成：「按一下開關點亮 LED、再按一下開關則熄滅」。

實驗程式 1：本單元的程式需求就是當開關輸入值為 0 時，反轉 LED 輸出腳的狀態：

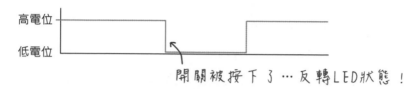

底下的程式設定一個叫做 toggle 的變數來暫存開關的狀態：

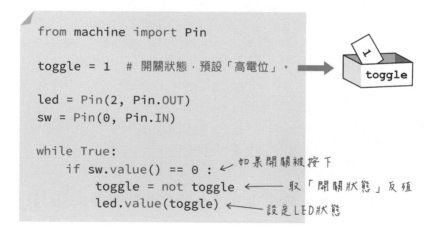

```
from machine import Pin

toggle = 1    # 開關狀態，預設「高電位」。

led = Pin(2, Pin.OUT)
sw = Pin(0, Pin.IN)

while True:
    if sw.value() == 0 :        ← 如果開關被按下
        toggle = not toggle     ← 取「開關狀態」反值
        led.value(toggle)       ← 設定LED狀態
```

每當開關被按下，toggle 的值就會從 1 變成 0，或者從 0 變成 1。下圖說明了切換 toggle 變數值的運作情況：

在終端機裡輸入並執行程式，你將發現，LED 燈並未如預期般的切換，只是**在按著開關時，燈光的亮度稍微變弱**。這是因為開關被按著不放的期間，第 0 腳的接收值始終為 0，所以在 while 迴圈中，toggle 的值會不斷地變換；至於燈光變弱的原因請參閱第 8 章的 PWM 單元說明：

```
    ⋮
while True:
    if sw.value() == 0 :
        toggle = not toggle
        led.value(toggle)
```

> toggle的值將在開關被按下期間，不停地變換成0或1。

實驗程式 2：解決上述問題的辦法是在開關被按著的期間，讓程式進入「放空」狀態。請將上一段程式裡的 while 迴圈區塊，加入另一個 while 迴圈：

```
    ⋮
while True:
    if sw.value() == 0 :
        toggle = not toggle
        led.value(toggle)
        while sw.value() == 0 :       ← 若開關仍被按著
            pass    ← 什麼事都不做
```

其中的 **pass 是 Python 的特殊指令**，代表「什麼事都不做」，**直接跳到下一行執行**。整段程式碼的意思變成了：當開關的值變成 0 時，反轉 LED 燈的狀態，然後在開關值持續為 0 時，不做任何事。

執行修改過的程式碼，LED 燈光就能如預期般，按一下開、再按一下關。

實驗程式 3：我們的程式其實不需要額外的 toggle 變數來紀錄開關的狀態，只要在開關被按下時，先讀取 LED 接腳的狀態，再取其相反值設定給 LED 接腳即可。雖然 LED 接腳的模式是「輸出」，仍可透過 value() 取得它的值。修改後的程式碼：

```
from machine import Pin

led = Pin(2, Pin.OUT)
sw = Pin(0, Pin.IN)

while True:
    if sw.value() == 0 :
        led.value( not led.value() )
        while sw.value() == 0 :
            pass
```

讀取LED的狀態再取相反值

實驗結果：將程式碼貼入終端機執行，按著連續按幾次開關試試看，理論上，LED 將依序被點亮和關閉。但實際上，LED 可能在該關的時候未關、該亮的時候不亮。這是機械式開關的**彈跳（bouncing）**現象所導致，請參閱下一節的說明與解決方式。

用程式解決開關訊號的彈跳問題

機械式開關在切換的過程中，電子信號並非立即從 0 變成 1（或從 1 變成 0），而會經過短暫的，像下圖一般忽高忽低變化的**彈跳**現象（請想像一下開關裡的銅片被撥動時，像彈簧一樣振動）。雖然彈跳的時間非常短暫，但微電腦仍將讀取到連續變化的開關訊號，導致程式誤動作：

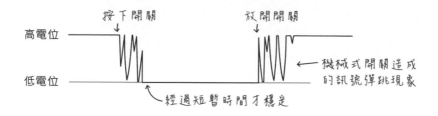

為了避免上述狀況，讀取機械式開關訊號時，程式（或者硬體）需要加入所謂的**消除彈跳（de-bouncing）**處理機制。最簡易的方式，就是在發現輸入訊號變化時，先暫停 2~30 毫秒（視開關結構而定），讓程式忽略這段時間中的開關變化：

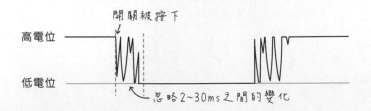

底下是在「**動手做 4-2：LED 切換開關**」當中的「**實驗程式 3**」加入延時敘述，
處理彈跳訊號的範例程式：

```python
import time          ←──── 匯入時間模組
from machine import Pin

led = Pin(2, Pin.OUT)
sw = Pin(0, Pin.IN)

while True:
    if sw.value() == 0 :     ←──── 若開關被按下了…
        time.sleep_ms(20)    ←──── …先暫停20毫秒
        led.value( not led.value())
        while sw.value() == 0 :
            pass
```

程式也可以在暫停一段時間之後，再次確認開關腳的輸入值：

```python
    :
while True:
    if sw.value() == 0 :
        time.sleep_ms(20)
        if sw.value() == 0 :     ←──── 暫停之後，再次確認輸入值。
            led.value( not led.value())
            while sw.value() == 0 :
                pass
```

用 RC 濾波電路消除彈跳雜訊

另一種簡單消除開關彈跳雜訊的方法，是用電容和電阻構成的硬體電路解決。

電容的基本結構像下圖，用兩片導體、中間以絕緣介質（如：空氣、雲母、陶瓷...）隔離。當兩端導體通電時，導體就會聚集正、負電荷，形成**電的容器**：

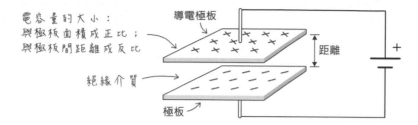

電容量的大小：
與極板面積成正比；
與極板間距離成反比

導電極板
絕緣介質
極板
距離

左下圖是用**電阻**（resistor，簡寫成 **R**）和**電容**（capacitor，簡寫成 **C**）組成的基本 **RC** 電路。對電容通電時，電容將開始儲存電荷，直到注滿到電壓的相同準位；斷電時，電容會開始放電，直到降到 0（亦即，「接地」的準位）：

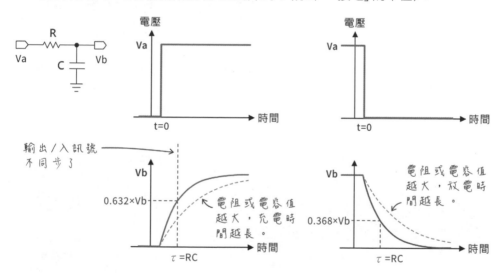

輸出／入訊號
不同步了

0.632×Vb

電阻或電容值越大，充電時間越長。

τ =RC

電阻或電容值越大，放電時間越長。

0.368×Vb

τ =RC

實際的電路如左下，開機時，**電源經由 R2 對電容充電**；開關被按下時，**電容經由 R1 放電**：

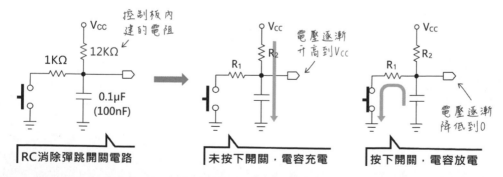

控制板內建的電阻

Vcc
1KΩ
12KΩ
0.1μF
(100nF)
RC消除彈跳開關電路

Vcc
電壓逐漸升高到Vcc
R₁
R₂
未按下開關，電容充電

Vcc
R₁
R₂
電壓逐漸降低到0
按下開關，電容放電

在充電過程中，電流與電容電壓的變化量受到電阻與電容值影響。電阻 R 與電容值 C 的乘積稱為**時間常數（time constant）**，寫成希臘字母 τ（唸作 "tau"），有時也直接用英文字母 t 代表：

$$\tau = RC$$

電容充電到約 70%（實際為 63.2%）僅需花費一個時間常數，充到飽和（約 99.3%）需要 5 個時間常數；電阻或電容值愈大，充電所需時間也愈長。電容放電時，在一個時間常數之後，約剩下 40%（實際為 36.8%）。

以電阻 12KΩ 和電容 0.1μF 為例，時間常數約 1.2ms：

$$\tau = (\underbrace{12 \times 10^3}_{R}) \times (\underbrace{0.1 \times 10^{-6}}_{C}) \implies \underbrace{\tau = 1.2 \times 10^{-3}}_{1.2ms}$$

設計消除彈跳 RC 電路時，其「延遲時間」就是以「時間常數」為依據，若延遲太久，開關的反應將變得遲鈍。底下是基本開關電路和加上 RC 電路的訊號比較：

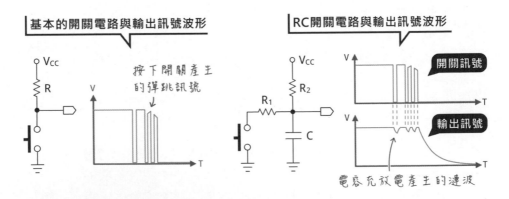

從上圖可知，RC 電路的基本想法是透過電容消弭開關訊號中快速變化的雜訊；高頻率震盪的電壓訊號，會在電容充放電過程中，變成比較平穩的訊號，也就是高頻訊號被過濾掉了，因此這種 RC 電路又稱為**「低通濾波器」**，代表只有低頻率訊號會通過。

動手做 4-3 用 RC 電路消除開關彈跳訊號

實驗說明：使用簡單的電路來消除開關彈跳訊號。

實驗材料：

輕觸開關	1 個
電阻 1KΩ（或 4.7KΩ 或 10KΩ）	1 個
電容 0.1µF（或 0.2µF）	1 個

實驗電路：在麵包板組裝 RC 消除彈跳訊號的示範如下（電路如 4-20 頁的「RC開關電路」，但腳 0 已有上拉電阻，所以只需再接一個電阻），開關輸入同樣接在具有上拉電阻的腳 0。筆者使用的電阻和電容分別是 1KΩ 與 0.1µF（100nF）；如果測試後發現效果不顯著的話，可以把電容換成 0.2µF（200nF）、電阻改成 4.7KΩ 或 10KΩ 來延長「延遲時間」：

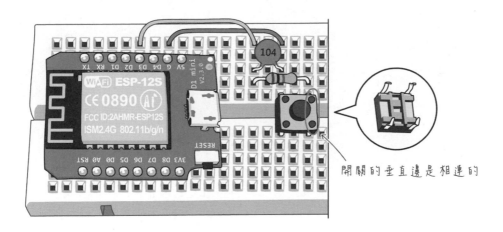

開關的垂直邊是相連的

實驗程式：因為硬體加了消除彈跳的 RC 電路，所以程式不用加上 sleep() 延遲，直接使用「**動手做 4-2：LED 切換開關**」當中的「**實驗程式 3**」即可。

4-4 電容式觸控開關

觸控開關是經由碰觸產生開或關訊號的裝置。觸控式開關沒有機械結構,壽命比普通開關長,可以做成超薄尺寸,不會發出噪音,而且根據觸控的電路設計方式,不一定要碰觸到開關,可隔空操作。假設你的互動裝置安裝在玻璃櫥窗裡面,觸控開關安裝在玻璃內側,仍可感應到用戶的碰觸行為。

觸控介面可以用攝影機、紅外線、超音波、電阻...等不同技術達成,也有一種採用類似上文 RC 電路的電容式觸控介面,其基本原理如下:

假設我們在控制器的某數位輸出腳連接一個電阻,電阻另一端連接充當觸控感測介面的銅箔:

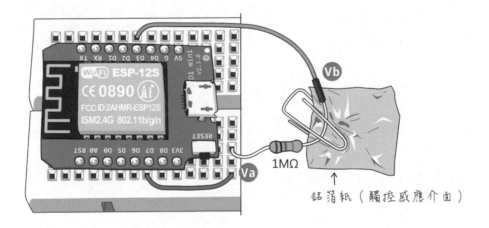

若從 Va 端送入一個脈衝(亦即,高、低電位變化)訊號,在人體沒有碰觸感測面的情況下,此脈衝訊號幾乎原封不動地傳送到電阻的另一端:

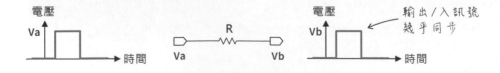

當手指靠近感測端時，手指和感測端的導體（鋁箔）之間會形成電容，相當於電阻的另一端接了一個電容器：

因此，向電阻的一端輸入脈衝訊號，當手指接觸電阻另一端時，輸出脈衝的高、低電位時間將被「延後」。**程式透過比對輸入和輸出的脈衝時間，就能得知是否有人碰觸到感應器（鋁箔）**；相反地，從充、放電時間也能推敲出電容量：

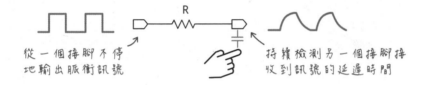

由於手指和觸控面板之間的電容值很小，若要延長充電時間到足以偵測的範圍，勢必要增大 RC 電路中的電阻值（1MΩ 或更高），然而，加大觸控點的阻抗，電路就容易受雜訊影響。

也因此，製作觸控介面時，大多採用現成觸控 IC 或模組。這種具有特殊功能的 IC，把一組專業電子工程師的研發成果，濃縮在一個小小的矽晶片上。跟本文簡陋的 RC 觸控電路相比，採用觸控 IC 製作的介面不易受外界環境影響（如：汗水、油污）和雜訊干擾，而且程式也簡單許多。

如欲瞭解更多關於電容觸控介面的工作原理，請搜尋關鍵字：**投射式電容（projected capacitive）觸控**。

電容式觸控開關模組

電子材料行或拍賣網站容易買到類似左下圖的 4 路觸控模組，另外還有 1 路、8 路和 16 路的觸控模組。對微電腦控制板而言，它相當於右下角的 4 組開關：

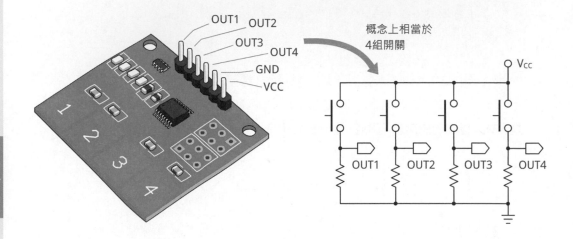

此觸控模組的主要構成電路如下，負責處理電容觸控訊號的核心是 TTP224 這個 IC。根據 TTP224 的技術文件說明，它的工作電壓介於 2V~5.5V，每個觸控感應端可連接 0~50pF 的電容，藉以調整觸控感應的靈敏度，此模組採用的電容值為 30pF。每當觸控端感應到人體碰觸時，對應的 OUT1~OUT4 將輸出高電位，模組上的 LED 也將被點亮：

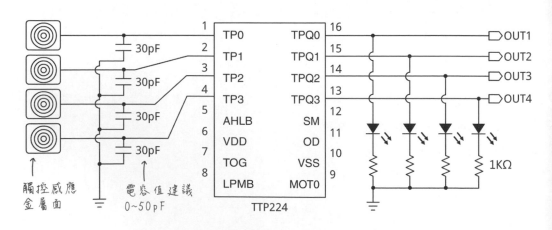

動手做 4-4 使用觸控開關模組 製作 LED 開關

實驗說明: 採用 4 路觸控開關模組的其中 1 個開關,當作 LED 燈的開關控制介面。

實驗材料:

4 路 (或 1 路) 觸控開關模組	1 個

實驗電路: 觸控開關模組的 OUT1 (輸出 1) 接控制板的第 5 腳,LED 則直接使用內建在 ESP8266 第 2 腳的 LED,麵包板的接線示範:

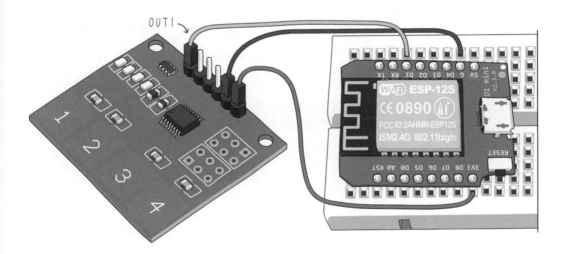

實驗程式: 當觸控訊號從低電位變成高電位,代表有人碰觸了開關,程式就反轉第 2 腳的 LED 狀態。

```
from machine import Pin

led = Pin(2, Pin.OUT, value=1)
sw = Pin(5, Pin.IN)

while True:
    if sw.value() == 1 :
        led.value(not led.value())   # 每碰觸一次就反轉 LED 狀態
        while sw.value() == 1 :
            pass
```

輸入程式之後，碰一下編號 1 的觸控板，可點亮 LED；再碰一下觸控板，則關閉 LED。

開機後自動執行 main.py 程式檔

MicroPython 控制板一次只能執行一個 Python 程式檔，控制板開機會首先執行 boot.py，接著自動執行 main.py 檔，也就是我們自訂的程式檔。請將程式檔重新命名成 main.py，再透過 ampy 工具上傳到控制板：

上傳完畢後，按一下控制板的 **Reset** 鍵重置，它將自動執行 main.py 檔。

5

00101

Python
程式設計基礎

本章大綱

- 變數與資料類型

- 建立自訂函式

- 處理文字訊息：認識字元與字串資料類型

- 列表（List）類型

- 元組（Tuple）與其他循序型資料操作指令

- 字典（Dictionary）類型

- 認識數字系統

本章將補充前面單元尚未介紹的 Python 語法，並且替往後的章節鋪路。讀者可先大致瀏覽本章的內容，在後面章節遇到相關程式語法問題時，再回頭參閱本章。

5-1 變數與資料類型

「變數」是程式中暫存資料的容器，程式資料依照性質或者格式，分成不同的類型（type）。Python 3 具有下列資料類型，本章只用到布林、數字和字串：

- 布林（boolean）：可能值為 **True**（成立）或 **False**（不成立）。

- 數字（number）：**整數（int）**或**浮點數字（float**，也就是包含小數點的數字）。

- 字串（string）：單一字元或者一連串文字。

- 位元組（byte 或 byte array）：網路資料或檔案。

- 列表（list）：一組依編號排列的資料。

- 元組（tuple）：一組依編號排列、其值不可更改的資料。

- 集合（set）：無排列順序且內容不重複的一組資料。

- 字典（dictionary）：依索引名稱儲存的資料組合。

程式可透過 type() 函式查看存在變數裡的資料的類型：

```
Python 3                                              - □ ×
>>> val = True  ←──┐大鳥
>>> type(val)
<class 'bool'>
~~~~~~~~~~
>>>          ←── 代表「布林」類別
```

```
Python 3                                              - □ ×
>>> val = 12  ←── 整數
>>> type(val)
<class 'int'>
>>> val = 3.14  ←── 浮點數
>>> type(val)
<class 'float'>
```

數字運算

Python 的四則運算指令和其他程式語言一樣，比較特別的是，Python 語言的**連續兩個乘號**代表**指數**運算；除法運算的結果都會產生帶小數點的數字，**連續兩個除號**代表**整除**：

```
Python 3                              _ □ ✕
>>> num = 2
>>> num * 8        ←── 數字相乘
16

>>> num ** 8       ←── 計算 2⁸
256
```

```
Python 3                              _ □ ✕
>>> num = 256
>>> num / 2        相除之後的資料
128.0      ←──     是浮點格式

>>> num = 3
>>> num // 2       ←── 整除（去除
1                      小數點數字）
```

附帶一提，浮點數字可以用科學記號 E 或 e 表示，例如：

$$1.8e3 = 1800.0 \longleftarrow 1.8 \times 10^3$$

$$2.4E-4 = 0.00024 \longleftarrow 2.4 \times 10^{-4}$$

↖ 不分大小寫

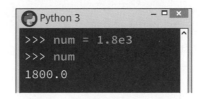

```
Python 3                              _ □ ✕
>>> num = 1.8e3
>>> num
1800.0
```

程式中經常會用到「累加」或「累減」運算，也就是持續在同一個變數相加或相減一個數字。例如，執行底下兩行敘述之後，num 的值將是 20：

❶ num = 18

❷ num = **num** + 2

先取出num的值，加上2之後，再存回num。

上面第 2 行敘述可以用「相加指定」運算子簡寫：

num = num + 2　　可簡寫成 →　　num += 2

↑ +和=之間沒有空格

表 5-1 列舉了 Python 3 的指定運算子：

表 5-1

運算子	說明	範例
+=	相加指定；左右兩邊相加之後的值，再指定給左邊。	a += b 等同 a = a + b
-=	相減指定	a -= b 等同 a = a - b
*=	相乘指定	a *= b 等同 a = a * b
/=	相除指定	a /= b 等同 a = a / b
%=	餘除指定	a %= b 等同 a = a % b **% 餘除運算子**用於取得相除後的餘數，例如，9 % 6 的結果為 3。
**=	指數指定	a **= b 等同 a = a ** b
//=	整除指定	a //= b 等同 a = a // b

Python 也內建許多數學函式，表 5-2 列舉了其中 3 個。除了常用的函式，更多的數學函式被歸納在 math 程式庫，像三角函式、對數、開根號…等等，第 6 章有說明。

表 5-2

指令	說明	範例
abs()	取絕對值	abs(-8) 的結果是 8
min()	取最小值	min(5, 13, 7, 4) 的結果是 4
max()	取最大值	max(5, 13, 7, 4) 的結果是 13

5-2 建立自訂函式

函式（function）代表一段**可重複使用**的程式碼。以第三章「閃爍 5 次 LED」的 blink.py 程式檔來說，如果閃爍 5 次之後，要再閃爍 5 次，我們可以再寫一次 for 迴圈，但更好的方式是將閃爍 LED 的敘述包裝成**函式**：

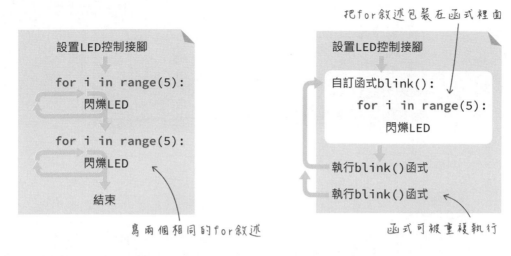

把for敘述包裝在函式裡面

寫兩個相同的for敘述

函式可被重複執行

包裝成函式的程式碼**不會被立即執行，它會留在記憶體裡等待被叫到名字時執行**。自訂函式的語法如下圖左，函式裡面的程式碼也要縮排：

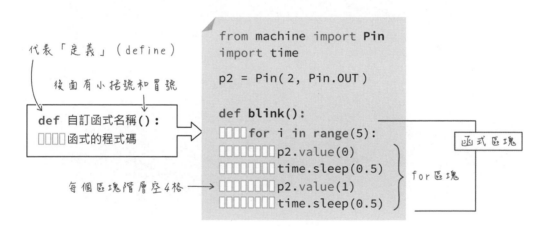

代表「定義」（define）

後面有小括號和冒號

```
def 自訂函式名稱():
    □□□□函式的程式碼
```

每個區塊階層空4格

```
from machine import Pin
import time
p2 = Pin( 2, Pin.OUT )

def blink():
    □□□□for i in range(5):
        □□□□□□□□p2.value(0)
        □□□□□□□□time.sleep(0.5)
        □□□□□□□□p2.value(1)
        □□□□□□□□time.sleep(0.5)
```

函式區塊

for區塊

請先在程式編輯器寫好上面的程式碼，一方面是為了能夠保存程式檔，其次是程式編輯器提供方便的自動格式功能，也方便修改程式碼。接著選取整個程式，按 Ctrl + C 鍵複製後，再貼入終端機（貼入之前記得先在終端機中按 Ctrl + E 鍵）：

```
🖳 COM3 - PuTTY                                      — ☐ ✕

    ===              p2.value(1)
    ===              time.sleep(0.5)
    ===
    >>> blink()         ← 自訂函式名稱()
    >>>
```

執行自訂函式 →

按 **Ctrl** + **D** 鍵執行貼入的程式後，輸入自訂函式名稱，後面再加上小括號，即可執行自訂函式。

> 執行函式的敘述，又稱為「呼叫函式」。

設定自訂函式的引數（參數）與傳回值

函式就像計算機上的功能鍵，把原本複雜的公式計算簡化成一個按鍵，使用者即使不知道計算公式為何，只要輸入數字（或稱為「參數」），就能得到正確的結果，而且功能鍵可以被一再地使用：

不怕記錯公式，只要按一下「功能鍵」，就能完成複雜的運算。

輸入半徑 **10**

黑箱作業

圓面積 **314.15**

圓面積計算函數

自訂函式名稱後面的小括號的外型宛如一個入口，可以接收參數。函式裡面還可以加入 return 指令傳回計算結果。以計算圓面積的自訂函式為例，程式碼如下：

接收傳入值的變數，稱為「參數」或「引數」。
↓

```
def cirArea(r):
    area = 3.14 * r * r
    return area
```

暫存計算值 →

函式本體

傳回計算結果

函式本體中的 area 變數將暫存計算結果。在終端機中的執行範例如下：

```
COM3 - PuTTY                                       _ □ ✕
=== def cirArea(r):
===     area = 3.14 * r * r
===     return area
===
>>> cirArea(5)          ◄──── 自訂函式名稱(參數值)
78.5
```

傳回的
計算結果 ─► 78.5

return 有「返回」或者「傳回」的意思，也能代表「終結執行」，凡是**寫在 return**
後面的敘述永遠不會被執行，例如：

```
def cirArea(r):
    area = 3.14 * r * r
    return area
    area = 5438   ◄── 此行永遠
                      不被執行
```

傳回結果
並且 **2**
離開函式

儲存結果 ─► ans = cirArea(5)

1 呼叫函數時，
順帶傳遞參數。

總結一下，自訂函式的語法格式為：

若參數不只一個，中間用逗號隔開。

```
def 函式名稱 (參數1, 參數2, ...) :
    程式敘述1
    程式敘述2
        :
    return 運算結果
```

若無傳回值，則省略此敘述。

認識變數的有效範圍

變數的**有效範圍（scope）**是一個跟**函式**密切相關的重要概念。

在函式區塊之中宣告的變數，屬於**區域變數**，代表它的有效範圍僅限於函式內部，而且只有在函式執行期間才存在；**函式一旦執行完畢，區域變數將被刪除**，換句話說，函式外面的程式，無法存取區域變數。

下圖左在函式中定義了一個 mcu 變數，若嘗試在函式外面存取該變數，將產生如下圖右的錯誤，代表在函式內部定義的變數僅存在於函式之中：

```
def spec():
    mcu = 'ESP8266'
    print(mcu)
```

在函式內宣告的變數

```
Python 3
>>> spec()
ESP8266                    在函式之外存取mcu變數
>>> print(mcu)
Traceback (most recent call last):
  File "<stdin>", line 1, in <module>
NameError: name 'mcu' is not defined
>>>                      'mcu' 未定義
```

在函式外面定義的變數稱為「全域（global）變數」，能被所有（函式內、外）程式碼存取。但是底下累加變數值的程式碼仍舊出錯：

在函式外部定義的total，是全域變數。

```
 total = 10

 def count():
     total += 1
     print(total)
```

嘗試增加total值

```
Python 3
>>> count()
Traceback (most recent call last):
  File "<stdin>", line 1, in <module>
  File "<stdin>", line 2, in count
UnboundLocalError: local variable
'total' referenced before assignment
>>>      嘗試存取尚未初設值的區域變數而出錯
```

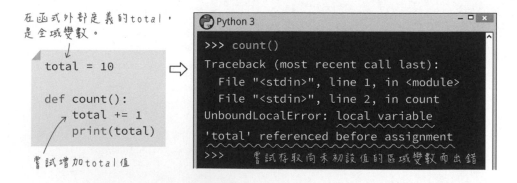

因為只要遇到**替新的「容器」指派值的敘述**，該行敘述就是「定義變數」，像底下新增一行替 total 指派 0，就是定義變數；此變數位於函式內，所以它是區域變數：

```
total = 10

def count():
    total = 0
    total += 1
    print(total)
```

設定變數值時，
建立區域變數。

```
Python 3                    _ □ ×
>>> count()
1
>>> count()
1      ← 始終存取區域變數
>>>
```

區域變數相當於「免洗餐具」，每次執行函式，內部的 total 就被建立並賦予 0 的值；一旦函式執行完畢，total 變數就被回收，下一次執行又重新建立。

要在函式內取用全域變數，必須用 **global 關鍵字**明確表達：

```
total = 10

def count():
    global total
    total += 1
    print(total)
```

指定使用全域變數

```
Python 3                    _ □ ×
>>> count()
11
>>> count()
12     ← total 值持續增加
>>>
```

5-3 自訂程式庫與常數定義

雖然 MicroPython 語言的接腳定義和 D1 mini 控制板上面的標示不同，但我們仍可透過自行定義的變數來定義。例如，GPIO2 腳標示為 D4，因此我們可以定義一個叫做 D4 的**變數**或**常數**來存放腳 2：

```
D4 = 2
```
定義變數

```
D4 = const(2)
```
定義常數

接腳編號是固定、恆常不變的值，這種資料值在程式中稱為**常數（constant）**。定義常數的指令叫做 const()。無論變數或常數，它們的取用方式都一樣，例如，設置接腳的敘述可改成：

```
from machine import Pin
D4 = const(2)        ── 用控制板的標示指定接腳
ledPin = Pin(D4, Pin.OUT)
```

相較於變數，MicroPython 的執行環境會在程式編譯階段，把所有用到常數部份的程式碼，直接替換成常數值，如此，程式在執行階段，便能減少記憶體（RAM）用量並提昇程式執行效率。

> 在 MicroPython 中，使用 const() 定義的常數資料，必須是整數，常數通常用全部大寫命名。

自訂程式庫

雖然我們可以用常數或變數事先設定腳位名稱，但如果每個程式開頭都需要重新定義一次接腳編號，就不方便了。幸好，我們可以把接腳定義全部寫在一個 Python 檔，讓有需要的程式碼重複引用。

其實「**Python 程式庫**」或者說「**程式模組**」，就是一個獨立的 **Python 程式檔（副檔名為.py）**。筆者把定義接腳的程式檔命名成 MINI.py：

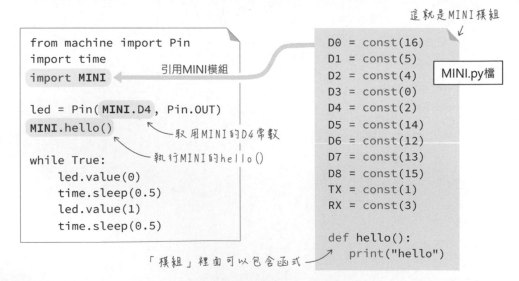

這就是MINI模組

```
from machine import Pin
import time
import MINI            引用MINI模組

led = Pin(MINI.D4, Pin.OUT)    取用MINI的D4常數
MINI.hello()                   執行MINI的hello()

while True:
    led.value(0)
    time.sleep(0.5)
    led.value(1)
    time.sleep(0.5)
```

```
D0 = const(16)
D1 = const(5)
D2 = const(4)        MINI.py檔
D3 = const(0)
D4 = const(2)
D5 = const(14)
D6 = const(12)
D7 = const(13)
D8 = const(15)
TX = const(1)
RX = const(3)

def hello():
    print("hello")
```

「模組」裡面可以包含函式

透過 **import 引用外部程式時，名稱不用加上.py**；取用模組裡的資料時，需要用「模組.資料」的格式存取。

請在程式編輯器中輸入並命名 MINI.py 程式檔，然後透過 ampy 命令上傳到 D1 mini 控制板。上傳之後，就能在終端機引用 MINI 模組了：

程式庫的存放路徑

程式庫不一定要存放在根路徑。在終端機執行 sys 的 path 指令，可傳回「程式庫」檔案的找尋路徑：

```
>>> import sys
>>> sys.path
['', '/lib', '/']
```

由此可知，import 指令預設會在當前檔案的相同路徑、根目錄底下的 lib 以及根目錄裡面找尋指定的程式庫檔案。

程式庫也能存放在其他路徑，假設我們要在 "mylib" 目錄存放一個自訂的 'foo.py' 程式庫，其中包含一個常數以及一個函式：

```
pin = const(2)

def greet(user):
    print('hello, ' + user)
```

mylib

foo.py

取用此 foo.py 程式庫之前，要先把它傳入控制板。ampy 工具程式支援直接上傳資料夾，它會連同資料夾的內容（檔案和子目錄）一併上傳到控制板：

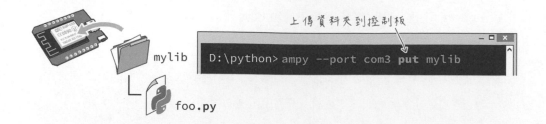

上傳資料夾到控制板

```
D:\python> ampy --port com3 put mylib
```

mylib
└ foo.py

或者，你可以先在控制板的快閃記憶體建立目錄（新增資料夾），再上傳檔案到新目錄：

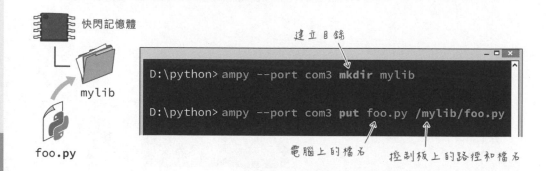

快閃記憶體
└ mylib
foo.py

建立目錄

```
D:\python> ampy --port com3 mkdir mylib

D:\python> ampy --port com3 put foo.py /mylib/foo.py
```

電腦上的檔名   控制板上的路徑和檔名

程式庫上傳到控制板之後，便可透過「目錄.程式庫」的語法存取程式庫，**檔案路徑之間用點 (.) 區隔**：

🐍 Python 3

```
>>> import mylib.foo
>>> mylib.foo.greet('cubie')
hello, cubie
>>>
```

執行foo程式庫的greet函式

若覺得程式庫路徑或者名稱太長，可以**在引用程式庫時加上 as 關鍵字替它重新命名**，例如：

import 程式庫 as 簡稱

🐍 Python 3

```
>>> import mylib.foo as foo
>>> foo.greet('cubie')
hello, cubie
>>>
```

將程式庫簡稱為foo

使用 dir() 函式確認函式或程式物件的功能

接觸新的程式庫或程式物件時，可以透過 Python 內建的 dir() 函式，得知它具備哪些函式和變數（或者說「方法」和「屬性」）。例如，透過 dir() 函式 可知 mylib 的 foo 程式庫包含 greet 和 pin 兩個成員，再透過 type() 函式可得知 greet 是函式 (function) 類型、pin 是整數 (int) 類型：

```
Python 3                                    _ □ ✕
>>> import mylib.foo
>>> dir(mylib.foo)
['greet', '__name__', 'pin']
>>> type(mylib.foo.greet)
<class 'function'>
>>> type(mylib.foo.pin)
<class 'int'>
```

dir() 函式的傳回值當中，前後用兩個底線 "__" 包圍的成員名稱，例如："__name__"，是系統自動附加的屬性。"__name__" 代表程式庫名稱，若執行 mylib.foo.__name__，它將傳回 "mylib.foo"。

dir() 函式不僅能用於程式庫，也可以用在一般程式物件。例如，當我們在一個變數裡面存入字串資料之後，這個變數不僅存放了字串，還被賦予操作字串的功能（也就是「方法」）。透過 dir() 可以查閱這些方法的名稱：

```
Python 3                                              _ □ ✕
>>> str = 'hello'
>>> dir(str)  ←——— 列舉str變數被賦予的操作字串指令
['encode', 'find', 'rfind', 'index', 'rindex', 'join', 'split',
'rsplit', 'startswith', 'endswith', 'strip', 'lstrip', 'rstrip',
'format', 'replace', 'count', 'lower', 'upper', 'isspace',
'isalpha', 'isdigit', 'isupper', 'islower']
```

5-4 處理文字訊息：
認識字元與字串資料類型

電腦把文字訊息分成**字元**（**character**）和**字串**（**string**）兩種類型。一個字元指的是一個半型文字、數字或符號；字串則是一連串字元組成的資料。字元或字串資料前後要用單引號或雙引號包圍：

url = 'http://swf.com.tw'
用單引號或雙引號包圍

字元編碼與控制字元

A, B, C, ...這些字元符號，對電腦來說，其實是沒有意義的，因為它只認得 0 和 1 數字，所以電腦上的每個字元都用一個唯一的數字碼來代表。例如，字元 'A' 的數字碼是 65（十進位），'B' 是 66。

為了讓不同的電腦系統能互通訊息，所有電腦都要遵循相同的字元編碼規範，否則，在甲電腦系統定義的字元編號 A，在乙電腦上代表 B，那就雞同鴨講了。目前**最通用的標準文/數字編碼，簡稱 ASCII**（American Standard Code for Information and Interchange，美國標準資訊交換碼），還有另一個**支援多國語系的 Unicode 編碼**。

ASCII 定義了 128 個字元，其中有 95 個可顯示（或者說「可列印」）的字元，包括空白鍵（十進位編號 32）、英文字母和符號。下圖是 ASCII 編碼表，完整表列請上網搜尋關鍵字：ascii code：

十進位	十六進位	字元	十進位	十六進位	字元	十進位	十六進位	字元	十進位	十六進位	字元
32	20		056	38	8	80	50	P	104	68	h
33	21	!	057	39	9	81	51	Q	105	69	i
34	22	"	058	3A	:	82	52		6A	j
40						58	X	112	70
41	29	)	065	41	A	89	59	Y	113	71	q
42	2A	*	066	42	B	90	5A	Z	114	72	r
	2B	+	067	43

ASCII 定義的其他 33 個字元，則是不能顯示的控制字元，例如：新行、 Esc 鍵、 Tab 鍵…等等。表 5-3 列舉幾個控制字元的編碼，相關使用的範例請參閱下文：

表 5-3

控制字元	ASCII 編碼（16 進位）	程式寫法	說明
CR (Carriage Return)	0d	\r	歸位
LF (Line Feed)	0a	\n	新行
Tab	09	\t	定位鍵

反斜線符號在字串中代表**轉義**（**escape**，或者「脫逸」），也就是插入特殊字元，像 "\n" 代表新行，因此下圖左的 path 變數將顯示成兩行文字：

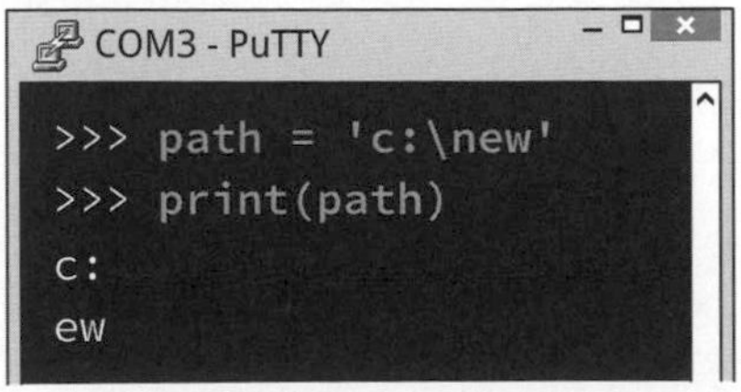

```
COM3 - PuTTY
>>> path = 'c:\new'
>>> print(path)
c:
ew
```

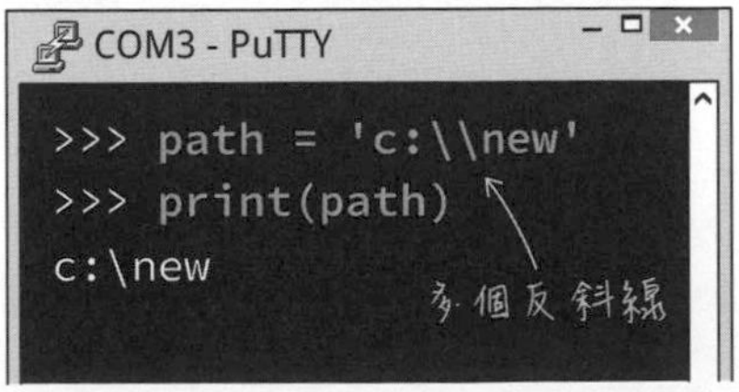

```
COM3 - PuTTY
>>> path = 'c:\\new'
>>> print(path)
c:\new
```
多個反斜線

要顯示一個反斜線，需要輸入兩個反斜線。表 5_4 列舉常見的轉義字元：

表 5-4

轉義字元	說明
\	放在行尾，代表「續行」
\\	反斜線符號
\'	單引號
\"	雙引號
\x〇〇	字元的 16 進制碼，例如 \x0A 或 \x0a 代表「新行」字元

在字串前面加上 R 或 r，代表保留**原始（raw）字串**，不要轉義，例如：

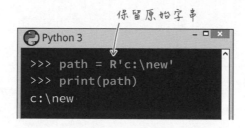

保留原始字串

```
>>> path = R'c:\new'
>>> print(path)
c:\new
```

歸位（Carriage return，簡稱 CR）字元，寫成 '\r'，是一個讓輸出裝置（如：顯示器上的游標或者印表機的噴墨頭）回到該行文字開頭的控制字元。**新行（Newline 或者 Line feed，簡稱 LF）字元**，寫成 '\n'，則是讓輸出裝置切換到下一行的控制字元。

Mac OS X, Linux 和 UNIX 等電腦系統，採用 LF 當作「換行」字元；Apple II 和 Mac OS 9（含）以前的系統，採用 CR 當成換行；Windows 電腦則是合併使用「歸位」和「新行」兩個字元，因此在 Windows 系統上，換行字元又稱為 CRLF。

如果讀者的身邊有 Linux/Mac OS X 和 Windows 系統的電腦，不妨嘗試在 Linux 或 Mac 上建立一個純文字檔，然後用 Windows 電腦開啟看看，您將能看到原本在 Linux/Mac OS X 上的數行文字，全都擠在同一行，這是兩種系統對於「換行」的定義不同所導致。

連接字串與儲存多行文字

假設我們要分兩段輸入「柳家老母不是人，九天玄女下凡塵。」，結果輸入到逗號按下 `Enter` 鍵之後就出錯了。因為少了結尾的引號，Python 就認定「語法錯誤」，少了 EOL（End of Line，行結尾）：

```
Python 3                                              _ □ ✕
>>> words = "柳家老母不是人，              ←缺少引號結尾
  File "<stdin>", line 1
    words = "柳家老母不是人，
                           ^
SyntaxError: EOL while scanning string literal
>>>                  ← 語法錯誤
```

字串裡面可包含控制字元，像底下的 words 變數值，透過 print() 指令輸出在終端機，將會呈現兩行。MicroPython 的互動解譯器介面不支援中文，請使用電腦的 Python 3 練習底下的中文字串相連：

```
Python 3                                              _ □ ✕
>>> words = '失敗並不可怕\n可怕的是你不能釋懷它'
>>> print(words)
失敗並不可怕                    ←「新行」字元
可怕的是你不能釋懷它
```

如果字串超過一行，或者文字數量比較多，可以用**加號**串接多個字串：

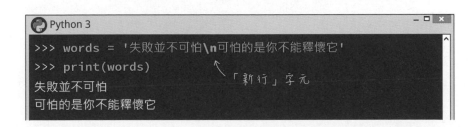

```
假如+號的任一邊是字串，
則+號代表「字串相連」。
                     ↓
words = '我的網址：' ( + ) 'swf.com.tw'    結果 ⟹  '我的網址：swf.com.tw'
```

也可以使用**三個連續單引號**包圍多行文字，或者把不同的字串資料包夾在**小括號**裡面：

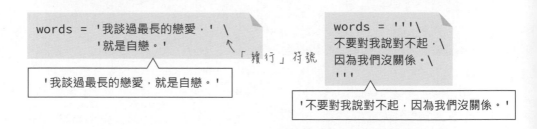

```
words = '''
    理想很豐滿，
    現實很骨感。
'''
```
會保留斷行和空格

`'\n    理想很豐滿，\n    現實很骨感。\n'`

```
words = (
    '再多一點努力，'
    '就多一點成功。'
)
```
用引號包圍

`'再多一點努力，就多一點成功。'`

另一種連接多行文字的寫法是在每一行文字後面加上**反斜線**（代表「行接續符號」）：

```
words = '我談過最長的戀愛，' \
        '就是自戀。'
```
「續行」符號

`'我談過最長的戀愛，就是自戀。'`

```
words = '''\
不要對我說對不起，\
因為我們沒關係。\
'''
```

`'不要對我說對不起，因為我們沒關係。'`

字串也能用乘號 (*) 運算，產生多個連續副本，例如：

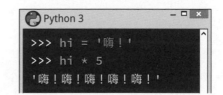

轉換資料類型

加號（+）有**數字相加**和**字串相連**兩種用途，但直接連結字串和數字資料會出現**類型錯誤（TypeError）**，因為加號兩邊的資料類型必須一致：

```
>>> ans = "答案：" + 24
Traceback (most recent call last):
  File "<stdin>", line 1, in <module>
TypeError: must be str, not int
```
類型錯誤，必須是字串。

連接字串和數字之前，必須先透過 **str()** 函式把數字轉換字串：

```
>>> ans = "答案:" + str(24)
>>> print(ans)
答案:24
```

使用 print() 函式輸出文字和字串以外的類型資料時，可直接用逗號分隔輸出內容，無須透過 str() 轉換成字串：

```
>>> num = 12
>>> score = 86          用'+'連結，資料類型必須都是字串。
>>> print("座號:" + str(num) + ",成績:" + str(score))
座號:12,成績:86
>>> print("座號:", num, ",成績:", score)
座號: 12 ,成績: 86
```

輸出字串和資料之間會有個空格

其他字串操作指令

字串裡面可以用大括號，加上選擇性的數字編號（或參數名稱）預留「可變動」內容，再透過 **format()** 函式填入參數值，例如：

預留空間的編號數字可省略

```
msg = '{0} 今年 {1} 歲。'
msg = msg.format('小趙', 10)
print (msg)
```

小趙 今年 10 歲。

預留空間的自訂參數名稱

```
msg = '{x} 今年 {y} 歲。'
msg = msg.format(y=10, x='小趙')
print (msg)
```

順序不重要

小趙 今年 10 歲。

find() 函式用於找尋並傳回找到內容的起始字元編號（參閱下文「元組（tuple）與其他循序型資料操作指令」一節）；若找不到目標字串，則傳回 -1：

```
0 1 2 3 4 5 6 7 8 9 10 11 12 13
msg = '隔著窗戶撕字紙，撕了字紙吃柿子。'
index = msg.find('柿子')  ⟵ 在 msg 內找尋 "柿子"
```

執行範例：

```
Python 3
>>> msg = '隔著窗戶撕字紙，撕了字紙吃柿子。'
>>> index = msg.find('柿子')
>>> index
13
>>> index = msg.find('釋迦')
>>> index
-1  ⟵ 找不到 '釋迦'
```

replace() 函式用於取代字串內容：

```
old = '我的字典裡沒有假期'
new = old.replace('假期', '放棄')
print (new)
```

⟶ '我的字典裡沒有假期放棄'
new

5-5 列表（List）類型

列表用於儲存一組相關資料，整組資料用方括號包圍，每個資料元素用逗號分開。例如，底下的敘述將建立一個名叫 she 的列表，儲存 3 個字串資料：

```
she = ["Selina", "Hebe", "Ella"]
```

用方括號包圍　　　用逗號分隔元素

同一個列表可儲存不同類型的資料，像這個列表包含兩個字串和兩個數字元素：

```
esp8266 = [ "Wi-Fi", "Python", 16, 3.3]
```

列表相當於**具有連續編號的儲存空間**，每個儲存元素都有一個編號：

列表的操作方法

方法（method）是函式的同義詞，代表某個物件的操作功能。例如，**len() 方法**可傳回列表的元素數量。列表裡的資料能被個別讀取，以讀取第 2 個元素（編號 1）為例，語法如下：

元素編號可以是負值，代表「倒數第幾個元素」，例如 '-1' 指的是「倒數第 1個」，也就是 'Ella'。若嘗試讀取超出範圍的列表編號，將會發生錯誤：

```
>>> she[100]
Traceback (most recent call last):
  File "<stdin>", line 1, in <module>
IndexError: list index out of range
>>>
```
列表索引超出範圍

底下這兩個語法，都能在 she 列表後面，添加一個新元素：

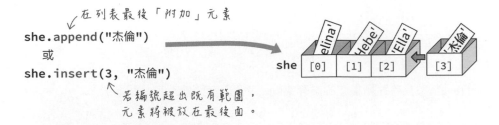

在列表最後「附加」元素

```
she.append("杰倫")
```
  或
```
she.insert(3, "杰倫")
```

若編號超出既有範圍，
元素將被放在最後面。

列表的元素內容可以被改變，底下的敘述將把第 2 個元素改成「馥甄」：

```
Python 3
>>> she[1] = '馥甄'
>>>
```

pop() 方法預設將刪除並傳回列表的**最後一個元素**：

```
Python 3
>>> she.pop()
'杰倫'
```

使用 **insert() 方法**在列表指定編號的前面插入新元素，底下的敘述執行之後，
"Selina" 元素編號將變成 1：

```
Python 3
>>> she.insert(0, '阿中')
>>>
```

使用 **pop() 方法**刪除並傳回指定編號的**元素**；以下的敘述會讓 "Selina" 變成第
一個元素：

```
Python 3
>>> she.pop(0)
'阿中'
```

列表也支援使用**加號(+)串連**或用**乘號(*)重複列表值**,底下的敘述將在 she 列表後面增加兩個元素:

```
she.extend(["杰倫", "昆凌"])
    或
she += ["杰倫", "昆凌"]
```

remove() 方法可移除列表裡的第一個匹配值;**del 指令**可刪除指定編號元素:

```
she.remove("Ella")
    或
del she[2]
```

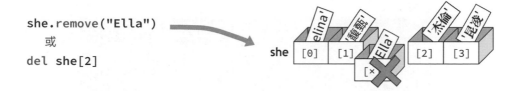

使用 for 迴圈、in 運算子和 enumerate 函式取出所有列表元素

in 和 not in 運算子用於確認某值是否存在於列表。例如,底下的敘述將傳回 True:

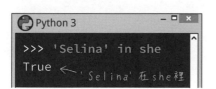 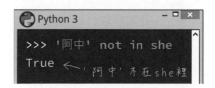

透過 for 迴圈搭配 in 運算子,就構成一部自動機器,從列表的第一個元素開始提取,直到取出最後一個元素為止:

```
she = ['Selina', 'Hebe', 'Ella']

for val in she:
    print(val)
```

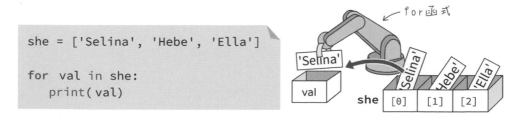

如需在取出列表元素的同時，列舉索引編號，可搭配 **enumerate() 函式**：

```
she = ['Selina', 'Hebe', 'Ella']

for i, val in enumerate(she):
    print('編號 ' + str(i) + '是' + val)
```

此函式將傳回索引編號和元素值

數字要轉成字串

在電腦的 Python 3 環境執行結果：

```
Python 3                                    _ □ ×

>>> for i, val in enumerate(she):
...     print('編號 ' + str(i) + ' 是 ' + val)
編號 0 是 Selina
編號 1 是 Hebe
編號 2 是 Ella
>>>
```

5-6 元組（Tuple）與其他循序型 資料操作指令

元組也是儲存一組相關資料的容器，和列表的差別在於，**元組的元素不能修改**。列表使用方括號包圍元素，元組使用小括號。第 6 章的 Wi-Fi 網路設定單元中，無線基地台的掃描結果，就是元組格式資料，就像「常數」，元組在語意上提供一種「約束」，因為我們不能修改掃描到的資料：

列表 (list)

```
chips = [ 'MCU', 'SoC' ]
```

元組 (tuple)

```
pins = ( 'A0', 'D0', 'D1' )
```

用小括號包圍　　用逗號分隔元素

若嘗試修改或刪除元組的元素，將產生錯誤：

```
>>> pins[1] = 'D2'
Traceback (most recent call last):
  File "<stdin>", line 1, in <module>
TypeError: 'tuple' object does not support item assignment
```

「元組」不支援指派元素項目

設定資料時，若用逗號分隔資料，整個資料將以**元組**格式儲存，例如：

```
>>> spec = 'ESP8266', '80MHz', 3.3, 16        ← 一串逗號分隔資料
>>> type (spec)
<class 'tuple'>        ← 確認是元組類型
>>> spec
('ESP8266', '80MHz', 3.3, 16)        ← 真的是元組
```

元組、列表和字串，都屬於循序型（sequence）類型資料，也就是它們的每個元素都帶有索引編號，像字串就是由多個循序字元組成的資料，因此可透過索引取出其中的字元，例如：

```
>>> msg = 'Keep Hacking'
>>> msg[5]
'H'
```

msg字串內容
↓
Keep Hacking
0 1 2 3 4 5 6 7 8 9 10 11

擷取部份範圍資料

擷取循序資料中的元素時，方括號裡的數字可以是負數，代表「從後面」計算。例如：

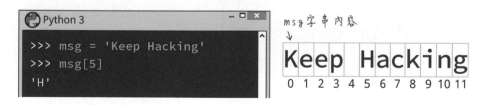

```
she = ['Selina', 'Hebe', 'Ella']
she[-2]
```
↓ 取得倒數第2個元素
'Hebe'

```
msg = 'Maker'
msg[-3]
```
↓ 取得倒數第3個字元
'k'

也可以用冒號界定擷取範圍，最後一個元素索引編號要加 1：

若省略冒號後面的數字，代表取到最後一個元素；省略前面的數字，代表從第一個元素開始擷取：

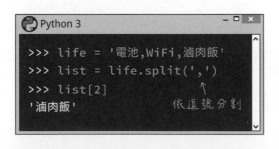

字串或元組轉換成列表

字串可以透過 **split() 方法**，依指定字元（通常是逗號）切割成數個列表元素：

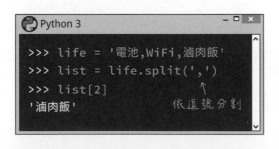

list() 函式可將元組轉換成列表；**tuple() 函式**可將列表轉換成元組：

```
>>> spec = 'ESP8266', '80MHz', 3.3, 16
>>> data = list (spec)  ←── 轉換成列表類型
>>> type (data)
<class 'list'>  ←── 確認是列表類型
```

同時指派多個變數值

Python 允許在同一行敘述，透過**逗號**分隔指派多個變數值，例如，底下兩個程式片段都能設定 temp 和 humid 的值：

```
temp = 22.3
humid = 34.5
```

簡化成一行 ➡

```
temp, humid = 22.3, 34.5
```

這項特異功能可用於交換兩個變數內容，底下的敘述中，x 值原本是 10，執行到第 2 行之後就和 y 值交換，變成 20：

```
x, y = 10, 20
x, y = y, x
```

同樣是交換變數值，換作其他程式語言（如：網頁的 JavaScript），就需要額外的變數來暫存交換資料，像舊版的 JavaScript 語言需要分成 3 個步驟：

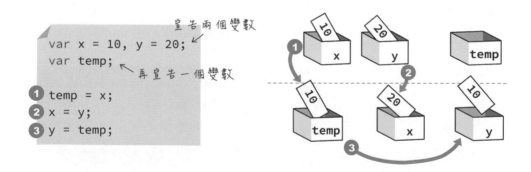

```
var x = 10, y = 20;    宣告兩個變數
var temp;    ← 再宣告一個變數
① temp = x;
② x = y;
③ y = temp;
```

一次指派多個變數值的敘述，適用於**字串**、**列表**和**元組**等循序類型的資料格式，像底下的 val 是包含 3 個元素的元組，執行到第 2 行之後，元組的值將分別設定給 x, y 和 z 變數：

```
val = ('foo', 123, 'bar')
x, y, z = val
```
'foo' 123 'bar'

附帶一提，同時指派多個值時，若變數和資料的數量不同，將會引發錯誤：

```
Python 3                                           – □ ×
>>> val = ('foo', 123, 'bar')
>>> x, y = val          ←——— 指派val給兩個變數
Traceback (most recent call last):
  File "<stdin>", line 1, in <module>
ValueError: too many values to unpack (expected 2)
>>>                  ～～～～～～～～～資料數量超過變數（應有2筆資料）
```

5-7 字典（Dictionary）類型

字典(dictionary) 是另一種可儲存多組數據的資料類型；列表（list）的元素是透過**索引數字**來存取，字典的元素則是透過**名稱（key）**。

假設我們要儲存一組「燈光」資料：

編 號	名 稱	狀 態
0	壁燈（wall）	"ON"
1	檯燈（table）	"OFF"
2	神燈（magic）	"ON"

列表元素用數字編號，若編號和資料值沒有直接的關聯性，程序敘述本身就無法描述取值的對象：

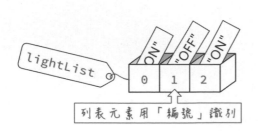

列表元素用「編號」識別

讀取元素2的值
state = lightList[2]

編號2元素應該是檯燈

字典元素透過**名稱**識別，假如我們建立了一個叫做 lightDict 的字典，從底下的程式敘述，我們可直接從字面得知程式擷取的值所代表的意義：

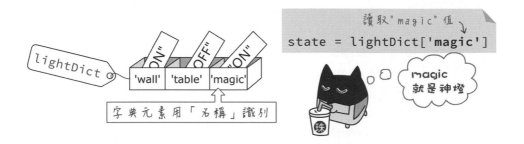

字典類型資料也因此被稱為**名稱/值對（key/value pair）**。建立字典的語法與範例：

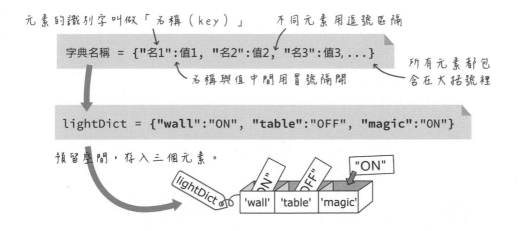

為了增加可讀性，「名稱/值對」往往分開數行撰寫，**「名稱」可以用字串、數字和元組三種類型設定**，如下圖右所示：

字典元素同樣用**方括號**存取，底下是讀取前頁右圖的 data 字典的例子：

data[12] ➡ 8   data[(2,3)] ➡ 'number'   data[' '] ➡ 'Space'

操作字典類型資料

列表和字典的元素，都可以任意增加。因此，我們可先宣告一個空白的字典：

```
dict = {}
```

隨後再依照需要新增元素，例如，底下的敘述將在 dict 中加入 pwm 和 LED
資料：

```
dict["pwm"] = 512
dict["LED"] = 2
```

透過 **len 函式**可得知字典的資料數量：

len(**dict**) ➡ 2

Keys() 和 values() 方法分別用於列舉字典裡的所有「名稱」和「值」：

列舉dict裡的全部「名稱」

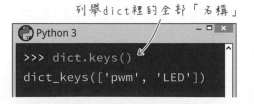

列舉dict裡的所有「值」

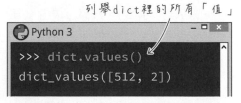

pop() 方法或 **del 指令**可刪除指定元素：

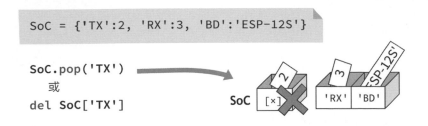

如果嘗試刪除不存在的元素，將會引發 KeyError（名稱錯誤）：

```
Python 3                                    _ □ x
>>> SoC.pop('pwm')
Traceback (most recent call last):
  File "<stdin>", line 1, in <module>
KeyError: 'pwm'
```

同樣地，嘗試存取一個不存在的字典名稱也會引發相同的錯誤。為了避免發生這類錯誤，可以在存取資料之前，先用 in 或 not in 運算子確認指定元素「存在」或「不存在」，若存在的話，in 運算結果將傳回 True。由於 SoC 變數內含 'BD'，所以底下的敘述將傳回它的資料值：

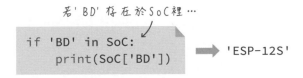

除了使用 in 先確認名稱存在與否，也可以執行 **get 方法**存取某個名稱的值，例如：

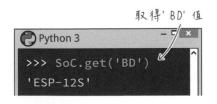

若指定名稱元素不存在，get 方法將傳回代表「沒有值」的 None。

底下的敘述一開始定義了其值為 9 的 data 變數，隨後賦予它 None 值，代表「清空變數容器」；判斷變數值或函式傳回值是否為「空」，可用 is 運算子，例如：

```
Python 3                                              _ □ ✕
>>> data = 9
>>> data = None    ⟵————— 清空變數
>>> data is None   ⟵————— 探詢變數是否為「空」.
True
```

因此，底下的敘述將在終端機顯示「pwm 不存在」：

```
Python 3                                              _ □ ✕
>>> if SoC.get('pwm') is None:
...     print('pwm不存在')
...
pwm不存在
```

若要一次清除字典裡的所有內容，可執行 **clear() 方法**。執行底下的敘述之後，SoC 的內容將變成空白：

```
SoC.clear()
```

如果要一次向字典新增或合併多筆資料，請使用 **update() 方法**。底下的敘述將把 pins 併入 SoC 字典：

```
pins = {'SDA':4, 'SCL':5}
SoC.update(pins)
```

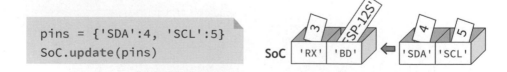

使用 for 迴圈和 in 運算子取出所有字典元素

使用 for 迴圈搭配 keys 或 values 方法，可列舉字典裡的所有「名稱」或「值」。
底下的敘述將列舉字典裡的全部資料值：

```
Python 3                                    _ □ ×
>>> for val in SoC.values():
...     print(val)
...
3
ESP-12S          ← 讀取全部資料
4
5
```

目前處理'RX'元素...

字典的 **items() 方法**可將字典的每個**名稱/值對**組織成元組，並且以列表型式
傳回，例如：

```
Python 3                                                            _ □ ×
>>> SoC.items()
dict_items([('RX', 3), ('BD', 'ESP-12S'), ('SDA', 4), ('SCL', 5)])
>>>
```

全部資料用「列表」包裝　　　　　　每個資料都包裝成「元組」

使用 for 迴圈搭配 items() 方法，便能**同時列舉字典裡的名稱和值**：

```
Python 3                                              _ □ ×
>>> for key, val in SoC.items():
...     print("{} 的值是 {} ".format(key, val))
...
RX 的值是 3。
BD 的值是 ESP-12S。
SDA 的值是 4。
SCL 的值是 5。
>>>
```

5-8 認識數字系統

人類有十根手指頭，因此我們習慣使用十進位數字。電腦本質上只能處理 0 與 1 的二進位數字，為了符合人類的方便，程式編譯器會自動幫忙轉換 10 進位與 2 進位資料。

但有些時候，使用二進位數字來描述資料的狀態，比十進位來得簡單明瞭。例如，假設我們在編號 0~3 的接腳上，銜接四個 LED。在程式中描述這些 LED 的開關狀態時，可以用二進位表示：

然而，隨著 LED 數量增加，資料描述也變得複雜，容易讀錯或者輸入錯誤，像這種情況，我們通常改用 16 或 10 進位數字來描述：

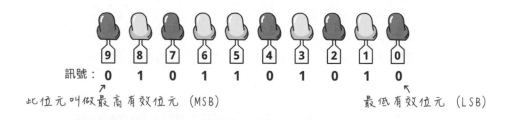

2 進位數字轉換成 10 進位和 16 進位

每個數字所在的位置，例如個位數或十位數，代表不同的**權值（weight）**，像百位數字代表 10 的 2 次方，十位數代表 10 的 1 次方；二進位數字的每個數字的權值，則是 2 的某個次方：

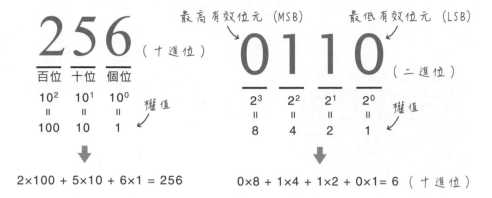

$$2 \times 100 + 5 \times 10 + 6 \times 1 = 256 \qquad 0 \times 8 + 1 \times 4 + 1 \times 2 + 0 \times 1 = 6 \text{（十進位）}$$

從上圖可得知，**數字乘上它所代表的權值的總和**，即可換算成 10 進位數字。最簡單的轉換方式當然是用計算機。像 Windows 內建的**小算盤**的**程式設計師**模式就能轉換不同的數字系統。

比起 10 進位，16 進位 (hexadecimal，簡稱 hex) 比較常用來取代 2 進位，因為**換算時用 4 個數字一組**計算權值，即可輕易換算。例如，下圖的 2 進位值轉換成 16 進位的結果是 "16A"（10 進位是 362），16 進位的 A 就是 10 進位的 10：

```
0  1   0  1  1  0   1  0  1  0   ← 二進位
2 (1)  8 (4)(2) 1  (8) 4 (2) 1   ← 權值（四位數一組）
   ↓          ↓          ↓
   1          6          A       ← 十六進位
```

相較於一堆 0 與 1，16 進位容易閱讀多了，表 5-5 是不同進位數字的對照表：

表 5-5　數字系統對照表

十進位		十六進位		二進位		十進位		十六進位		二進位
0	=	0	=	0000		8	=	8	=	1000
1	=	1	=	0001		9	=	9	=	1001
2	=	2	=	0010		10	=	A	=	1010
3	=	3	=	0011		11	=	B	=	1011
4	=	4	=	0100		12	=	C	=	1100
5	=	5	=	0101		13	=	D	=	1101
6	=	6	=	0110		14	=	E	=	1110
7	=	7	=	0111		15	=	F	=	1111

除了 10 進位數字之外，Python 程式裡的數字需要加上特殊字元以利區別，例如，底下的變數儲存值都是 10 進位的 362：

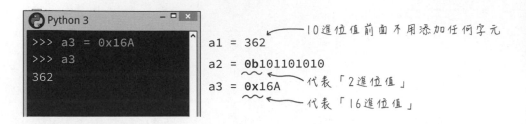

Python 有內建轉換 2 進位和 16 進位數字的函式，底下是轉換 63 數字的例子。請注意，轉換後的類型是**字串**而非數字：

個人電腦的 Python 3 語言內建一個轉換數字格式的 format() 函式，也具有把 10 進位數字轉換成 2 進位和 16 進位的功能，但 **MicroPython 語言沒有內建 format() 函式**：

轉成16進位 ⇨	format(63, 'x') ➡	'3f'
轉成2進位 ⇨	format(63, 'b') ➡	'111111'

00110

Wi-Fi 無線網路

6-1 認識無線區域網路與 Wi-Fi

無線區域網路（**Wireless LAN, WLAN**）代表不用纜線，使用電波、紅外線或可見光等技術，建立裝置之間的網路連線。可見光、紅外線和電波，都是一種電磁波，而**電波是頻率在 3KHz～3000GHz 的電磁波**。日常生活中有許多運用電波通訊的裝置，像是手機、收音機、電視、藍牙、Wi-Fi 基地台...等等：

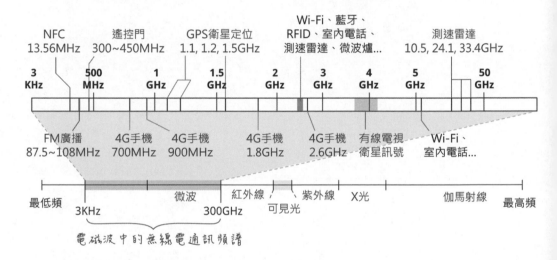

電波的可用頻率範圍就像道路的寬度，是有限的，因此必須有計劃地分配。此外，某些電波的發射範圍涵蓋全世界，像衛星電視和衛星定位訊號（GPS），所以必須有國際性的規範。如果不遵守規範，任意發射相同或相近的頻率，就會造成互相干擾，例如，若住家附近有未經申請設立的「地下電台」，原本位於相同頻率的電台就會被「蓋台」（亦即，相同頻率下，功率較強的電波會覆蓋較微弱的電波），附近的住戶只能聽到地下電台的廣播。

再者，有些頻率用於警察和急難救助，如果遭到干擾，就像行人和機車任意在快車道亂竄一樣，不僅會造成其他用路人的困擾，也可能發生危險。因此，世界各國對於電波的使用單位，無論是電視、廣播或者業餘無線電通訊人士（俗稱「火腿族」），都有一定的規範，並給予使用執照同時進行監督。

並非所有的頻段和無線電裝置都需要使用執照，世界各國都有保留某些給**工業（Industrial）**、**科學研究（Scientific）**和**醫療（Medical）**方面的頻段，簡稱 **ISM 頻段**，只要不干擾其他頻段、發射功率不大（通常低於 1W），不需使用執照即可使用。

室內無線電話、藍牙、Wi-Fi 無線網路和 NFC 等無線通訊設備，都是採用 ISM 頻段。**2.4GHz 是世界各國共通的 ISM 頻段**，因此市面上許多無線通訊產品都採 2.4GHz。為了讓不同的電子裝置都能在 2.4GHz 頻段內運作，彼此不相互干擾，有賴於不同的通訊協定（相當於不同的語言）以及跳頻（讓訊號分散在 2.4GHz~2.5GHz 之間傳送，降低「碰撞」的機率）等技術，避免影響訊號傳輸。

Wi-Fi 與 IEEE 802.11 規格簡介

許多 3C 產品的無線網路功能，皆採用美國**電機電子工程師學會（IEEE）**制定的 IEEE 802.11 規格。網路設備製造商依據 802.11 研發出來產品，將交給「Wi-Fi 聯盟」認證，確認可以和其他採相同規範的裝置互連，進而取得 Wi-Fi 認證標籤：

> IEEE 802.11 規格有時會省略 IEEE 字眼，簡稱 802.11。

因此，支援無線區域網路的產品，都會標示 Wi-Fi 認證與支援的 802.11 規格，我們也習慣將無線網路稱為 Wi-Fi。隨著技術的演進，802.11 陸續衍生不同的版本，主要的差異在於電波頻段和傳輸速率，表 6-1 列舉其中幾個版本；「天線數」相當於道路的「車道數」，天線越多，承載（頻寬）和流量也越大。**ESP8266 支援 2.4GHz 頻段的 802.11 b/g/n 規格。**

表 6-1

規格	802.11a	802.11b	802.11g	802.11n	802.11ac
頻段	5GHz	2.4GHz		2.4GHz、5GHz	5GHz
最大傳輸速率	54Mbps	11Mbps	54Mbps	600Mbps	6.77Gbps
天線數	1 支			最多 4 支	最多 8 支

採用 2.4GHz 頻段的 Wi-Fi 裝置，其傳輸距離在室內通常約 40 公尺；空曠區域約 100 公尺。

Wi-Fi 網路的 AP 和 STA 設備

Wi-Fi 網路環境通常由兩種設備組成：

● Access Point（「存取點」或「無線接入點」，簡稱 AP）：允許其它無線設備接入，提供無線連接網路的服務，像住家或公共區域的無線網路基地台，就是結合 Wi-Fi 和 Internet 路由功能的 AP；AP 和 AP 可相互連接。提供無線上網服務的公共場所，又稱為 Wi-Fi 熱點（hotspot）。

● Station（「基站」或「無線終端」，簡稱 STA）：連接到 AP 的裝置，一般可無線上網的 3C 產品，像電腦和手機，通常都處於 STA 模式；STA 模式不允許其他聯網裝置接入。

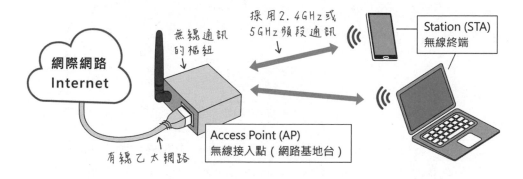

AP 會每隔 100ms 廣播它的**識別名稱（Service Set IDentifier，服務設定識別碼，簡稱 SSID）**，讓處於通訊範圍內的裝置辨識並加入網路。多數的 AP 會設定密碼，避免不明人士進入網路，同時也保護暴露在電波裡的訊息不會被輕易解譯。Wi-Fi 提供 WEP, WPA 或 WPA2 加密機制，彼此連線的設備都必須具備相同的加密功能，才能相連；WEP 容易被破解，不建議使用。

加密機制可透過無線基地台提供的介面設定。

ESP8266 板通常都以 STA（無線終端）模式運作，而非 AP 模式，因為 STA 一次只能連接一個 AP，假如手機透過 Wi-Fi 連接 ESP8266 模組的「基地台」，手機就只能存取 ESP8266 板的資源：

Wi-Fi 無線網路的頻道和訊號強度

802.11g/n 無線網路標準，在 2.4GHz~2.494GHz 頻譜範圍內，劃分了 14 個頻道（channel），每個頻道的頻寬為 20MHz：

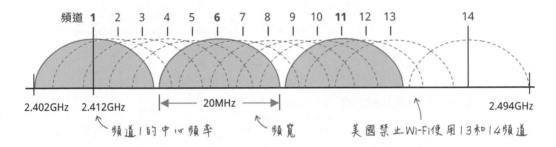

因為各國的電信法規不同，不是所有地區的 Wi-Fi 設備都能使用全部的頻道，像美國的法令就不允許使用 13 和 14 頻道；雖然台灣可以使用 1~13 頻道，但是筆者家裡的路由器只能選擇 1~11 頻道。Wi-Fi 網路設備（如：家裡的無線寬頻路由器，也就是無線基地台）預設會自動選擇一個頻道來傳輸資料。

室內無線電話、無線鍵盤/滑鼠和藍牙等無線通訊設備也都使用 2.4GHz 頻譜（微波爐產生的電磁波也在這個範圍），再加上都會區密集的住宅環境，Wi-Fi 無線網路通訊可能會受到干擾而造成傳輸異常。遇到這種情況，你可以嘗試手動設定路由器的頻道。首選的頻道是 1, 6 或 11，因為從上圖可以看出這三個頻道彼此沒有重疊。

你還可以使用軟體來監測當前的 Wi-Fi 頻譜的使用狀況，像 Android 手機上的開放原始碼 WiFiAnalyzer（WiFi 分析儀，https://goo.gl/5OVlHu），能夠顯示無線熱點名稱、訊號強度以及通訊頻道，方便你選擇一個比較不擁擠的頻道。以下圖來說，頻道 9 顯得很擁擠，頻道 3 沒有設備使用，是最好的選擇：

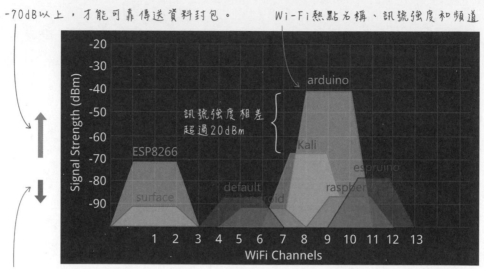

-70dB以上，才能可靠傳送資料封包。

Wi-Fi熱點名稱、訊號強度和頻道

訊號強度相差超過20dBm

-80dB以下，網路傳輸很不穩定。

Wi-Fi 網路的**接收信號強度（Received Signal Strength Indicator，簡寫成 RSSI）**代表無線終端（如：手機）接收無線接入點訊號的收訊強度值，單位是 dBm。RSSI 在 -80dBm 以下的無線訊號很微弱，資料封包可能會在傳送過程中遺失。若要流暢觀看網路視訊，接收強度值最好在 -67dBm 以上。

手動設定無線路由器的頻道時，假如全部頻道都已經有設備佔用，那麼，請挑選一個被佔用的接收訊號強度較弱的那個頻道，像上圖的頻道 4 或 5。原則上，只要路由器的訊號強度高於同頻道裡的其他裝置 20dBm，就比較不會受到干擾。

dBm 的定義

dBm 是電波強度單位（以 1mW 功率為基準的比值），0dBm（0 分貝毫瓦）等於 1mW（1 毫瓦）功率；FM 廣播電台的電波強度為 80dBm，等同 100kW（100 千瓦）功率，覆蓋距離約 50 公里。電波發射功率（瓦數）換算成 dBm 單位的公式如下：

$$訊號功率(dBm) = 10 \times \log \left(\frac{功率}{1mW} \right) \quad \Longrightarrow \quad 10 \times \log \left(1000 \times 功率 \right)$$

參考值　　　　　　　　　　　　　　　　　　　單位是瓦（W）

我們可以用 Python 計算訊號功率值。電腦上的 Python 的 math（數學）模組包含 log10 函式（亦即，以 10 為底的對數），在 MicroPython 上要用 log() 函式。從左下圖的計算結果可知，發射功率 1W 的 dBm 值為 30，0.01mW 功率則是 -20dBm，發射功率越弱，dBm 值越低。

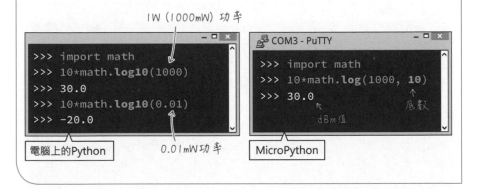

1W（1000mW）功率

```
>>> import math
>>> 10*math.log10(1000)
>>> 30.0
>>> 10*math.log10(0.01)
>>> -20.0
```

電腦上的Python　　　0.01mW功率

```
COM3 - PuTTY
>>> import math
>>> 10*math.log(1000, 10)
>>> 30.0
```

底數

dBm值

MicroPython

6-2 從網頁瀏覽器操作 MicroPython 控制板

ESP8266 版本的 MicroPython 提供一個叫做 WebREPL 的程式，讓我們用 Wi-Fi 連線操作 ESP8266 控制板，也就是用瀏覽器取代 PuTTY 之類的終端機，從遠端設定它的程式：

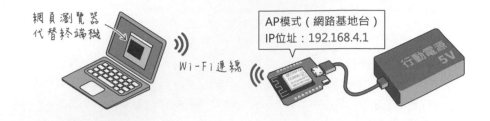

啟用 WebREPL

ESP8266 板預設沒有啟用 WebREPL，請先用 USB 連接 ESP8266 控制板，並開啟終端機（如：PuTTy）與之連線。

在終端機中輸入 "import webrepl_setup" 命令，然後依照畫面指示，進行按下 E 啟用、輸入連線密碼…等操作：

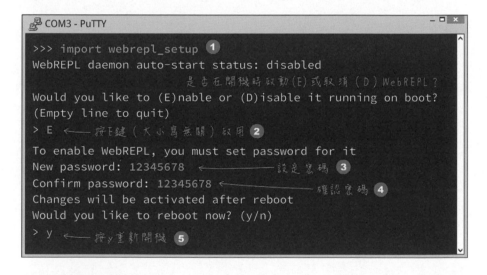

這些步驟只需做一次，連線設定參數就會存入 ESP8266 控制板。按下 Y 鍵，控制板會立即重新啟動，往後的開機訊息將顯示存取 WebREPL 的 IP 位址：

開機訊息最後一行的 OSError（系統錯誤）ENOENT 訊息，代表「找不到檔案」，因為 **MiroPython 開機後會自動執行 main.py**（使用者自訂程式），目前系統裡面還沒有這個檔案，請忽略此錯誤訊息。

Wi-Fi 連線到 ESP8266 控制板

開啟 WebREPL 將啟用 ESP8266 板的 AP（無線基地台）功能，它的名稱以 MicroPython- 起頭，後面跟著控制板實體位址的一部分。底下是 Windows 10 系統的 Wi-Fi 網路存取畫面：

MicroPython「基地台」的連線密碼是 **micropythoN**：

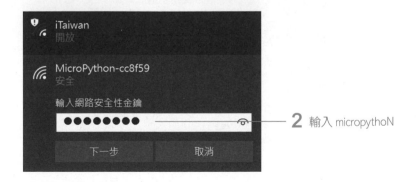

在瀏覽器中使用 WebREPL 介面

控制板的 WebREPL 連線操作，需要使用 micropython.org 事先寫好的網頁（webrepl.html），讀者可採用本書範例裡的版本，或者從請 GitHub 下載（https://github.com/micropython/webrepl）。

請使用 Chrome 或 Firefox（火狐）瀏覽器開啟 webrepl.html。這個網頁當中的黑色窗格，相當於終端機：

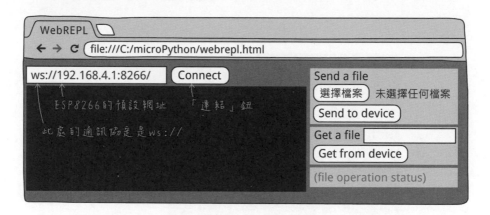

按下 **Connect**（連結）鈕之後，請輸入你在上一節執行 webrepl_setup 時所設定的密碼，若密碼輸入正確，畫面將出現命令提示字元，接下來，你就可以在此終端機輸入 Python 程式，或者上傳和下載檔案：

即便啟用了 WebREPL，使用 USB 線和 PuTTY 終端機連接 ESP8266 控制板，開機訊息仍會顯示『WebREPL 尚未設置，請執行 import webrepl_setup』，請忽略它。

蛤？WebREPL尚未設置？

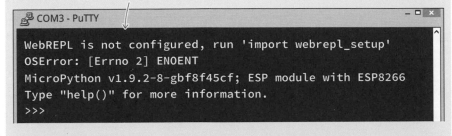

```
COM3 - PuTTY                                        _ □ ✕

WebREPL is not configured, run 'import webrepl_setup'
OSError: [Errno 2] ENOENT
MicroPython v1.9.2-8-gbf8f45cf; ESP module with ESP8266
Type "help()" for more information.
>>>
```

只要控制板通電（接行動電源或電腦 USB），它就會進入 WebREPL 模式，接受用戶從瀏覽器登入；但是在筆者的測試過程中，某些版本的 MicroPython 韌體**在開機後使用 PuTTY 有線方式連接，就無法再從瀏覽器登入了，除非先退出 PuTTY 再按下控制板的 Reset 鍵。**

此外，使用「有線」方式連接終端機時，可以按下 Ctrl + A 進入 Raw 模式、按 Ctrl + D 重置 ESP8266，但 WebREPL 模式**不支援**這兩個控制命令。

下載與上傳檔案到控制板

WebREPL 介面右邊的欄位，用於從控制板下載或上傳檔案。以上傳控制 LED 閃爍的 blink.py 檔為例，步驟如下：

① 選擇檔案…

…這裡會顯示選取檔案的名字和大小

② 按下「傳到裝置」

```
ws://192.168.4.1:8266/      Disconnected      Send a file
Welcome to MicroPython!                       選擇檔案  led.py
Password:                                     led.py - 145 bytes
WebREPL connected                             Send to device
>>> import led                                Get a file
③                                             Get from device
                                              Sent led.py, 145 bytes
```

引用（執行）剛才上傳的led檔（不用加.py）

顯示已上傳的檔名和大小

上傳檔案之後，即可透過 import 指令匯入 blink.py 檔並執行它；底下的步驟則可以將控制板裡的檔案下載到電腦（以下載 boot.py 為例）。WebREPL 介面不具備列舉所有檔案的功能，如需列舉檔案，請採用前面章節提到的 ampy 命令：

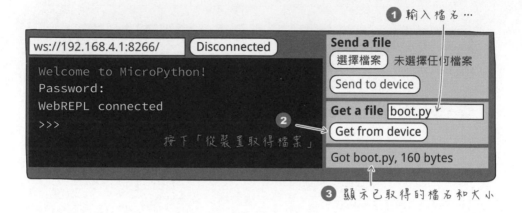

① 輸入檔名 …
② 按下「從裝置取得檔案」
③ 顯示已取得的檔名和大小

6-3 設定 ESP8266 以 STA（基站）模式連接無線網路

啟用 WebREPL 之後，ESP8266 就會在開機時自動進入 AP（無線基地台）模式。ESP8266 網路基地台並沒有跟 Internet 相連，一旦連線到 ESP8266，電腦就無法連接其他網路服務，這挺不方便的。所以控制板的 Wi-Fi 通常使用 STA 模式連線。

底下先介紹並練習 MicroPython 網路連線的相關指令，最後再把連線設定寫入開機程序檔（boot.py）。

將 ESP8266 連接到自家的 Wi-Fi 基地台

網路（network）相關的指令，收錄在 network 程式庫。建立網路通訊物件的語法如下：

```
import 程式庫
物件 = 程式庫.函式(參數)
      產生    程式庫提供的指令
```

```
import network
網路物件 = network.WLAN(介面模式)
```

其中的**介面模式**有兩種選擇：

● network.AP_IF：基地台 (AP) 模式

● network.STA_IF：基站 (STA) 模式

ESP8266 控制板可以同時啟用 AP 和 STA 模式。建立網路物件之後，程式便能透過它執行下列指令：

● active(True 或 False)：啟用或停止無線網路；如果沒有傳遞參數，則傳回目前狀態。

● connect(接入點名稱, 密碼)：連接指定的無線網路接入點。

● isconnected()：確認是否連接到網路基地台。在 STA 模式下，如果連接到 Wi-Fi 接入點並取得有效的 IP 位址，則傳回 True，否則傳回 False。在 AP 模式下，若有基站連入，傳回 True，否則傳回 False。

● ifconfig()：設定或讀取網路介面的 IP 位址、子網路遮罩、閘道器位址和 DNS 位址。

● scan()：在 STA 模式下，掃描可用的無線網絡。

● config()：讀取或設定網路接入點的名稱、頻道、實體位址...等參數。

● disconnect()：中斷目前的無線網路連線。

● status()：查看無線網路的連接狀態。

你可以在 PuTTY 或瀏覽器的 WebREPL 介面，執行底下的敘述，測試連接到指定的 Wi-Fi 基地台，筆者將「網路程式物件」命名為 "wlan"：

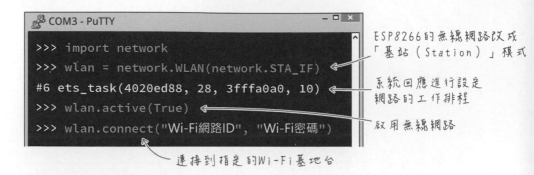

多數無線網路環境都採 DHCP（由無線接入點自動指派 IP 位址），底下指令可查看是否成功分配到 IP 位址：

```
>>> wlan.ifconfig()
('192.168.7.100', '255.255.255.0', '192.168.7.1', '192.168.7.1')
```

IP位址　　　　子網路遮罩　　　閘道器位址　　　DNS位址

若 IP 位址都顯示 0（如：'0.0.0.0'），請確認 Wi-Fi 網路的 ID 和密碼是否輸入正確。

設定靜態 IP

如果你的網路環境採用**靜態 IP**，請在 connect() 敘述之後，使用 **ifconfig()** 自行設定 IP 位址和其他參數。假設區域網路的閘道器 IP 位址是 192.168.1.1，而我們要將控制板的 IP 設定成 192.168.1.44，指令如下：

IP位址

```
>>> wlan.ifconfig(('192.168.1.144', '255.255.255.0',
                                    '192.168.1.1', '8.8.8.8'))
```

寫在同一行

閘道器位址

'8.8.8.8' 是 Google 提供的公用 DNS 位址（參閱第 16 章）。最後確認是否成功連接網路，傳回 True 代表成功：

```
>>> wlan.isconnected()
True
```

6-4 修改 boot.py 檔、開機自動連線

啟用 WebREPL 功能後，若使用 ampy 指令列舉 ESP8266 板的檔案，你會發現其中多了一個 webrepl_cfg.py 檔案，這個檔案儲存 WebREPL 的登入密碼：

此外，最初的 boot.py 檔裡面，只有啟用「執行回收記憶體」功能的敘述，也就是把程式執行過程中，已經不再使用的記憶體空間重新分配使用。啟用 WebREPL 功能後，boot.py 檔裡的 webrepl 程式庫將被啟用：

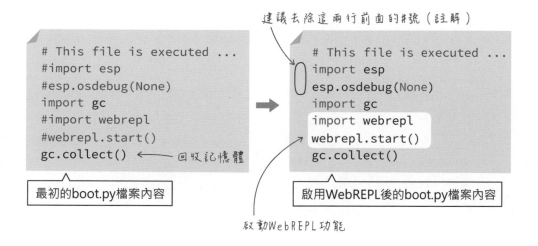

請執行 ampy get 指令或者瀏覽器的 WebREPL 頁面，再次從控制板下載 boot.py 檔。接著使用程式編輯器開啟 boot.py，去除前面兩行 esp 敘述的註解，它們的作用是「不顯示系統除錯訊息」，以免除錯訊息干擾 ampy 之類的序列通訊工具程式。

設定開機啟用 STA 模式連接網路

每次開機或者重置 MicroPython 控制板之後，它都會先執行 boot.py 開機程序，因此，設定自動連線到區域網路的相關程式要寫在 boot.py 裡面。

請在啟動 WebREPL 的敘述前面，加入啟用 STA 模式，並連接到指定無線網路基地台的自訂函式：

```
# This file is executed ...
import esp
esp.osdebug(None)
import gc
                        ← 在此插入連結Wi-Fi的自訂函式connectAP()

import webrepl
webrepl.start()
gc.collect()
```

此自訂函式命名為 connectAP，程式碼如下：

```
def connectAP(ssid, pwd):
    import network

    wlan = network.WLAN(network.STA_IF)

    if not wlan.isconnected():   ← 如果STA模式尚未連線的話…
        wlan.active(True)
        wlan.connect(ssid, pwd)

                                  wlan.ifconfig(('192.168.1.144',
                                              '255.255.255.0',
                                              '192.168.1.1',
                                              '8.8.8.8'))
等待，直到連線成功。

        while not wlan.isconnected():
            pass
                                  若是靜態IP，請加入此
                                  敘述並自行設定IP。
    print('network config:', wlan.ifconfig())

connectAP('無線網路ID', '密碼')   ← 執行連結Wi-Fi的自訂函式
```

06

修改完畢後存檔,執行 ampy put 指令或者透過 WebREPL,把 boot.py 上傳到 D1 mini 控制板,原有的 boot.py 會被取代:

按下**重置**鈕重新啟動 D1 mini 板,並使用 USB 和終端機連線,即可看到網路設置訊息:

關閉終端機並重置 ESP8266 控制板,你就可以使用 AP 模式或 STA 模式的網址連接 WebREPL:

6-5 其他網路相關指令

更多 network 程式庫的函式和方法等指令，請參閱官方文件（網址：https://goo.gl/fMk716），下文將介掃描 Wi-Fi 基地台、查詢 MAC 位址以及網路連線狀態三個指令。

掃描 Wi-Fi 基地台

掃描無線網路的方法叫做 scan()。ESP8266 板的 Wi-Fi 必須處於 STA 模式，才能掃描可用的無線網路，這個指令將傳回列表 (list) 格式資料：

網路物件.scan()

```
COM3 - PuTTY
>>>.wlan.scan()
[(b'.1.Free Wi-Fi', b'\x10b\xeb\xc4If', 8, -80, 0, 0),
(b'iTaiwan', b'\x10b\xeb\xc4Id', 8, -74, 0, 0)]
```

掃描到兩個無線網路

每個列表元素都是一個**元組 (tuple)**，包含無線基底台的資料，其中的 SSID 和 BSSID 數據都是「位元組」格式（參閱下文說明）：

SSID（無線網路名稱）　　　　　RSSI（接收信號強度）　　是否隱藏

```
(b'iTaiwan', b'\x10b\xeb\xc4Id', 8, -74, 0, 0)
```

BSSID（AP的MAC位址）　　頻道　　驗證模式

其中的「驗證模式」有 5 個可能值：

- 0：開放（無需驗證）
- 1：WEP
- 2：WPA-PSK
- 3：WPA2-PSK
- 4：WPA/WPA2-PSK

「是否隱藏」有兩個可能值，0 代表「可見」；1 代表「隱藏」。

查詢 MAC 位址與修改 AP 的名稱、密碼和頻道

查詢或者設定網路卡的 IP 位址，使用 ifconfig() 方法即可（參閱上文「將 ESP8266 連接到自家的 Wi-Fi 基地台」）；若要查詢或設定網路卡的實體位址、通訊頻道、驗證模式...等參數，就需要使用 config() 方法，語法如下：

讀取參數值 ➡ 網路物件.config('參數')　　此參數要用引號包圍（字串類型）

設定參數值 ➡ 網路物件.config(參數=值, ...)　　非字串類型，可同時設定多組參數。

參數的名稱和說明請參閱表 6-2：

表 6-2

參數	說明
mac	MAC 位址（位元組）
essid	Wi-Fi 網路名稱（字串）
channel	Wi-Fi 網路頻道（整數）
hidden	ESSID 是否隱藏（布林）
authmode	支援的驗證模式（整數）
password	Wi-Fi 網路密碼（字串）

這個敘述可讀取控制板的 MAC 位址；傳回的 MAC 位址是 16 進位值資料，轉換成我們熟悉格式的方法請參閱下文**「讀取控制板的實體（MAC）位址」**一節：

底下的敘述可改變 SSID 和頻道：

```
COM3 - PuTTY                                                    _ □ x
>>> import network
>>> wlan = network.WLAN(network.AP_IF)          設定基地台
>>> wlan.config(essid='Jarvis', channel=6)  ← 名稱和頻道
#6 ets_task(4020edc0, 29, 3fff95d8, 10)
>>> wlan.config('essid')                     ← 系統回報把設定
'Jarvis'                                        工作排入行程
>>> wlan.config('channel')
4   ← 頻道編號沒改
```

也許是筆者目前安裝的 MiroPython 版本有 bug，所以無法改變頻道。目前的版本也不支援 password 參數。

查詢無線網路連線狀態

status() 方法將傳回網路的連線狀態，可能的傳回常數值及意義如下：

● 0 或 network.STAT_IDLE：沒有連線或者沒有啟用

● 1 或 network.STAT_CONNECTING：連線中

● 2 或 network.STAT_WRONG_PASSWORD：因密碼錯誤而無法連線

● 3 或 network.STAT_NO_AP_FOUND：因找不到無線基地台而無法連線

● 4 或 network.STAT_CONNECT_FAIL：因其他錯誤而無法連線

● 5 或 network.STAT_GOT_IP：已連線並取得 IP 位址

phy_mode() 方法可讀取或設定網路卡的 PHY 模式，亦即，採用的無線網路通訊協定。可用模式的常數定義：

● 1 或 network.MODE_11B：IEEE 802.11b

● 2 或 network.MODE_11G：IEEE 802.11g

● 3 或 network.MODE_11N：IEEE 802.11n

底下的執行結果顯示目前的無線網路採 802.11n 協定：

```
COM3 - PuTTY                                          ☐ ☐ ✕
>>> import network
>>> wlan = network.WLAN(network.STA_IF)
>>> wlan.status()  ←── 查看連線狀態
5
>>> network.phy_mode()
3
    ↖── 查看網路通訊協定
```

6-6 bytes（位元組）類型與字元編碼

網路以及控制板和週邊裝置之間（如第 7 章的 GPS 衛星定位接收器）傳遞的資料格式，都是位元組類型。換句話說，傳送資料的一方，會先把資料拆解成一個個位元組再分批送出；接收資料的一方，則需要把資料重新組合、還原：

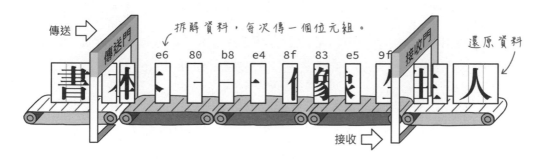

傳送 ⇨ 傳送門　　拆解資料，每次傳一個位元組。
e6　80　b8　e4　8f　83　e5　9f　接收門　　還原資料
書　本　　　　　　　　　像　　　人
接收 ⇨

把資料拆解成位元組格式的過程稱為**編碼（encode）**；還原資料的過程叫做**解碼（decode）**。每個位元組都是編碼數字，其值介於 0~255（十進制）。

建立 bytes 物件最簡單的方法，是在字串的前面加上一個小寫或大寫的字母 b。下圖是普通字串和 bytes 物件的比較，雖然輸入的資料都一樣，但是 **bytes 物件實際是以整數格式儲存資料**：

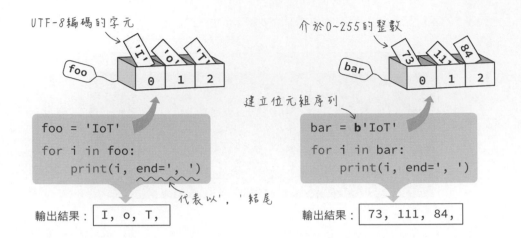

print() 函式裡的 "end" 參數，會在輸出資料後面加上指定的字元，此例是加上逗號。另一種定義位元組資料的方法，是用 **bytes() 函式填入列表或元組格式數字**，底下的 msg 內容等同 b'Python'：

```
msg = bytes([80, 121, 116, 104, 111, 110])
print(msg)
```

列表或元組格式，每個資料介於0~255。

↓

```
b'Python'
```

位元組也是「循序型」資料，可以透過索引數字個別存取它的元素，但是**「位元組」、「字串」和「元組」，都屬於內容不可變動 (immutable) 型**，若嘗試修改元素值，將引發錯誤：

嘗試更改資料，引發錯誤。

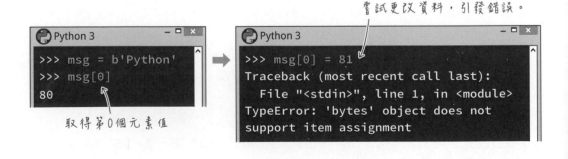

取得第0個元素值

文字編碼與解碼

使用字母 b 定義位元組的寫法僅限於 **ASCII 編碼範圍的字元**，因為一個 ASCII 字元的大小就是一個位元組。左下圖的寫法沒問題，但右下圖的資料是中文，執行時會產生錯誤，因為一個中文字至少佔用兩個位元組，系統不知如何拆解：

若要在 bytes 物件中儲存 ASCII 以外的字元或特殊符號，例如，版權 © 和英鎊（£），都要**使用 bytes() 函式轉換資料，並且指定編碼格式**。底下顯示「造」字的繁體（big-5）、簡體（gb23212）和多國語系三種不同的編碼，解碼時，也要用同一種規範：

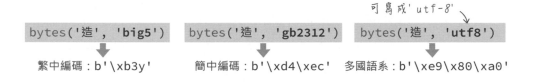

從這個範例也可以看出，同一個中文字，在不同語系當中的編碼是不一樣的，所以繁體中文編碼的文字檔在簡體系統底下會呈現亂碼，反之亦然。底下的敘述指定採用 'big5' 解碼位元組資料：

```
b'\xb3y'.decode('big5')  ➡  '造'
```

多國語系編碼 Unicode，將世界的每個文字、符號都賦予唯一的**字碼（code point）**，所以同一份文件可包含多國文字不會造成亂碼。但 Unicode 本身有不同格式，最普遍使用的一種是 UTF-8，主因是 **UTF-8 的前 128 個字元的字碼跟 ASCII 一致**，也就是 UTF-8 跟 ASCII 相容，西方國家的軟體不用修改，即可直接存取舊有的 ASCII 編碼資料。**UTF-8 是「不固定長度」編碼，英文字元只佔一個位元，一個中文字則佔 2~4 位元組：**

英文字母只佔1位元組，
與ASCII編碼相容。

97　E9 80 A0

中文字大多佔3個位元組

Python 3 語言的字串預設採用 UTF-8 編碼。回到上文「掃描 Wi-Fi 基地台」取得的 SSID（無線網路名稱），假設 SSID 是 b 'iTaiwan'，如需將它轉換成字串格式，可使用 decode() 方法進行解碼：

```
ssid = b'iTaiwan'
ssid.decode()          用預設語系解碼        'iTaiwan'
ssid.decode('utf-8')   指定用UTF-8解碼       'iTaiwan'
```

bytearray（位元組陣列）類型

bytearray 是內容**可變動（mutable）**的位元組類型，第 12 章的 I²C 序列介面將會用到它。就像 bytes 類型，我們可以在「位元組陣列」中存入字串、元組和列表等資料：

```
Python 3                                    _ □ ✕
>>> arr = bytearray('dreamer', 'utf-8')
>>> print(arr)                        ↑
bytearray(b'dreamer')              要指定編碼
```

bytearray 跟 bytes 類型的差別在於，一個是內容可被修改，bytes 類型資料內容不可被修改；若比較兩者的資料值，結果將是一致的：

```
Python 3                                    _ □ ✕
>>> str = bytes('maker', 'utf-8')
>>> arr = bytearray('maker', 'utf-8')
>>> str == arr
True
```

兩個相同的編碼字串，用不同的位元組格式包裝。

bytearray 也具備 append（附加）和 pop（刪除）等方法，能被修改內容。底下 3 行敘述，執行結果都一樣：建立一個 val 位元組陣列，存入 3 個整數值：

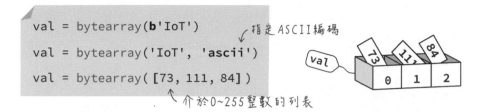

```
val = bytearray(b'IoT')
val = bytearray('IoT', 'ascii')      ← 指定ASCII編碼
val = bytearray( [73, 111, 84] )
```
↑ 介於0~255整數的列表

嘗試修改 val 的第一個元素值，其值將被改變：

修改val的元素0 ⟹ `val[0] = 66` → val的值變成 → `bytearray(b'BoT')`

讀取控制板的實體（MAC）位址

network 程式庫傳回的控制板實體位址，是 2 進制的位元組資料，不同於我們平常看到的 16 進制格式。在說明如何轉換格式之前，先看一下 MicroPython 內建的 ubinascii 程式庫，它包含把位元組資料轉換成 16 進制的功能：

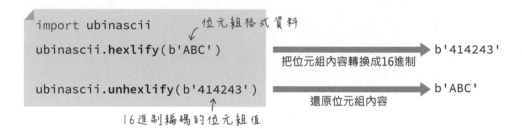

```
import ubinascii               位元組格式資料
ubinascii.hexlify(b'ABC')
                          把位元組內容轉換成16進制   → b'414243'

ubinascii.unhexlify(b'414243')
                          還原位元組內容              → b'ABC'
```
↑ 16進制編碼的位元組值

這個程式庫能把 2 進制的實體位址位元組，轉換成 16 進制格式：

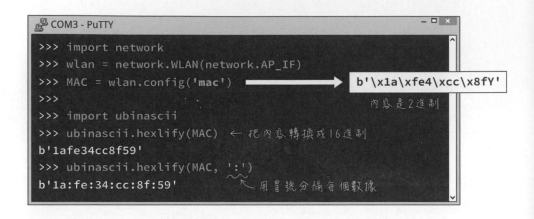

把轉換後的值予以解碼，就能得到字串格式的實體位址：

```
ubinascii.hexlify(MAC, ':').decode()
```
➡ `'1a:fe:34:cc:8f:59'`

binascii 程式庫的名字是 bin（代表二進位）和 ascii（就是 ASCII 編碼）的合寫，MicroPython 的版本在開頭加上 'u'。'u' 其實是指 μ，也就是 micro 之意，像 μC 代表 micro-computer（微電腦），因為平時不易輸入 μ，所以用 u 代替。

MicroPython 的一些程式庫，因為受限於記憶體容量和處理器效能等因素，功能不及電腦的 Python 3，或者缺乏某些功能，為了跟電腦板區分，MicroPython 的「同名」程式庫開頭會冠上 u。

底下是在電腦的 Python 3 執行 binascii 程式庫的例子：

程式庫名稱前面沒有 'u'

```
>>> import binascii
>>> binascii.hexlify(b'ABC')
b'414243'
```

00111

序列埠通信

7-1 並列與序列通訊簡介

微電腦和周邊裝置之間的連結，有「並聯」和「串聯」兩種方式，這兩種介面分別稱為**並列**（parallel，**也稱為平行**）介面和**序列**（serial，**也稱為串列**）介面。並列代表處理器和周邊之間，有 8 條或更多資料線連結，處理器能一口氣輸出或接收 8 個或更多位元的資料。

序列則是用少數（通常是兩條或四條）資料線，將整批資料依序一個個送出或傳入。

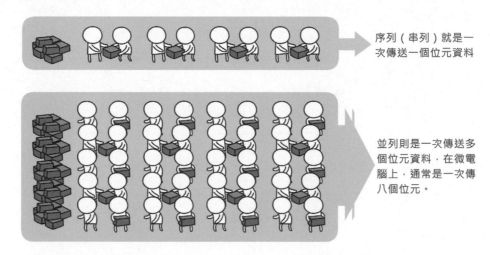

序列（串列）就是一次傳送一個位元資料

並列則是一次傳送多個位元資料，在微電腦上，通常是一次傳八個位元。

並列的好處是資料傳輸率快，但是不適合長距離傳輸，因為易受雜訊干擾，且線材成本、施工費用和佔用空間都會提高。個人電腦顯示卡採用的 PCI 介面和 IDE 磁碟介面，就是用「並列」方式連結。

序列的資料傳輸速率雖比不上並列，但是並非所有的裝置都要高速傳送，例如，滑鼠和鍵盤（想想看，原本纖細的滑鼠線，改用一捆多條線材連接，會好用嗎？）。而且隨著處理器的速度不斷提昇，新型的序列介面速度也向上攀升，像基於 USB 3.1 的 USB Type-C（接點不分正、反面都能插接），理論速度可達 10Gbps（亦即，每秒鐘傳送 100 億位元），號稱 HD 高畫質電影可以在 30 秒內傳輸完畢！

電腦上的 USB、HDMI/DVI 顯示器介面、SATA 磁碟介面,甚至藍牙無線介面,都是序列式的。PuTTY 和 screen 等終端機軟體,也採用序列 (Serial) 方式和 MicroPython 板通訊。

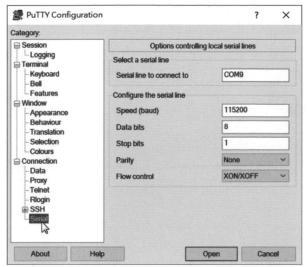

PuTTY 的
序列選項

序列介面類型簡介

MicroPython 板支援下列序列通訊介面,實際採用哪一種介面連接週邊,通常由週邊 IC 決定。例如,藍牙通訊模組採用 UART 介面、WEMOS D1 控制板相容的馬達驅動板和全彩 LED 控制板,都採用 I²C 介面,OLED 顯示器模組則有 I²C 和 SPI 兩種介面可選:

● **1-Wire**:單線序列介面,微控器僅使用**一條接線**與週邊 IC 交換資料,下文使用的 DHT11 溫濕度感測器就是一例:

One Wire(單線)

主控端
(微控板)

資料(Data)

週邊
(溫濕度檢測)

● UART：使用**兩條資料線**與週邊通訊，其中一條負責傳送（Transmit）資料，在控制板上的接腳通常標示成 TX 或 TXD；另一條線負責接收（Receive）資料，接腳通常標示成 RX 或 RXD。**一個 UART 介面只能和一個週邊通信：**

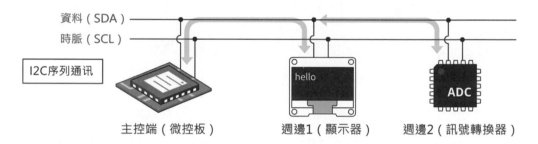

UART（非同步序列埠）

傳送（TX）　　　傳送（TX）

主控端
（微控板）　　接收（RX）　　　接收（RX）　　週邊（GPS衛星定位接收器）

● I²C：使用**兩條線**連接週邊，一個 I²C 介面**可串連多個週邊設備**，而且資料傳輸速率也比 UART 快，許多感測器都採用 I²C 介面，詳閱第 12 章：

資料（SDA）

時脈（SCL）

I2C序列通訊

主控端（微控板）　　　　週邊1（顯示器）　　　週邊2（訊號轉換器）

● SPI：使用 **4 條線**連接週邊，**可串連多個週邊**，資料傳輸速度比 I²C 更快，因此普遍用在儲存設備和顯示器等需要高速傳輸的場合，SD 記憶卡用的就是 SPI 介面。SPI 介面的詳細說明，請參閱第 15 章：

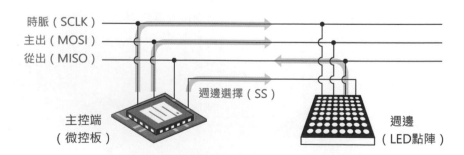

時脈（SCLK）

主出（MOSI）

從出（MISO）

週邊選擇（SS）

主控端
（微控板）　　　　　　週邊
（LED點陣）

7-2 DHT11 數位溫濕度感測器

溫度感測器元件有很多種，像熱敏電阻、DS18B20, TMP36, LM335A...等等。本文採用的是能檢測溫度和濕度的 DHT11，它其實是一款結合溫濕度感測器及訊號處理 IC 的感測模組，並透過單一序列資料線連接控制板，其外觀如下：

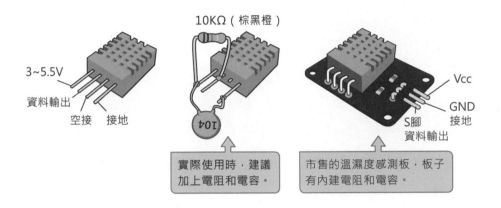

10KΩ（棕黑橙）

3~5.5V
資料輸出
空接　接地

實際使用時，建議加上電阻和電容。

市售的溫濕度感測板，板子有內建電阻和電容。

Vcc
GND
接地
S腳
資料輸出

購買時，選擇上圖左的單一零件即可。連接控制版時，建議在**電源**與**資料輸出腳**連接一個 **10KΩ（棕黑橙）電阻**，**電源**和**接地腳**之間接一個 **0.1μF（104）電容**。不一定要將電容和電阻焊接在感測元件上，用麵包板組裝也行。或者，你也可以購買像上圖右的溫濕度感測板，只是價格會稍微貴一些。

DHT11 有個叫做 DHT22 的孿生兄弟，體積比 DHT11 大一點，感測範圍和精確度也比較高，但耗電量比較低，電路連接方式和 DHT11 相同。DHT11 的售價比較低廉，也足敷一般日常環境的檢測場合使用。表 7-1 列舉了這兩個溫濕度感測器的主要規格，其中的取樣週期告訴我們，每次從 DHT11 讀取資料的時間至少要間隔兩秒才會準確。

表 7-1

	DHT11	DHT22
工作電壓	3~5.5V	3~5.5V
工作電流	2.5mA（測量時）/ 150μA（待機）	1.5mA（測量時）/ 50μA（待機）
溫度範圍	0~50℃±2℃	-40~80℃±0.5℃
濕度範圍	20~90%±5%	0~100%±2%
取樣週期	> 2 秒	> 2 秒

DHT11 的單線雙向通訊格式

裝置之間的溝通方式，稱為 **通訊協議（communication protocol）**。每一種裝置的協議都不太一樣，就像每一台電視機都支援紅外線遙控，但各家廠商的紅外線通訊協議不同，所以遙控器無法交換使用。

在網路上搜尋 "DHT11 datasheet" 關鍵字，就能找到 DHT11 的技術文件，裡面有記載 DHT11 的通訊協議。

DHT11 採用 1-wire（單線）序列介面，連接 DHT11 資料腳的控制器接腳，要保持在高電位；每當想要向 DHT11 讀取感測值時，控制器要先送出持續 18 毫秒以上的低電位，後面跟著 20~40 微秒的高電位，告訴 DHT11「請傳資料給我」：

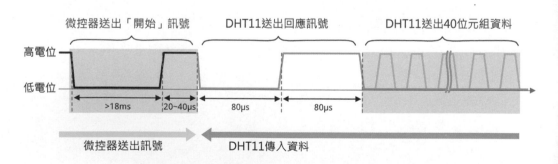

接著，在同一條資料線，微控器將要開始接收 DHT11 的回應和溫濕度數據，這些訊號不是單純的高、低電位變化。

如果只是用低電位代表 0、高電位代表 1，訊號容易受到雜訊干擾而誤判。因此，DHT11 的 0 與 1 訊號，取決於高電位的時間長短，每個訊號間隔 50 微秒；若高電位訊號持續時間不是 70 或 26~28 微秒，則視為雜訊不予理會：

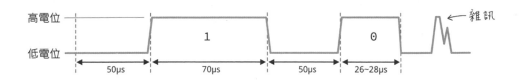

完整 DHT11 訊息格式如下，最後的**校驗碼**（checksum）能讓控制器驗算接收到的資料是否正確：

微控器送出的「開始」訊號	→ ←	「回應」訊號	「濕度」高位元組	「濕度」低位元組	「溫度」高位元組	「溫度」低位元組	「校驗」位元組

前 4 位元組的加總

共 40 位元

從技術文件的說明，可以了解裝置的運作細節。但所幸，MicroPython 內建了相當於「DHT11 驅動程式」的程式庫，我們的主程式無須理會瑣碎的高、低電位和時間差，即可輕易地取得感測值。

動手做 7-1　製作數位溫濕度計

實驗說明：使用內建的 DHT11 程式庫，在終端機顯示 DHT11 感測器的溫濕度值。

實驗材料：

DHT11 溫濕度感測模組	1 個

實驗電路：用麵包板組裝溫濕度感測器的方式如下，**DHT11 的資料線可接控制板的任一數位腳**，底下的程式碼將假設 DHT11 的輸出接在 D1 mini 板**第 2 腳**：

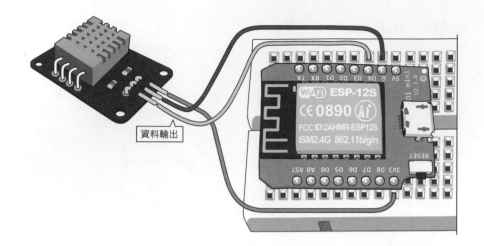

WEMOS 公司有推出 D1 mini 相容的溫濕度模組，分別是採用 DHT11 的 V1.0.0 版，以及採用 DHT12 的 V2.0.0 版。若讀者打算採用原廠的模組，**請選購如右圖的 V1.0.0 版**，因為 V2.0.0 版的 DHT12 感測器採用 I²C 介面，和本單元的程式不相容：

資料輸出在第2腳（D4）

DHT11 V1.0.0
擴展板

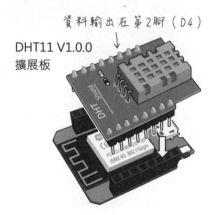

MicroPython 內建的 DHT11 程式庫叫做 dht，支援 DHT11 和 DHT22 兩種感測器，透過它取得溫濕度感測值的兩大步驟如下：

1　先執行 dht 程式庫的 DHT11() 方法，建立 DHT11 物件，如底下程式裡的 d：

```
from machine import Pin
import dht          ← 引用DHT11程式庫

d = dht.DHT11(Pin(2))    ← 資料線接在第2腳
```

2　在 DHT11 物件上執行 measure（測量），即可透過 temperature（溫度）和 humidity（濕度）方法取得溫溼度值：

```
d.measure()      ← 開始測量
temp = d.temperature()   ← 取得溫度值
hum = d.humidity()   ← 取得濕度值
```

以下的程式將每隔 5 秒測量並顯示溫溼度值：

```
from machine import Pin
import dht
import time

d = dht.DHT11(Pin(2))

while True:
    d.measure()      ← 開始測量
    temp = d.temperature()
    hum = d.humidity()
    print('Humidity: {}%'.format(hum))
    print('Temperature: {}{}C'.format(temp, '\u00b0'))
    time.sleep(5)
```
溫度字元的Unicode編碼

如果你使用的是 DHT22 溫濕度感測器，只需要修改建立 dht 物件的這一行敘述：

```
d = dht.DHT22(Pin(2))
```
改成DHT22，其餘不變。

在終端機貼入並執行上面程式碼的結果：

```
COM3 - PuTTY                                    _ □ ✕
===     print('Humidity: {}%'.format(hum))
===     print('Temperature: {}{}C'.format(temp, '\u00b0'))
===     time.sleep(5)
===
Humidity: 36%
Temperature: 25°C
Humidity: 32%
Temperature: 25°C
```

單行 if..else 敘述

把讀取 DHT11 數據的程式寫成自訂函式 readDHT()，若溫濕度小於 10，則在數值前面補 0；此函式將傳回加上單位符號的字串值：

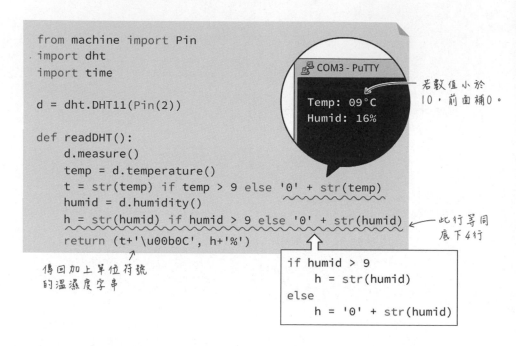

```python
from machine import Pin
import dht
import time

d = dht.DHT11(Pin(2))

def readDHT():
    d.measure()
    temp = d.temperature()
    t = str(temp) if temp > 9 else '0' + str(temp)
    humid = d.humidity()
    h = str(humid) if humid > 9 else '0' + str(humid)
    return (t+'\u00b0C', h+'%')
```

若數值小於 10，前面補0。

Temp: 09°C
Humid: 16%

此行等同底下4行

```python
if humid > 9
    h = str(humid)
else
    h = '0' + str(humid)
```

傳回加上單位符號的溫濕度字串

readDHT() 函式使用底下的條件判斷語法，取代 4 行 if...else 敘述，判斷數值是否為雙位數字：

變數 = 條件成立執行的敘述 if 條件式 else 條件不成立執行的敘述

程式最後用 while 無限迴圈，不停地在間隔時間過後呼叫 readDHT() 讀取並顯示溫溼度值：

```python
while True:
    (temp, humid) = readDHT()
    print('Temp: ' + temp)
    print('Humid: ' + humid)
    time.sleep(5)
```

此函式有兩個傳回值：溫度和濕度。

Python 3 的字串物件具有**填零的 zfill() 方法**（z 代表 zero，零），假設有個儲存數字的變數 n，在電腦的 Python 3 環境輸入底下的敘述將把數字轉成字串，並自動補上前導 0：

數字要轉成字串
↓

`str(8).zfill(2)` ▶ `'08'`   `str(27).zfill(2)` ▶ `'27'`

↑
位數

MicroPython 的字串物件沒有 zfill() 方法，所以執行相同的敘述會產生錯誤。另一個加上前導 0 的方式，是透過 format 來格式化字串：

代表2位數
↓

`'{:02d}'.format(8)` ➡ `'08'`

代表decimal（10進制），可省略。

`'Humidity: {:02}%'.format(9)` ➡ `'Humidity: 09%'`

因此上文的 readDHT() 函式可改寫成：

```
def readDHT():
    d.measure()
    t = '{:02}\u00b0C'.format(d.temperature())
    h = '{:02}%'.format(d.humidity())
    return (t, h)
```

7-3 認識 UART 序列埠

提到序列埠，在微電腦或自動控制領域，大多人想到的就是使用兩條資料線的 UART 序列埠。動手撰寫序列通訊程式之前，先來認識序列埠通訊的硬體介面和相關背景知識。

RS-232 序列埠

RS-232 是最早廣泛使用的 UART 序列埠標準（它其實有不同的版本，目前使用的 RS-232-C 問世於 1969 年，其中的 RS 代表 Recommend Standard），目前許多桌上型電腦仍配備 RS-232C 介面，在 Windows 系統軟體中，序列介面稱為 COM，並以 COM1, COM2, ...等編號標示不同的介面，**每個 COM 介面同時只能接一個裝置。**

下圖是早期的 PC 常見的並列埠、序列埠和 VGA 顯示連接器的外觀：

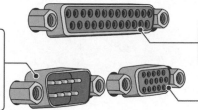

序列埠／串列埠
桌上型電腦的RS-232C 介面，這個連接器稱為 D型9針（DB-9）插座。

並列埠／印表機埠／平行埠
採D型25針插座（DB-25）

VGA顯示埠（D型15針插座）用於視訊輸出，非通訊介面。

在 USB 介面普及之前，許多周邊裝置都採用 RS-232C 介面，例如：滑鼠、條碼掃瞄器、遊戲搖桿、數據機...等等。

完整的 RS-232C 連接器有 25 個腳位，但大多數的裝置不需要複雜的傳輸設定，所以 IBM PC 採用 9 個針腳的 D 型連接器（簡稱 DB9），其中最重要的三個接腳是**數據傳送**（Transmitter，簡稱 Tx）、**數據接收**（Receiver，簡稱 Rx）和**接地**（Ground，簡稱 GND）。

為了增加在長距離傳輸中的對抗雜訊的能力，RS-232 的訊號電壓介於 ±3V~±15V，高於 3v 的準位為 0，也稱為 Space（空格）；低於 -3V 的準位為 1，又稱為 Mark（標記），-3V 和 +3V 之間的訊號則是「不確定值」：

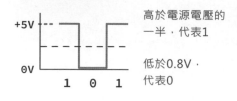

TTL訊號的電壓

高於電源電壓的一半，代表1

低於0.8V，代表0

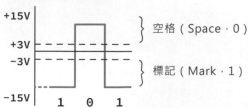

RS-232訊號的電壓

空格（Space，0）

標記（Mark，1）

TTL 代表普通數位 IC 的高、低電位，高電位是電源電壓、低電位是 0。由於電壓不同，RS-232C 設備和微控器之間，需要加裝一個訊號準位轉換元件（如 MAX232 IC）才能相連。

USB 介面和 USB 序列通訊埠

USB 的全名是 Universal Serial Bus（通用序列埠），意指用來取代舊式 RS-232、PS/2 鍵盤與滑鼠序列埠，以及舊式 DB25 印表機埠（並列埠），一統天下的連接埠。

USB 設備分成**主控端（Host）**和**從端（Slave）**兩大類，電腦和手機屬於「主控端」；滑鼠、網路卡、隨身碟等，屬於「從端」。主控端可以連接和控制從端。

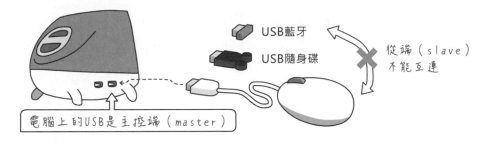

ESP8266 控制板上的 USB 介面也是「從端」，因此除了主控端（電腦）之外，無法連結其他 USB 裝置。

USB 連接器（接頭和插座）有不同的類型，下圖是常見的四款，早期的主控端通常採用 Type A 型，週邊（印表機、數位鋼琴和外接 3.5 吋硬碟等）則採用 Type B 型：

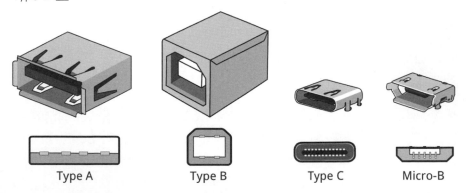

| Type A | Type B | Type C | Micro-B |

每個 USB 設備都包含由 USB 協會（訂定與促進 USB 介面規範的組織）規定的「**裝置分類**」資訊，裝置分類包括**人機介面**（鍵盤、滑鼠）、**大容量存取**（隨身碟）、**通訊控制**（序列埠）...等。因此，把 USB 裝置插入電腦時，它會傳送裝置分類資訊給電腦，讓電腦載入對應的驅動程式。至於它們採用哪一種連接器，並不是很重要：

WEMOS D1 mini, pyboard 和 Arduino 等微電腦控制板上面都有一個序列通訊 IC，一端接電腦，另一端連接微控器的 UART 介面（TX 和 RX 腳，下圖以 D1 mini V.1x 版為例）。所以，接上電腦 USB 埠，這些控制板會被辨識成「序列通訊裝置」。

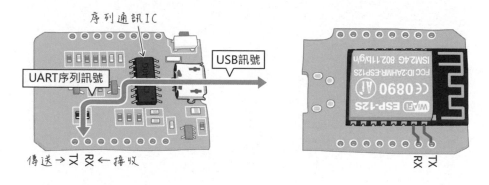

由於 USB 序列埠是監控以及傳送程式碼給微控器的管道，**平常做實驗時請避免在標示 TX 和 RX 的接腳銜接其他元件。**

序列資料傳輸協定

傳輸協定（protocol）代表通訊設備雙方所遵循的規範和參數，通訊雙方的設定要一致，才能相互溝通，否則會收到一堆亂碼。從 PuTTY 的 **Serial** 設定畫面，或者 Windows 的**裝置管理員**，都能見到序列埠的通訊設定。

07

當 WEMOS 控制板接上電腦時，Windows 的裝置管理員會將它當成一個 USB
序列埠裝置：

在序列埠裝置的名稱上面按滑鼠右鍵，選擇『**內容**』指令，螢幕上將出現如下
的設定面板。

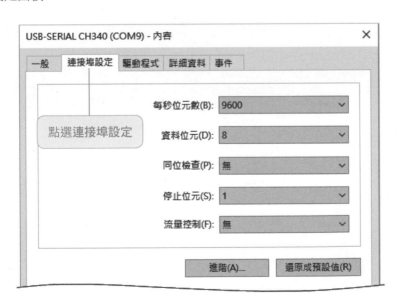

從這個面板，我們可以看見「連接埠」的幾項設定參數。每秒**位元數（bit per second，簡稱 bps）**，是序列埠的傳輸速率，也稱為鮑率（Baud rate）。**兩個通訊設備的鮑率必須一致，一般所用的是兩部機器所能接受的最高速率，常見的選擇為 9600bps 和 115200bps。**

以工廠生產線打比方，生產線的移動速度和工作機的步調都要配合一致，否則會發生漏取物件的錯誤：

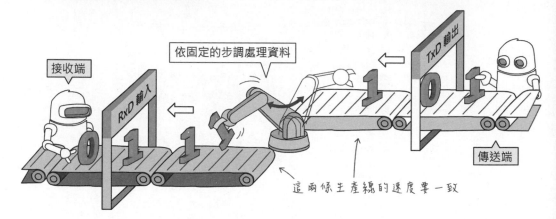

開始傳輸資料之前，UART 的傳送（Tx）與接收（Rx）腳都處於高電位狀態，傳送資料時，它將先送出一個代表「要開始傳送囉！」的**起始位元**（start bit，低電位），接著才送出真正的資料內容（稱為**資料位元**），每一組資料位元的長度可以是 5~8 個位元，通常選用 8 個位元：

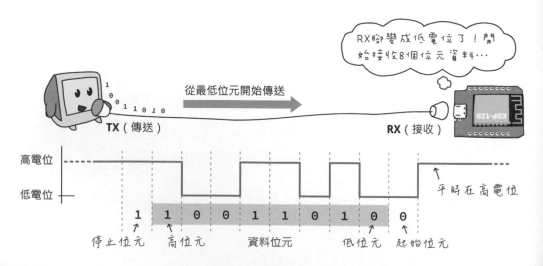

一組資料位元後面，會跟著代表「傳送完畢！」的**停止位元**（stop bit），停止位元通常佔 1 位元，某些低速的周邊要求使用 2 位元。

在資料傳輸過程中，可能受雜訊干擾或其他因素影響，導致資料發生錯誤。為此，傳輸協定中加入了能讓接收端驗證資料是否正確的**同位檢查位元**（parity bit），例如，在資料位元後面加入一個 0 或 1，讓整個資料變成偶數或奇數個 1。這種檢查驗證方式很簡略，成效不彰，所以**通常預設為「無」，不啟用**。

最後一個**流量控制**（flow control）選項用於「防止資料遺失」，假設某一款印表機的記憶體很小，每次只能接收少量資料，為了避免漏接尚未列印出來的資料，印表機會跟電腦説：「請先暫停一下，等我説 OK 再繼續」。這樣的機制就叫做流量控制協定或者**握手交流協定**（handshaking）。這個選項**通常預設為「無」，不啟用**。

有些序列介面，像 I²C 和 SPI，採用單獨的**時脈線**（Clock，通常簡寫成 **CLK**）來確保通訊設備兩端採一致的步調運作。用划船來比喻，時脈的作用相當於指揮划船選手的「哨音」，讓所有選手同步划槳。

本文介紹的 RS-232 和 USB 序列線都**沒有時脈線**，所以需要事先協調好傳輸速度，並且在傳遞資料前後加上「開始」和「結束」訊息。這種傳送方式統稱**通用非同步收發傳輸器**（Universal Asynchronous Receiver/Transmitter，簡稱 UART）。

7-4 建立 UART 序列通訊程式物件

MicroPyhon 語言中，處理 UART 序列通訊的程式模組就叫做 UART，位於 machine 程式庫裡面。建立並初始化序列通訊物件的敘述如下：

```
from machine import UART          序列埠編號，此值可為0或1。

com = UART(0, 9600)      # 建立序列通訊物件
com.init(9600, bits=8, parity=None, stop=1)   # 初始化序列通訊物件
         鮑率   8個資料位元   無同位檢查  1個停止位元
```

其中的鮑率要和通訊設備一致。init() 方法只有第一個鮑率參數是必填，其餘都是預設成上面的值（幾乎所有 UART 設備都採用這些預設值進行通訊），因此 init() 的敘述可簡化成：

```
com.init(9600)  # 採預設的8個資料位元、無同位檢查、1個停止位元
```

ESP8266 模組有 1.5 個 UART 埠，第 2 腳是第 2 個序列埠的「傳送」腳，因為第 2 個序列埠沒有「接收」腳，所以使用機率很低。

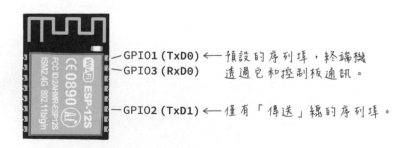

GPIO1 (TxD0) ←— 預設的序列埠，終端機
GPIO3 (RxD0)   透過它和控制板通訊。

GPIO2 (TxD1) ←— 僅有「傳送」線的序列埠。

建立序列通訊之後，即可執行下列方法讀取序列埠輸入資料或者輸出資料，序列輸入和輸出資料格式都是「位元組字元陣列」：

- read()：讀取傳入序列埠的字元，此方法將傳回「位元組字元陣列」格式資料。

- readline()：每次讀取一行傳入序列埠的字元，此方法將傳回「位元組字元陣列」格式資料。

- readinto(緩存)：讀取並將資料存入指定的緩存（buffer，位元組陣列格式）變數。

- write('字串')：從序列埠傳出字元資料。

動手做 7-2　連接 GPS 模組

實驗說明：連接採用 UART 介面的 GPS 衛星定位接收器模組，在終端機顯示 GPS 座標和時間。

實驗材料：

採 UART 序列介面的 GPS 接收模組	1 個
1N4148 二極體	1 個

筆者購買的 GPS 模組型號是 GY-NEO6MV2，採用 UART 序列埠，外觀如下：

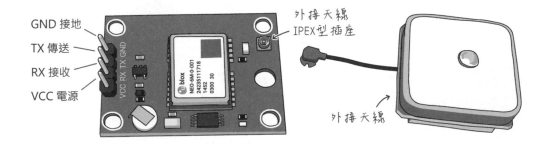

實驗電路：麵包板接線示範如下，為了避免干擾終端機，**在程式輸入完畢之前，請先不要把 GPS 模組的 TX（傳送）接到微控板的 RX（接收）腳**：

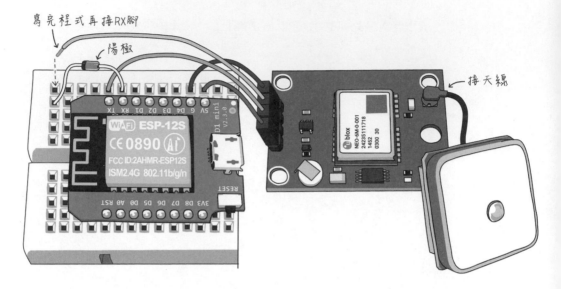

寫完程式再接RX腳

陽極

接天線

由於 GPS 模組的序列輸出訊號電位是 5V，為了避免損壞 D1 mini 板，所以在 RX 腳串連一個二極體（陽極接 D1 mini 的 RX 腳）。

若在 D1 mini 板通電的情況下，以三用電錶的「直流電」檔測量 RX 腳和接地，將測得約 3.3V 電壓。也就是說，ESP8266 模組的 RX 接腳有個上拉電阻。因此，只要在 RX 和 5V 的 UART 週邊（如：GPS）之間，像下圖般串接二極體，將能避免 5V 週邊訊號損壞 ESP8266，同時還能正確接收到高、低電位訊號。

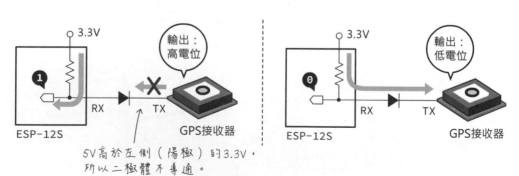

5V高於左側（陽極）的3.3V，所以二極體不導通。

實驗程式：在 WebREPL 的終端機，輸入底下的程式碼，**確認執行後，再把 GPS 的 TX 腳接到控制板的 RX 腳**：

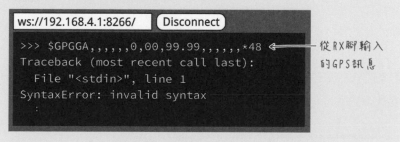

```
ws://192.168.4.1:8266/    Disconnect
>>> from machine import UART
>>> com = UART(0, 9600)
>>> com.init(9600)
>>> while True:
...     data = com.readline()
...     if data:          ← 若收到資料，
...         print(data)      輸出到終端機
...
```

輸出結果

```
b'$GPRMC'
b',,V,,,,,,,,,,,N*5'
b'3\r\n'
b'$GPVTG,,,,,,,'
b',,N*30\r\n'
b'$GPGGA,,'
b',,,,0,00,99.99,,'
    ⋮
    ⋮
```

一接上 GPS，終端機就會不停地傳入如上圖右的 GPS 資料。**每一筆 GPS 資料都是 bytearray（位元組陣列）格式**，你可以在實驗過程中拔除 RX 接線，讓控制板暫停接收資料，以方便觀察資料內容。

如果在程式碼全部輸入完畢之前就先插上 RX 接腳，終端機會在執行初始序列埠敘述（init）之前，立即接收序列埠的資料。這些資料會被終端機當成指令執行，而造成「語法錯誤」訊息：

```
ws://192.168.4.1:8266/    Disconnect
>>> $GPGGA,,,,,,0,00,99.99,,,,,,*48    ← 從 RX 腳輸入
Traceback (most recent call last):        的 GPS 訊息
  File "<stdin>", line 1
SyntaxError: invalid syntax
  :
```

7-5 認識 NMEA 標準格式與獲取 GPS 的經緯度值

GPS 模組的訊息，是由美國國家海洋電子學會（National Marine Electronics Association，NMEA）所制定的 **NMEA 標準格式，每一則訊息以 $ 符號開頭，內容採 ASCII 字元編碼，最後用\r\n 結尾**。一則訊息稱為一個「句子」。

每個「句子」最長不超過 82 個字元，起始 '$' 之後的第 2 和第 3 個字元為
「**設備識別碼**」，以 GPS 裝置為例，「設備識別碼」為 'GP'，因此 GPS 模組傳回
的訊息句都以 "$GP" 開頭：

「設備識別碼」後面 3 個字元，是傳輸資料的**識別名稱**。例如，"GSV" 代表
"GPS Satellites in view（可見的 GPS 衛星數量）"，其訊息包含可用的衛星數量、
訊號雜訊比等資料；"RMC" 代表 "Recommended minimum specific GPS/Transit
data（推薦最少特定 GPS 傳輸資料）"，其訊息包含 GPS 定位到的經緯度和時
間、日期等資料。

底下各節將説明如何從 $GPRMC 訊息擷取經緯度和時間資料，第 13 章將搭
配 OLED 顯示器，在螢幕上呈現 GPS 定位資料。

GPRMC 資料格式

本文需要的定位資料位於 $GPRMC 開頭的句子，為了從源源不絕的訊息中過
濾出 $GPRMC 句子，我們可以加入像這樣的條件式：

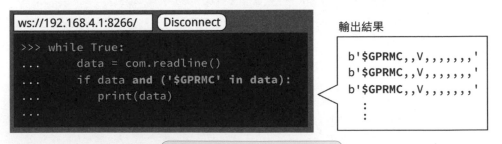

僅取出包含 $GPRMC 的序列資料

在室內收不到 GPS 衛星訊號的場合，$GPRMC 句子會像上圖右一樣，包含一
堆逗號分隔的空欄位。底下是筆者在台中國立美術館旁邊測試的 GPS 所接收
到的 $GPRMC 訊息，日期、時間和經緯度值都包含在這一則訊息當中：

接收定位時間　　緯度　　　經度　　　速度　　日期　磁方位角　檢查位元

$GPRMC,024352.00,A,2408.403,N,12039.735,E,18,94,251017,,,A*68\r\n

定位狀態　　緯度區分　　經度區分　方向　磁極變量　定位模式　結尾

不同 GPS 晶片組的訊息內容，可能會有些差異，以這個模組採用的 U-blox 晶片為例，訊息格式可從該公司的 u-blox 6 Receiver Description 技術文件（請上網搜尋關鍵字 "ubx protocol specification"）的第 75 頁查到。技術文件提到，這個 GPS 接收晶片不會傳回「磁極變量」和「磁方位角」，因此這兩個參數始終都是空白。

取得完整 $GPRMC 訊息並解析資料

使用上一節的程式只能取得 $GPRMC 訊息的部份片段，從底下的範例來看，完整的訊息分散在三行，所以上一節程式始終傳回 b'$GPRMC, 024352.00, A,' 這一行：

```
    :
b'$GPRMC,024447.00,A,'          '$GPRMC' 資料分散成3行
b'2408.40066,N,12039.79177,E,17.290,94.38,251017'
b',,,A*68\r\n$GPVTG'
    :
              資料字串的結尾
```

為了讀取完整的 GPS 資料，我們需要預先宣告一個暫存資料的變數，筆者將它命名為 gpsStr，每次讀取到 '$GPRMC' 時，將資料與此變數的內容相連，直到讀到 '\r\n' 為止：

gpsStr　b''　── 一開始是空白字串

串接資料

① '$GPRMC,024352.00,A,'

② '2408.40066,N,12039.79177,E,,,251017'

③ ',,,A*68\r\n$GPVTG'

掃描到'$GPRMC'，開始擷取資料...

UART序列埠

...掃描到'\r\n'，停止擷取。

實際的程式碼如下：

```python
gpsStr = b''          # 存放GPS資料的位元組陣列
gpsReading = False    # 是否繼續讀取，預設「否」。

while True:
    data = com.readline()
                              「繼續讀取」或「資料中有'$GPRMC'」
    if data and (gpsReading or ('$GPRMC' in data)) :

        gpsStr += data       # 把符合的資料存入gpsStr變數

        if '\n' in data:     # 若資料包含'\n'...
            gpsReading = False    # ...停止讀取並開始整理資料。
            lat, long, today, now = convertGPS(gpsStr)   ← 解析GPS資料
            displayGPS(lat, long, today, now)   # 顯示解析後的GPS資料
            gpsStr = b''      # 清空GPS原始資料
        else:       # 若資料不含'\n'...就繼續讀取...
            gpsReading = True     # ...設定成「繼續讀取」
            print("Keep reading...")
```

一個 $GPRMC 句子讀取完畢後，gpsStr 變數的內容需要經過分析處理，除去冗餘部份，例如，刪除 '\r\n' 和它後面的資料（如果有的話），並且分別取出逗號分隔的每個欄位值。像底下的處理步驟，執行完畢後，gpsStr 的內容就被存在名叫 gps 的列表裡面了：

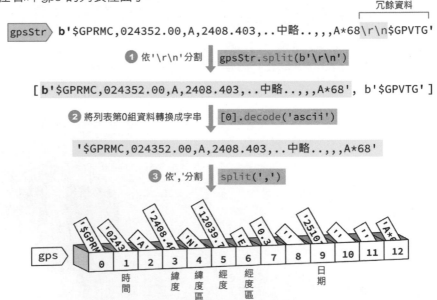

這樣一來，「目前時間」存在 gps[1]、「緯度」存在 gps[3]...以此類推。底下是讀取完整 $GPRMC 訊息並解析資料的自訂函式 convertGPS，它將傳回經度（lat）、緯度（long）、日期（today）和時間（now）4 筆數據：

```python
def convertGPS(gpsStr):                        ← 去除GPS字串的分行結尾
    gps = gpsStr.split(b'\r\n')[0].decode('ascii').split(',')

    lat = latitude(gps[3], gps[4])   # 緯度、北（N）或南（S）
    long = longitude(gps[5], gps[6]) # 經度、東（E）或西（W）
    today = utcDate(gps[9])          # 日期
    now = utcTime(gps[1])            # 時間


    return (lat, long, today, now)
```

上面的自訂函式中，取得經緯度和日期時間的敘述，也都是呼叫自訂函式，請參閱下文各節說明。

讀取日期與時間

GPS 的時間值按時、分、秒排列，共 6 個字元。底下的 utcTime() 函式將把時間字串轉成易讀的「時時:分分:秒秒」格式：

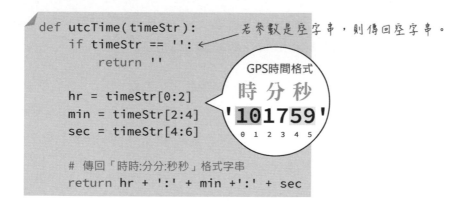

```python
def utcTime(timeStr):              ← 若參數是空字串，則傳回空字串。
    if timeStr == '':
        return ''

    hr = timeStr[0:2]
    min = timeStr[2:4]
    sec = timeStr[4:6]

    # 傳回「時時:分分:秒秒」格式字串
    return hr + ':' + min +':' + sec
```

GPS時間格式
時 分 秒
'101759'
0 1 2 3 4 5

GPS 模組傳回的是 UTC（協調世界時），加 8 小時才是台灣時間。不過，考量到跨日的情況，並非只要加 8 就好。例如，UTC 時間 2 月 28 日下午 17 點，加 8 之後是凌晨 1 點，日期可能是 2 月 29 日或 3 月 1 日。關於處理日期和時間的相關說明，請參閱「動手做 14-1：在 OLED 螢幕顯示 GPS 定位的台北時間」。

GPS 的日期值按日、月、年排列，年份是兩位數，自訂函式 utcDate 將能把日期資料轉成易讀的格式：

```
def utcDate(dateStr):
    if dateStr == '':
        return ''

    day = dateStr[0:2]
    month = dateStr[2:4]
    year = dateStr[4:6]

# 傳回「年年年年/月月/日日」格式字串
return '20' + year + '/' + month +'/' + day
```

轉換 WGS84 GPS 座標格式

經緯度的座標有不同的單位系統（就像長度單位分成公制和英制一樣），以谷歌地圖為例，它支援稱為 **WGS84 大地基準**的兩種座標格式：

- XY 座標數字：在谷歌地圖上的任何地點按滑鼠右鍵，選擇「這是哪裡？」選項，就會看到這種格式的座標，例如：24.140011, 120.663111，第一個數字是「緯度」，第二個數字是「經度」，數字格式為**十進位度數.小數分數**。

- 經緯度座標：用度、分、秒表示，例如：24° 08 ′29.1 ″N 120° 39′ 47.5″ E，緯度後面的 N 代表北半球（North）、經度後面的 E 代表東半球（East）。

GPS 模組傳回的經緯度格式，需要**把「分（minute）」除以 60，才能換算成 WGS84 系統的座標數字**，底下是換算緯度的例子：

GPS模組的緯度格式		WGS84的X座標數字

$$2408.40066 \Rightarrow 24 + \frac{8.40066}{60} \Rightarrow 24.140011$$

度 度 分 分 . 分 分 分 分 分 　　　　　　　　　　　　　　　度 度 . 分 分 分 分 分 分

這是換算經度的例子：

GPS模組的經度格式		WGS84的Y座標數字

$$12039.78666 \Rightarrow 120 + \frac{39.78666}{60} \Rightarrow 120.663111$$

度 度 度 分 分 . 分 分 分 分 分 　　　　　　　　　　　　　度 度 度 . 分 分 分 分 分 分

此外，南半球（South）的緯度值和西半球（West）的經度值都是**負值**，但是
GPS 模組傳回的經緯度值都是正數，程式要自行加上正負符號。底下是巴西里
約熱內盧州的一個臨海公園座標：

南半球（S）　　　西半球（W）

$$-22.895972, \quad -43.177233$$

筆者把轉換緯度座標的程式寫成自訂函式 latitude()，它接收兩個參數、傳回符
合 WGS84 系統的緯度座標數字的字串：

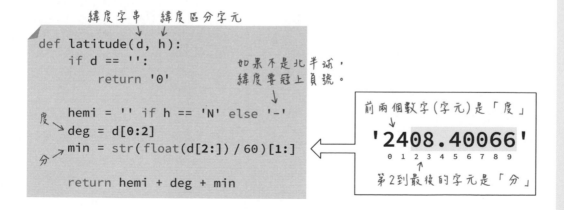

```
緯度字串　緯度區分字元

def latitude(d, h):
    if d == '':
        return '0'

    hemi = '' if h == 'N' else '-'
    deg = d[0:2]
    min = str(float(d[2:]) / 60)[1:]

    return hemi + deg + min
```

如果不是北半球，
緯度要冠上負號。

度 → deg = d[0:2]
分 → min = str(float(d[2:]) / 60)[1:]

前兩個數字（字元）是「度」

'2408.40066'

0 1 2 3 4 5 6 7 8 9

第2到最後的字元是「分」

其中取出「分」值的計算式說明如下，由於輸入緯度值是字串，在計算除式之前要先透過 float() 轉換成浮點數字：

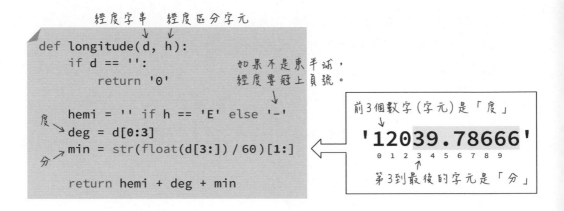

底下是負責轉換經度的自訂函式：

```python
def longitude(d, h):
    if d == '':
        return '0'

    hemi = '' if h == 'E' else '-'
    deg = d[0:3]
    min = str(float(d[3:]) / 60)[1:]

    return hemi + deg + min
```

本單元的原始檔名是 gps_str.py，GPS 資料透過底下的自訂函式顯示在終端機：

```python
def displayGPS(lat, long, today, now):
    lat = 'Lat: ' + lat      # 緯度值前面加上'Lat: '
    long = 'Long: ' + long   # 經度值前面加上'Long: '

    print(today + '\n' + now + '\n' + lat + '\n' + long)
```

第 14 章將延續本程式，在 OLED 顯示器呈現 GPS 資料，並且可將資料存入 SD 記憶卡。

8

01000

數位調節電壓強弱
與全彩 LED 控制

本章大綱

- 使用微控器內部的計時器定時執行程式

- 使用 try...except 捕捉例外狀況

- 匿名函式（lambda）語法

- 數位調節電壓變化

- 認識 RGB, CMYK 和 HSV 色彩

- 使用旋轉編碼器調控 WS2812 彩色 LED 模組與燈條

8-1 使用 Timer（計時器）定時執行程式

MicroPython 提供 Timer 程式庫，讓我們設定處理器內部的計時器，在指定時間到時，執行一次或者反覆執行一段程式。本單元將使用簡單的閃爍 LED 來介紹定時器程式、回呼函式和匿名函式的語法，最後完成一個呼吸燈效果。底下是採用定時器和普通迴圈程式來閃爍 LED 的流程比較：

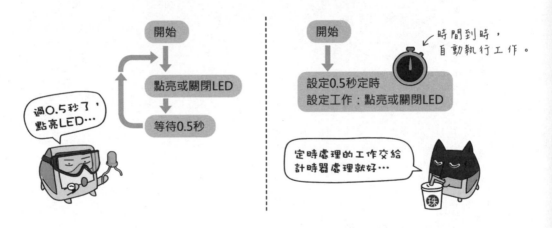

使用 Timer 程式庫時，需要指定採用的計時器/定時器編號。在 pyboard 控制板上，此編號數字介於 1~14；**在 ESP8266 控制板上，計時器編號設定成-1**，代表使用韌體虛擬的計時器。EP8266 版本的 Timer 程式庫提供 init() 和 deinit() 函式，分別用於設定和解除定時器：

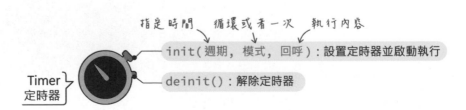

init() 函式的參數說明：

● **period**（週期）：設置定時器的間隔時間，單位是毫秒 (ms)。

● **mode**（模式）：可能值為 Timer.ONE_SHOT（僅執行一次）或者 Timer. PERIODIC（依週期定時執行）。

● **callback**（回呼）：設定時間到時執行的函式。「回呼函式」代表「當某個事件發生時，會被自動呼叫的函式」。

動手做 8-1 使用定時器閃爍 LED

實驗說明：用 Timer 程式庫取代 while 迴圈控制 LED 閃爍。

實驗電路：請把 LED 和電阻接在 D1 mini 板的第 13 腳 (D7)：

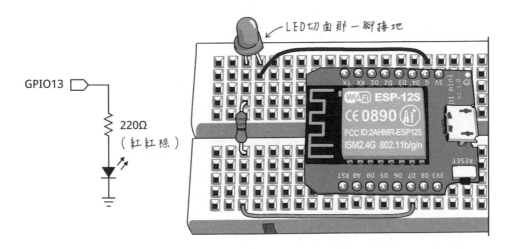

實驗程式：底下的程式將每隔 500 毫秒 (0.5 秒) 開、關接在第 13 腳的 LED，負責閃爍 LED 的函式名稱叫做 blink()；**定時器的回呼函式必須接收一個參數，下一節會談到它。**

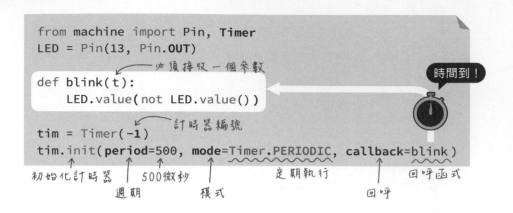

```
from machine import Pin, Timer
LED = Pin(13, Pin.OUT)
```

必須接收一個參數

```
def blink(t):
    LED.value(not LED.value())
```

時間到!

計時器編號

```
tim = Timer(-1)
tim.init(period=500, mode=Timer.PERIODIC, callback=blink)
```

初始化計時器　500微秒　　　　定期執行　　　回呼函式
　　　　週期　　　模式　　　　　　　回呼

一旦執行上面的程式，LED 就會閃爍不停；即便按下 `Ctrl` + `C` 鍵中止程式，計時器仍會定時觸發執行回呼函式。唯有執行計時器的 deinit() 方法，或按下控制板的 Reset（重置）鈕才能解除定時。為了在中斷程式的同時，一併解除定時，可以透過下文的「捕捉例外」解決。

8-2　使用 try...except 捕捉例外狀況

在程式執行過程所發生的非預期狀況，稱為**例外（exception）**。最常見的**例外**就是我們在終端機按下 `Ctrl` + `C` 鍵，強迫中斷程式執行。以第 3 章的閃爍 LED 程式為例，按下 `Ctrl` + `C` 鍵之後，終端機將顯示

```
===         time.sleep(0.5)
===
Traceback (most recent call last):
  File "<stdin>", line 10, in <module>
KeyboardInterrupt:
>>>
```

按下Ctrl和C鍵發生的「鍵盤中斷」例外狀況

Python 語言提供 try 和 except 指令來處理例外狀況。

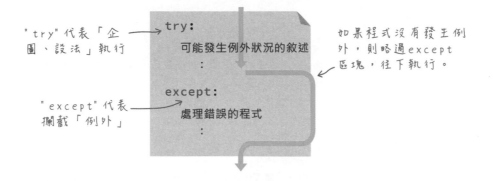

"try" 代表「企圖、設法」執行

try:
　可能發生例外狀況的敘述
　　:

except:
　處理錯誤的程式
　　:

"except" 代表攔截「例外」

如果程式沒有發生例外，則略過 except 區塊，往下執行。

由於我們預期程式運作過程，會遇到「鍵盤中斷」例外，但是，除了啟動計時器之外，程式沒有什麼事做，所以請在 try 區塊裡面加入一個無所事事的無限循環迴圈：

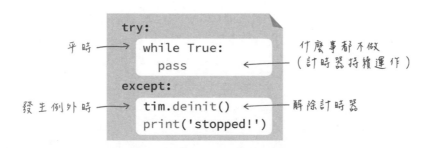

平時

try:
　while True:
　　pass

except:
　tim.deinit()
　print('stopped!')

發生例外時

什麼事都不做
（計時器持續運作）

解除計時器

把這個程式片段加入上一節的程式後面，或者開啟 blink_timer.py 範例檔，把程式貼入終端機執行。當你按下 Ctrl + C 鍵中斷執行時，它將解除定時器，並顯示 "stopped!"：

```
=== 　　tim.deinit()
=== 　　print('stopped!')
===
stopped!　←── 捕捉到「鍵盤中斷」例外而中止計時
>>>
```

附帶一提，except 關鍵字後面可以加入欲捕捉的例外類型名稱，像底下的程式片段明確指定「鍵盤中斷」例外：

```
except KeyboardInterrupt:
    tim.deinit()
    print('stopped!')
```

唯有發生「鍵盤中斷」例外，才會執行底下的程式區塊。

限制定時器回呼函式的執行次數

如要指定執行次數，可以用一個變數累計回呼函式的執行次數，若達到指定次數，就解除定時器。每當定時器觸發回呼函式，它會把「自己」一併傳給函式，以便讓回呼函式控制它。底下的程式將在回呼函式被執行 5 次之後，解除定時器：

```
counter = 0

def blink(t):
    global counter

    counter += 1
    LED.value(not LED.value())

    if counter == 5:
        t.deinit()
```

此參數將接收 Timer 物件

指定取用在函式外部定義的「全域」變數 counter

解除 Timer 物件，停止計時。

如果把設置定時器的 **mode（模式）參數**改成 **Timer.ONE_SHOT**，則定時器只會在時間到時觸發一次回呼函式：

```
tim = Timer(-1)
tim.init(period=500, mode=Timer.ONE_SHOT, callback=blink)
```

執行一次

8-3 用匿名函式（lambda） 改寫閃爍 LED 程式

計時器的「回呼」參數值必須是函式類型，如果回呼函式很簡短，可用「匿名」的方式，直接寫在初始化計時器的敘述之中。**普通的函式定義需要設定一個名字，稱為「具名」函式**，底下是一個傳回兩個參數相加結果的具名和匿名函式的寫法，匿名函式要用 lambda 關鍵字開頭，用冒號分隔參數和傳回值：

然而在一般情況下，我們必須將它存入變數，讓它有個識別名稱，才能夠執行它：

把匿名函式存入變數才能重複使用

```
COM3 - PuTTY
>>> add = lambda x, y : x + y
>>> add(3, 6)
9
```

不過，在設定**回呼函式**的場合，就可以直接寫入匿名函式。像上一節的閃爍 LED 程式，可以改寫成底下的形式，就不需要額外的 blink() 自訂函式了：

```
tim.init(period=500, mode=Timer.PERIODIC,
        callback=lambda t: LED.value(not LED.value()))
```

必須接收一個參數

使用 lambda 改寫後的完整程式如下：

```python
from machine import Pin, Timer
LED = Pin(13, Pin.OUT)

tim = Timer(-1)
tim.init(period=500, mode=Timer.PERIODIC,
    callback=lambda t:LED.value(not LED.value()))

try:
    while True:
        pass
except:
    tim.deinit() # 解除計時器
    LED.value(0) # 關閉第 13 腳的 LED
    print( 'stopped!')
```

啟用多個計時器

程式可以同時啟用多個計時器，實際的計時器數量取決於可用的記憶體容量。
這個程式碼建立了 tim1 和 tim2 兩個計時器，分別在每隔 1 秒和 2 秒觸發：

```python
from machine import Timer

tim1 = Timer(-1)     # 定時器 1，每 1 秒執行一次，輸出 "Go, "
tim1.init(period=1000, mode=Timer.PERIODIC,
    callback=lambda t:print( 'Go, '))

tim2 = Timer(-1)     # 定時器 2，每 2 秒執行一次，輸出 "Python!"
tim2.init(period=2000, mode=Timer.PERIODIC,
    callback=lambda t:print( 'Python!'))

try:
    while True:
        pass
except:
    tim1.deinit()   # 解除定時器 1
    tim2.deinit()   # 解除定時器 2
    print( 'stopped!')
```

執行這個程式時，終端機將不停地分行輸出 "Go, Go, Python!"，直到你按下 `Ctrl` + `C` 鍵：

```
COM3 - PuTTY                            _ □ ×
===        print('stopped!')
===
Go,
Go,
Python!
Go,
```

8-4 數位調節電壓變化

在電源輸出端串聯一個電阻，即可降低電壓，因此，像右圖般銜接可變電阻，將能調整 LED 的亮度。

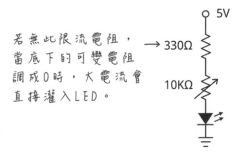

若無此限流電阻，當底下的可變電阻調成0時，大電流會直接灌入LED。

5V

→ 330Ω

10KΩ

驅動小小的 LED，不會耗費太多電力，但如果是馬達或其他消耗大電流的負載，電阻將會浪費許多電力，而且電阻所消耗的電能將轉換成熱能。

筆者在 80 年代玩遙控模型車時，機械式的變速器上面接了一大塊像牛軋糖般的水泥電阻（外加散熱片），因為遙控車採用的 RS-540 馬達，工作電壓 7.2V，負載時的消耗電流約 13 安培，以公式計算其消耗功率約 94 瓦：

$$消耗功率 = 電壓 \times 電流 \implies 7.2V \times 13A = 93.6W$$

一般電子電路採用的電阻為 1/8W，不能用於控制模型馬達（電阻會燒毀），要用高達數十瓦的水泥電阻。市面上也可以買到數百瓦的陶瓷管電阻，它的外型也很碩大，比一般成年人的手臂還粗。

省電節能又環保的 PWM 變頻技術

數位訊號只有高、低電位兩種狀態，如同 LED 閃爍程式，每隔 0.5 秒切換高低電位，LED 將不停地閃爍：

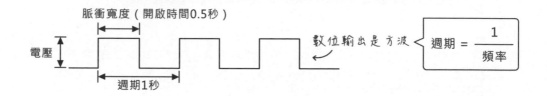

這種以一秒鐘為週期切換的訊號，頻率就是 1Hz。**提高切換頻率（通常指 30Hz 以上），將能模擬類比電壓高低變化的效果**。以下圖為例，若脈衝寬度（開啟時間）為週期的一半（稱為 50% 工作週期），就相當於輸出高電位的一半電壓；10% 工作週期，相當於輸出 0.5V：

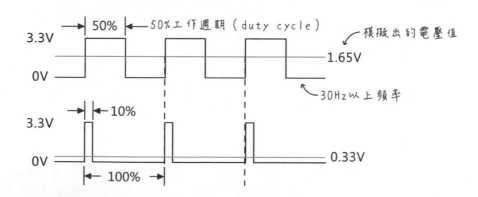

如此，不需採用電阻降低電壓，電能不會在變換的過程被損耗掉。這種在數位系統上「模擬」類比輸出的方式，稱為**脈寬調變**（Pulse Width Modulation，簡稱 PWM）。某些強調省電的變頻式洗衣機和冷氣機等家電，也是運用 PWM 原理來調節機器的運轉速度。

PWM 的電壓輸出計算方式如下：

開啟時間百分比
↓
類比輸出電壓 = 脈衝寬度 × 高電位值 ⟶ $\dfrac{輸出電壓}{高電位值}$ = 開啟時間百分比

因此，若要在 3.3V 電源的情況下輸出 1.5V，從上面的式子可知：

$\dfrac{輸出電壓}{高電位值}$ ⟶ $\dfrac{1.5V}{3.3V}$ ≈ 0.45 ⟶ 0.45 × 100% = 45% ← 亦即，45%開啟時間

根據計算結果得知，3.3V 電源的 45% PWM 脈衝寬度就相當於輸出 1.5V。

> PWM 是用數位訊號來模擬類比輸出，ESP8266 沒有輸出真實的類比訊號功能。
> 某些微控器，像 pyboard 上面的 STM32F405RG，就包含 **DAC（Digital to Analog
> Converter，數位-類比轉換器）電路**，有兩個接腳可以輸出 0~3.3V 電位的類比
> 訊號。

PWM 輸出接腳和指令

除了 GPIO16 (D0)，D1 mini 板的每個 I/O 腳都具備 PWM 輸出功能。

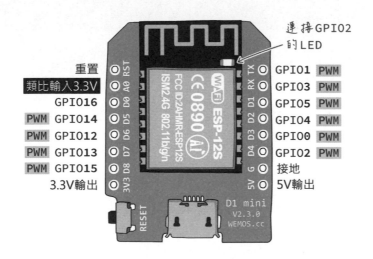

使用 PWM 功能，需要透過 machine 程式庫的 PWM 類別建立 PWM 物件：

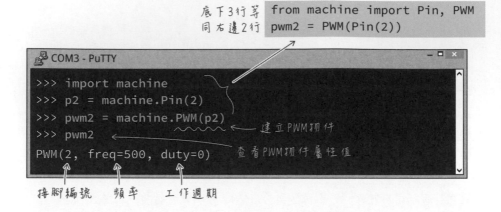

底下3行等 `from machine import Pin, PWM`
同右邊2行 `pwm2 = PWM(Pin(2))`

```
COM3 - PuTTY

>>> import machine
>>> p2 = machine.Pin(2)
>>> pwm2 = machine.PWM(p2)          ← 建立PWM物件
>>> pwm2                             ← 查看PWM物件屬性值
PWM(2, freq=500, duty=0)
```

接腳編號　頻率　工作週期

建立 PWM 物件之後，ESP8266 板子上的 LED 應該會被點亮。從 pwm2 物件
的屬性值看來，預設的工作 (duty) 週期為 0，代表輸出低電位。

PWM 頻率的有效值介於 1~1000Hz，工作週期有效值介於 0~1023，輸入底下
的指令將能調整第 2 腳的 LED 亮度：

```
>>> pwm2.freq(1000)       ← 調高工作頻率
>>> pwm2.duty(900)        ← 提高工作週期佔比
>>> pwm2
PWM(2, freq=1000, duty=900)
```

提整 duty() 的值，LED 的亮度也會隨之變化，代表輸出電壓改變：

```
pwm2.duty(50)    # 降低工作週期佔比
pwm2.duty(800)   # 提高工作週期佔比
```

此外，調高 PWM 的工作頻率，應用在燈光上，就不會產生閃爍的現象；應用在
馬達，可降低振動和噪音。例如，如果把頻率降低到 20，你將能看見 LED 快速
閃爍：

```
pwm2.freq(20)
```

08

若要停止 PWM 輸出（關閉 PWM 功能），請在 PWM 物件執行 deinit() 方法：

```
pwm2.deinit()
```

動手做 8-2　呼吸燈效果

實驗說明：使用計時器物件，定時改變第 13 腳（D7）的 PWM 值，讓它從 0 逐漸增加到 1023，再逐漸減少到 0，如此反覆循環，即可讓 LED 產生呼吸燈效果。本單元的實驗材料和實驗電路與「動手做 8-1」相同。

實驗程式：撰寫程式之前，要先規劃亮度變化的階段數及秒數。筆者假設亮度像左下圖一樣呈 32 階段、線性變化，從最暗（0）到最亮（1023），歷時 1.5 秒：

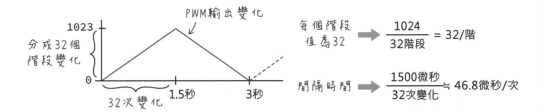

依據上圖右的計算，每個階段變化值為 32，間隔時間四捨五入為 47 毫秒。也就是說，0.047 秒時的 PWM 工作週期為 32、0.094 秒為 64、0.141 秒為 96、…以此類推。不過，當 PWM 工作週期累增到 1023 時（LED 亮度達到最大），就要逐次將 PWM 工作週期值減去 32，讓它遞減到 0（關燈）。

筆者把亮度階段值設定在 step 變數；儲存 PWM 工作週期（亮度）值的變數是 _duty。需要反轉累增或遞減 LED 亮度時，**只要把 step 乘上 -1，即可轉換正、負值**，完整的程式碼如下：

```
from machine import Pin, Timer, PWM

ledPin = Pin(13, Pin.OUT)   # 設定 LED 接腳並設成「輸出」
LED = PWM(ledPin, 1000)     # 指定 PWM 接腳和頻率
step = 32                   # 亮度階段值
_duty = 0                   # PWM 工作週期值
ms = round(1500 / step)     # 1.5 秒內的定時觸發間隔時間，取四捨五入值

def breath(t):              # 定時回呼函式
    global _duty, step

    _duty += step           # 改變 PWM 工作週期

    if _duty > 1023:        # 若工作週期大於 1023...
        _duty = 1023
        step *= -1          # 反轉亮度階段值

    if _duty < 0:           # 若工作週期小於 0...
        _duty = 0
        step *= -1          # 反轉亮度階段值

    LED.duty(_duty)         # 調整 PWM 工作週期（改變 LED 亮度）

tim = Timer(-1)
tim.init(period=ms, mode=Timer.PERIODIC, callback=breath)
```

接著加入解除定時器的程式碼：

```
try:
    while True:
        pass
except:
    tim.deinit()            # 解除定時器
    LED.deinit()            # 解除 PWM 輸出
    ledPin.value(0)         # 關閉第 13 腳的 LED
    print( 'stopped!')
```

在終端機輸入以上程式，執行後，第 13 腳的 LED 將開始呈現呼吸燈效果。

8-5 控制全彩 LED

本單元將使用 PWM 控制三個顏色的 LED 混合顯示任意色彩。撰寫程式之前，先認識一下基本的色彩原理。

RGB 和 CMYK

電腦螢幕呈現的色彩是不同比例的紅 (Red)、綠 (Green) 和藍 (Blue) 三種彩色光束混合而成的，這種色彩調配方式稱為**加色法 (additive color method)**。加色法的意思是，兩色相加 (即：重疊) 之後，兩色明亮程度為兩色的總和，也就是說，混和的色彩越多，結果就越亮。

彩色印表機的墨水或者我們在美術課上使用的水彩顏料，則是**減色法 (subtractive color method)**。在此，色彩的三原色不是 RGB (原色代表無法透過混合其他顏色而得到的色彩)，而是紅、黃、藍；各色的濃度越高，混色的結果就越黯淡。實際上，印刷油墨和彩色印表機的墨水或碳粉，是由青 (Cyan)、洋紅 (Magenta)、黃 (Yellow) 和黑色 (Black) 這四種簡稱 CMYK 的顏色組成的，因為純粹用青、洋紅和黃色無法混和出深邃的黑，所以需要額外添加黑色。

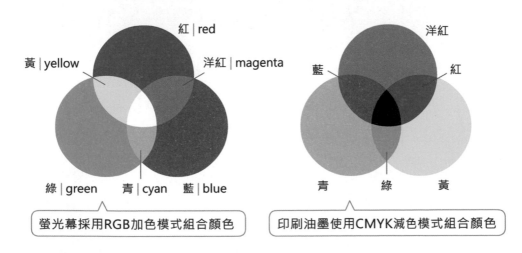

螢光幕採用RGB加色模式組合顏色

印刷油墨使用CMYK減色模式組合顏色

使用免費的「選色」工具軟體得知色彩的 RGB 值

雖說 RGB 三原色可調出所有色彩，但是，我們怎知道某個色彩的 RGB 值？有個跨平台（Windows 和 Mac）的免費工具軟體 "Just Color Picker"（下載網址：http://annystudio.com/software/colorpicker/），可以吸取所有目前顯示在電腦螢幕上的任何元素的色彩。

Just Color Picker 免安裝，下載後雙按它即可執行。預覽畫面將顯示目前游標所在位置的圖像以及色彩值。

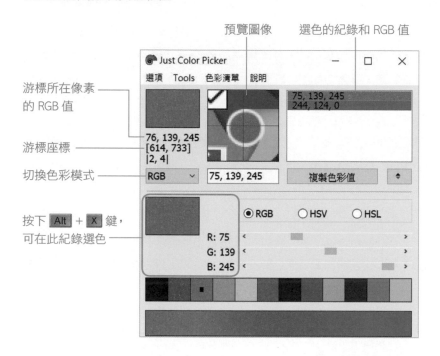

下圖是「動手做 8-7」將使用到的漸層色彩圖，以及運用這項吸色工具得知的 RGB 顏色值：

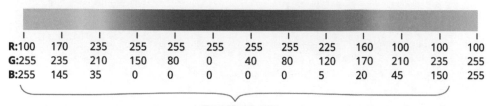

R:	100	170	235	255	255	255	255	255	225	160	100	100	100
G:	255	235	210	150	80	0	40	80	120	170	210	235	255
B:	255	145	35	0	0	0	0	0	5	20	45	150	255

取12個顏色資料

此漸層圖兩端的顏色相同，假若取其中的顏色不停地從左顯示到右，將呈現無縫循環的色彩變換效果。

認識 HSV 色彩

另一種常用的表達與選擇色彩的方式，稱為 HSV 或 HSB。許多平面設計、影像處理軟體都提供類似左下圖的「色相環」選色介面。底下兩張圖都是 Mac OS X 的系統選色器：

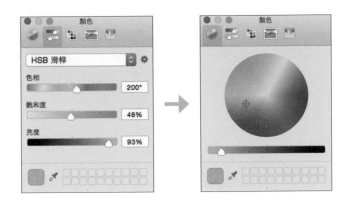

除了黑、灰、白這些稱為非色彩的顏色之外，每一個色彩都包含色相（Hue）、彩度（Saturation）與明度（Brightness 或 Value）三個屬性：

● 色相（Hue）：代表色彩的樣貌，和顏色（color）是等意詞。「色相環」是一種將可見光的色彩以環狀組織起來的方法，也是描述色彩的普遍方式，基本色相環用 12 色表示，例如，0° 是紅色、120° 是綠色：

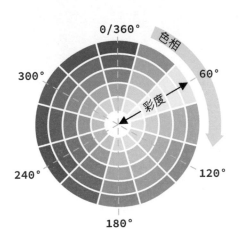

在燈光色彩的應用上，**假設要製作一個從紅色逐漸轉變成綠色的效果，色相環就很好用，只要讓色相從 0° 逐漸轉到 120° 即可**，無須費心思考期間的 RGB 值該怎麼調整。

- 彩度（Saturation）：又稱為純度（Chroma），指色彩的鮮豔程度，或者色彩的飽和度。同一色相，彩度值越高，看起來越鮮豔；彩度值越低，越接近灰色。下圖把色相和彩度展開成平面，彩度值介於 0~1（也就是 0%~100%）之間：

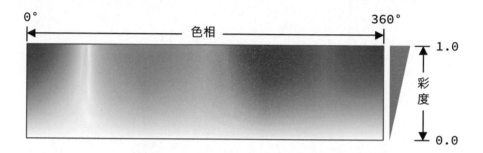

- 明度（Value）：代表顏色的明亮或黯淡程度，也就是顏色所含的黑白成分多寡；明度值越高，看起來越亮。黑、白、灰這些「非色彩」只有明度屬性。下圖展現了色相、彩度和明度，以及 RGB 元素的變化關係：

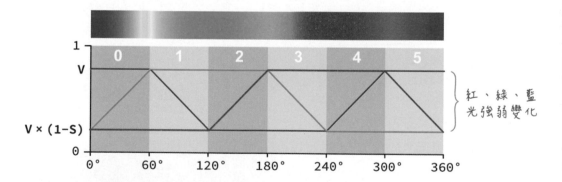

HSV 轉 RGB 的自訂函式

即便採用 HSV 模式來詮釋色彩，程式最終還是得將它轉換成 RGB，才能調控各色 LED。RGB 和 HSV 互相轉換的公式與說明，可參閱維基百科的「HSL 和 HSV 色彩空間」條目。

HSV 轉 RGB 的方程式如下，色相值（H）介於 0~360，彩度（S）和明度（V）介於 0~1：

$$H_i = 取整數\left(\frac{H}{60}\right) \leftarrow 色相$$

$$f = \frac{H}{60} - H_i$$

若 $H_i = 0$ ➡ (V, V×(1-(1-f)×S), V×(1-S))

若 $H_i = 1$ ➡ (V×(1-f×S), V, V×(1-S))

若 $H_i = 2$ ➡ (V×(1-S), V, V×(1-(1-f)×S))

若 $H_i = 3$ ➡ (V×(1-S), V×(1-f×S), V)

若 $H_i = 4$ ➡ (V×(1-(1-f)×S), V×(1-S), V)

若 $H_i = 5$ ➡ (V, V×(1-S), V×(1-f×S))

轉換完成的 R, G, B 每個顏色值介於 0~1

依照以上的公式所寫成的 HSV 轉 RGB 自訂函式如下，色相參數值（h）介於 0~360，飽和度（s）和明度（v）介於 0~1；由於 ESP8266 的 PWM 輸出值介於 0~1023，所以此函式傳回的每個 R, G, B 色彩值都介於 0~1023：

```python
def hsv2rgb(h, s, v):
    if s == 0.0:
        return v, v, v

    r, g, b = v, v, v

    i = int(h/60.0)
    f = h/60.0 - i

    if i == 0:
```

```
        g *= 1.0 - s * (1.0 - f)
        b *= 1.0 - s
    elif i == 1:
        r *= 1.0 - s * f
        b *= 1.0 - s
    elif i == 2:
        r *= 1.0 - s
        b *= 1.0 - s * (1.0 - f)
    elif i == 3:
        r *= 1.0 - s
        g *= 1.0 - s * f
    elif i == 4:
        r *= 1.0 - s * (1.0 - f)
        g *= 1.0 - s
    elif i == 5:
        g *= 1.0 - s
        b *= 1.0 - s * f


    return (int(r * 1023.0), int(g * 1023.0), int(b * 1023.0))
```

筆者將此函式存入 color.py 檔，透過 ampy 工具上傳到 D1 mini 板備用：

上傳檔案到控制板

```
D:\python> ampy --port com3 put color.py
```

color.py

Python 從 1.5.2 版本開始就有色彩轉換的 colorsys 模組（https://goo.gl/
WP5CLo）。雖然 MicroPython 沒有內建這個模組，我們仍可以從 colorsys 模組的
原始碼複製出其中的 HSV 轉 RGB 函式（hsv_to_rgb），然而 hsv_to_rgb 函式的輸
入和輸出值都介於 0.0~1.0，而本文需要的 RGB 輸出介於 0~1023，所以筆者並
未直接使用該函式。

動手做 8-3 控制 RGB 全彩 LED

實驗說明：讓紅、藍、綠三色 LED 模組，依照 HSV 色彩值發出指定的顏色。

實驗材料：

RGB LED 模組	1 個

電子材料行有販售紅、藍、綠等單一顏色的 LED，也有販售一個 LED 包含三原色的 RGB 彩色 LED；依內部接線不同，RGB 彩色 LED 有共陰極和共陽極兩種型式：

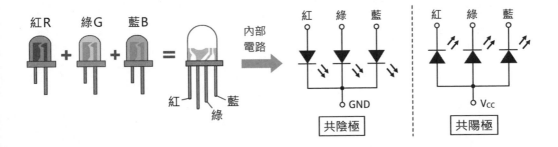

還有一種已經組裝 RGB LED 和限流電阻的模組，同樣有**共陰極**和**共陽極**之分，本文採用的是共陰極。下圖是模組的外觀和等效電路（不同模組廠商的接腳位置可能不一樣）：

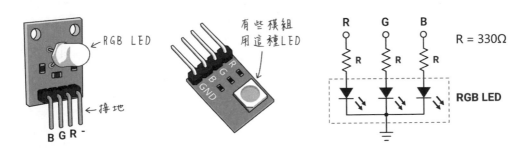

實驗電路：請把 LED 模組的接地
腳插入控制板的 GND 插槽：

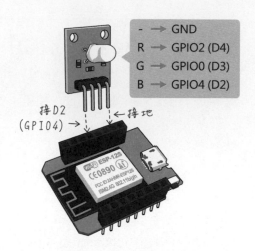

實驗程式：底下程式包含自訂函式 wheel()，它將每隔 50 毫秒，讓色相從 0 逐漸轉變到 359。如果你的模組接腳和筆者不同，請自行更改 R_PIN, G_PIN 和 B_PIN 變數的接腳編號：

```python
from machine import Pin, PWM
import time
import color                  # 引用自訂的 color 模組

R_PIN = PWM(Pin(2))           # 紅色 LED 腳
G_PIN = PWM(Pin(0))           # 綠色 LED 腳
B_PIN = PWM(Pin(4))           # 藍色 LED 腳

def wheel():
    for i in range(360):
        RGB = color.hsv2rgb(i, 1, 1) # 執行 color 裡的 hsv2rgb()
        R_PIN.duty(RGB[0])  # 設定紅色 LED 亮度
        G_PIN.duty(RGB[1])
        B_PIN.duty(RGB[2])
        time.sleep_ms(50)   # 暫停 50 毫秒

wheel()                       # 執行自訂函式
```

實驗結果：在終端機輸入以上程式碼，LED 模組的色彩將逐漸從紅轉綠、從綠轉藍，最後變回紅色。

8-6 旋轉編碼器

生活周遭常會看到許多旋轉式介面，例如：音響的音量調整鈕、收音機選台鈕、滑鼠滾輪、微波爐和烤箱的火力設定鈕...等等。底下的實作單元將採用旋轉式介面來調整 LED 的色彩，這種控制介面的最佳選擇是「旋轉編碼器」。

典型的旋轉編碼器是由一個圓盤狀的銅片以及三個簧片構成，有三個接腳：

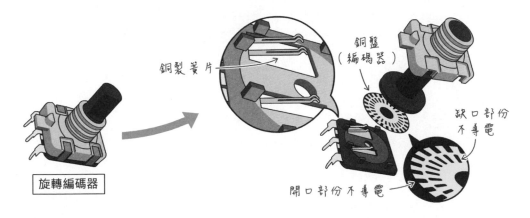

有些旋轉編碼器的旋鈕附帶「按壓」開關功能，連同按壓開關，旋轉編碼器模組相當於 3 個開關。下圖左是常見的旋轉編碼器模組，其中已預先接好如下圖右電路裡的電阻：

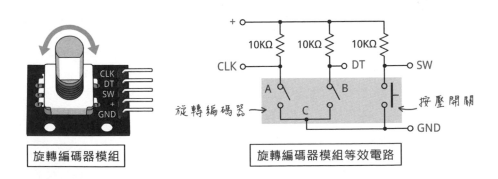

每當編碼器被轉動時，內部外側的 CLK 和 DT 兩個接點，將分別和另一個共接點 (GND) 短路 (相連) 和斷路，相當於開關被按下和放開：

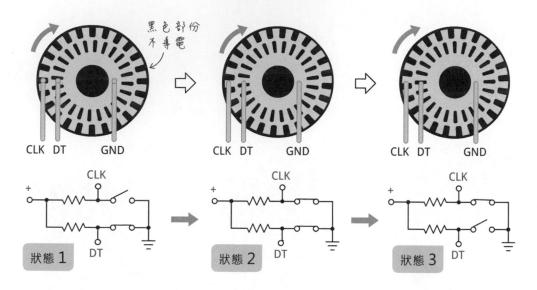

因此，如果像上圖一樣，替兩組「開關」加上電源，CLK 和 DT 接腳將依序出現高、低電位變化：

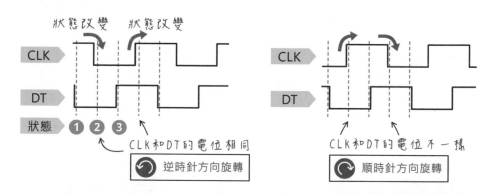

從上圖可以看出，**若 CLK 電位轉變之後，和 DT 電位相同，代表是「逆時針方向」旋轉**，否則是「順時針方向」旋轉。補充說明，以上圓盤編碼分析是「反面」觀看的旋轉角度，跟「正面」觀看的方向相反：

動手做 8-4 連接旋轉編碼器與 ESP8266 控制板

實驗說明:設定一個儲存計數值的 counter 變數,依旋轉編碼器的轉向與轉動值,如果是順時針轉,則增加計數值;若是逆時針轉則減少計數值。

實驗材料:

旋轉編碼器	1 個

實驗電路:旋轉編碼器的本質是「開關」,可以接在任何數位腳。本例將旋轉編碼器的 CLK 腳連接控制板的 GPIO14(D5)腳、DT 接 GPIO12(D6)腳:

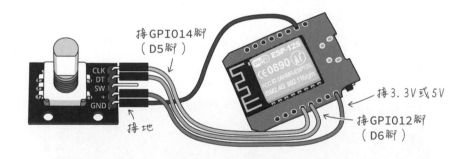

實驗程式:先把 GPIO12 和 14 設定成「輸入腳」,並宣告一個紀錄轉動值的 counter 變數:

```
from machine import Pin

CLK = Pin(14, Pin.IN)    # GPIO14當作CLK「輸入」腳
DT =  Pin(12, Pin.IN)    # GPIO12當作DT「輸入」腳
counter = 0
prev = CLK.value()       # 讀取CLK的輸入值
```

在主程式迴圈中不停地讀取 CLK 的輸入值，若使用者轉動旋鈕，則 CLK 值將會變化，程式可進一步比對 CLK 和 DT 值，藉此增加或減少轉動值：

```python
while True:
    now = CLK.value()    # 再次讀取CLK的輸入值

    if now != prev:        # 若CLK值不同，代表訊號改變了！
        if DT.value() != now:    # 如果DT值和CLK值不同...
            counter += 1            # ...代表「順時針」轉動。
        else:
            counter -= 1            # 否則是「逆時針」轉動。

        print("counter: " + str(counter))

    prev = now                        把counter變數從整數轉成「字串」
```

在終端機執行上面的程式碼並轉動旋鈕，將能看見 Counter 值的變化：

```
COM3 - PuTTY                                       _ □ ×

===          print("counter: " + str(counter))
===
===      prev = now                    ← 貼入並執行程式碼
counter: 1
counter: 2
counter: 3
counter: 4
```

使用電容消除旋轉編碼器的開關彈跳雜訊

從旋轉編碼器的結構，可看出它的機械式開關結構，想必也會發生「彈跳」雜訊現象。為此，有些旋轉編碼器模組內建消除彈跳雜訊的 RC 電路，但多數模組為了節省成本，都沒有內建電容。

若打算連接 RC 電路，請參考第 4 章，替旋轉編碼器的 DT 和 CLK 腳連接 RC 的電路圖如下。實際上，經過測試，RC 電路的電阻可以省略，直接在開關輸出腳和接地腳，並接 0.1uF (標示為 104) 電容也行：

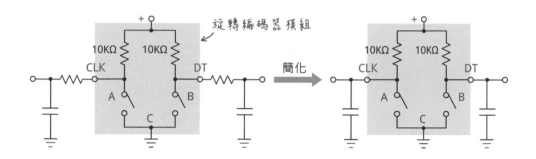

底下是麵包板的參考接線：

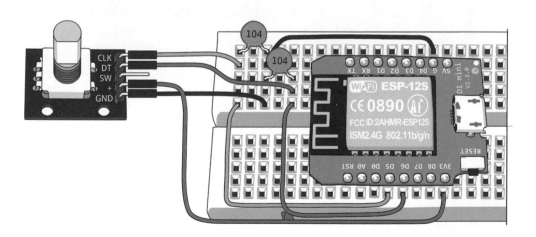

動手做 8-5 使用旋轉編碼器調整 LED 色彩

實驗說明：採用旋轉編碼器調整「色相」，控制 LED 的色彩。

實驗材料：

旋轉編碼器	1 個
共陰極 RGB LED 模組	1 個

實驗電路：旋轉編碼器延續「動手做 8-4」的接線，再把全彩 LED 接在控制板的 D2, D3 和 D4 腳。

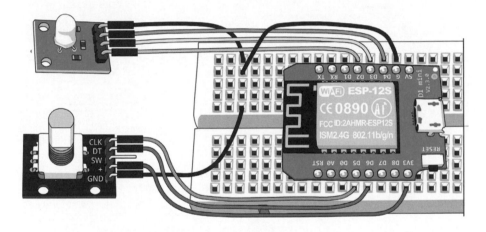

實驗程式：首先引用程式庫並設定一些變數：

```python
from machine import Pin, PWM
import color   # 引用自訂的color模組


R_PIN = PWM(Pin(2))   # 紅色LED腳
G_PIN = PWM(Pin(0))   # 綠色LED腳
B_PIN = PWM(Pin(4))   # 藍色LED腳


CLK = Pin(14, Pin.IN)   # GPIO14當作CLK「輸入」腳
DT =  Pin(12, Pin.IN)   # GPIO12當作DT「輸入」腳
prev = CLK.value()      # 讀取CLK的輸入值
counter = 0
step = 2.5   # 旋轉編碼器每次的增量
```

主程式迴圈如下，每當偵測到旋轉編碼器被轉動，就改變 RGB 值：

```python
while True:
    now = CLK.value()

    if now != prev:
        if DT.value() != now:
            counter = (counter + step) % 360
        else:
            counter = (counter - step) % 360

        print("counter: " + str(counter))

        RGB = color.hsv2rgb(counter, 1, 1)
        R_PIN.duty(RGB[0])
        G_PIN.duty(RGB[1])
        B_PIN.duty(RGB[2])

    prev = now
```

這一行可以改寫成這四行：

```python
# 確保counter值介於0~360
if counter < 360:
    counter += step
else:
    counter = 0
```

將counter當作HSV的色相值，求取RGB。

上面的程式使用餘除 (%) 確保 counter 值介於 0~360，以底下兩個算式為例，無論被除數小於或大於 360，其餘數始終不超過除數 (360)：

$$\frac{125}{360} = 0 \ ...餘\ 125$$

$$125 \% 360 \Rightarrow 125$$

$$\frac{520}{360} = 1 \ ...餘\ 160$$

$$520 \% 360 \Rightarrow 160$$

實驗結果：把程式碼貼入終端機執行，全彩 LED 的顏色將隨著旋轉編碼器轉動變化。

WS2812 彩色 LED 模組與燈條

有一種把許多 LED 並接成一串的 LED 燈條或燈板，多用於汽車、室/內外補光或營造氣氛。這類型燈條兩側各有一排銅箔接點，基板是軟性塑膠，可以用剪刀裁切，剪裁之後也能從銅箔焊接再串連。下圖的燈條接點有標示電壓和 R, G, B 接點，代表它採用 RGB LED：

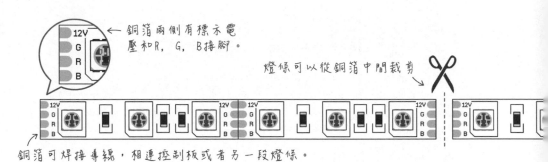

← 銅箔兩側有標示電壓和 R, G, B 接腳。

燈條可以從銅箔中間裁剪 ✂

銅箔可焊接導線，相連控制板或者另一段燈條。

另有一種 LED 全彩燈條，兩側的銅箔接點並無標示 R, G, B，而是電壓、接地、資料輸入 (DIN) 和資料輸出 (DOUT)，燈條上的 LED 不是普通的全彩 LED，而是內建紅、綠、藍 LED，以及控制 IC 的全彩 LED 晶片，叫做 WS2812；美國一家電子零組件供應商 Adafruit 將 WS2812 晶片取名為 NeoPixel（霓虹像素）。

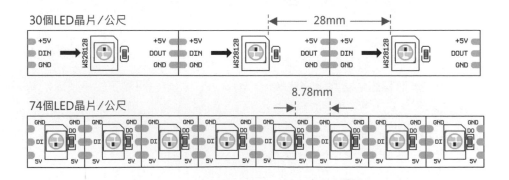

不管是哪一種燈條，都有不同的 LED 晶片排列密度款式可選：通常以「公尺」為單位販售，至少要購買一公尺。

WS2812 的封裝尺寸為 5mmx5mm（5050 型），有 6 個接腳，廠商後來推出新款、僅 4 個接腳的 WS2812B 晶片，兩者功能一樣；模組內部的每個 LED 的最大工作電流約 20mA。市面上此類 LED 燈條別稱 5050 LED 燈條，就是以晶片的尺寸命名。

LED	電流	電壓
紅	20mA	1.8~2.2V
綠	20mA	3.0~3.2V
藍	20mA	3.2~3.4V

WS2812 模組的工作電壓介於 4~7V，通常接 5V。單單接上電源，WS2812 不會發光，因為它的 LED 全都由內部的 IC 控制。和傳統 LED 燈條一樣，WS2812 可以串連組成任意形狀，不過，普通全彩 LED 燈條的所有 LED 色彩都是一致的，**WS2812 可以被個別控制**，也就是程式可以設定單一 **WS2812 晶片的色彩和亮度**，所以同一個燈條上的 **LED 晶片能顯示不同色彩**。

WS2812 LED 模組

DIY 實驗購買的通常都是已焊接在 PCB 板的 WS2812 LED 模組（以下簡稱彩色 LED 模組），而非單獨的 WS2812 晶片。彩色 LED 模組有不同晶片數量，常見的外觀有矩形、圓環和燈條型式。

WEMOS 也有推出 D1 mini 型式的全彩 LED 介面板，LED 晶片的資料腳接在 GPIO4（D2）。雖然直接插上 D1 mini 就能做實驗，但是板子上只有一個 LED，也沒有引出串接用的「資料輸出」腳，如果你打算實驗串接多個 LED 並個別控制色彩，這個模組就派不上用場了。

D2腳
GPIO4

動手做 8-6　調控 WS2812 的色彩

本節將使用 MicroPython 內建的 **NeoPixel 模組**控制 WS2812 晶片，控制個別 LED 晶片的色彩。

實驗說明：WS2812 模組必須透過微控器傳送指令，指揮晶片發光。控制訊號只用一條序列線，每個模組的**資料輸出**（Data Output, DO）或者**訊號輸出**（Singal Output, SO），可連接另一個模組的**資料輸入**（Data Input, DI）或**訊號輸入**（Signal Input, SI）。與微控器相連的模組，其位址編號為 0，串接在後面的模組位址則依序加 1：

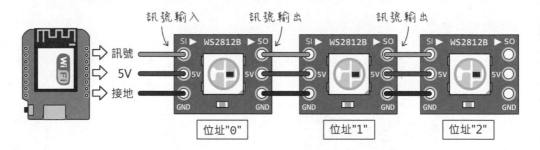

實驗材料：

內建 8 個 WS2812 晶片的彩燈板（直列或圓形）	1 個

實驗電路：請依照下圖連接彩燈板，由於原廠的全彩 LED 燈板的資料腳接在 D2，所以本文也沿用這個接腳，但是接其他數位腳也行：

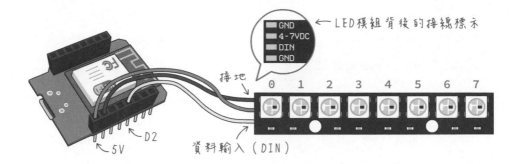

實驗程式：MicroPython 內建 WS2812 晶片的程式庫，叫做 neopixel，控制 LED 晶片只需要三大步驟，請先使用 PuTTY 或 screen 終端機連接控制板：

1 引用 neopixel 模組並透過它建立彩燈控制物件，底下的範例將控制 物件命名成 np：

```
COM3 - PuTTY
>>> import machine, neopixel
>>> np = neopixel.NeoPixel( machine.Pin( 4 ), 8 )
```

自訂的物件變數 · neopixel.NeoPixel(資料接腳，LED數量)

2 透過燈控物件 np，指定燈光的編號和色彩：

```
>>> np[0] = (0, 1, 0)
>>> np[2] = (127, 45, 127)
>>> np[4] = (255, 127, 40)
```

燈控物件[燈號] = (紅，綠，藍)

3 執行 write() 方法將設定值傳入控制晶片：

```
>>> np.write()
```

此時，你將能看到 WS2812 燈板的第 0, 2 和 4 燈依指定的色彩點亮。你可以重複第 2 步驟，設定不同的燈號和顏色，但每次設定完畢後，都要執行 write() 方法才能傳出數據給 LED 晶片。

neopixel 具有將所有 LED 填入相同色彩的 fill() 方法，例如，底下的敘述將令彩燈板的全部 LED 呈現橘黃色：

```
np.fill( (255, 165, 0) )
np.write()
```

若要關閉燈光，將所有 LED 顏色值設成 (0, 0, 0)：

```
np.fill( (0, 0, 0) )
np.write()
```

WS2812 訊息格式説明

每控制一個 LED 晶片，微控器需要傳送 24 位元序列資料，每個顏色佔 8 位元：

控制 3 個 LED 晶片，則需要陸續傳送 3 個 24 位元資料，LED 晶片會自動擷取第一組 24 位元資料，將其餘資料傳遞給下一個串接的晶片：

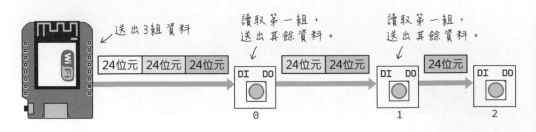

類似 DHT11 溫濕度感測器，LED 晶片的 0 和 1 數據，是由脈衝的高、低電位持續時間來決定：

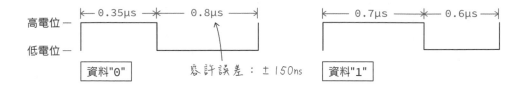

串接 LED 晶片的考量要點

WS2812 模組的串接數量是有限的，主要限制原因有三點：

● 工作電流：假設每個 LED 晶片設為全亮，內部 3 個 LED 約消耗 60mA，串接 50 個 LED 晶片，就需要消耗 3000mA（3A）電流。因此，串接 20 個以上的 LED 晶片，請替 LED 晶片加裝獨立電源。

下圖是常見的 5050 LED 燈條外接電源的連接方式，外部電源的接地和控制板的接地要相連。電源供應器和 LED 燈條之間，最好連接一個電容，降低通電時的大電流（湧浪電流）對晶片的衝擊：

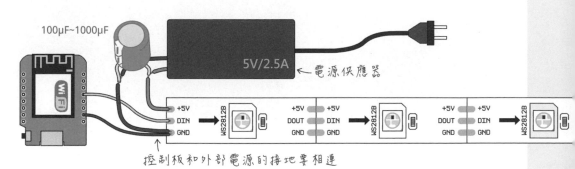

● 微控器的可用 RAM（主記憶體空間）：每控制一個 LED 晶片，微控器需要暫存每個受控制的 LED 晶片的 RGB 色彩值，每增加一個 LED 晶片，就多佔用 3 個位元組（24 位元）的 RAM。

● 訊息傳送時間：LED 晶片的資料每次都是從第一個晶片依序傳送，假如打算用 LED 晶片構成動態畫面，隨著晶片數量增加，畫面會產生延遲現象。

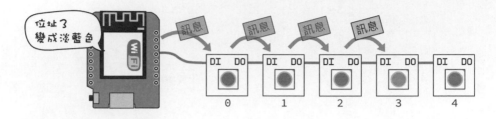

動手做 8-7　跑馬燈效果

實驗說明：從上文「使用免費的選色工具軟體得知色彩的 RGB 值」一節取得的漸層色彩，讓它們在 8 個全彩 LED 晶片上循環播放，呈現跑馬燈校果。

「實驗材料」與「實驗電路」和「動手做 8-6」單元相同。

實驗程式：筆者宣告一個名叫 colors 的元組，儲存 12 色資料：

```
colors = ((100, 255, 255), (170, 235, 145), (235, 210, 35),
          (255, 150, 0), (255, 80, 0), (255, 0, 0),
          (255, 40, 0), (255, 80, 0), (225, 120, 5),
          (160, 170, 20), (100, 210, 45), (100, 235, 150))
```

實驗用的彩燈板有 8 個 LED，所以程式每次都要從 colors 元組取出 8 個元素：

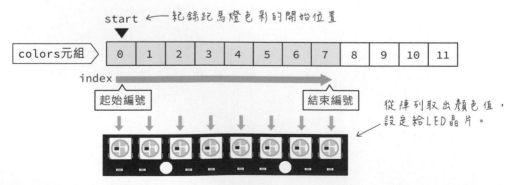

接著暫停一下，再從下一個元素開始取 8 個給 LED 彩燈板：

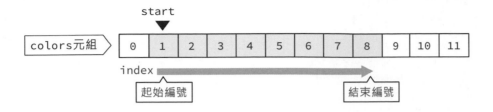

以此類推，將能在彩燈板完成循環顯示的動態效果。只是當元組的索引超出範圍時，索引編號必須歸零：

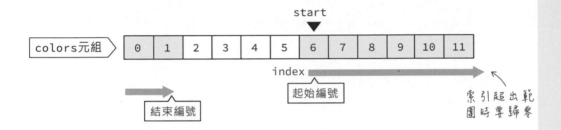

完整的程式碼如下，首先宣告一些變數：

```
import machine, neopixel
import time


np = neopixel.NeoPixel(machine.Pin(4), 8)

colors = ((100, 255, 255), (170, 235, 145), (235, 210, 35),
          (255, 150, 0), (255, 80, 0), (255, 0, 0),
          (255, 40, 0), (255, 80, 0), (225, 120, 5),
          (160, 170, 20), (100, 210, 45), (100, 235, 150))


lastColor = len(colors) - 1   # 最後一個顏色的編號（顏色總數減 1）
ledTotal = 8                  # LED 總數，共 8 個
start = 0                     # 開始的顏色位置編號
```

底下是主程式迴圈，筆者將它放在 try 區塊中，以便在捕捉到 Ctrl + C 按鍵時，能夠執行關閉 LED 的任務：

```python
try:
    while True:
        index = start   # 第一個 LED 的色彩編號，和開始顏色編號相同

        # 設定 8 個 LED 的顏色
        for i in range(ledTotal):
            if index > lastColor:      # 若顏色編號超過範圍...
                index = 0              # 則令索引值歸零

            np[i] = colors[index]      # 指定色彩值給燈板的 LED
            index = index + 1

        np.write()

        start = start + 1              # 切換到下一組顏色
        if start > lastColor:
            start = 0

        time.sleep_ms(50)
except:
    np.fill((0, 0, 0))
    np.write()
```

實驗結果：把程式碼貼入終端機執行，LED 彩燈板將循環呈現色彩；按下 Ctrl + C 鍵將中止程式並關閉所有 LED。

9

01001

電晶體與蜂鳴器和
直流馬達控制

9-1 認識電晶體元件

人的力氣無法抬起一輛車，但是透過千斤頂就能輕鬆抬起。微控制器的輸出電流也很微弱，無法驅動馬達、電燈...等大型負載，所以也需要透過像千斤頂一樣的「驅動介面」協助：

以控制馬達為例，微控制器和馬達之間要銜接一個控制橋樑（介面），而馬達的電力從外部電源供應。微控制器只需稍微出點力使喚介面即可控制馬達：

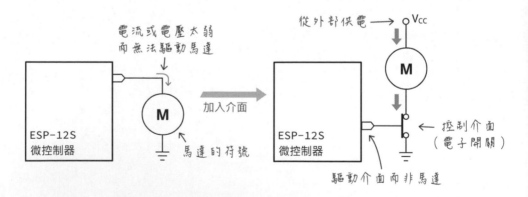

電晶體是最基本的驅動介面，微處理器只需送出微小的訊號，即可透過它控制開啟或關閉週邊裝置。它很像水管中的閥門，平時處於關閉狀態，但只要稍微施力，就能啟動閥門，讓大量水流通過：

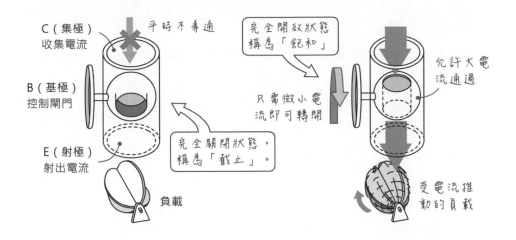

電晶體有三隻接腳,分別叫做 **B(基極)**, **C(集極)** 和 **E(射極)**,就字義而言,**集極**(C, Collector) 代表**收集電流**,**射極**(E, Emitter) 代表**射出電流**,**基極**(b, Base) 相當於**主控台**。

電晶體的外觀如下,正面有廠牌、編號,以及廠商對該零件特別加注的文字或編號(詳細特點要查閱規格書)。它的三隻接腳,由左而右,通常是 E, B, C 或者 B, C, E,實際腳位以元件的規格書為準:

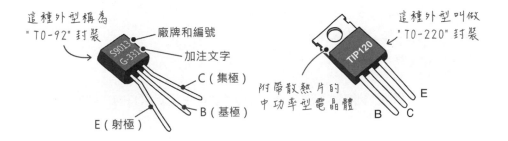

依照它所能推動的負載,電晶體分成不同的**功率**類型,驅動馬達或者音響後級放大器使用的中、大功率型電晶體,通常包含**散熱片**的固定器,甚至整體都是金屬包裝以利散熱。

NPN 與 PNP 類型的電晶體

根據製造結構的不同,電晶體分成 NPN 和 PNP 型兩種,它們的符號與運作方式不太一樣:

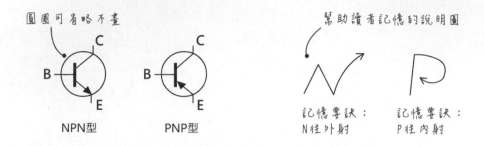

電晶體符號裡的箭頭代表電流的方向,為了幫助記憶這兩種符號,我們可以替英文字母 N 和 P 加上箭頭,如此可知,NPN 是箭頭 (電流) 朝外的形式;PNP 則是電流朝內的類型。

電晶體的內部結構相當於串接兩個二極體,當 **NPN 型**電晶體的 B 腳 (基極) 接上**高電位**時 (例如:正電源),電晶體將會導通,驅動負載;相反地,當 **PNP 型**電晶體的 B 腳 (基極) 接上**低電位**時 (例如:接地),電晶體才會導通:

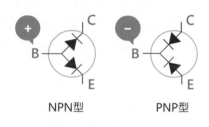

底下是基本的**電晶體開關**電路,**NPN 型**的負載接在電源端;**PNP 型**的負載接在接地端:

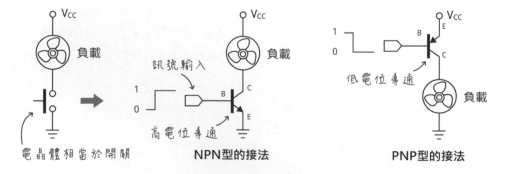

我們通常把高電位 (1) 當做「導通」，低電位 (0) 看成「關閉」，NPN 型電晶體的電路比較符合這個邏輯習慣，因此 NPN 型電晶體比較常見。

如同發光二極體 (LED)，電晶體也有允許通過的電壓和電流的上限，因此 B 極需要連接一個限流電阻，此電阻值視電晶體和負載的型式而定 (參閱本章末「如何選用電晶體」說明)。此外，若 NPN 型的負載接在接地端，將形同水管內有異物，控制端需要加大力道，才能讓電晶體導通：

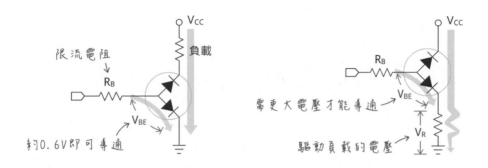

許多 NPN 型電晶體都會有一個特性跟它一模一樣的 PNP 型攣生兄弟，例如 9013 和 9012，差別僅在一個是 NPN，一個是 PNP。

提到「電晶體」時，通常都是指「雙極性接面電晶體 (Bipolar Junction Transistor，簡稱 **BJT**)」。另有一種簡稱 FET 或 MOSFET 的**場效 (應) 電晶體**，控制方式和 BJT 電晶體不同，請參閱第 12 章說明。

D1 mini 板用電晶體達成自動進入「燒錄模式」功能

ESP8266 微控器的第 0 腳在開機時要接在高電位，若接低電位，微控器將進入「燒錄模式」。「燒錄模式」用於更新 ESP8266 板的 MicroPython 韌體，也就是用第 1 章提到的 esptool 或「Flash 下載工具」上傳 .bin 檔到控制板。

為了在燒錄韌體時，自動於第 0 腳輸入低電位，D1 mini 控制板採用兩個電晶體來切換訊號，這部份的電路如下：

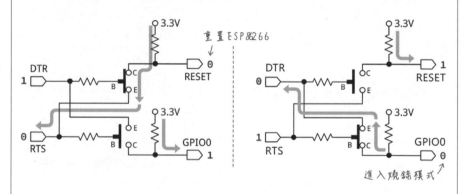

控制板上的 **USB 轉 TTL 序列晶片** (CH340G) 有個 **DTR（Data Terminal Ready，數據終端就緒）接腳**。每當 esptool 或「Flash 下載工具」開始上傳韌體檔時，這個晶片會先重置 ESP8266，接著從 DTR 腳送出低電位，讓 ESP8266 進入燒錄模式：

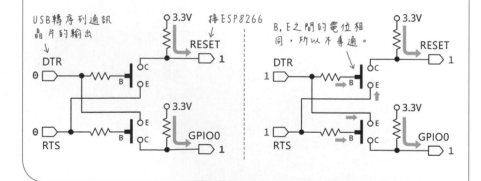

這兩個電晶體構成的開關電路，在兩端輸入同時輸入 0 或 1 時，都能阻止 ESP8266 被重置並避免進入燒錄狀態：

9-2 發音體和聲音

聲音是由震動產生，其震動的頻率稱為「音頻」，不管是哪一種發聲裝置，只要通過斷續的電流，讓裝置內的薄膜產生震動，即可擠壓空氣而產生聲音。音頻的範圍介於 20Hz~200KHz 之間，普通人可聽見聲音的頻率範圍約為 20Hz~20KHz（即：20000Hz），20KHz 以上頻率的聲音，稱為「超音波」（請參閱第 13 章）：

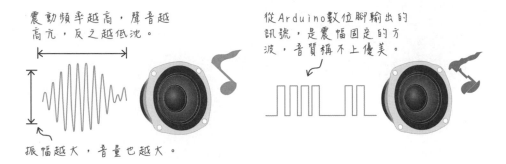

震動頻率越高，聲音越高亢，反之越低沈。

從Arduino數位腳輸出的訊號，是震幅固定的方波，音質稱不上優美。

振幅越大，音量也越大。

電子裝置常見的**發音體**（或稱為**發聲裝置**）有**揚聲器**（喇叭，speaker）和**蜂鳴器**（mini speaker or piezo transducer）兩大類。聲音的品質和發音體的材質、厚薄、尺寸、空間設計...等因素有很大的關連，蜂鳴器比較小巧，音質（頻率響應範圍）雖然比較差，但是在產生警告聲或提示音等用途，已經夠用了；小型揚聲器採用塑料或紙膜震動，音質比較好，適合用在電子琴或其他發聲玩具：

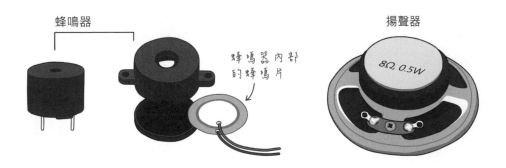

蜂鳴器

蜂鳴器內部的蜂鳴片

揚聲器

8Ω, 0.5W

蜂鳴片（piezo element）是一個薄薄的銅片加上中間白色部份的壓電感應（piezoelectric）物質。電子材料行有單獨販售**蜂鳴片**，也能用於本章的實作單元。蜂鳴器和蜂鳴片的規格主要是直徑尺寸和電壓，請選用 5V 規格：

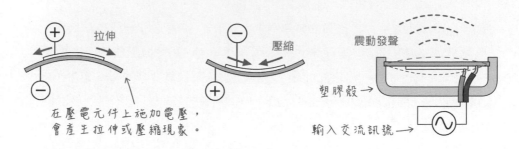

在壓電元件上施加電壓，會產生拉伸或壓縮現象。

動手做 9-1　發出警報聲響

實驗說明：透過改變控制板的輸出訊號頻率來產生警報音效。

實驗電路：Di mini 板有相應的 Buzzer（蜂鳴器）擴展板，使用者可以透過焊接擴展板上的接點，選擇 D5~D8 之中的一個跟蜂鳴器電路相連，預設接腳是 D5。右下圖是蜂鳴器擴展板的電路：

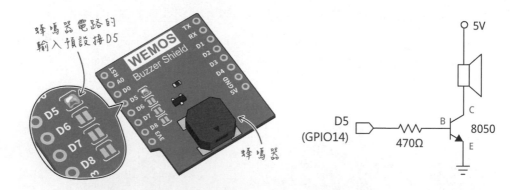

擴展板使用一個 8050 型號的電晶體來驅動蜂鳴器，這個電晶體電路其實可以省略，蜂鳴器兩腳可直接和控制板相連，但礙於微控器接腳的輸出電流小，蜂鳴器的音量也小：

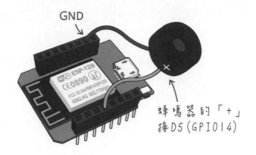

GND

蜂鳴器的「+」
接 D5 (GPIO14)

實驗材料:如果要在麵包板上搭建此蜂鳴器驅動電路,請準備以下材料:

蜂鳴器 (5V)	1 個
8050 電晶體	1 個
470Ω 電阻	1 個

8050 電晶體的接腳通常如右下圖,由左至右為 E, B, C,有些廠商生產的是 E, C, B,請先跟商家確認。麵包板的示範接線:

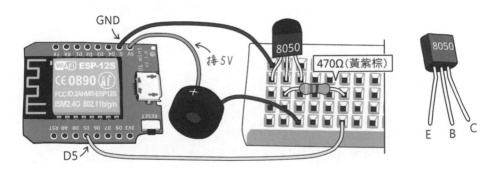

GND

接 5V

8050

470Ω(黃紫棕)

8050

D5

E   B   C

實驗程式:救護車警報聲響由兩段各 0.5 秒長的聲頻組合而成,工作周期決定發聲的音量:

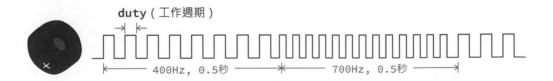

duty (工作週期)

400Hz, 0.5秒   700Hz, 0.5秒

底下的程式將控制聲音頻率變化的敘述寫成一個自訂函式 sndEffect：

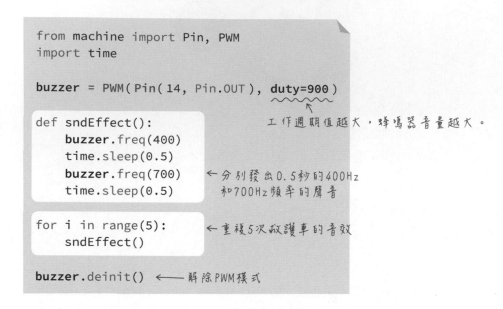

```
from machine import Pin, PWM
import time

buzzer = PWM(Pin(14, Pin.OUT), duty=900)
```
工作週期值越大，蜂鳴器音量越大。

```
def sndEffect():
    buzzer.freq(400)
    time.sleep(0.5)
    buzzer.freq(700)
    time.sleep(0.5)
```
← 分別發出 0.5 秒的 400Hz 和 700Hz 頻率的聲音

```
for i in range(5):
    sndEffect()
```
← 重複 5 次救護車的音效

```
buzzer.deinit()
```
←─── 解除 PWM 模式

實驗結果：在終端機輸入並執行程式，蜂鳴器將發出救護車的警示音效。

動手做 9-2　電流急急棒

實驗說明：電流急急棒的結構是用兩條導線構成的「開關」，平時處於「斷路」狀態、若兩條導線觸碰在一起（短路），蜂鳴器將發出聲音，代表玩家出局。

本單元使用單芯導線當作通路，通過此路徑的導線（棒子）用尖嘴鉗捲成圓圈狀，在導線迴路中繞行：

← 金屬外露的單芯導線，折成任意形狀的路徑。

扭成環狀的「棒子」

實驗材料：

單芯導線	長度隨意
蜂鳴器 (5V)	1 個
8050 電晶體	1 個
470Ω 電阻	1 個

實驗電路：為了簡化接線，代表開關的導線接在內含上拉電阻的第 0 腳
（D3）。在麵包板上組裝電流急急棒和蜂鳴器電路的示範如下，迴路的起點
和終點，各套上一小截從導線剪下的外皮，避免「棒子」和「路徑」一開始就相
連：

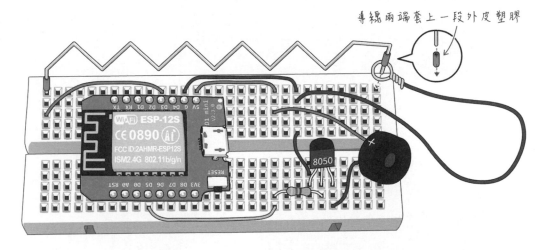

導線兩端套上一段外皮塑膠

實驗程式：電流急急棒是結合「開關」和「蜂鳴器」的程式，若「開關」腳輸入值
為 0，代表「棒子」碰觸到「路徑」，蜂鳴器將響 1.5 秒：

```
from machine import Pin, PWM
import time

swPin = Pin(0, Pin.IN)      # 開關（路徑）腳
buzzer = PWM(Pin(14))       # 蜂鳴器腳

print( 'Start!')
```

```
try:
    while True:
        if swPin.value() == 0:
            buzzer.duty(900)      # 音量
            buzzer.freq(500)      # 頻率
            time.sleep(1.5)       # 響 1.5 秒
            buzzer.duty(0)        # 音量調為「靜音」
except:
    buzzer.deinit()              # 解除蜂鳴器
    print( 'Game Over')
```

實驗結果：執行程式後，終端機將顯示 "Start"；按 Ctrl + C 鍵退出遊戲時，終端機將顯示 "Game Over"。

9-3 彈奏音樂

本單元將讓 D1 mini 板彈奏一段旋律，但在實際撰寫音樂程式之前，我們先複習一下基本的音樂常識。

音高與節拍

聲音的頻率（音頻）高低稱為**音高（pitch）**。在音樂上，我們用 Do, Re, Mi...等唱名或者 A, B, C, ...等音名來代表不同頻率的音高，鋼琴鍵盤就是依照聲音頻率的高低階級（音階）順序來排列。每個音高和高八度的下一個音高，其頻率比正好是兩倍：

> 請參閱底下的鍵盤，從中音 Do 向右數到第 8 個白鍵，就是比中音 Do 高八度的高音 DO。

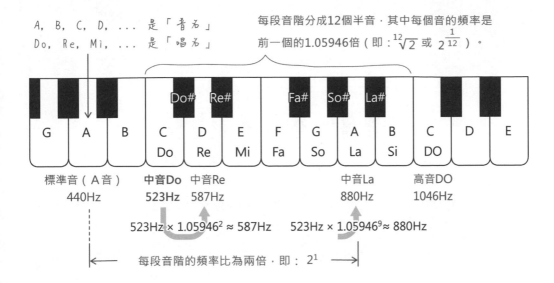

A, B, C, D, ... 是「音名」
Do, Re, Mi, ... 是「唱名」

每段音階分成12個半音，其中每個音的頻率是前一個的1.05946倍（即：$\sqrt[12]{2}$ 或 $2^{\frac{1}{12}}$）。

標準音（A音）　中音Do　中音Re　　　　　　　中音La　高音DO
440Hz　　　　 523Hz　587Hz　　　　　　 880Hz　 1046Hz

523Hz × 1.05946² ≈ 587Hz　　523Hz × 1.05946⁹ ≈ 880Hz

每段音階的頻率比為兩倍，即：2^1

根據上圖，我們可從 440Hz 標準音推導出其他聲音的頻率值（參閱表 9-1）。正規的鍵盤樂器（如：電鋼琴）有 88 鍵，音調範圍從 A0（28Hz）到 C8（4186Hz）：

表 9-1　聲音頻率（音高）對照表（單位.png) Hz）

位於鍵盤中間的中央C音（Do）　　88鍵樂器的最高音

	0	1	2	3	4	5	6	7	8
C	16	33	65	131	262	523	1046	2093	4186
C#	17	35	69	139	277	554	1109	2217	4435
D	18	37	73	147	294	587	1175	2349	4699
D#	19	39	78	156	311	622	1245	2489	4978
E	21	41	82	165	330	659	1319	2637	5274
F	22	44	87	175	349	698	1397	2794	5588
F#	23	46	93	185	370	740	1480	2960	5920
G	25	49	98	196	392	784	1568	3136	6272
G#	26	52	104	208	415	831	1661	3322	6645
A	28	55	110	220	440	880	1760	3520	7040
A#	29	58	117	233	466	932	1864	3729	7459
B	31	62	123	247	493	988	1976	3951	7902

88鍵樂器的最低音　　標準音（調校樂器用）　ESP8266的PWM頻率上限，1000Hz。

底下是五線譜內的音符與琴鍵位置的對照圖:

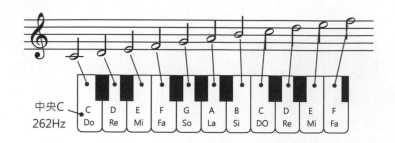

除了音高,構成旋律的另一個要素是**節拍(beat)**,它決定了各個音的快慢速度。假設 1 拍為 0.5 秒,那麼,1/2 拍就是 0.25 秒,1/4 拍則是 0.125 秒...以此類推。樂譜的左上角通常會標示該旋律的節拍速度(tempo),底下是瑪莉歐電玩主題曲(Super Mario Bros Overworld)當中的小一段,其節拍速度是一分鐘內有 200 個二分音符。筆者在音符上面標示的數字(如:659),則是該音的頻率:

此樂譜以二分音符為一拍,每一拍 1/200 分鐘,即 0.3 秒。因此,一個四分音符佔 0.15 秒(或 150 毫秒)。

動手做 9-3　演奏一段瑪莉歐旋律

實驗說明:組裝蜂鳴器,並根據上一節的五線譜與 tone() 指令說明,撰寫演奏一段瑪莉歐旋律的程式碼。本實驗材料與電路與「動手做 9-1」相同。

實驗程式：一開始先設定一個叫做 buzzer 的 PWM 物件，不需要預設頻率（freq）和工作週期（duty）：

```
from machine import Pin, PWM
import time

buzzer = PWM(Pin(14))    # 宣告 PWM 物件
```

為了提高程式的可讀性，我們可以預先將頻率和音名存入**字典**類型變數，筆者將它命名為 pitches（代表「音高」），如此，執行 pitches('E5') 將得到 659；執行 pitches('S') 將得到 0：

```
pitches = {
    'C5':523,
    'D5':587,
    'E5':659,
    'F5':698,
    'G5':784,
    'A5':880,
    'B5':988,
    'S':0          ← 代表休止符
}
```

接著輸入馬力歐的旋律（melody）。每個音符都有「音高」和「節拍」兩個屬性，而且旋律資料是固定不變的，所以筆者使用**元組**類型變數來儲存旋律（這段程式以 400 毫秒為一拍，每個 1/4 音符都是 100 毫秒發聲，100 毫秒不發聲）：

休止100毫秒   發出659Hz訊號100毫秒

```
melody = (
    ('E5',100),('S',100),('E5',100),('S',300),('E5',100),('S',300),
    ('C5',100),('S',100),('E5',100),('S',300),('G5',100)
)
```

不能用**字典（dict）類型**儲存旋律，因為**字典**裡面若出現重複的關鍵字，前面的資料會被後面的覆蓋：

```
melody = {
    'E5':100,'S':100,'E5':150
}
```
兩者同名　　此值會取代前一個

最後，使用 for...in 敘述逐一取出 melody（旋律）中的每一筆元素，並且分別存入 tone（音調）和 tempo（節拍）變數。如果音調值是 'S'，代表休止符，不發音，否則就開啟音量（筆者設定成 900），並依照指定的頻率發音：

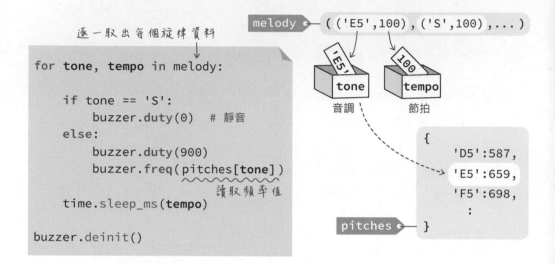

```
for tone, tempo in melody:

    if tone == 'S':
        buzzer.duty(0)   # 靜音
    else:
        buzzer.duty(900)
        buzzer.freq(pitches[tone])

    time.sleep_ms(tempo)

buzzer.deinit()
```

筆者把程式命名成 mario.py，讀者可將它貼入終端機，或者上傳到控制板執行。

9-4 認識直流馬達

馬達有不同的尺寸和形式，本書採用的小型直流馬達，又稱為模型玩具馬達，可以在文具/玩具店、五金行或者電子材料行買到：

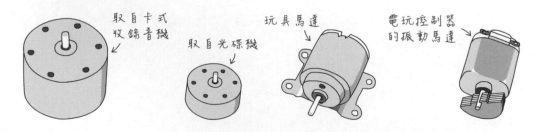

玩具裡的直流馬達，通常是 FA-130, RE-140, RE-260 或 RE-280 型，這些馬達的工作電壓都是 1.5V~3.0V，但是消耗電流、轉速和扭力都不一樣：

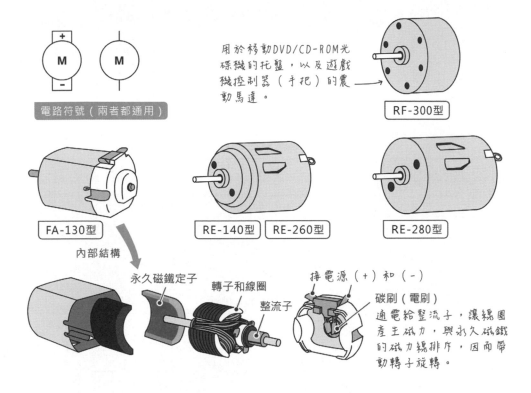

電路符號（兩者都通用）

用於移動DVD/CD-ROM光碟機的托盤，以及遊戲機控制器（手把）的震動馬達。

RF-300型

FA-130型　　RE-140型　RE-260型　　RE-280型

內部結構

永久磁鐵定子　轉子和線圈　整流子

接電源（＋）和（－）

碳刷（電刷）
通電給整流子，讓線圈產生磁力，與永久磁鐵的磁力線排斥，因而帶動轉子旋轉。

直流馬達內部由磁鐵、轉子和碳刷等元件組成，將馬達的 ＋, － 極和電池相連，即可正轉或者逆轉。

這種馬達在運轉時，碳刷和整流子之間會產生火花，進而引發雜訊干擾，影響到微處理器或無線電遙控器的運作。為了消除雜訊，我們通常會在碳刷馬達的 ＋, － 極之間焊接一個 0.01uF~0.1uF 的電容：

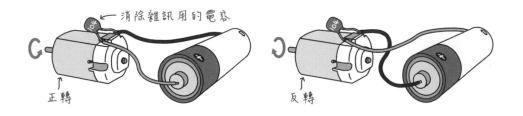

消除雜訊用的電容

正轉　　　　　　　　　　　反轉

直流馬達的規格書

從馬達的規格書所列舉的轉速和扭力參數，可得知該馬達是否符合速度和負重的需求；工作電壓和消耗電流參數，則關係到電源和控制器的配置。

表 9-2、9-3 列舉兩個馬達參數，摘錄自萬寶至馬達有限公司的 RF-300 和 FA-130 的規格書（可在 http://www.mabuchi-motor.co.jp/網站下載）：

表 9-2　RF-300 型馬達的主要規格

工作電壓	最大效率（AT MAXIMUM EFFICIENCY）					堵轉（STALL）		
	轉速	電流	扭力		輸出	扭力		電流
1.6V~6.5V	1710 轉/分鐘	0.052A	0.27 mN·m	2.8 g·cm	0.049瓦	1.22 mN·m	12 g·cm	0.18A

單位是 r/min或rpm　　52mA　　　　　　　　　　　　　　　　180mA

表 9-3　FA-130 型馬達的主要規格

工作電壓	最大效率（AT MAXIMUM EFFICIENCY）					堵轉（STALL）		
	轉速	電流	扭力		輸出	扭力		電流
1.5V~3.0V	6990 轉/分鐘	0.66A	0.59 mN·m	6.0 g·cm	0.43瓦	2.55 mN·m	26 g·cm	2.20A

660mA

設計馬達的電晶體控制電路時，最重要的兩個參數是**工作電壓**和**堵轉**（stall，也譯作**失速**）**電流**。**堵轉**代表馬達軸心受到外力卡住而停止，或者達到承受重量的極限，此時馬達線圈形同短路狀態，FA-130 型的堵轉電流達 2.2A！由此可知，**馬達的負荷越重，轉速會變慢，耗電流也越大，發熱量也增加**。

此外，馬達在啟動時也會消耗較大的電流，此「啟動電流」值通常視同堵轉電流，或者將最大效率時的運轉電流乘上 5~10 倍。

09

馬達的扭力單位為 g·cm，以 1g·cm 為例，代表馬達在擺臂長度 1cm 情況下，可撐起 1 公克的物體；10g.cm 則代表擺臂長度 1cm，可撐起 10 公克的物體。國際標準採用 N·m（牛頓-公尺）單位：

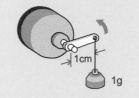

本文列舉的都是日本萬寶至馬達有限公司（Mabuchi Motor，簡體中文網站：http://www.mabuchimotor.cn/zh_CN/index.html）生產的馬達型號，雖然台灣和對岸也有公司生產玩具馬達，不過，萬寶至公司的規格資料比較齊全。在文具、玩具店或電子材料行購買馬達時，也許無法得知馬達的型號和參數，但讀者可從外觀來推測它與萬寶至公司產品的「相容」型號。若是 1/10 比例的遙控車，大多採用 RS-360 或 RS-540 型馬達。

電晶體馬達驅動電路與返馳二極體

電路中的馬達相當於**電阻**和**電感**的串聯元件；電感就是把電線捲成圓圈狀的線圈，通電時它把電能轉成磁能；在斷電的瞬間，磁能會釋放出電能，並且與原先加在線圈兩端的電壓相反，稱為**反電動勢（Back EMF）**：

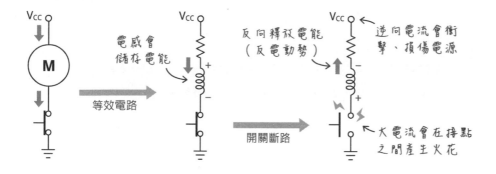

為了避免反電動勢損害電路中的其他元件與電源，可以在馬達並接一個二極體，將反電動勢電流導回馬達，擔任這項任務的二極體統稱為**返馳（flyback）二極體**。 二級體的陰極接正電源，所以馬達通電時，此二極體不會導通：

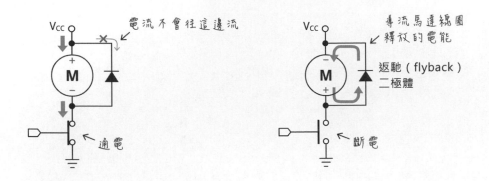

典型的電晶體馬達控制電路如下，其中的 RB 電阻要隨著馬達以及電晶體的類型而改變；返馳二極體要選擇耐電壓大於外部電源一倍以上，耐電流則大於馬達驅動電流的類型，做實驗時可選用普通功率二極體系列（1N4001~1N4007）：

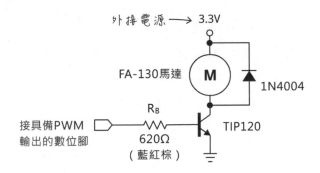

除了耐電壓、電流，二極體元件還有一個**逆向恢復（recovery）**參數，代表該元件從逆向截止狀態切換到導通所需的時間，也就是反應速度。

比較講究的馬達控制電路應該採用**快速逆向恢復（fast recovery）**型式的二極體，以便立即宣洩電感爆發的能量。像第 12 章會介紹的 L298N 馬達控制器的技術文件指出，返馳二極體的切換時間建議 ≦200ns（10^{-9} 秒）。常見的選擇為 1N4933 二極體，它的規格書指出其逆向恢復時間為 200ns、逆向峰值（也就是負極限值）電壓 50V、順向電流 1A（峰值達 30A）。

若要反應更迅速的二極體，可選用切換時間短到僅僅數十 ps（10^{-12} 秒）的**蕭特基（Schottky）二極體**，例如 1N5817（順向電流 1A、逆向峰值電壓 20V）或 SR360（順向電流 3A、逆向峰值電壓 20V）。

電晶體不一定要用 TIP120，表 9-4 列舉了常見的模型玩具馬達的電晶體及電阻的選用值，詳細的計算方式，請參閱下文「使用達靈頓電晶體控制馬達的相關計算公式」說明。

表 9-4　馬達、電晶體與 RB 對照表

馬達	電晶體型號	RB
FA-130, RE-140	TIP120	620Ω（藍紅棕）
FA-130, RE-140	2SD560	3KΩ
RE-260	TIP120	500Ω
RE-260	2SD560	3KΩ
RF-300	2N2222	1KΩ

動手做 9-4　電晶體馬達控制與調速器

實驗說明：微處理器接腳的輸出功率有限（最大約 40mA），除非控制微型馬達（像手機裡的震動馬達），否則都要透過電晶體放大電流之後才能驅動。本實驗單元將結合電晶體驅動馬達電路，加上 PWM 變頻控制程式，調整馬達的轉速。

實驗材料：

FA-130 馬達	1 個
TIP120 電晶體	1 個
1N4004 二極體	1 個
620Ω（藍紅棕）電阻	1 個
旋轉編碼器	1 個
電源供應板	1 個

實驗電路：電晶體馬達控制器的麵包板組裝示範，微控制板的接地要和外部電源相連：

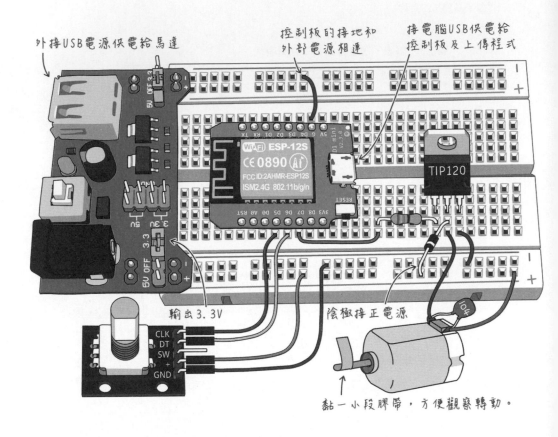

外接USB電源供電給馬達

控制板的接地和外部電源相連

接電腦USB供電給控制板及上傳程式

WiFi ESP-12S
CE 0890
FCC ID:2AHMR-ESP12S
ISM2.4G 802.11b/g/n

TIP120

輸出 3.3V

陰極接正電源

CLK
DT
SW
+
GND

黏一小段膠帶，方便觀察轉動。

許多麵包板型式的 DC-DC 直流降壓板 (5V 轉 3.3V)，都採用 1117 (如：AMS1117 或 LD1117) 這款直流電壓調節 IC，市面也容易買到像下圖般的直流降壓板，由於這款 IC 的**輸出電流上限僅 800mA**，因此只適合在實驗時驅動小玩具馬達；馬達轉動時，**請不要試圖抓住馬達的軸心停止它**，因為馬達產生的堵轉電流可能會損壞電源模組：

輸出電流上限800mA
可驅動控制板、IC、LED
不適合驅動玩具馬達

輸出
3.3V

1117

輸入
4.5V~7V

09

若要驅動直流馬達，請選購輸出 2A 以上的直流轉換板。輸出的電流量跟輸入的電壓及電流息息相關；根據廠商提供的實驗數據，有些直流轉換板在輸入 4.9V/2.2A 時，可輸出 3.3V/3A：

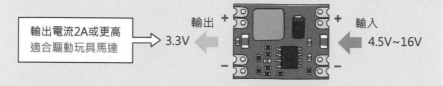

實際接線範例如下，一個 5V 電源可同時供給 5V 給微控制板及 DC-DC 轉換板，再供應 3.3V 給馬達或馬達驅動板（參閱第 13 章介紹）：

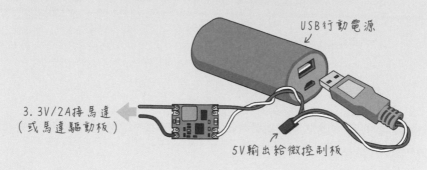

實驗程式：首先宣告一些變數：

```
from machine import Pin, PWM

motorPin = Pin(13, Pin.OUT)
MOTOR = PWM(motorPin, 1000)    # 指定 PWM 接腳和頻率
CLK = Pin(14, Pin.IN)          # GPIO14 當作 CLK「輸入」腳
DT =  Pin(12, Pin.IN)          # GPIO12 當作 DT「輸入」腳
power = 0                      # 輸出電量預設 0
step = 10                      # 旋轉編碼器每次的增量
prev = CLK.value()             # 讀取 CLK 的輸入值
```

主程式迴圈如下，如果 DT 值和 CLK 值不同，代表旋鈕正轉，程式要將電力累加 10，直到 1023 為止；反之則將電力減 10，直到 0 為止：

```
while True:
    now = CLK.value()    # 再次讀取CLK的輸入值

    if now != prev:      # 若CLK值不同，代表訊號改變了！
        if DT.value() != now: # 如果DT值和CLK值不同...
            power = min(1023, power+step)
        else:
            power = max(0, power-step)

        print("power: " + str(power))
        MOTOR.duty(power)

    prev = now
```

power加10之後，再跟1023相比，並傳回比較小的數字。

傳回比較大的數字

```
if power > 0:
    power -= step
```

左邊一行等同上面兩行，若 power 大於0，則將它減10。

實驗結果：把程式碼貼入終端機執行，再接上馬達的電源，將能透過旋轉編碼器調整馬達的轉速。

📈 如何選用電晶體

不同型號的電晶體有不同的參數，我們要依照電路需求來決定選用的型號。例如 2N2222 和 2N3904，這兩個電晶體的主要差異是耐電流不同。驅動 LED 這種小型元件，兩種電晶體都能勝任，但若要驅動馬達，2N3904 就不適合了。

因為普通模型玩具用的小型直流馬達，消耗電流從數百 mA 到數安培，而 2N3904 的最大耐電流僅 200mA。為了安全起見，在實作上通常取最大耐電流值的一半，也就是 100mA，而 2N2222 最大耐電流為 1A（取一半為 500mA）。

電晶體的詳細規格，可在網路上搜尋它的型號，例如，輸入關鍵字 "2N2222 datasheet"，即可找到 2N2222 電晶體的完整規格書。規格書詳載了元件的各項特性，本書的內容只需用到表 9-5 當中的幾項：

09

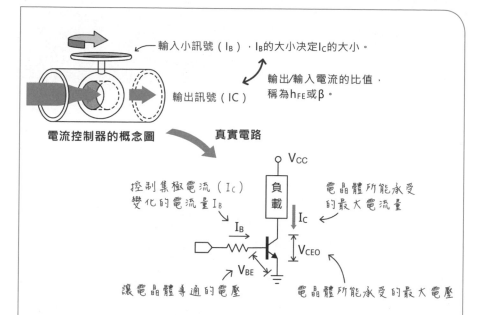

輸入小訊號（I_B），I_B的大小決定I_C的大小。

輸出/輸入電流的比值，稱為h_{FE}或β。

電流控制器的概念圖　　　真實電路

控制集極電流（I_C）變化的電流量I_B

電晶體所能承受的最大電流量

讓電晶體導通的電壓

電晶體所能承受的最大電壓

表 9-5　常用 NPN 電晶體的重要參數

型號	V_{CEO}（集極和射極之間容許電壓）	I_C（流入集極的電流）	V_{BE} (sat)（讓電晶體飽和的基極和射極電壓）	h_{FE}（直流電流放大率）	配對的 PNP 型號
9013	20V	500mA	0.91V	40~202，典型值為 120	9012
2N2222	40V	1A	0.6V	35~300	2N2907
2N3904	40V	200mA	0.65V	40~300	2N3906
8050	25V	1.5A	1.2V	45~300	8550

電晶體電路的基本計算方式

電晶體最重要的兩參數是 I_C 和 h_{FE}，透過它們可以計算出連接基極（B）的電阻值。I_C 和 I_B 變化的比值，稱為「直流電流放大係數」或「電流增益」，簡稱 h_{FE} 或 β。亦即：

$$h_{FE} = \frac{I_C}{I_B} \implies I_C = h_{FE} \times I_B \implies I_B = \frac{I_C}{h_{FE}}$$

假如我們要用電晶體控制 LED，而 LED 的消耗電流約 10mA，也就是說，流經 LED 的電流大約是 10mA。上一節列舉的電晶體的電流增益 (h_FE) 都能達到 100，為了計算方便，我們假設要將電流放大 100 倍，而目標值為 10mA：

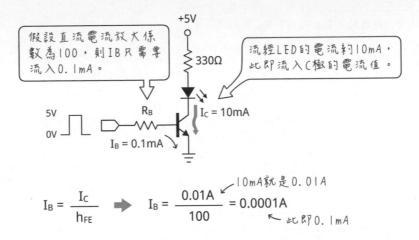

從上面的算式得知，流入 B 極的 I_B 電流僅需 0.1mA。根據「歐姆定律」可求得 R_B 的阻值：

連接B極的電阻 ➡ $R_B = \dfrac{5V}{0.0001A}$ ← 電阻上的壓降（輸入訊號電壓）

$= 50000\Omega$ ← 此即50KΩ

實作上取一半值，即25KΩ

在訊號控制的輸入迴路中，為了確保電晶體完全導通（相當於用力把水閘門轉開到最大，進入「飽和」狀態），通常**取阻值計算結果的一半，藉以增加 I_B 電流值**。因此，R_B 電阻的建議值為 25KB。

同時點亮多個發光二極體

剛剛的電晶體電路，只需要從基極 (B) 輸入 0.1mA 電流，即可讓電晶體導通。實際上，如果只要點亮一個 LED，根本無需使用電晶體，因為 ESP8266 的接腳足以驅動 LED。

但是，如果要同時在一個接腳點亮四個或更多 LED，ESP8266 恐怕會吃不消。這個時候，就要透過電晶體來驅動了：

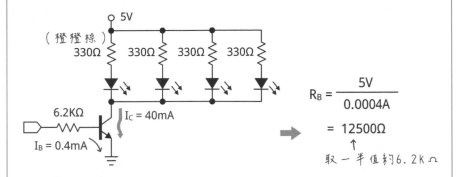

$$R_B = \frac{5V}{0.0004A}$$

$$= 12500\Omega$$

取一半值約 6.2KΩ

> 市售的一個 LED 省電燈泡裡面其實包含許多 LED 晶片，瓦數和亮度越高，晶片越多。

附帶一題，上圖的 4 個 LED 限流電阻（330Ω），可以改用一個電阻代替，但電阻值和瓦數要重新計算。假設用 5V 供電，建議採用 1/4W, 75Ω 的電阻：

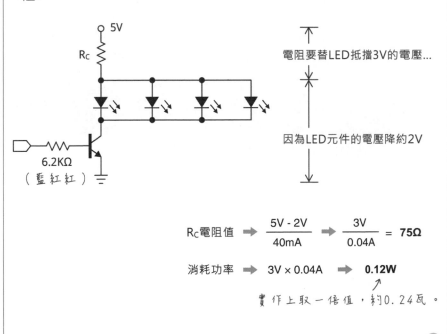

電阻要替 LED 抵擋 3V 的電壓...

因為 LED 元件的電壓降約 2V

R_C電阻值 ➡ $\dfrac{5V - 2V}{40mA}$ ➡ $\dfrac{3V}{0.04A}$ = **75Ω**

消耗功率 ➡ 3V × 0.04A ➡ **0.12W**

實作上取一倍值，約 0.24 瓦。

使用達靈頓電晶體控制馬達的相關計算公式

從表 10-1 列舉的馬達規格可得知，RF-300 型馬達的消耗電流通常在 100mA 以內，而 FA-130 型馬達大約是 1A。選擇控制負載（如：馬達）的電晶體時，最重要的兩個參數是 I_c（**集極電流，最大耐電流**）和 V_{CEO}（**最大耐電壓**）：

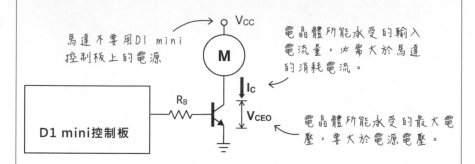

2N2222 最大耐電流為 1A（為了安全考量，實作上通常取一半為 **500mA**），控制 RF-300 型馬達沒問題，但是它無法駕馭 FA-130 型馬達。

控制 FA-130 型馬達，最好選擇**集極電流（I_c）3A** 或更高的電晶體，例如 TIP31，或者 **TIP120** 或日系的 **2SD560**。後兩種電晶體又稱為**達靈頓（Darlington）電晶體**，因為它們的內部包含兩個電晶體組成所謂的達靈頓配對（Darlington Pair），其電流增益（h_{FE}）是兩個電晶體電流增益的乘積：

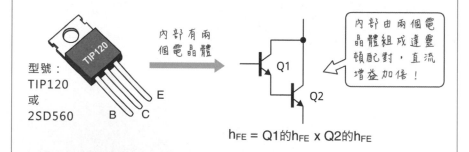

h_{FE} = Q1的h_{FE} x Q2的h_{FE}

假設一個電晶體的電流增益是 100，達靈頓配對的增益將是 100 x 100 = 10000；2SD560 電晶體的典型 h_{FE} 值為 6000。TIP31, TIP120 和 2SD560 的一些參數請參閱表 9-6（規格書收錄在範例檔案中）。

表 9-6　TIP120 和 2SD560 的參數

型號	V_CEO（集極和射極之間容許電壓）	I_C（流入集極的電流）	V_BE (sat)（讓電晶體飽和的基極和射極電壓）	h_FE（直流電流放大率）	配對的PNP 型號
TIP120	60V	5A	2.5V	1000	TIP125
2SD560	100V	5A	1.6V	500~15000，典型值為 6000	2SB601
TIP31C	100V	3A	1.8V	10~50	TIP32C

電晶體馬達控制電路

採用 TIP120 電晶體控制 FA-130 馬達的電路如下，如果讀者採用其他馬達或者電晶體，需要重新計算 R_B 電阻值：

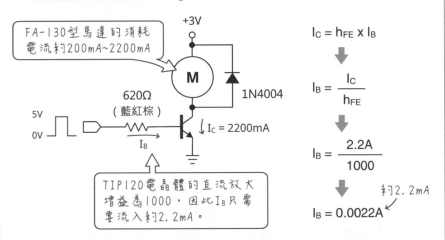

根據以上的計算式求出 I_B 的理論值為 2.2mA。然而，為了確保電晶體 C 和 E 腳確實導通（完全飽和），**在實作上，I_B 通常取兩倍或更高的數值**，通過電路中的電流可以比預期的多，電子零件會自行取用它所需要的量，因此筆者將 R_B 的電阻值設為 620Ω：

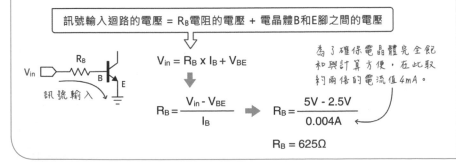

M E M O

01010

控制伺服馬達

10-1 認識伺服馬達

伺服馬達 (servo) 是個可以**控制旋轉角度**的動力輸出裝置，"servo" 有接受並執行命令的意含。伺服馬達是由普通的直流馬達，再加上偵測馬達旋轉角度的電路，以及一組減速齒輪所構成；

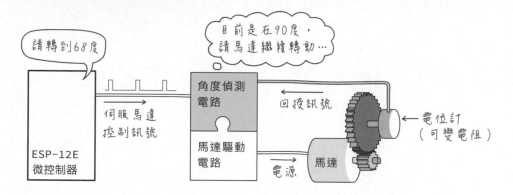

微控制器先送出旋轉角度的 PWM 訊號，若馬達未轉到指定的角度，它將旋轉並帶動電位計；從電位計的電壓變化 (參閱第 8 章說明)，控制電路可得知當前的轉動角度；馬達將持續轉動，直到轉到設定的角度。

自動機械和機器人 DIY 的愛好者，大多採用遙控模型用的伺服馬達，因為容易取得，有各種尺寸 (最小只有數公克重)、速度 (從 0.6~0.05 秒完成 60 度角位移，一般約 0.2 秒) 和扭力 (有些高達 115 kg.cm) 等選項，而且不論廠牌和型號，控制方式都一樣簡單。下圖是遙控模型用的伺服馬達外觀：

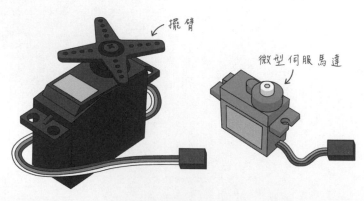

伺服馬達有三條接線，分別是正電源、接地和控制訊號線，每一條導線的顏色都不同，大多數的廠商，都採用**紅色**和**黑色**來標示**電源**和**接地**線，**訊號**線則可能是**白**、**黃**或**橙**色。電源大都介於 4.8V~6V 之間，少數特殊規格採 12V 或 24V。典型的伺服器構造：

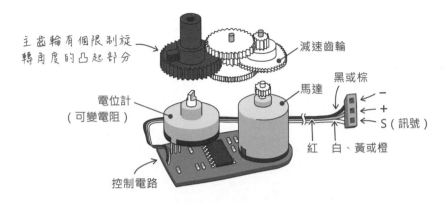

遙控模型用的伺服馬達的旋轉角度，大都限制在 0°~180°，因為調整汽車、船或者飛機的方向舵，180° 綽綽有餘：

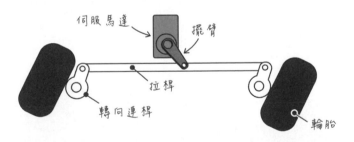

不過，驅動某些機械手臂或者將它連接輪胎，取代一般馬達的場合，需要讓伺服馬達連續旋轉 360°。因此有些廠商有推出可連續旋轉的伺服馬達：

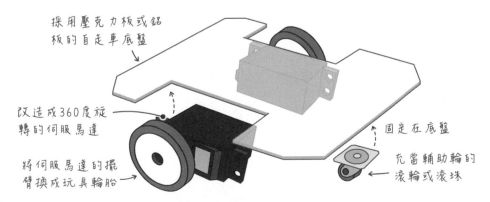

360°連續旋轉型伺服馬達的內部沒有角度偵測功能,代表我們無法控制它的旋轉角度,即便如此,和普通的直流馬達相比,它有下列幾項優點:

- **內建減速齒輪**,不用額外安裝齒輪箱便能驅動輪胎。

- **電路簡單**,無需電晶體之類的驅動電路。

- **程式簡單**,透過改變 PWM 訊號即可控制正、反轉、停止和轉速。

認識伺服馬達規格

所有遙控模型的伺服馬達都接受 PWM 訊號來指揮它的轉動角度;伺服馬達的 PWM 訊號週期約 20ms(亦即,處理器每秒約送出 50 次指令),而一個指令週期裡的前 1~2ms 脈衝寬度(實際值依伺服馬達型號而定,需查閱規格書),代表轉動角度:

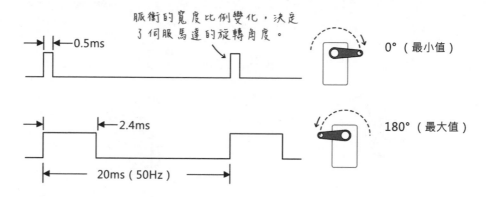

以重量僅 9 公克的 **SG90 微型伺服馬達**為例,其主要參數如下:

- 操作電壓:4.2~6V

- 消耗電流:80mA(接 5V 運轉時);650mA(堵轉時)

- 操作速度:0.12 秒/60°(無負載,接 4.8V 時)

- PPM 脈衝寬度:0.5~2.4ms(註:實測為 0.5~2.5ms)

- 堵轉扭力(stall torque):1.80 kg-cm

- 死區頻寬(dead bandwidth):10μs

SG90 馬達的脈衝寬度與旋轉角度變化對照如下（為了方便説明，此圖假設脈衝最大寬度值為 2.5ms）：

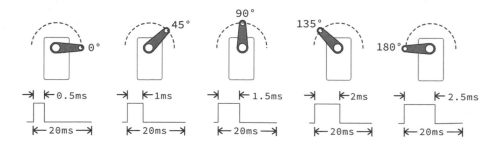

死區頻寬代表「伺服馬達忽略訊號變化的範圍」，也就是説，只有當脈衝訊號變化超過 ±10μs，伺服馬達才會改變角度。假設目前的 PWM 訊號寬度為 1.5ms，若 PWM 訊號變化小於 1.5ms±10μs，伺服馬達將維持在目前的角度。**操作速度**則代表轉動到指定角度所需要的時間：

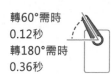

轉60°需時 0.12秒
轉180°需時 0.36秒

求取伺服馬達的 PWM 週期值

根據上文的説明，得知 SG90 伺服馬達的控制訊號最小和最大高電位訊號時間為 0.5ms (500μs) 和 2.4ms (2400μs)，不過，MicroPython 需要使用「高電位訊號佔比」來產生 PWM 訊號，所以要先換算，過程如下：

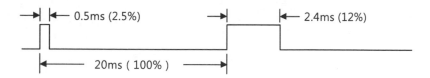

微控器的 PWM 輸出值範圍介於 0~1024，透過底下的算式求得 SG90 伺服馬達所需的最小和最大工作週期的 PWM 輸出值分別為 25 和 122：

最小工作週期 ➡ $\dfrac{0.5ms}{20ms} = 0.025$ ➡ 微控器的PWM輸出值 ➡ $0.025 \times 1024 = 25.6$

最大工作週期 ➡ $\dfrac{2.4ms}{20ms} = 0.12$ ➡ 微控器的PWM輸出值 ➡ $0.12 \times 1024 = 122.88$

接著，透過底下的式子可得知轉動 1 度的單位 PWM 週期值：

$$\text{每度的PWM值} \longrightarrow \frac{\text{工作週期範圍}}{\text{旋轉角度範圍}} \longrightarrow \frac{122 - 25}{180°} \fallingdotseq 0.538$$

如此，就能求出指定角度的 PWM
工作週期 (duty) 值了：

轉0° ➡ 0.54x0+25=25

轉90° ➡ 0.54x90+25=73.6

旋轉180° ➡ 0.54x180+25=122.2

動手做 10-1　伺服馬達的控制程式

實驗說明：建立一個旋轉伺服馬達的自訂函式，它將接收**接腳**與**角度**參數，令
伺服馬達轉動到指定的角度。

實驗材料：

SG90 伺服馬達	1 個

實驗電路：請將伺服馬達接到 5V 電源，訊號輸入腳可接除了第 16 腳 (D0) 以
外的任何數位腳。但訊號腳不能事先接第 2 腳 (D4)，否則微控制板無法開
機：

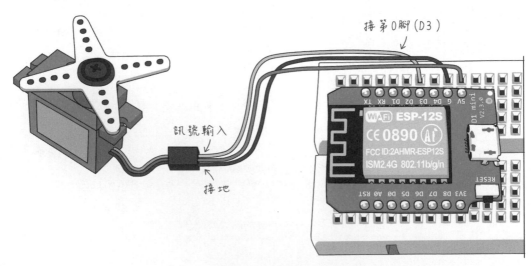

接第0腳(D3)

訊號輸入

接地

實驗程式：根據上一節推導的算式，求取每旋轉 1 度的工作週期：

```python
from machine import PWM, Pin
servo = PWM(Pin(0), freq=50)


period = 20000
minDuty = int(500/period * 1024)    # 計算最小工作週期並取整數
maxDuty = int(2400/period * 1024)   # 計算最大工作週期並取整數
unit = (maxDuty - minDuty)/180      # 每度的工作週期
```

為了避免工作週期超出上限和下限，自訂函式 rotate() 使用 max() 和 min() 函式限定計算結果：

接腳參數　　　　　角度參數，預設90度。

```python
def rotate(servo, degree=90):
    _duty = round(unit * degree) + minDuty
    _duty = min(maxDuty, max(minDuty, _duty))
    servo.duty(_duty)
```

計算指定角度的「工作週期」取「四捨五入」值

比較「最小週期」與「工作週期」，取大者。

比較「最大週期」與「工作週期」，取小者。

實驗結果：把上面的輸入終端機執行後，再輸入底下的函式執行敘述即可轉動伺服馬達。

```python
rotate(servo, 60)    # 轉到 60 度
rotate(servo, 120)   # 轉到 120 度
```

10-2　自訂類別：遠離義大利麵條

「類別（class）」是把一組相關變數/常數和函式組織在一起的程式碼，像 machine 程式庫裡的 Pin 類別，包含了控制接腳的相關函式與常數。

當一個程式功能要求增加時，程式碼也會變得冗長，如果同一個程式檔摻雜了實現各種功能所需的變數和函式，會導致程式不易閱讀和維護，也需要加入一堆註解才能知道哪些內容是相關用途。這種程式寫法又稱**「義大利麵條式」程式碼（Spaghetti code）**，因為不同用途的程式敘述全糾結在一個檔案裡：

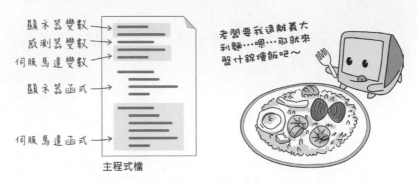

相反地，把各項程式功能拆分成獨立的「模組」，哪個部份出錯或者需要增加功能，就直接修改模組的程式檔，模組也能讓其他程式檔使用：

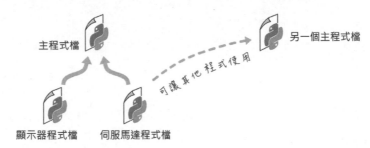

這對閱讀、維護、升級和再利用程式碼都有幫助，如上一節的「伺服馬達程式」，就能寫成「模組」。模組若能以「類別」的形式呈現，會更容易使用。「類別」相當於程式功能的藍圖，實際引用類別而運作的程式碼稱為**物件（object）**。回顧一下設定接腳的程式碼，就是先建立「接腳」物件，然後透過該物件實際操控接腳：

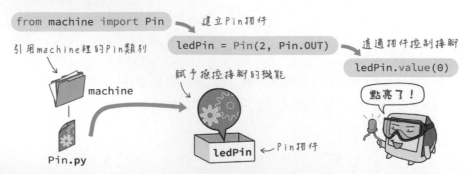

屬於某物件的變數稱為「**屬性（property）**」、函式則叫做「**方法（method）**」。

以上文的控制伺服馬達為例，我們可以製作一個稱為 Servo 的類別，然後依據此類別建立兩個分別控制連接 0 和 2 腳的伺服馬達：

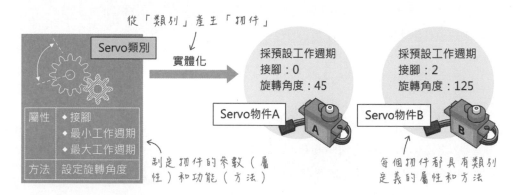

像這種透過操作物件來完成目標的程式寫法，稱為**物件導向程式設計**（**Object Oriented Programming，簡稱 OOP**）。

撰寫自訂類別

本節將編寫一個簡單的「虛構」伺服馬達控制類別，來認識自訂類別的語法。
自訂類別的宣告以 class 開始，基本語法如下：

其中，「方法」定義的語法和函式相同。有個特別命名的 __init__ 方法（init 前後有兩個底線）叫做**建構式（constructor）**，用於在建立（或者說「實體化」）物件時，設定初始值（如：指定伺服馬達的接腳編號）。類別和方法定義裡面可以加上註解，註解文字用單引號或雙引號包圍。

類別裡面有兩種變數：

● **類別變數**：保存所有物件共用資料的變數。

● **實體變數**：讓物件保存自己的資料的變數，宣告時，名稱前面要加上 self
（代表「物件自己的」意思）。

底下我們將建立一個具備幾種功能的「虛擬」Servo（伺服馬達）類別：

● 每個物件都能保存自己的連接**腳位（pin）**編號

● 每個物件都能具備**轉動（rotate）**功能，並接收**角度（degree）**參數、角度參
數預設為 90。為了簡化程式碼，執行這個功能時，只會在終端機顯示「轉動
到○○度」的訊息。

● 建立（實體化）物件時，需要指定連接的腳位，同時紀錄 Servo 物件的**總數**
（total）。

● 刪除類別物件時，也要更新 Servo 物件的總數資料。

紀錄物件總數的變數要放在類別本身，像這樣：

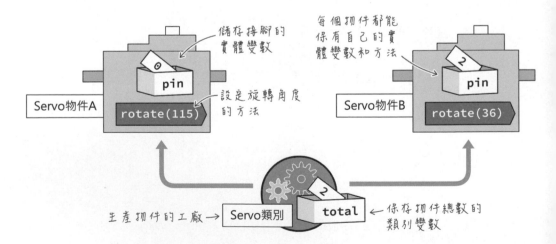

請在電腦的 Python 環境輸入底下此「虛擬」伺服馬達 Servo 類別程式碼：

```
class Servo:        類別變數
    total = 0

        接收腳位編號的參數                    建構式會在實體化
                                            物件時自動執行
    def __init__(self, pin):
實體變數    self.pin = pin          存取類別變數時，前
        Servo.total += 1            面要加上類別名稱。
        print('伺服馬達物件總數：' + str(Servo.total))

    def rotate(self, degree=90):   接收角度參數，預設90。
        print('接在{}腳的馬達轉動到{}度。'.format(self.pin, degree))

    def __del__(self):
        Servo.total -= 1
        print('刪除{}腳，剩餘{}個物件。'.format(self.pin, Servo.total))
```

存取實體變數時，前面要加上self。

存取類別變數或者實體變數時，如果前面沒有加上**類別名稱**或 **self**，它們將會被當成一般的區域變數，而導致程式出錯。

__del__ 是特殊的方法，會在我們輸入 **del 指令刪除物件**時，自動被執行。底下是在終端機輸入以上程式，並且建立和刪除物件的結果：

```
Python 3                                                    _ □ ×
...     def __del__(self):
...         Servo.total -= 1
...         print('刪除{}腳，剩餘{}個物件。'.format(self.pin, Servo.t
...
>>> s1 = Servo(2)      ←── 建立一個物件
伺服馬達物件總數：1
>>> s2 = Servo(5)      ←── 再建立一個物件
伺服馬達物件總數：2
>>> s2.rotate(120)
接在5腳的馬達轉動到120度。
>>> del s2            ←── 刪除物件
刪除5腳，剩餘1個物件。
>>>
```

類別裡的註解文字,又稱為**說明文件字串**(documentation string),在電腦版的 Python 執行環境中,說明文件字串可透過類別內建的 __doc__ 屬性取得,例如,假如在電腦的 Python 3 裡面定義如下的類別:

```
class Servo:
    '控制伺服馬達的基礎類別'

    def __init__(self, pin):
        '建立物件時,需要設定接腳編號'
        self.pin = pin

    def rotate(self, deg):
        '輸入角度值 0~180,轉動馬達。'
        print ("轉動馬達")
```

輸入上面的程式之後,再執行底下的 __doc__ 屬性和 help() 函式,將能取得類別與方法的說明:

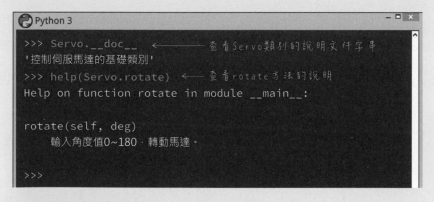

MicroPython 目前並不支援 __doc__ 和 help(),但我們仍可在類別和方法當中留下說明文字。

動手做 10-2 編寫控制伺服馬達的自訂類別

實驗說明：建立具備下列功能的自訂類別 Servo：

● 接受接腳參數，並可選擇性地設定 PWM 訊號的最小工作週期、最大工作週期和馬達的旋轉角度範圍。

● 依指定角度參數轉動伺服馬達，預設 90 度。

本單元的實驗材料和電路與「動手做 10-1」相同。

實驗程式一：在程式編輯器中輸入底下的程式碼，命名成 servo.py 檔儲存：

```python
from machine import PWM, Pin

class Servo:
    def __init__(self, pin, min=500, max=2400, range=180):
        self.servo = PWM(Pin(pin), freq=50)
        self.period = 20000
        self.minDuty = self.__duty(min)
        self.maxDuty = self.__duty(max)
        self.unit = (self.maxDuty - self.minDuty)/range

    def __duty(self, value):
        return int(value/self.period * 1024)

    def rotate(self, degree=90):
        val = round(self.unit * degree) + self.minDuty
        val = min(self.maxDuty, max(self.minDuty, val))
        self.servo.duty(val)
```

物件必須指定接腳編號

馬達的旋轉角度範圍

建構式會在實體化物件時自動執行

驅使伺服馬達旋轉

接著把程式檔上傳到 MicroPython 控制板。底下是使用 ampy 工具上傳的例子：

上傳檔案到控制板

servo.py

```
D:\python> ampy --port com3 put servo.py
```

類別程式檔準備好了，就可以用底下的語法實體化物件並執行指令：

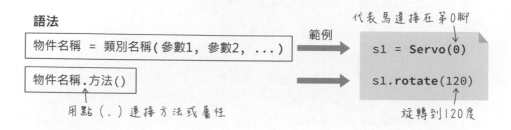

語法

物件名稱 ＝ 類別名稱(參數1， 參數2， ...)

物件名稱.方法()

用點（.）連接方法或屬性

範例

代表馬達接在第0腳

s1 = Servo(0)

s1.rotate(120)

旋轉到120度

假設把連接在第 0 腳的伺服馬達物件命名成 "s1"，請在終端機輸入底下的程式碼，首先引用 Servo 類別，再建立物件，接著就能執行 rotate() 方法旋轉伺服馬達：

從servo.py檔匯入Servo類別

```
COM3 - PuTTY
>>> from servo import Servo
>>> s1 = Servo(0)       ← 建立連接0腳的Servo物件
>>> s1.rotate(120)
>>> s1.rotate(60)       ← 旋轉馬達
```

比較上一節的控制伺服馬達程式，採用類別的主程式顯得清楚且簡單多了。物件程式也可以**透過點 (.) 存取屬性**（亦即，類別程式中，以 self 開頭的變數）。例如，底下的敘述將傳回「最小週期」值：

```
s1.minDuty       # 傳回「最小週期」值
```

假如控制板連接了數個伺服馬達，主程式也只需要建立數個 Servo 物件來操控它們。例如，底下的敘述將建立一個 s2 物件來操作接在腳 2 的馬達：

```
S2 = Servo(2)    # 建立連接腳 2 的 Servo 物件
S2.rotate(45)    # 旋轉馬達
```

動手做 10-3 吃錢幣存錢筒

實驗說明：日本玩具公司 Tomy 在 70 年代推出名叫 "Robie" 的黃色機器人外觀的電動存錢筒，它會把放在它的手上的硬幣吃下肚。日後陸續有不同廠商推出各種款式的「吃硬幣」存錢筒，像下圖左的「無臉男存錢筒」就是一例。本單元將使用伺服馬達以及一個微觸開關，來模擬吃硬幣存錢筒的機構：

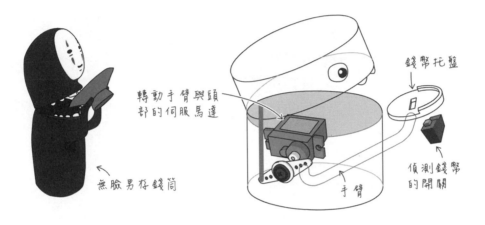

實驗材料：

微觸開關或 D1 mini 專屬「按鍵擴展板」	1 個
伺服馬達	1 個

實驗電路：為了簡化接線，本實驗把開關接在具備「上拉電阻」的第 0 腳 (D3)，讀者也可以改用 D1 mini 專屬「按鍵擴展板」（參閱動手做 4-1）：

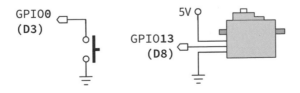

在麵包板組裝電路的示範：

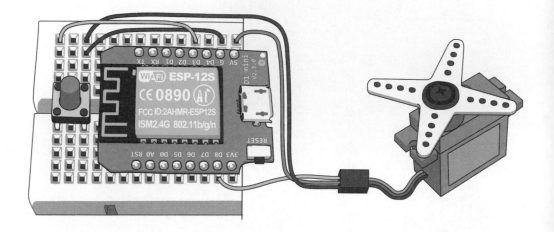

實驗程式：本程式採用上個單元的 Servo 類別來控制伺服馬達。整個程式的運作流程如右：每當偵測到硬幣托盤的開關接通時，將伺服馬達轉到 150 度，然後停止 2 秒，代表舉起手臂吃錢；接著放下手臂、暫停 1 秒後再偵測：

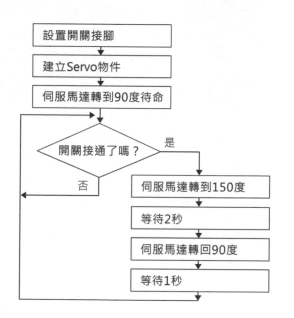

設置開關接腳

建立Servo物件

伺服馬達轉到90度待命

開關接通了嗎？　是　否

伺服馬達轉到150度

等待2秒

伺服馬達轉回90度

等待1秒

完整的程式碼如下：

```
from machine import Pin
from servo import Servo
import time

swPin = Pin(0, Pin.IN)        # 設置開關腳
s = Servo(15)                 # 建立 Servo 物件
```

```
s.rotate(90)                    # 預設轉到 90 度

while True:
    if not swPin.value():
        s.rotate(150)
        time.sleep(2)           # 等待 2 秒
        s.rotate(90)
        time.sleep(1)           # 等待 1 秒
```

實驗結果：在終端機輸入程式後，按一下開關，伺服馬達將轉到 150 度、暫停 2 秒，最後轉回 90 度。

10-3 繼承：建立子類別

底下單元將使用幾個伺服馬達來建立靶架，每個靶架都可隨機升起（馬達旋轉 90°）或降下（旋轉 0°）：

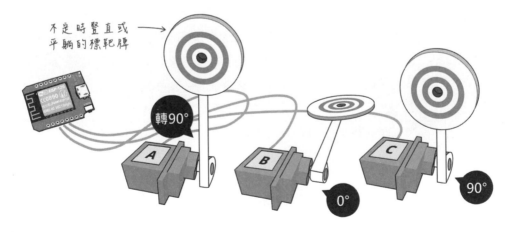

不定時豎直或平躺的標靶桿

轉90°

0°

90°

我們有幾種處理不定時執行程式碼的方式：

● 直接在 Servo 類別裡面，加入新函式。這個作法不太妥當，因為可能只有少部份的專案，需要使用定時或者隨機控制伺服馬達的功能，所以沒有必要將它放入類別程式。

- 把新的需求寫在主程式之中。可以，如果要由主程式主導每個標靶（馬達）的起降狀態，就得這麼做。

- 把 Servo 類別程式當作基底，加入其他擴充功能，組合成新的類別。

當作基底的類別，中文通常叫做**父類別**，英文有不同的說法，如：base class, superclass 和 parent class。從基底類別衍生出來的類別，則稱作**子類別**，英文有 subclass, derived class 和 child class 等說法。在程式設計領域中，衍生的正確說法是**繼承(inheritance)**。用造船來比喻，船體是基底，依照這個藍圖可產出許多船隻：

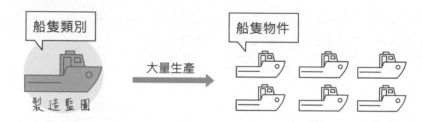

父類別所代表的船隻，是對某個物件一般化的說法，像漁船和獵雷艦都是「船」。在既有的船體設計上加入捕魚設備，它就不僅是普通的船隻，而且是「漁船」。船體是父類別，「漁船」則是具有新功能和屬性（如：捕魚和最大漁獲量）的子類別；父類別維持不變，但按照子類別定義（藍圖），即可造出漁船或獵雷艦。我們可以說，漁船和獵雷艦類別繼承了船隻的功能和屬性：

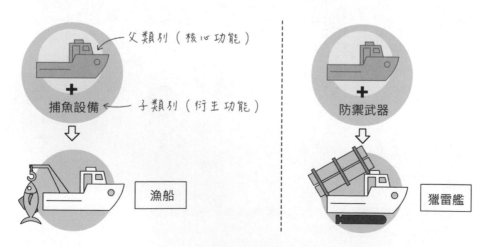

產生隨機數字

底下的內容將建立一個可隨機轉動的伺服馬達子類別，因此先介紹產生隨機
數字的程式寫法。

MicroPython 內建 urandom 模組，其中的 getrandbits(n) 可產生隨機數字，數字
範圍由 n 代表的位元數決定，n 值介於 1~30（含）。底下的敘述代表隨機數字
為 3 位元，可表達二進位數字 000~111，也就是 2^3，所以隨機數字介於 0~7：

```
COM3 - PuTTY
>>> import urandom              傳回2³以內的隨機數字，
>>> urandom.getrandbits(3)  ←  也就是 0~7。
5
>>> urandom.getrandbits(5)  ←  傳回2⁵以內的隨機數字，
24                              也就是 0~31。
```

這個 urandom 模組功能實在太陽春了，所以底下的程式將採用 David Glaude
先生開發的 random.py 檔（https://goo.gl/jChk4g，已包含在本書範例檔中），它
包含一個**可設定隨機數字範圍**的 randint() 函式。

請先把 random.py 檔上傳到 MicroPython 板：

```
上傳檔案到控制板
D:\python> ampy --port com3 put random.py
```

random.py

使用 random 模組產生隨機程式的範例程式如下：

```
COM3 - PuTTY
>>> import random
>>> random.randint(3, 6)  ←  傳回3~6（含）
6                            之間的隨機數字
```

random.randint(最小整數， 最大整數)

建立 Servo 的子類別

回到控制伺服馬達的例子，Servo 類別已經具備控制馬達的基礎功能，而我們的程式需要數個外加隨機轉動功能的伺服馬達物件，因此，我們可以將 Servo 擴充成另一個類別，筆者將它命名成 Target（標靶）：

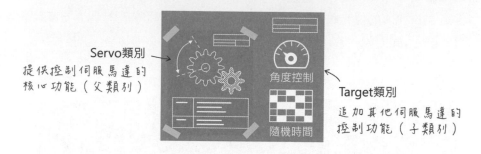

Servo類別
提供控制伺服馬達的核心功能（父類列）

角度控制

Target類別
追加其他伺服馬達的控制功能（子類列）

隨機時間

子類別的語法如下。底下的程式將建立一個包含隨機轉動馬達角度的 rand() 方法：

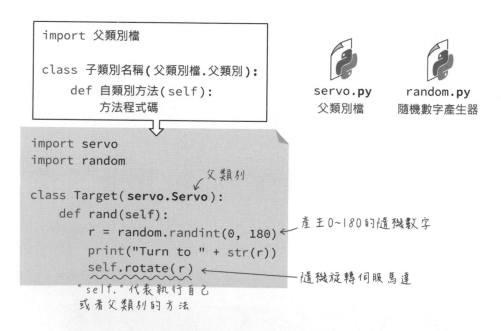

```
import 父類別檔

class 子類別名稱(父類別檔.父類別):
    def 自類別方法(self):
        方法程式碼
```

servo.py
父類別檔

random.py
隨機數字產生器

```
import servo
import random

              父類列
class Target(servo.Servo):
    def rand(self):
        r = random.randint(0, 180)
        print("Turn to " + str(r))
        self.rotate(r)
```

產生0~180的隨機數字

隨機旋轉伺服馬達

"self." 代表執行自己或者父類列的方法

子類別可以不寫 __init__ 建構式，代表沿用父類別（Servo）的設定，例如，設置接腳編號。由於子類別繼承自 Servo 類別，所以它可以使用 Servo 既有的方法和屬性，例如，執行 rotate() 方法來旋轉角度。

建立子類別物件的語法和之前一樣，底下是在終端機貼入上面的程式碼，接著建立名叫 "s" 的 Target 物件的例子，每執行一次 rand() 方法，馬達就會隨機轉動：

```
COM3 - PuTTY                                        _ □ ✕
===          self.rotate(r)
===
>>> s = Target(0)  ←── 建立連接第0腳的Target物件
>>> s.rand()
Turn to 92  ←── 旋轉馬達92度
>>> s.rand()
Turn to 13
```

設定子類別的建構式

子類別也可以有建構式來傳入它自己需要的參數，本單元將修改上一節的 Target 子類別，讓它的物件具備設定隨機數字範圍的功能。完整的程式碼如下，__init__ 函式的 n1 和 n2 參數代表隨機數字的下、上限，pin 參數代表設定伺服馬達的接腳編號；pin 參數要傳給父類別：

```python
import servo
import random

class Target(servo.Servo):
    def __init__(self, pin, n1, n2):    ←─ 子類別的建構式
        super().__init__(pin)
        self.n1 = n1
        self.n2 = n2

    def rand(self):
        r = random.randint(self.n1, self.n2)
        print("Turn to " + str(r))
        self.rotate(r)
```

"super()." 用於存取 → 父類別的方法或屬性

↳ 傳給父類別建構式的參數

如此，建立 Target 物件時，需要傳入 3 個參數。底下的設定代表伺服馬達接在第 0 腳、隨機數字介於 30~120：

```
COM3 - PuTTY
===            self.rotate(r)
===
>>> s = Target(0, 30, 120)  ←── 建立Target物件時
>>> s.rand()                    要傳入3個參數
Turn to 118
```

動手做 10-4 隨機轉動標靶

實驗說明：建立一個可分別設定隨機「豎直」和「平躺」時間的伺服馬達控制程式。本單元的實驗材料和電路跟「動手做 10-1」相同。

實驗程式：筆者同樣將此類別命名成 Target，在建構式中預設限定時間範圍的兩個參數，並且建立 Timer（計時器）物件，程式最後一行的 id 屬性，代表此伺服馬達物件的識別碼，用於「動手做 11-4」：

```python
from machine import Timer
import servo
import random
import time
                          豎直時間，元組格式        平躺時間
class Target(servo.Servo):          ↓                  ↓
    def __init__(self, pin, upTime=(3,6), downTime=(3,10)):
        super().__init__(pin)

        self.upTime = upTime        # 豎直時間
        self.downTime = downTime    # 平躺時間
        self.running = False    # 代表「非運作中」
        self.rotate(0)          # 預設轉到0度
        self.state = 'down'     # 預設是「平躺」
        self.tim = Timer(-1)    # 設置計時器物件
        self.id = pin               # 用伺服馬達的接腳編號當作識別碼
```

負責初始化（啟動）計時器的程式，取名為 startTimer() 方法，它將設定標靶維持目前狀態的時間，程式流程如下：

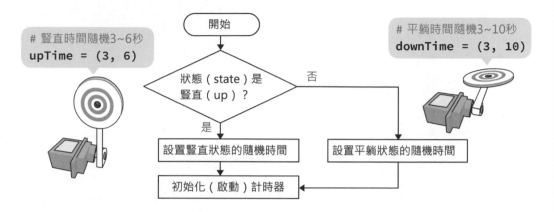

# 豎直時間隨機3~6秒
upTime = (3, 6)

# 平躺時間隨機3~10秒
downTime = (3, 10)

開始

狀態（state）是豎直（up）？

否

是

設置豎直狀態的隨機時間

設置平躺狀態的隨機時間

初始化（啟動）計時器

此方法的程式碼如下，計時器將在時間到時觸發一次負責轉動馬達的 turn() 方法：

```python
def startTimer(self):
    if self.state == 'up':
        r=random.randint(self.upTime[0], self.upTime[1]) * 1000
    else:
        r=random.randint(self.downTime[0], self.downTime[1]) * 1000

    print("Random time: " + str(r) + "ms")

    if self.tim == None:        # 若計時器物件是「無」
        self.tim = Timer(-1)    # 建立計時器物件

    self.tim.init(period=r, mode=Timer.ONE_SHOT, callback=self.turn)
```

豎直時間下限　　豎直時間上限

轉成毫秒

以隨機時間為週期　　定時觸發一次　　時間到時執行turn()

Target 類別的完整程式碼如下：

```python
from machine import Timer
import servo
import random
import time
```

```python
class Target(servo.Servo):           # 建立 Servo 的子類別
    def __init__(self, pin, upTime=(3, 6), downTime=(3, 10)):
        super().__init__(pin)        # 設置伺服馬達的接腳
        self.upTime = upTime         # 豎直時間
        self.downTime = downTime     # 平躺時間
        self.running = False         # 代表「非運作中」
        self.rotate(0)               # 轉動到 0 度（平躺）
        self.state = 'down'          # 預設狀態是「平躺」
        self.tim = Timer(-1)         # 建立計時器物件

    def turn(self, t):  # 轉動馬達（參數 t 用於接收計時器物件）
        if self.state == 'down':     # 如果目前狀態是「平躺」
            print('going up')        # 顯示「上升中」
            self.rotate(90)          # 令馬達轉動到 90 度
            time.sleep(0.15)         # 等待馬達轉到定點
            self.state = 'up'        # 把目前狀態設定為「豎直」
        else:
            print('going down')      # 顯示「下降中」
            self.rotate(0)           # 令馬達轉動到 0 度
            time.sleep(0.15)
            self.state = 'down'

        t.deinit()                   # 取消目前的計時器
        self.startTimer()            # 重新啟動計時器

    def startTimer(self):            # 啟動計時器
        if self.state == 'up':
            r = random.randint(self.upTime[0],
                self.upTime[1]) * 1000
        else:
            r = random.randint(self.downTime[0],
                self.downTime[1]) * 1000

        print("random time:" + str(r) + "ms")

        if self.tim == None:
            self.tim = Timer(-1)
        self.tim.init(period=r, mode=Timer.ONE_SHOT,
```

```
            callback=self.turn)

    def start(self):              # 開始運作標靶
        if self.running:
            return
        else:                     # 若目前不是「運作中」...
            self.running = True   # 設定成「運作中」
            self.startTimer()     # 啟動計時器

    def stop(self):               # 停止運作標靶
        if not self.running:
            return
        else:                     # 若目前是「運作中」...
            self.running = False  # 設定成「非運作中」
            self.tim.deinit()     # 取消計時器
            self.tim = None
            self.rotate(0)
            self.state =  'down'
            print( 'target stopped')
```

實驗結果：在終端機輸入上面的程式，再輸入底下的敘述建立 Target 物件並執行 start() 方法，伺服馬達將開始隨機轉動：

10-25

MEMO

01011

類比信號處理

如第 1 章所言，我們存在的環境是充滿連續變化因子的**類比**世界。感測器元件能偵測出這些細微的變化，無論是感測氣體（例如：瓦斯感測器）、光線（如：光敏電阻）、溫/濕度、音量...等，而這些感測器的回應和輸出值，也都是連續的類比值，不是像開關般的「有」或「沒有」兩個狀態。

對 D1 mini 控制板來說，類比訊號指的是 0V 到 3.3V 之間的電壓變化，例如：0.8V, 1.4V, 2.6V, ...。微控器內部有個「類比→數位」轉換器，能將電壓轉換成高、低電位的數位訊號，並且用 0~1023 數字來表示，例如：248, 434, 806, ...：

本章一開始先用可變電阻建構一個簡易的「電壓調節」電路，來模擬各種感測器的輸出變化，然後用光線和聲音兩個感測範例，介紹類比資料的處理程式寫法。

11-1 讀取類比值

ESP8266 微控器只有一個「類比→數位」轉換器（Analog to Digital Converter，簡稱 **A/D 轉換器**或 **ADC**），連接到 D1 mini 的 **A0 類比輸入腳**：

← 類比輸入 (A0) 腳

讀取類比輸入值的程式如下，先建立 ADC 物件，再透過 read() 讀取轉換後的值：

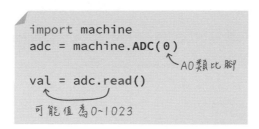

```
import machine
adc = machine.ADC(0)
                        A0類比腳
val = adc.read()

可能值為 0~1023
```

類比訊號轉換成數位資料，需要經過取樣和量化處理，以轉換聲音訊號為例，CD 音樂的**取樣頻率（Sampling Rate）**為 44.1KHz，代表將一秒鐘的聲音切割成 44100 個片段：

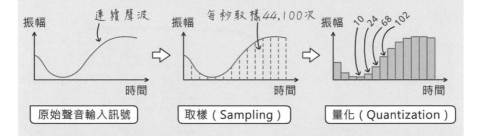

取樣之後，把每個片段的振幅大小轉換成對應的數字，這個過程稱為**量化（Quantization）**，其單位是位元（bit），位元數越大，聲音的品質越好（參閱第 12 章「類比轉數位（ADC）的專用 IC 介紹」）。標準 CD 唱片的量化值為 16 位元，因此我們經常可看到數位音樂標示 **16bit、44.1KHz 取樣**。

A/D 轉換器的量化位元數稱為**解析度**，也就是轉換器**可分辨的最小電壓值**，決定了轉換器可分辨的最小電位差。ESP8266 的 A/D 轉換器解析度為 10 位元（2^{10}，可表達的數字範圍是 0~1023），而 D1 mini 類比輸入電壓的範圍是 0~3.3V，因此其最小電位差為 3.22mV（3.3V ÷ 1024 ≒ 0.00322V）。

換句話說，若輸入電壓介於 0~3.22mV 之間，MicroPython 將收到 0；若介於 3.22mV~6.44mV 之間、MicroPython 將收到 1...以此類推。

動手做 11-1 讀取類比值並調控 LED 亮度

實驗說明：使用可變電阻建立一個「電壓調節器」，讓**輸出電壓隨著電阻值的變化而改變**，藉以模擬類比資料並調控 LED 亮度。

實驗材料：

10KΩ 可變電阻	1 個

實驗電路：請在麵包板上連接像下圖的電路，**A0 腳將接收到可變電阻中間腳**。若電阻值升高，輸出電壓將降低；若降低電阻值，輸出電壓將提高：

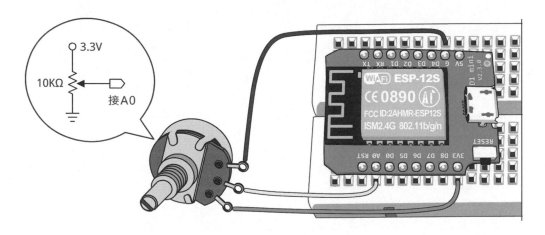

底下的程式碼將每隔 0.5 秒，輸出連接在 A0 類比輸入腳的可變電阻分壓值：

```
from machine import Pin, PWM, ADC
import time

adc = ADC(0)                    # 建立類比輸入 0 腳的物件
ledPin = Pin(2, Pin.OUT)        # 設定 LED 接腳並設成「輸出」
LED = PWM(ledPin, 1000)         # 指定 PWM 接腳和頻率
```

```
while True:
    val = adc.read()           # 讀取類比輸入值
    LED.duty(val)              # 改變 LED 亮度
    print('POT:', str(val))
    time.sleep(0.5)
```

實驗結果：從終端機可觀察到，轉換後的數位值將隨著類比輸入端的可變電阻值，在 0~1023 之間變化並且調整第 2 腳的 LED 亮度：

```
COM3 - PuTTY                                           – □ ✕
===      print('POT: ', str(val))
===      time.sleep(0.5)
===
POT: 543  ←————— 每隔0.5秒，顯示轉換後的數位值。
POT: 567
```

11-2 認識光敏電阻與分壓電路

某些感測元件的特性就像可變電阻，會隨著環境而改變阻值。像簡稱 **CdS** 或 LDR 的**光敏電阻**，它的阻值會隨著照度 (亦即，光的亮度) 變化。照度越高，阻值越低。光敏電阻的受光面，有鋸齒狀的感光材料：

在光亮的環境測得的阻值，稱為**亮電阻值**；沒有光源的阻值稱為**暗電阻值**。它有不同尺寸和類型，有些類型的「暗電阻值」最高為 1MΩ，有些更高達 100MΩ。

筆者採三用電錶測試手邊的 CdS，用高亮度 LED 手電筒近距離照射時，測得的阻值為 165Ω；使用黑色不透明膠帶遮蓋，測得的阻值大於 2MΩ（超出筆者的三用電錶的量測範圍）：

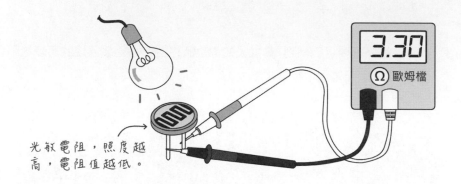

光敏電阻，照度越高，電阻值越低。

電阻分壓電路

微控器沒有辦法像三用電錶一樣，直接偵測到感測器的阻抗變化。我們必須替它連接電源，再偵測感測器兩端因為阻抗改變而導致的電壓變化。連接這一類「阻抗變化」型感測器，都採用如下的電阻分壓電路來組裝，其中的分配電壓將依 R1 或 R2 而改變，分配電壓公式如下圖右：

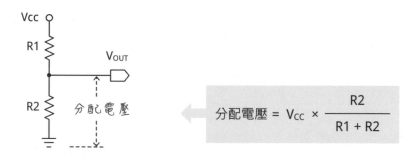

$$分配電壓 = V_{CC} \times \frac{R2}{R1 + R2}$$

實際接線時，都會固定其中一個電阻值，分配電壓也會因為固定電阻的位置而改變，假設連接 5V，依據上面的公式，分配電壓的結果如下：

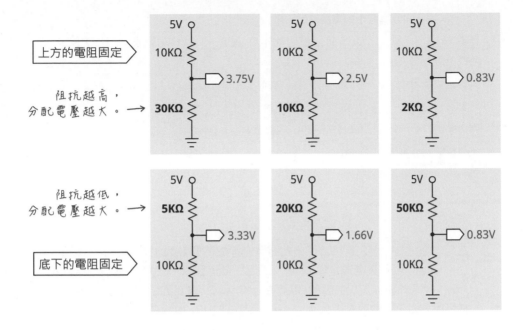

本單元的光敏電阻電路接線如下圖左,其中的電阻 R 通常採用 **10KΩ**(**棕黑橙**)或 **4.7KΩ**(**黃紫紅**),這兩個電阻的位置可以互換。假設在一般室內照度測得的電阻值為 3.3KΩ,根據電阻分壓公式,可以求得其分壓值約為 0.81v:

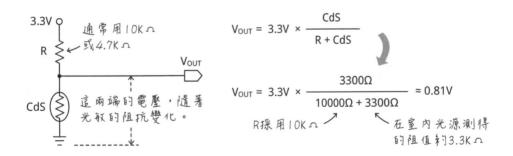

如果降低分壓的電阻值,例如 **1KΩ**(**棕黑紅**),那麼,只要稍微降低照度,分壓的輸出值很快就會超過電源的一半以上(參閱表 11-1):

表 11-1　採不同分壓電阻的電壓輸出結果

測試條件	CdS 電阻值	10KΩ 壓值	4.7KΩ 壓值	1KΩ 壓值
用高亮度 LED 照射	165Ω	0.05V	0.11V	0.46V
緊急出口指示燈	1KΩ	0.3V	0.57V	1.65V
客廳日光燈	3.3KΩ	0.81V	1.36V	2.53V
室內暗處	18KΩ	2.12V	2.61V	3.12V
用黑色膠布遮蓋	>2MΩ	3.28V	3.29V	3.29V

電阻分壓電路公式說明

在電子迴路中，流入電路上任一點的電流等於離開該點的電流總和，這項法則稱為**克希荷夫電流定律**（Kirchhoff's Current Law, KCL）。以底下的電路為例，從電源正極流出的電流，等於流經 R_1 和 R_2 電流的總和。透過歐姆定律可得知電流 I 的值為 0.1mA：

$$I = \frac{V}{R} \quad\Rightarrow\quad I = \frac{5V}{20K\Omega + 30K\Omega} \quad\Rightarrow\quad 0.0001A$$

因此，透過歐姆定律可計算出 R_1 電阻兩側的電位差為 2V，R_2 則是 3V。我們可進一步推導出**電阻分壓**電路計算公式：

$$V_2 = I \times R_2 \quad\Rightarrow\quad V_2 = I \times R_2 \quad\Rightarrow\quad 0.1mA \times 30K\Omega = 3V$$

$$V_2 = \frac{V_{CC}}{R_1 + R_2} \times R_2 \quad\Rightarrow\quad V_2 = V_{CC} \times \frac{R_2}{R_1 + R_2}$$

電阻分壓代表**分配電壓**，使用兩個電阻構成的分壓電路與電壓計算公式如下：

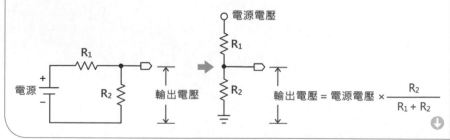

$$輸出電壓 = 電源電壓 \times \frac{R_2}{R_1 + R_2}$$

假設電源電壓為 5V，R_1 和 R_2 都是 1KΩ，根據上面的公式，輸出電壓為 2.5V：

$$輸出電壓 = 5V \times \frac{1000}{1000 + 1000} \quad \Rightarrow \quad 輸出電壓 = 5V \times \frac{1}{2} \quad \Rightarrow \quad 輸出電壓 = 2.5V$$

同樣地，假設電源電壓為 5V，我們希望從中分配出 3V 電壓，為了計算方便，R_1 通常取 1KΩ，從底下的電路可得知，R_1 電阻的電壓降是 5V-3V=2V，則 R_2 電阻值為 1.5KΩ：

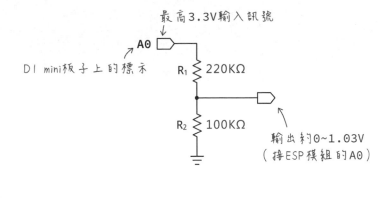

實際上，ESP8266 微控器的類比輸入最大電壓僅 1V，WEMOS D1 Mini 和 NodeMCU 板子上的 A0 接腳，都先經過一個電阻分壓電路，把 3.3V 降成 1V，再接入 ESP8266 的類比輸入腳，所以 D1 mini 和 NodeMCU 控制板才得以接受最高 3.3V 的類比輸入電壓：

最高3.3V輸入訊號

A0

D1 mini板子上的標示

R_1 220KΩ

R_2 100KΩ

輸出約0~1.03V
（接ESP模組的A0）

動手做 11-2　使用光敏電阻製作小夜燈

實驗說明：從光敏電阻分壓電路，感應光線變化，在黑夜自動點亮 LED 燈；白晝關閉 LED。

實驗材料：

光敏電阻	1 個
10KΩ（棕黑橙）電阻	1 個

實驗電路：麵包板的組裝示範如下，LED 燈光不要直接照射到光敏電阻，以免**感測器誤判環境的亮度**。你可以使用黑色吸管、紙張等不透光的材質套在光敏電阻上：

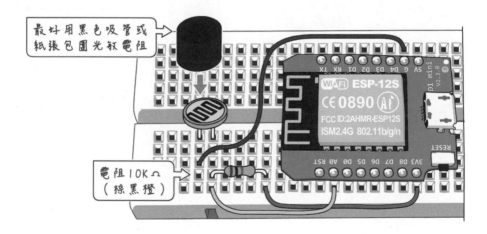

請在終端機輸入底下的程式碼：

```
from machine import ADC, Pin
import time

ledPin = Pin(2, Pin.OUT)
adc = ADC(0)
```

```
while True:
    val = adc.read()

    if val >= 700:
        ledPin.value(0)   # 開啟 LED
    else:
        ledPin.value(1)   # 關閉 LED

    time.sleep(0.5)
```

實驗結果：遮住光敏電阻時，MicroPython 板子內建的 LED 將會點亮，用光線照射光敏電阻，LED 燈將會熄滅。考慮到環境光線不會一下子變暗或變亮，像清晨或黃昏光線幽微時，光敏電阻檢測值可能會在判斷目標值之間飄移，導致燈光開開關關：

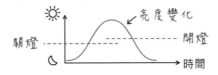

最好替上面的條件式增加一個判斷敘述，待光線檢測降低到某個數值之後，再關閉燈光：

```
if ans >= 700:
    ledPin.value(0)
elif ans < 600:      # 設定低於 600 時，再關閉燈光
    ledPin.value(1)
```

11-3 壓力感測器與彎曲感測器

有一種會隨著彎曲程度不同而改變電阻值的元件，稱為**彎曲感測器**（Flex Sensor），平時約 10KΩ，折彎到最大值時約 40KΩ。美國一家玩具製造商 Mattel，曾在 1989 年推出一款用於任天堂遊戲機的 Power Glove（威力手套）控制器，就透過彎曲感測器來感知玩家的手指彎曲程度：

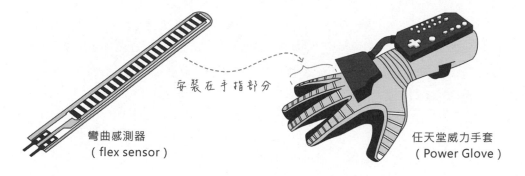

安裝在手指部分

彎曲感測器
（ flex sensor ）

任天堂威力手套
（ Power Glove ）

這一款控制器銷售不佳且被批評為操作複雜、不精確，但它在電子 DIY 玩家圈挺出名的。

彎曲感測器和微控制板的接法與程式設計，與光敏電阻相同，如下（左、右兩圖的接法都行）：

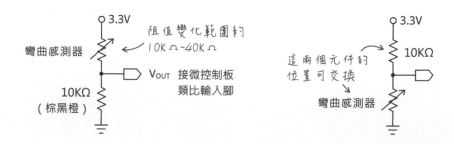

另外有一種會隨著壓力（或施加重量）而改變阻值的**力敏電阻**（Force Sensitive Resistor，簡稱 FSR），有不同大小尺寸，以及方形和圓形兩種樣式，檢測範圍約 2g~10kg（0.1~100 牛頓）：

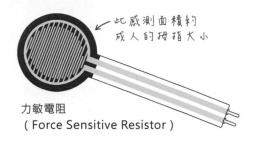

力敏電阻
（Force Sensitive Resistor）

在沒有任何壓力的情況下，它的電阻值大於 1MΩ（可視為無限大或斷路）。感測到輕微壓力時，阻值約 100KΩ；感測到最大壓力時，阻值約 200Ω。

力敏電阻和微控制板的接法與程式設計，也和光敏電阻相同，如下：

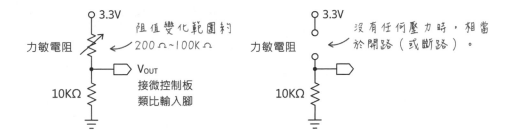

11-4 熱敏電阻

熱敏電阻是一種阻值會隨著溫度變化而顯著改變的元件。熱融解積層（FDM）型 3D 印表機的噴嘴和熱床的溫度感測器，就是熱敏電阻。下圖左是常見的幾款熱敏電阻的外觀：

> 普通的電阻元件的阻值也會隨環境變化，但是阻抗的變化微小到難以測量，也就是相對穩定、不受環境影響。

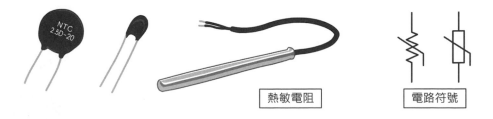

熱敏電阻   電路符號

熱敏電阻的優點包括：

● 價格低廉、防水防塵且不易故障。

● 可連接任何工作電壓的微控制板

● 誤差 1% 的熱敏電阻，溫度量測準確度達±0.25℃。

市售的熱敏電阻絕大多數都屬於**負溫度係數型**（Negative Temperature Coefficient，NTC），代表溫度升高時，電阻值會下降，例如：25℃ 時阻值 10KΩ、100℃ 時阻值變成 697Ω。正溫度係數型（Positive Temperature Coefficient，PTC）則代表阻值隨溫度正向變化，普遍用於過電流保護器（可重設型保險絲，微控制板上的保險絲就是這一類）。底下是 NTC 熱敏電阻的溫度和阻抗變化曲線圖：

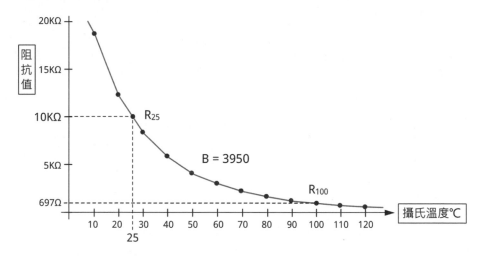

購買熱敏電阻時，請留意兩個規格：

● 額定零功率電阻：環境溫度 25℃ 條件下測得的電阻值，通常標示成 R25，常見的有 10KΩ 和 100KΩ。

● 溫度係數：也叫做熱敏指數，通常稱 B 值或β值，指溫度每升高 1 度，電阻值的變化率，一般介於 3000~4000 之間，例如 3950 或 3455。B 值越大，代表反應越靈敏。

如果沒有上面兩個數據,就無法從熱敏電阻的感測值換算成實際溫度值。除此之外,還有兩個常見規格:

- 誤差:代表測量的精確度,常見的誤差率為 1% 和 5%。以 25℃ 時阻值 10KΩ±1% 為例,代表精確度為 ±0.25℃。

- 測量溫度範圍:通常介於 -55℃ 到 125℃ 之間。

把熱敏電阻值換算成攝氏溫度

熱敏電阻的阻抗和溫度並非線性變化,需要透過底下的公式換算。此公式取自維基百科的「熱敏電阻」條目,公式裡的溫度單位是 **絕對溫度** (Kelvin,克耳文,寫作 K):

熱敏電阻溫度轉換公式

$$\frac{1}{T} = \frac{1}{T_0} + \frac{1}{\beta} \ln\left(\frac{R}{R_0}\right)$$

自然對數

熱敏電阻現值

額定零功率電阻（10KΩ）

熱敏電阻的溫度係數（3950）

溫度（單位：K），減去273.15才是攝氏。

298.15 K (25 ℃)

實際連接電路之前,先用三用電錶的「歐姆」檔位測量看看熱敏電阻的阻值。筆者在室內測量的結果約 8.83K:

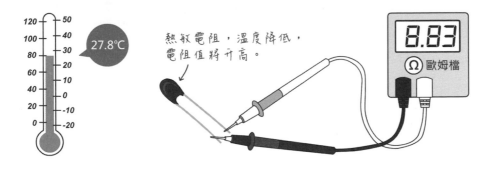

27.8℃

熱敏電阻,溫度降低,電阻值將升高。

8.83

Ω 歐姆檔

根據廠商提供的資料,我手邊的熱敏電阻的 B 值是 3950,套入上面的公式用計算機求得的溫度是 27.82 度:

$$\frac{1}{298.15} + \frac{1}{3950} \times \ln(\frac{8830}{10000}) = 0.0033225151$$

$$\frac{1}{0.0033225151} \approx 300.98 \quad \xrightarrow{\text{轉換成攝氏}} \quad 300.97 - 273.15 = 27.82$$

如果用 Python 程式來計算的話，需要先引用 math（數學）模組，才能執行**以自然對數為底的 log() 函式**：

數學式子裡的 ln() 和 log() 函數，在 Python 程式的寫法不一樣：

	數學函數寫法	Python函式寫法
自然對數	ln(x)　或　log$_e$(x)	log(x)
以10為底的對數	log(x)	log(x, 10)　或　log10(x)

電腦版的Python3語法

動手做 11-3　使用熱敏電阻測量溫度

實驗說明：讀取熱敏電阻的類比訊號，將它轉換成溫度顯示在終端機。

實驗材料：

熱敏電阻	1 個
10KΩ（棕黑橙）電阻	1 個

實驗電路：熱敏電阻也要用電阻分壓電路方式連接微控器，在麵包板組裝熱敏電阻和分壓電阻的示範如下：

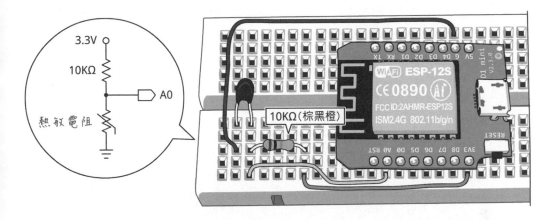

實驗程式：請注意，熱敏電阻公式裡的 R 值是「熱敏電阻的阻抗值」，但微控器類比輸入介面接收到的是「類比轉數位訊號值」，也就是 0~1023 之間的數字。我們需要預先將此數值換算成「阻抗值」，換算過程如下：

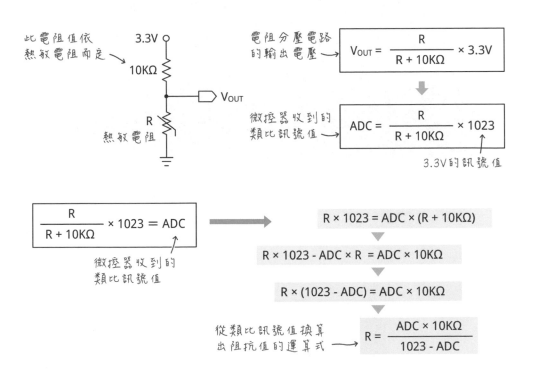

筆者把從「類比輸入值」換算成攝氏溫度的程式寫成 temp 函式：

類比訊號值　　分壓電阻（10K）　　常溫攝氏　　熱敏係數

```
def temp(adc, R0=10000.0, T0=25.0, beta=3950.0):
    import math

    r = (adc * R0)/(1023 - adc)    ← 把類比值轉換成阻抗
    T0 += 273.15
    return 1/(1/T0 + 1/beta*math.log(r/R0))-273.15
```

常溫轉換成K度 → T0 += 273.15

完整的程式碼如下：

```
=== import machine
=== adc = machine.ADC(0)    ← 建立類比輸入0腳的物件
===
=== def temp(adc, R0=10000.0, T0=25.0, beta=3950.0):
===     import math
===
===     r = (adc * R0) / (1023 - adc)
===     T0 += 273.15
===     return 1/(1/T0 + 1/beta*math.log(r/R0))-273.15
===
=== val = adc.read()    ← 讀取類比輸入值
=== t = temp(val)
=== print("temp: ", str(t))
===
temp:  27.5731    ← 感測到的攝氏溫度
>>>
```

捨去小數位點位數的方式

如需調整小數點格式，例如，把帶小數的溫度值捨去到小數點後兩位，可使用 round() 四捨五入函式，第 2 個參數是小數位數：

```
>>> t = 23.4567
>>> round(t, 2)
23.46    ← 取到小數點後2位
```

也能使用字串格式化 format() 函式的 f (代表 float，浮點數) 參數，例如：

```
COM3 - PuTTY                          _ □ ✕
>>> t = 23.4567
>>> print('{0:.2f}'.foramt(t))
23.46        ← 取到小數點後2位
```

所以上面溫度轉換程式最後一行的 print 敘述可以改寫成：

```
print('temp: {:.2f}'.format(t))
```
顯示結果 ➡ 27.57

動手做 11-4 雷射槍玩具標靶

實驗說明：替「動手做 10-4」的標靶加上光敏電阻，並使用能把光源聚焦在一點的「雷射簡報筆」充當武器。標靶仍將隨機豎直、平躺，若標靶被光束擊中則加分並且平躺，接著再次隨機豎直、平躺：

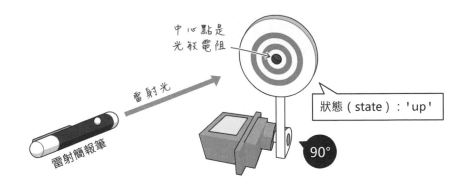

中心點是光敏電阻

雷射光

雷射簡報筆

狀態 (state) : 'up'

90°

實驗材料：

光敏電阻	1 個
電阻 10KΩ	1 個
SG90 伺服馬達	1 個
雷射簡報筆 (實驗時，可用一般光源替代)	1 個

實驗電路：在麵包板上組裝實驗電路的示範：

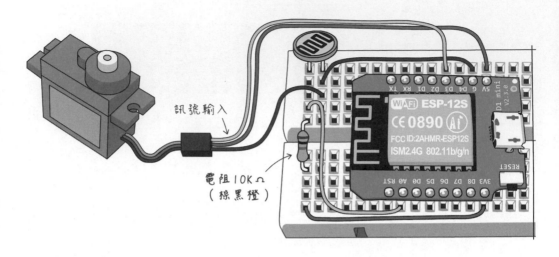

訊號輸入

電阻 10KΩ
（棕黑橙）

實際的標靶設置方式如下，光敏電阻放在標靶的中心位置：

中間挖洞，
讓光縛穿越。

在厚紙板背面中
心安裝光敏電阻

實驗程式：本單元程式分成兩個檔案，一個是 Servo（伺服馬達）的子類別
Target（標靶），另一個是感測雷射光束和計分的主程式。

首先在「動手做 10-4」單元的 Target 類別加入處理被光束擊中的 shot() 方
法，若主程式感測到雷射光束（光敏電阻的檢測值低於 200，可依你的檢測結
果調整此數字），則執行「標靶」物件的 shot() 方法。

當 shot() 方法被執行時，它將確認標靶的狀態並呼叫主程式中，統計成績的
setScore() 函式：

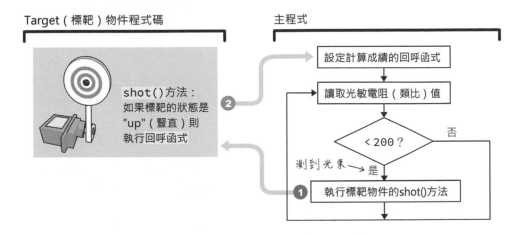

為了避免感應光線時，程式持續呼叫 shot() 方法而導致重複累計成績，shot()
首先要確認標靶目前處於「豎直」狀態，若是的話，在讓標靶倒下（轉到 0 度）
時，也要把它的狀態設成 "down"。

底下是在「標靶」類別裡面新增的兩個方法：

```python
def callback(self, cb):    # 指定回呼函式
    self.cb = cb

def shot(self):            # 標靶被「擊中」
    if self.state == 'down':
        print('pass!')
        return
    else:                  # 如果標靶的模式不是"down"...
        print('die...')
        self.tim.deinit()
        self.state = 'down'    # 避免重複算分
        self.rotate(0)
        time.sleep(0.15)       # 等待馬達轉到定位
        self.startTimer()      # 再次啟動伺服馬達
        if self.cb != None:
            self.cb(self.id)   # 執行外部回呼函式（計算分數）
```

狀態（state）：'down'

↖ 此伺服馬達的接腳編號

執行回呼函式時，傳入此伺服馬達的接腳編號，當作是標靶的識別碼，其用意是，如果你打算依照標靶的型式來設定加分或扣分的機制，就可以經由此識別碼的判斷。請將修改後的標靶類別程式 target.py 上傳到控制板：

在終端機輸入或貼入主程式：

```python
from target import Target        # 引用「標靶」類別
from machine import ADC, Pin
import time


adc = ADC(0)            # 類比輸入接腳
servoPin = 0            # 伺服馬達接腳
score = 0               # 分數


def setScore(id):    # 統計分數
    global score
    score += 10        # 擊中一次加 10 分
    print('shot servo', id)      # 顯示被擊中的標靶編號
    print('score:', score)       # 顯示分數


s1 = Target(servoPin)            # 建立標靶（伺服馬達）物件
s1.callback(setScore)            # 設定回呼（統計分數）函式
s1.start()                       # 開始隨機轉動標靶


try:
    while True:
        val = adc.read()         # 讀取光敏電阻值

        if val < 200:            # 若光度值小於 200 代表射中標靶
            s1.shot()            # 執行標靶物件的 shot()
except KeyboardInterrupt:
    s1.stop()
    print('Program stopped. Score:', score) # 顯示總分
```

實驗結果：主程式開始執行後，標靶將隨機豎直、平躺，若在豎直時被光束擊中，終端機將顯示目前的分數；若按下 `Ctrl` + `C` 鍵中斷程式，它將停止伺服馬達並顯示總分。讀者不妨在此實驗中加入蜂鳴器，讓標靶被擊中時發出聲響，遊戲效果會更好！

11-5 電容式麥克風元件與聲音放大模組

麥克風也是一種「感測器」，可讓微處理器偵測外界的聲音變化。電子材料行販售的麥克風元件，稱為**電容式麥克風**，它的**兩隻接腳有分正、負極性**，如果元件本身已焊接導線，黑色導線通常是接地。如果沒有接線，可以用目測或者三用電錶測量接點，和麥克風元件的金屬外殼相連（電阻值為 0）的那個接點，就是接地：

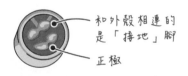

和外殼相連的是「接地」腳

正極

聲音放大/偵測模組

電容式麥克風的輸出訊號約 20 多 mV（約 0.02V），對微處理器而言，這訊號太微弱，必須先經過放大處理。感測器的訊號放大器可採電晶體、**運算放大器**（**Operational Amplifier，簡稱 OPA**）或者專用 IC。

運算放大器是一種類比 IC，內部通常由數十個或更多電晶體電路組成，訊號放大倍率依照類型不同，有些最高可放大十萬倍。本單元採用現成的聲音放大/偵測模組。

市售常見的聲音偵測模組可分成「聲音放大」和「聲音檢測」兩大類型,底下是筆者購買的其中兩種模組的外觀(實際的接腳位置,以模組上的標示為主)。左邊的「聲音放大模組」採用專門放大麥克風聲音訊號的 IC,右邊的「聲音檢測模組」則採用運算放大器構成的「比較器」:

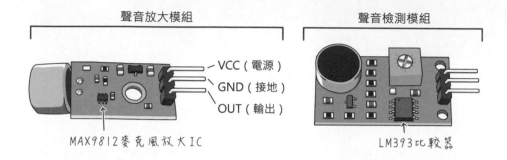

聲音放大模組　　　　　　　　　　聲音檢測模組

VCC(電源)
GND(接地)
OUT(輸出)

MAX9812麥克風放大 IC　　　　　　LM393比較器

這兩款模組的工作電壓都是 3~5V,從輸出訊號可明顯看出這兩種模組的差別。**聲音檢測模組**用於偵測「是否」有聲音,當輸入的聲音訊號高於某個準位,它就輸出低電位(有些模組剛好相反:偵測到聲音時輸出高電位,詳請參閱商品規格書)。**聲音檢測模組**上的半固定可變電阻,用於調整聲音偵測的準位(或者說「靈敏度」):

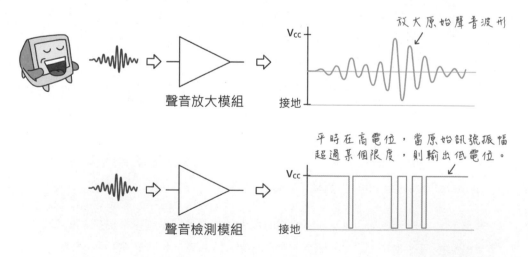

放大原始聲音波刑

V_cc

接地

聲音放大模組

平時在高電位,當原始訊號振幅超過某個限度,則輸出低電位。

V_cc

接地

聲音檢測模組

根據廠商提供的規格書指出,採 MAX9812 IC 的聲音放大模組的增益(功率放大倍率)固定在 20dB,也就是 100 倍,底下是聲音的輸入/出功率和分貝的轉換式:

$$10\log\left(\frac{輸出功率}{輸入功率}\right)$$ ⟶ $10 \times \log(100) = 20$

10 的指數 2，等於 100。

另有一款採用 MAX9814 IC 的聲音放大模組，可以從模組的電路接線選擇 40, 50 或 60dB 增益，但價格貴許多，本書的範例採用 MAX9812 型號的模組即可。

動手做 11-5 拍手控制開關

實驗說明：製作一個麥克風放大器訊號放大器，若控制板感測到音量（如：拍手聲）高於我們設定的臨界值，就點亮 LED；若再感測到高於臨界值的音量，就關閉 LED。亦即：拍一下手開啟燈光、再拍一下手，關閉燈光。

實驗材料：

採 MAX9812 IC 的聲音放大模組	1 個

實驗電路：使用麵包板連接聲音放大器模組的接線示範如下：

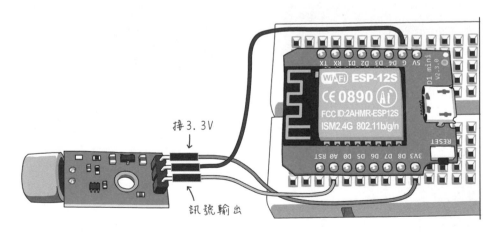

接 3.3V

訊號輸出

實驗程式一:先測試控制板讀取到的麥克風訊號值。筆者假設只要音量值高於 120(十進制),就算偵測到拍手,進而點亮或關閉第 2 腳的 LED。範例程式如下:

```python
from machine import ADC
from machine import Pin
import time

led = Pin(2, Pin.OUT)
adc = ADC(0)
```

```python
while True:
    val = adc.read()

    if val > 120:
        led.value(not led.value())
        print(val)
```

讀取第2腳再取反值

在終端機輸入程式並執行之後,拍一下手,LED 可能沒有反應,但從終端機的輸出訊息可看出,程式並非只擷取到一個值,因為單一拍手的聲波中,有許多超過 120 的部份:

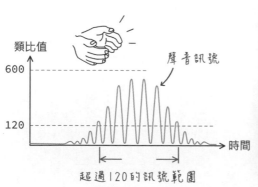

類比值

600

聲音訊號

120

時間

超過120的訊號範圍

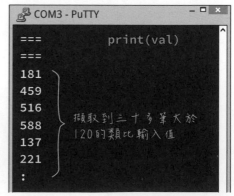

COM3 - PuTTY

```
===        print(val)
===
181  ⎫
459  ⎪
516  ⎬ 擷取到三十多筆大於
588  ⎪   120的類比輸入值
137  ⎪
221  ⎭
:
```

由於一連串超過 120 的數值導致 LED 反覆開和關,有可能最後變回原本狀態而沒有改變。

如果你使用「動手做 12-1」的類比轉數位模組來連接此聲音放大器，它所偵測到的聲音波形將如下圖，無聲時，類比輸入接收到的訊號電壓大約是電源的一半，而不是 0：

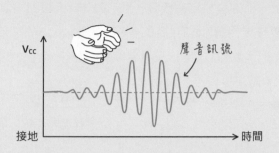

MicroPython 在 ESP8266 的 A0 腳收到的「無聲」訊號電壓則是 0。

實驗程式二：為了避免擷取到多筆資料，我們可以像處理開關彈跳訊號一樣，在擷取到訊號之後，先讓程式暫停一段時間（筆者設定為 0.4 秒）。底下是改良後的 while 迴圈部份，其中的音量臨界值也調高到 350：

```
while True:
    val = adc.read()

    if val > 350:        # 音量值大於 350
        led.value(not led.value())
        print(val)
        time.sleep(0.4) # 暫停 0.4 秒
```

實驗結果：D1 mini 板將在聽到拍手聲時，點亮或關閉 LED。

動手做 11-6 拍手控制開關改良版

實驗說明：將上一節的程式稍微改良一下，讓控制板聽到兩次拍手聲時才動作。我們首先要設定「拍兩次手」的條件，也就是說，第一次和第二次拍手之間，要隔多少時間才算是有效的。筆者將間隔時間設定在 0.5~1.5 秒之間。此程式需要額外的兩個變數來記錄兩次拍手的時間和次數：

claps 儲存拍手次數　　lastTime 儲存上次拍手時間

微處理器內部有個時鐘，在程式開始執行時就跟著運作。每當執行 time 程式庫裡的 ticks_ms() 指令，它將傳回**從程式啟動到目前所經過的毫秒數**。以底下的執行流程圖為例，假設使用者在程式啟動後一秒拍手，被控制板偵測到並執行 ticks_ms()，它將傳回 1000：

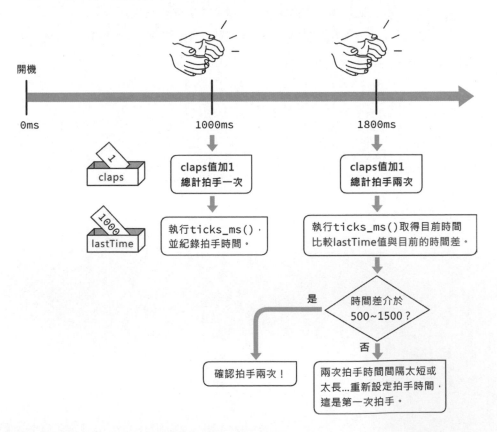

如果拍手時間隔太長或太短，則把第二次拍手視為第一次。比較時間差的敘述可以直接把兩個時間值相減，例如，底下的 timeDiff 將儲存時間差：

```
timeDiff = time.ticks_ms() - lastTime
```

MicroPython 的 time 程式庫也內建比較時間差的方法 "ticks_diff"，官方文件建議採用這個方法較為準確，上面的敘述可改寫為：

```
timeDiff = time.ticks_diff(time.ticks_ms(), lastTime)
```

實驗程式：底下是偵測拍兩次手的程式碼：

```python
from machine import ADC
from machine import Pin
import time

led = Pin(2, Pin.OUT)
adc = ADC(0)

claps = 0                  # 拍手次數
lastTime = 0               # 上次的拍手時間

while True:
    val = adc.read()

    if val > 350:
        claps += 1        # 增加拍手次數
        print('claps:' + str(claps))

        if claps == 2:
            # 拍手的時間差
            timeDiff = time.ticks_diff(time.ticks_ms(), lastTime)
            print('timeDiff:' + str(timeDiff))

            # 若時間差介於 500 和 1500 之間...
            if timeDiff > 500 and timeDiff < 1500:
```

```
                            claps = 0   # 拍手次數歸零
                            led.value(not led.value())
                    else:
                            claps = 1   # 第二次拍手間隔太短或太長，就算拍一次

                    # 儲存目前時間給下一次比較「時間差」
                    lastTime = time.ticks_ms()
                    # 過一段時間再接收訊號
                    time.sleep(0.4)
```

實驗結果：D1 mini 將在聽到兩次拍手聲之後才會點亮或關閉 LED。

認識運算放大器 IC

運算放大器是一種類比 IC，它具有兩個高阻抗訊號輸入端，分別標示成**非反相（+，也稱為正相）和反相（-）**，以及一個輸出端，許多運算放大器都採雙電源供電（如：+5V 和 -5V），電路符號如下：

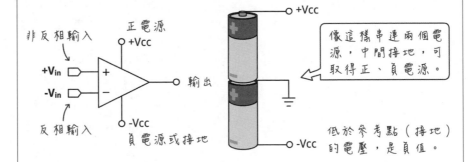

優良的訊號放大器的輸入端阻抗都非常大，代表沒有電流流入訊號端，也就不會造成輸入端的訊號衰減；用醫師的聽診器來比喻訊號放大器，聽診器可以偵聽、放大心跳聲，但是完全不影響心臟運作。

我們可以把運算放大器想像成具備「觸控感應」輸入介面的千斤頂：在輸入端感應到的訊號，即可獲得極大的輸出，而且這個千斤頂有正向和反向兩個輸入：

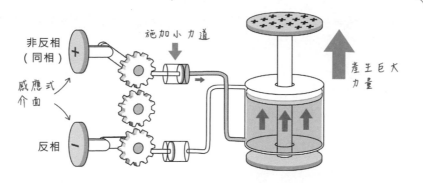

一般的教科書採用如下的簡圖來描述運算放大器的內部結構：

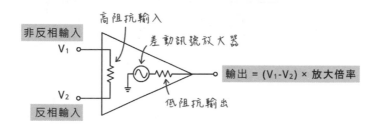

輸出阻抗低，代表輸出訊號可以不受阻礙地傳遞出去；內部的差動放大器代表它會放大兩個輸入訊號的電位差（亦即，V_1-V_2）。運算放大器的訊號放大倍率理論上是無限大，實際約 10 萬倍，有些型號可放大百萬倍，但真正的輸出電位不會超過電源電壓。

電壓比較器

基本的運算放大器應用就是當作「電壓比較器」：比較「非反相」和「反相」端的輸入訊號，決定輸出高電位或低電位訊號。

假設運算放大器的電源電壓是 ±5V，若非反相訊號電壓高於反相，兩者電位差被無限放大後，將輸出約 5V（又稱為「正飽和」電壓）；反之，則輸出 -5V（負飽和電壓）：

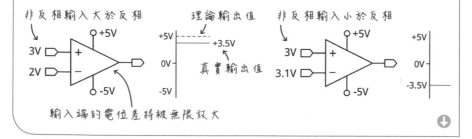

一般的運算放大器的輸出正、負飽和電壓,約只達到電源電壓的 70%,以上圖的例子來說,實際的輸出約 ±3.5V。

上文採用 LM393 的聲音偵測器模組,其中的電壓比較電路大致像底下這樣,因為比較輸出結果只有高、低電位兩種狀態,相當於數位的 1 和 0 訊號,所以**比較器的輸出可說是數位值**:

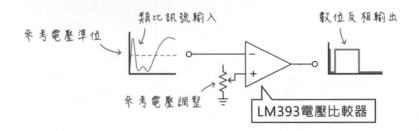

訊號放大器

另一個常見的運算放大器應用就是放大訊號。為了避免輸入端的微小訊號變化,都被放大到飽和電壓,放大器電路透過稱為**回授(feedback)的方式**,把**輸出訊號回饋到輸入端,用以調整放大倍數**。這相當於在千斤頂的輸出端連接一個機構,將力量回饋成反相端的輸入:

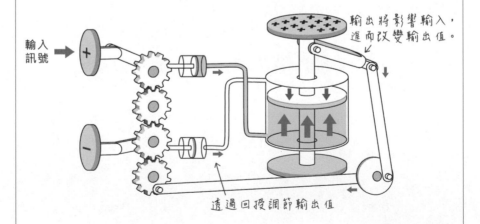

底下是非反相放大和反相放大的回授電路接法，輸出訊號都透過「反相」端調節，因此稱為「負回授」電路。**非反相放大電路的輸出訊號的極性與輸入相同；反相放大的輸出訊號的極性與輸入相反：**

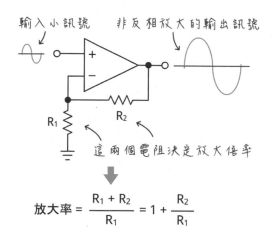

$$放大率 = \frac{R_1 + R_2}{R_1} = 1 + \frac{R_2}{R_1}$$

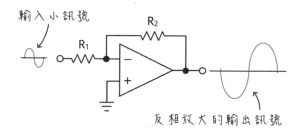

$$放大率 = -\frac{R_2}{R_1}$$

下圖上方是一款通用型的訊號運算放大器 (LM358) 的接腳圖 (內部有兩組 OPA)，我們可以用它來組裝聲音放大器。下圖下方則是跟 MAX9812 IC 一樣，專門用於放大聲頻訊號的元件 (LM386)，電路符號與運算放大器相同，只要外加少許電阻和電容等被動元件，即可組成 20~200 倍增益的聲音放大器：

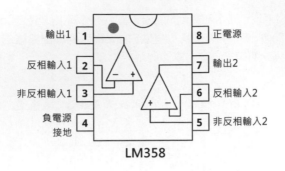

LM358

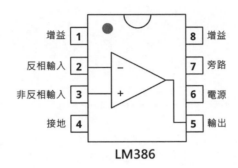

LM386

如果讀者想嘗試用麵包板組裝一個聲音放大器，可參閱筆者網站的**聲音檢測/聲音放大器（一）：模組介紹與自製 LM386 麥克風聲音放大器**這篇文章，網址：https://swf.com.tw/?p=1073

01100

I²C 介面：連接週邊與擴充 ESP8266 的類比輸入埠

12-1 認識 I²C 介面

I²C 介面的原意是 "Inter IC"，也就是「積體電路之間」的意思。它是由飛利浦公司在 80 年代初期，為了方便同一個電路板上的各個元件相互通信，而開發出來的一種介面。I²C 的最大特色是，只用兩條線來連結其他元件。

> 飛利浦的半導體部門，已改名為 NXP 恩智浦半導體。

市面上有許多採用 I²C 介面的感測器和裝置，例如：

● **OLED** 顯示器。

● **類比/數位轉換器（ADC）擴充介面**：D1 mini 板只有一個類比輸入埠，透過這類型的 I²C 介面可增加 4 組到數十組類比輸入埠。

● **數位擴充介面**：增加數位輸出入埠，或者當成序列轉並列介面使用，讓原本需要佔用好幾個數位接腳的週邊裝置，簡化成佔用 2 個。參考型號：MCP23017（16 埠）。

● **即時鐘**（realtime clock）：提供微控器精準的日期和時間資料。

● **環境氣候感測器**：包括溫度（LM75）、溫濕度（HTU21D）、大氣壓力（BMP180）、環境光強度（OPT3001）、紫外線強度（VEML6070）。

● **行動載具感測器**：三軸加速度計（LIS2DH12）、指南針（LIS3MDL）、雷射測距（VL53L0X）、電流/電源監控（INA219）。

> I²C 的正確唸法是 I squared C（I 平方 C），在一般文字處理軟體（如：Windows 的記事本）或網頁搜尋欄位上，不方便或者無法輸入平方數字，因此在網頁上大多寫成 I2C。

I²C 連接方式如下圖，至少有一個**主控端**（Master，通常由微處理器擔任，負責發送**時脈**和**位址**訊號）和至少一個**從端**（Slave，或者說「週邊裝置」，通常是感測器元件），所有 I²C 元件的**資料線**和**時脈線**都連接在一起。附帶說明，微控器和週邊元件之間溝通的管道統稱為**匯流排（bus）**，所以 SDA 和 SCL 線稱為 **I²C 匯流排**：

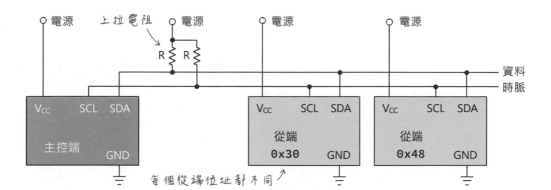

D1 mini 板的數位腳都支援 I²C，但是我們大多接**第 4 腳（資料，D2）**和**第 5 腳（時脈，D1）**，因為這兩個接腳已內建 I²C 匯流排所需的上拉電阻。ESP8266 版的 MicroPython 僅支援 Master 模式，只有 pyboard 控制板支援把自己當成「週邊設備」的 slave 模式。

為了識別**匯流排（bus）**上的的不同元件，**每個 I²C 從端都有一個唯一的位址編號**。位址編號長度為 7 位元（另有 10 位元版本），總共可以標示 2^7 個位址（即：128），但其中有些位址保留用於特殊用途，因此實際可用的從端位址有 112 個（詳細規範請參閱 http://www.i2c-bus.org/addressing/）。

I²C 介面需要外加上拉電阻，因為這種介面的 IC 採用「開集極」電路設計。一般的數位輸出/入電路採**推挽式**（push-pull 或 totem-pole）設計，開集極代表晶片內部電晶體的集極腳直連到外部：

若晶片內部是 MOSFET 電晶體，則稱為**開汲極**，open drain。

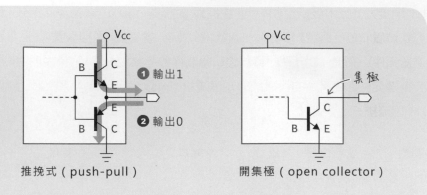

推挽式（push-pull） 開集極（open collector）

若把電晶體假想成開關，開關的一邊必須連接電阻和電源，才能輸出訊號，因為開關不會從無中產生電壓：

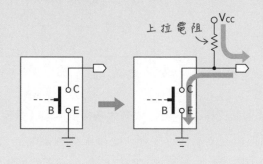

12-1 類比轉數位（ADC）的專用 IC 介紹

ESP8266 只有一個類比輸入腳，假設我們要連接一個具有 X, Y 軸的類比搖桿，光是微控器本身辦不到，因為這種搖桿內部有**兩個 10KΩ 可變電阻**，需要用到兩個類比輸入腳：

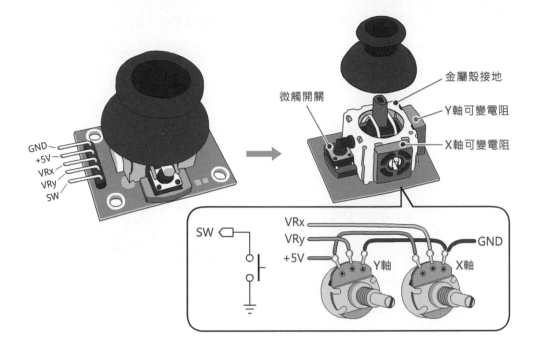

我們可以透過加裝介面擴充 IC 來解決控制板輸入或輸出腳不足的問題。本單元將說明如何使用 ADC 元件來擴充 ESP8266 的類比輸入腳：

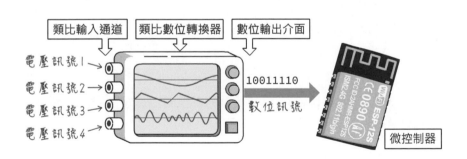

市面上有許多不同類型的 ADC，選購要點包含：

● IC 的工作電壓：必須支援 ESP8266 的 3.3V。

● 類比輸入通道 (channel) 數量。

● 取樣速率 (Sampling rates/sec., SPS) 和解析度 (Resolution)。

● 數位訊號輸出介面：並列式或者序列式。

下圖以及表 12-1 是兩個 ADC 元件的比較，它們的解析度一樣，但 ADC0804 只有一個類比輸入腳，且佔用 8 個數位接腳，顯然不適合用於 ESP8266。另有一款同樣採用 I²C 介面，但解析度高出一倍的 ADC 元件，型號是 ADS1115：

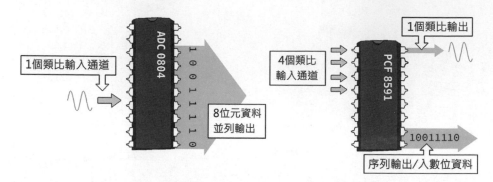

PCF8591 還具備一個把數位轉成類比訊號的 **DAC（Digital to Analog Converter，數位/類比轉換器）**。DAC 通常用於產生聲波，像電腦以及手機裡面都有 DAC，才能把數位音樂還原成類比訊號，並透過放大器推動揚聲器：

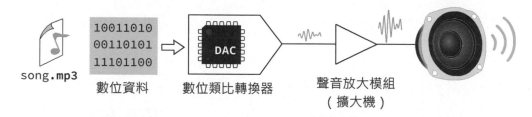

PCF8591 IC 的功能比較多，單價卻是 ADC0804 的 1/3 左右，這是因為 ADC0804 的研發年代比較早，就像新款的電視機畫質好、功能多，售價卻比早期的電視機便宜：

表 12-1　**比較 ADC0804 和 PCF8591**

型號	ADC0804	PCF8591
工作電壓	5V	2.5V~6V
類比輸入通道數	1	4
數位轉類比輸出	無	有（1 個）
數位輸入介面	並列（8 位元）	序列（I²C）
取樣頻率	10KSPS（極限值）	依 I²C 速率決定
解析度	8 位元	8 位元

在類比和數位訊號轉換過程之間會產生誤差，影響轉換精確度的主要兩個因素為**取樣頻率**和**量化位元數**。取樣頻率就是擷取資料的時間間隔，相當於水平切割資料的數量，間隔越長，誤差越大：

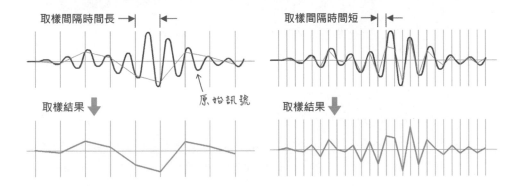

量化位元數則代表數值範圍的大小，也就是取樣點的數位值，相當於垂直切割資料的數量。像下圖是將取樣值劃分成 5 和 10 個單位的比較，由此可見，量化數字範圍越大越精確：

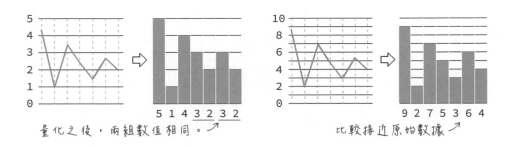

PCF8591 和 ADS1115 類比轉數位模組

下圖是兩款分別使用 PCF8591 和 ADS1115 的 ADC，工作電壓都支援 3.3V 和 5V，具備 4 個類比輸入以及 I²C 序列數位輸出介面：

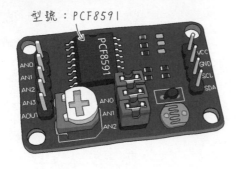

型號：PCF8591

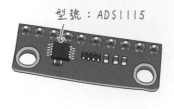

型號：ADS1115

PCF8591 的取樣位元數是 8 位元，每個取樣量化值介於 0~255；ADS1115 是 16 位元（最高位元是正負號，資料實際是 15 位元），取樣值介於 0~32767。雖然 ADS1115 的解析度比較高，但並非所有應用都需要高解析度。以類比搖桿來說，8 位元解析度已足夠，而 PCF8591 模組的單價約 ADS1115 的三分之一，且程式遠比 ADS1115 簡單，所以本文採用 PCF8591 當作 I²C 介面的入門磚。

PCF8591 的接腳圖如下：

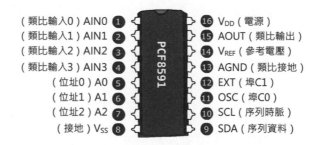

底下是 PCF8951 的基本應用電路圖，根據原廠技術文件第 14 頁說明，電源（VDD）和參考電壓（VREF）腳應該接一個 10uF 或更大的電容，以便過濾電源的雜訊；I²C 介面所需的上拉電阻就不用再接了：

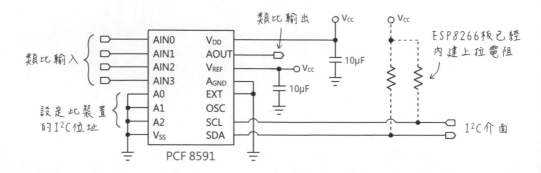

IC 的 OSC 腳 (第 11 腳) 用於外接振盪 (時脈) 電路，但一般都直接用 IC 內部的振盪電路，所以 OSC 腳空接。**同一個 I²C 匯流排上的每個裝置都有唯一的位址**，此 PCF8591 的位址可以透過 A0~A2 接腳調整，但本文使用的模組已將這些腳接地，無法改變。

若讀者打算採用 ADS1115 轉換器，可使用 Rhineland 先生開發的 MicroPython 程式庫，原始檔以及範例可在這個網址下載：

```
https://github.com/robert-hh/ads1x15
```

動手做 12-1　連接 PCF8591 類比轉數位模組和 I²C 介面

實驗說明：連接 PCF8951 模組與 D1 mini 板，並且掃描模組的 I²C 位址和讀取類比輸入值。

實驗材料：

PCF8951 模組	1 片

下圖是本單元採用的 PCF8951 模組接腳：

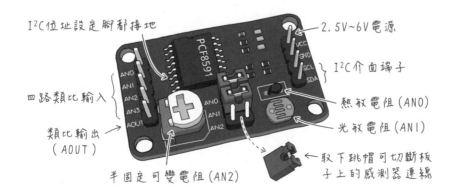

如果要連接自己的感測器，例如，在 AN2 類比輸入腳連接麥克風，請取下 AN2 的跳帽，否則 AN2 預設都與板子上的可變電阻相連。

實驗電路：I²C 裝置的時脈線 (SCL) 通常接在 GPIO5，資料線 (SDA) 則習慣接 GPIO4；使用麵包板連接 PCF8591 模組的示範：

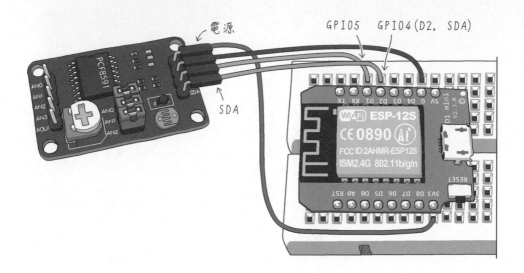

實驗程式一（掃描 I²C 匯流排上的裝置位址）：**操作任何 I²C 裝置之前，必須要知道它的位址**，才能對它下達指令。下圖左是 PCF8591 規格書標示的位址格式，透過此 IC 的 A0~A2 腳可設定 000~111，共 8 個不同位址。一般現成的 PCF8591 模組把這三個位址接腳都接地，因此位址是 0：

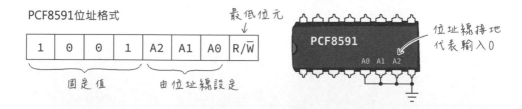

廠商規格書標示的位址是 8 位元格式，但是許多微控制器（如：Arduino 和 ESP8266）的 I²C 位址採用 7 位元。若按照規格書的說明，PCF8591 模組的位址值應該是 0x90，但使用 ESP8266 或 Arduino 連接時，此模組的位址值要寫成 0x48（或 72）：

8位元位址　16進位　10進位　7位元位址

10010000 ➡ 0x90 ➡ 144　×1001000 ➡ 0x48 ➡ 72

所有位元向右移一位

ESP8266 上的 I²C 介面是由軟體實作，由我們的程式自訂腳位，並且從 machine 模組中引用。初始化 I²C 裝置的語法如下，通訊頻率值介於 0~500000，通常設成 100000（即：100KHz），這個敘述將傳回一個 I²C 物件讓程式操作 I²C 裝置：

時脈　資料　頻率

```
machine.I2C( scl=machine.Pin(5), sda=machine.Pin(4), freq=100000 )
```

這兩個參數位置可調換　頻率參數可省略　100KHz

底下是透過終端機執行 I²C 物件的 scan（掃描）方法，掃描銜接在 I²C 匯流排上的裝置，它將傳回掃描到的裝置位址：

```
>>> from machine import Pin, I2C
>>> i2c = I2C(scl=Pin(5), sda=Pin(4), freq=100000)
>>> i2c.scan()
[72]
```

掃描連接的I²C週邊裝置

找到一個裝置，位址是72。

scan() 函式的傳回值是列表格式，從結果可驗證 PCF8591 模組的位址是 72（10 進制），或者說 0x48（16 進制）。

實驗程式二（讀取感測器的值）：讀取 I²C 裝置資料的三大步驟：

1　建立 I²C 物件

2　執行 I²C 物件的 **writeto**（**寫入**）方法，傳送指令給指定位址的裝置。

3	執行 I²C 物件的 **readfrom（讀取）**方法，讀取指定裝置位址的回應值。

我們已經知道 PCF8591 模組的位址，但每個 I²C 裝置的操作指令和回應資料不盡相同，需要查閱技術文件。PCF8591 原廠技術文件第 6 頁的圖 4，刊載了用於設置此 IC 的模式**控制位元組**（control byte），筆者將它簡化如下，通常我們只需要設定最低兩個位元值，代表**指定要讀取哪個類比通道**的資料：

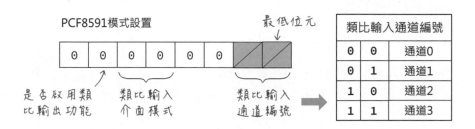

假設要**讀取類比通道 1** 的資料，程式首先要發出 '\x01' 的模式設置參數，給位於 0x48 位址的 PCF8591：

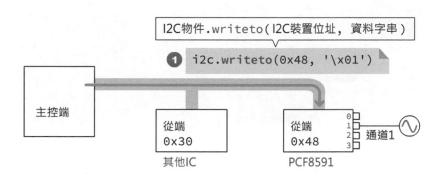

上面的 I²C 位址和資料字串參數採用 16 進制，可以是字串或位元組格式；底下兩個敘述是一樣的：

16進位字串
`i2c.writeto(0x48, '\x01')`

位元組
`i2c.writeto(72, b'\x01')`

接著執行 readfrom() 讀取從端裝置的值，由於 PCF8591 的解析度是 8 位元，因此每一筆資料大小就是 1 個位元組：

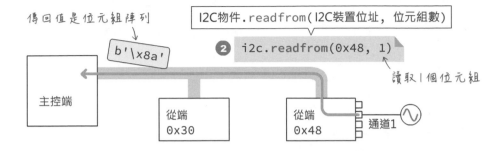

請在終端機輸入底下的命令，讀取 PCF8591 模組通道 1 的光敏電阻值：

```
COM3 - PuTTY                                          - □ ✕
>>> from machine import Pin, I2C
>>> i2c = I2C(scl=Pin(5), sda=Pin(4), freq=100000)
>>> i2c.writeto(0x48, '\x01')
>>> i2c.readfrom(0x48, 1)
>>> data = i2c.readfrom(0x48, 1)
```

讀取資料時，要連續讀取兩次，因為根據技術文件的說明，IC 傳回的第 1 筆資料是上一次的感測值，第 2 筆才是這一次的感測值。直接在終端機輸入變數名稱 (data)，可以看到資料是**位元組陣列 (bytearrray)** 格式，如底下的 b '\x8a'，程式需要取出資料陣列的第一個元素，再轉換成字串或數字：

```
>>> data
b'\x8a'                  取出元素0，
>>> str(data[0])         再轉換成字串。
'138'
>>> int(data[0])
138          轉換成整數
```

綜合以上說明，底下是每隔 5 秒讀取類比通道 0~3 的程式碼：

```
from machine import Pin, I2C
import time

PCF8591 = 0x48    # 模組的位址
CH0 =  '\x00'     # 通道 0 的資料字串（接熱敏電阻）
CH1 =  '\x01'     # 通道 1 的資料字串（接光敏電阻）
CH2 =  '\x02'     # 通道 1 的資料字串（接可變電阻）

i2c = I2C(scl=Pin(5), sda=Pin(4), freq=100000)

while True:
    # 讀取熱敏電阻值
    i2c.writeto(PCF8591, CH0)
    i2c.readfrom(PCF8591, 1)
    data = i2c.readfrom(PCF8591, 1)
    print( 'THM:'  + str((data[0])))

    # 讀取光敏電阻值
    i2c.writeto(PCF8591, CH1)
    i2c.readfrom(PCF8591, 1)
    data = i2c.readfrom(PCF8591, 1)
    print( 'LDR:' + str((data[0])))

    # 讀取可變電阻值
    i2c.writeto(PCF8591, CH2)
    i2c.readfrom(PCF8591, 1)
    data = i2c.readfrom(PCF8591, 1)
    print( 'POT:' + str((data[0])))
    time.sleep(5)
```

在終端機輸入上面的程式碼之後，即可看到如下的執行結果：

```
COM3 - PuTTY
THM: 225
LDR: 89  ←—— 光敏電阻值
POT: 124
THM: 225 ←—— 熱敏電阻值
LDR: 121
POT: 86  ←—— 可變電阻值
```

動手做 12-2　自製二軸雲台（機械手臂）

實驗說明：使用兩個伺服馬達，加上容易取得的支撐材料，如：瓦楞紙板、壓克力板、收納盒...等素材，來製作一個底部可左右擺動，上面的馬達可上下旋轉的「雲台」結構，也可以購買現成的微型伺服馬達的雲台。下圖是用錄音帶空盒裁切兩塊塑膠，組裝成的雲台：

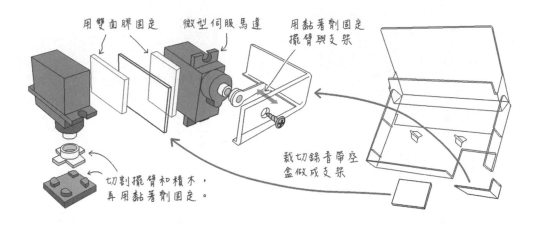

再透過類比搖桿控制雲台上的兩個伺服馬達轉動：

實驗材料：

SG90 微型伺服馬達	2 個
類比搖桿模組	1 個
PCF8591 類比數位轉換模組	1 個

實驗電路：麵包板示範接線如下：

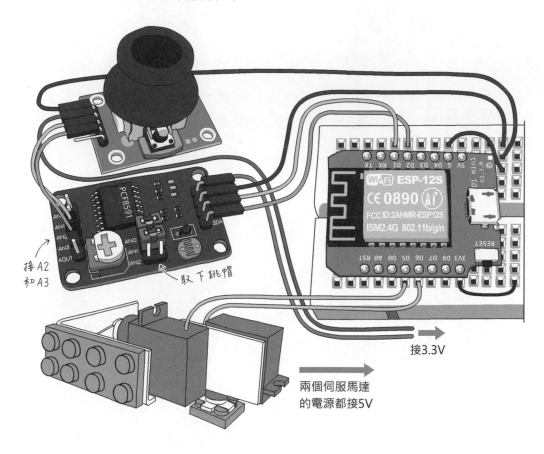

接3.3V

兩個伺服馬達
的電源都接5V

接A2
和A3

取下跳帽

實驗程式：PCF8591 板的數位輸出值介於 0~255，程式要將此值對應成伺服馬
達的 0~180 旋轉角度，所以要數位輸入值要乘上 0.71：

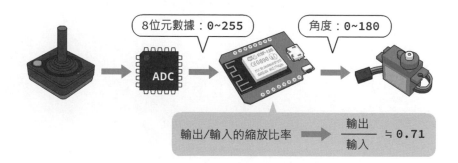

8位元數據：0~255

角度：0~180

ADC

輸出/輸入的縮放比率 ➡ $\dfrac{輸出}{輸入} ≒ 0.71$

完整的控制程式碼如下：

```
from machine import Pin, I2C
from servo import Servo
import time

servoX = Servo(12)          # 建立水平伺服馬達物件
servoY = Servo(14)          # 建立垂直伺服馬達物件
scale = 0.71                # 把輸入值轉換成角度值的限縮比率

PCF8591 = 0x48
VRX = '\x02'   # 水平搖桿類比輸入通道編號
VRY = '\x03'   # 垂直搖桿類比輸入通道編號

i2c = I2C(scl=Pin(5), sda=Pin(4), freq=100000)

while True:
    # 類比搖桿水平
    i2c.writeto(PCF8591, VRX)
    i2c.readfrom(PCF8591, 1)
    data = i2c.readfrom(PCF8591, 1)
    servoX.rotate(data[0] * scale)   # 轉動馬達

    # 類比搖桿垂直
    i2c.writeto(PCF8591, VRY)
    i2c.readfrom(PCF8591, 1)
    data = i2c.readfrom(PCF8591, 1)
    servoY.rotate(data[0] * scale)   # 轉動馬達
```

若之前沒有上傳過第 10 章的伺服馬達控制類別檔 (servo.py)，請參閱「動手做 10-1」，先上傳 servo.py 到控制板再執行上面的程式。

12-3 使用 OLED 顯示器顯示文字訊息

微電腦的顯示器，依顯示內容區分，有「文字」和「圖像」兩種類型。底下是文字型 LCD，可以顯示兩行英數字和符號，每個字元都只能在固定的 8x8 像點範圍內顯示，無法調整大小和間距：

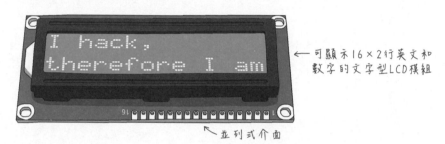

← 可顯示16×2行英文和數字的文字型LCD模組

← 並列式介面

電視和電腦螢幕屬於「圖像式」顯示器，可顯示任何圖文。本書的實驗都採用 0.97 吋、128×64 像素、單色的 OLED 圖像顯示模組（以下簡稱 OLED 模組）。顯示模組分成「面板」和「控制晶片」兩大部份，這款 OLED 模組的控制晶片型號是 SSD1306，晶片本身具備 I²C, SPI 和並列埠介面，有些 OLED 模組同時提供 I²C 和 SPI 兩種介面，有些只有 I²C：

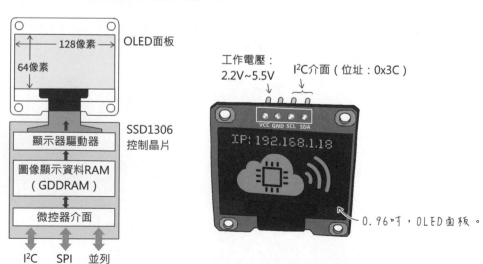

0.96吋，OLED面板。

SPI 介面的優點是傳輸速度快，但是需要用到的接線數比較多。就單色顯示器來說，每個像素佔用一個位元，整個畫面佔用 8Kb（128×64÷1024=8K bit），以 I²C 介面的標準 100kbps 傳輸速率計算，每秒最多可更新 12 個完整畫面：

> 實際傳輸還要扣除控制指令佔用的位元，速度會低一些。

OLED 顯示模組的面板分成「單色」和「雙色」兩種，「雙色」並非指每個像素可以顯示兩個顏色，而是顯示面板分成兩種固定色彩的顯示區域，不能切換：

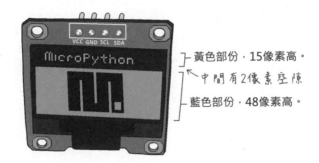

黃色部份，15像素高。
中間有2像素空隙
藍色部份，48像素高。

動手做 12-3　使用 ssd1306 程式庫操控 OLED 模組

實驗說明：在 OLED 顯示器模組上顯示文字。

實驗材料：

0.97 吋、128×64 像素、單色的 OLED 圖像顯示模組	1 個

實驗電路：OLED 顯示器的電路接線示範如下，模組的電源可接 3.3V 或 5V：

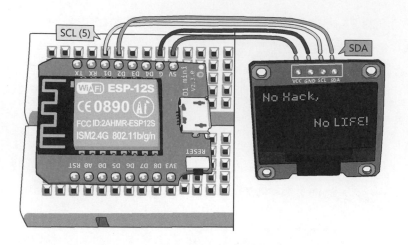

實驗程式：就像「動手做 12-1」單元操作 I²C 介面的類比數位轉換 IC，撰寫程式之前，我們應該先閱讀 OLED 顯示器模組的技術文件，得知它的 I²C 位址，以及相關的控制指令和參數，才能對指定位址發出控制指令。

此外，文字型顯示模組有內建字元和符號，指定字元的編碼即可顯示該字元；圖像式模組沒有內建字元和符號，顯示內容全都要透過程式碼定義。

幸好，**MicroPython 內建控制 OLED 螢幕的 ssd1306 程式庫**，而且也定義了 ASCII 編碼的英文數字和符號，只要告訴它我們採用的螢幕寬、高像素和連接介面的型式，即可產生 OLED 控制物件。

底下是控制 OLED 程式的標準寫法，最後一行將建立名叫 oled 的顯示器物件：

跟電腦顯示器一樣，OLED 畫面左上角是座標原點(0, 0)，水平軸座標往右邊遞增；垂直軸座標往下遞增。假設我們要在 OLED 螢幕的兩個座標位置顯示兩行字：

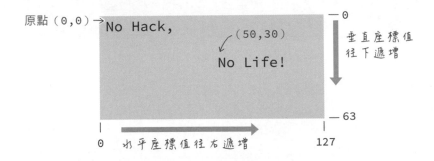

執行顯示器物件的 **text()** 方法，可在指定座標放置文字：

```
>>> oled.text('No Hack,', 0, 0)
>>> oled.text('No Life!', 50, 30)
```

顯示器物件.text("字串"，X座標，Y座標)

在顯示器物件裡放置文字或者描繪圖像，並不會立即呈現在螢幕上，因為這些操作都是先在記憶體中組合好畫面。**暫存影像資料的記憶體區域稱為 frame buffer（影像暫存區）：**

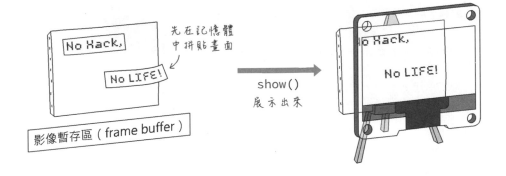

影像準備完成後，執行顯示器物件的 **show()** 方法，即可將它展示在螢幕上：

```
>>> oled.show()
```

讀者可繼續嘗試執行其他顯示器物件的指令，例如反白和清除畫面：

```
>>> oled.invert(True)      ←── 反白
>>> oled.invert(False)     ←── 取消反白
>>> oled.fill(0)    ←── 清除畫面（填滿黑色）
>>> oled.show()     ←── 執行清除畫面
```

假如在設定 OLED 螢幕時出現底下的 ENODEV 錯誤訊息，代表「找不到指定的裝置」，也就是 OLED 螢幕沒有接好。因此，執行掃描 I²C 裝置的 scan 敘述也傳回空列表。在網路上搜尋 errno error codes 即可查閱錯誤代碼的含意：

```
COM3 - PuTTY                                          _ □ ×
>>> oled = ssd1306.SSD1306_I2C(128, 64, i2c)
Traceback (most recent call last):
  File "<stdin>", line 1, in <module>
  File "ssd1306.py", line 109, in __init__
  File "ssd1306.py", line 37, in __init__
  File "ssd1306.py", line 62, in init_display
  File "ssd1306.py", line 114, in write_cmd
OSError: [Errno 19] ENODEV   ←── 找不到裝置
>>> i2c.scan()
[]          ←── 掃描的結果是空列表
```

此外，WEMOS 推出的 0.66 吋 OLED 顯示器模組，驅動晶片同樣是 SSD1306，但是顯示器面板的解析度是 64×48 像素：

如果你採用這一款顯示器模組，請自行調整顯示器物件的初始值和文字座標，例如：

```
     :
i2c = I2C(scl=Pin(5), sda=Pin(4), freq=100000)
oled = ssd1306.SSD1306_I2C(64, 48, i2c)

oled.text('No Hack,', 0, 0)          ↖
oled.text('No Life!', 0, 30)         設定正確的寬、高像素。
     :
        每個字母寬8像素，一列最多8個字母。
```
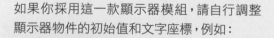

12

12-4 自訂顯示圖像

在 OLED 顯示器上呈現自訂圖像或符號（例如：'@'），大致需要底下 4 道步驟，其中最後兩個步驟裡的 FrameBuffer() 和 blit() 函式指令都來自 MicroPython 內建，用來處理與顯示點陣圖的 framebuf 程式庫：

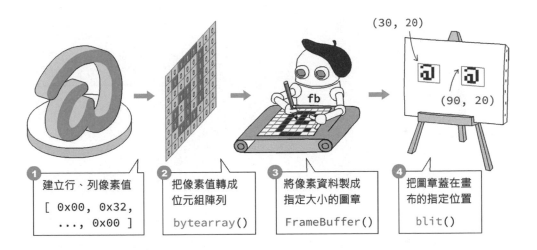

① 建立行、列像素值
  [0x00, 0x32,
    ..., 0x00]

② 把像素值轉成
  位元組陣列
  bytearray()

③ 將像素資料製成
  指定大小的圖章
  FrameBuffer()

④ 把圖章蓋在畫
  布的指定位置
  blit()

把像素轉換成數據

本單元採用的螢幕是單色（monochrome），每個像素只有黑、白兩個狀態，相當於 1 和 0。把整個顯示平面的像素用數位資料描述的方式有很多種，底下是其中兩種，分別把 8x8 像素大小的 '@' 符號，依照水平（horizontal）和垂直（vertical）方式排列的例子：

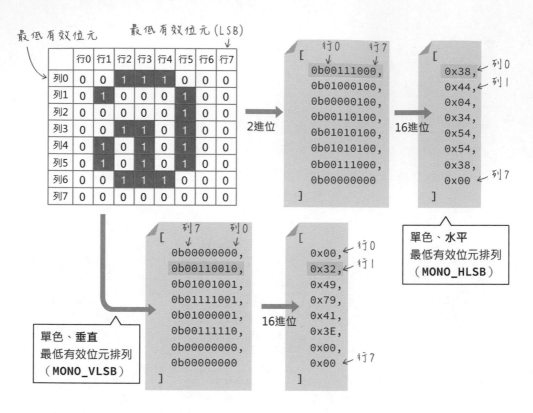

畫面中顯示像素的部份視為 1，沒有顯示的部份為 0，為了方便編輯並且避免輸入錯誤，程式資料值通常都用 16 進制。從上圖可看出兩種排列方式的資料值也不同。底下是另一種水平排列方式：

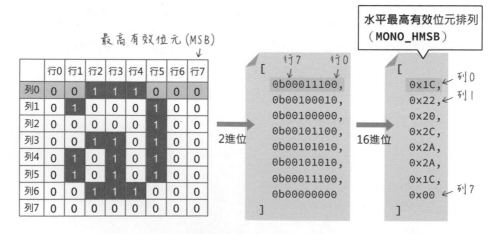

MicroPython 內建的 framebuf 程式庫支援上述三種資料排列方式，讀者可依自己的偏好選用。

動手做 12-4 在 OLED 上顯示自訂符號

實驗說明：在 OLED 顯示模組上呈現自訂的 '@' 符號。

本單元的實驗材料和電路皆與「動手做 12-3」相同。

實驗程式：自訂的圖像或符號，必須先轉換成 bytearray（位元組陣列）格式，再交給 framebuf 程式庫的 FrameBuffer() 函式將它封裝成特殊圖像格式備用（讀者可以把這個步驟想像成製作圖章），初始化 OLED 顯示器物件的程式碼如下：

```
import ssd1306
import framebuf        ← 引用framebuf程式庫
from machine import I2C, Pin
i2c = I2C(scl=Pin(5), sda=Pin(4), freq=100000)
oled = ssd1306.SSD1306_I2C(128, 48, i2c)
```

接著是建立像素資料並轉成位元組陣列的敘述：

```
img = [ 0x00, 0x32, 0x49, 0x79, 0x41, 0x3E, 0x00, 0x00 ]
buffer = bytearray(img)        ← 轉換成「位元組陣列」
```

透過 FramwBuffer 建立根據位元組陣列的資料產生圖像物件（製作印章），再執行 blit() 放置圖像。底下第 2 行的 fill(0) 用於清除畫面：

FrameBuffer(位元組陣列像素值，寬，高，像素資料排列方式)

```
fb = framebuf.FrameBuffer(buffer, 8, 8, framebuf.MONO_VLSB)
oled.fill(0)                                    單色垂直排列
oled.blit(fb, 30, 20)    ← 蓋印章
oled.blit(fb, 90, 20)
```

blit(圖像，X座標，Y座標)

最後執行 show()，即可顯示畫面：

呈現結果

```
oled.show()
```

12-5 使用 LCD Assistant 軟體轉換圖像

下一個單元將在 OLED 螢幕顯示溫濕度值，MicroPython 的 ssd1306 程式庫沒有中文字體，內建的英文字體為 8x8 像素，跟中文字體大小不搭，所以筆者自行製作並轉換了「溫度」和「濕度」標題圖像，每個標題圖像的尺寸為 32×16，也製作了 16×16 大小的字體：

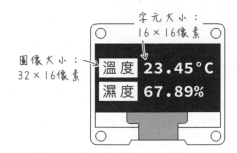

字元大小：
16×16像素

圖像大小：
32×16像素

溫度 23.45°C
濕度 67.89%

自動把圖像轉換成編碼資料

除了像上文一樣自行編寫 '@' 字元的編碼，有些網站提供線上點陣圖轉換服務（搜尋關鍵字：oled bitmap converter，例如：http://goo.gl/m7UMMO），能將.BMP點陣圖檔自動轉換成像素陣列資料，也有免費的點陣圖轉換工具可用，如：LCD Assistant（下載網址：http://goo.gl/E69iu7），本文將示範使用 LCD Assistant 轉換「溫度」標題圖像。

先使用繪圖或影像處理軟體（如：小畫家或 Photoshop）製作好溫度和濕度標題圖像，並轉存成 BMP 格式。筆者將兩個標題圖檔分別命名成 temperature. bmp 和 humid.bmp。

> 使用小畫家編輯 OLED 自訂圖案的要點說明，請參閱筆者網站的這一則回應：
> http://bit.ly/2QwDf8w。

接著開啟 LCD Assistant，選擇主功能表的 『**File/Load image（檔案/載入影像）**』指令，選擇一張剛剛轉檔好的 BMP 檔（如：temperature.bmp），全部設定選項都使用預設值，圖像編碼的位元組排列方向為「垂直」：

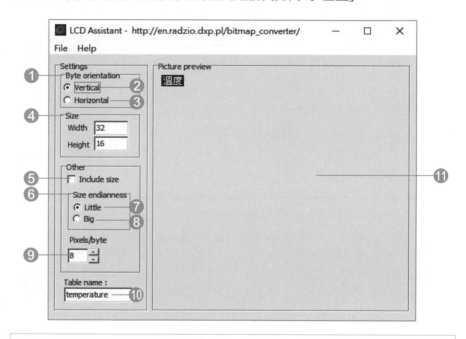

❶ 位元組排列方式 　❺ 資料是否要包含尺寸 　❾ 每位元組的像素數

❷ 垂直 　❻ 位元資料順序 　❿ 資料表名稱

❸ 水平 　❼ 由小到大 　⓫ 預覽圖像

❹ 影像寬、高尺寸 　❽ 由大到小

然後選擇『**File/Save output（檔案/儲存輸出）**』指令，隨意設定一個輸出檔名（如：temp.txt），即可產生一個純文字檔：

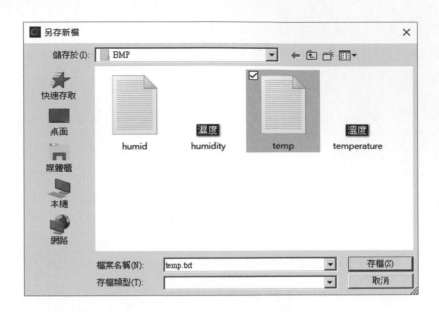

轉換後的純文字檔內容是一個 C 語言的陣列，我們只需取其中的陣列資料，
交給 Python 的 bytearray() 轉換成位元組陣列：

LCD Assistant軟體產生的純文字檔

temp.txt

```
const unsigned char temperature [] = {
0xFF, 0xFF, 0xFF, 0xBB, ...中間省略..., 0x7B, 0x03, 0xFF,
0xFF, 0xFF, 0x07, 0xF7, ...中間省略..., 0xFF, 0xFF, 0xFF,
0xFF, 0xFF, 0xFF, 0xDF, ...中間省略..., 0xDD, 0xC1, 0xDF,
0xFF, 0xCF, 0xF0, 0xDF, ...中間省略..., 0xFF, 0xFF, 0xFF
};
```

把這些資料改成一行，
貼入bytearray()執行。

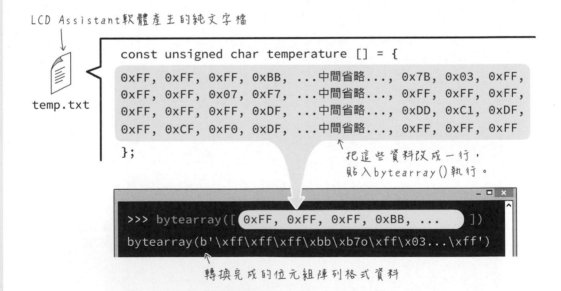

```
>>> bytearray([ 0xFF, 0xFF, 0xFF, 0xBB, ...        ])
bytearray(b'\xff\xff\xff\xbb\xb7o\xff\x03...\xff')
```

轉換完成的位元組陣列格式資料

筆者已經把所有像素資料都轉換成位元組陣列，存在本單元的程式原始碼。

建立顯示溫濕度圖像和大型字母的類別程式

為了簡化主程式碼，筆者將處理溫濕度標題圖像，以及 16×16 像素字元的程式包裝成 Symbol 類別，單獨存成一個 bigSymbol.py 檔。這個 Symbol 類別包含下列屬性和方法：

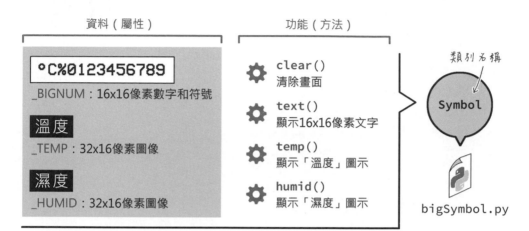

bigSymbol.py 的原始碼如下：

```python
import framebuf

class Symbol:
    _BIGNUM = {  # 依字元分類的像素資料，'c' 代表攝氏溫度符號
        '.':bytearray(b '\x00\x00...略'),
        '%':bytearray(b '|\xfe\x82...略'),
        'c':bytearray(b '\x1c """ \x1c...略'),
        '0':bytearray(b '\x00\x00...略'),
        '1':bytearray(b '\x00\x00...略'),
        '2':bytearray(b '\x00\x00...略'),
        '3':bytearray(b '\x00\x00...略'),
        '4':bytearray(b '\x00\x00...略'),
        '5':bytearray(b '\x00\x00...略'),
        '6':bytearray(b '\x00\x00...略'),
        '7':bytearray(b '\x00\x00...略'),
        '8':bytearray(b '\x00\x00...略'),
        '9':bytearray(b '\x00\x00...略')
    }
```

```
_HUMID = bytearray(b '\xff\xff...略')    # 濕度圖示
_TEMP = bytearray(b '\xff\xff...略')     # 溫度圖示

def __init__(self, oled):    # 接受一個 OLED 物件參數
    self.oled = oled

def clear(self):             # 清除畫面
    self.oled.fill(0)
    self.oled.show()

def temp(self, x, y):        # 在 (x, y) 位置顯示「溫度」圖示
    fb = framebuf.FrameBuffer(self._TEMP, 32, 16,
        framebuf.MVLSB)
    self.oled.blit(fb, x, y)

def humid(self, x, y):       # 在 (x, y) 位置顯示「濕度」圖示
    fb = framebuf.FrameBuffer(self._HUMID, 32, 16,
        framebuf.MVLSB)
    self.oled.blit(fb, x, y)

# 從 (x, y) 開始顯示字串裡的每個字元
def text(self, str, x, y):
    for i in str:
        fb = framebuf.FrameBuffer(
            self._BIGNUM[i], 16, 16, framebuf.MVLSB)
        self.oled.blit(fb, x, y)
        x += 16                # 下一個字元的水平位置
```

在 OLED 螢幕顯示虛擬的溫濕度值

本單元將使用上一節建立的 Symbol 類別，在 OLED 顯示如右畫面：

請先把 bigSymbol.py 檔上傳到

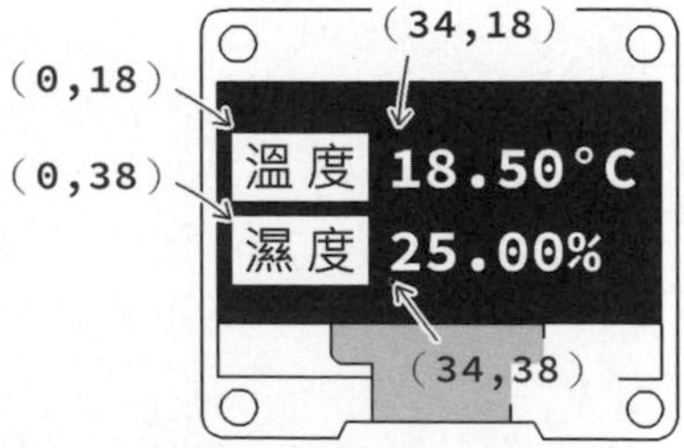

MicroPython 控制板。假設此原始檔存放在 D 磁碟的 "python" 路徑，而控制板
位於 COM9 序列埠，使用 ampy 程式上傳到控制板的命令如下：

bigSymbol.py

上傳檔案到控制板

```
D:\python> ampy --port com3 put bigSymbol.py
```

如此，我們就能在此控制板執行底下的程式碼：

```python
import bigSymbol      # 引用 bigSymbol 檔
from machine import Pin, I2C
import ssd1306
i2c = I2C(scl=Pin(5), sda=Pin(4), freq=100000)
oled = ssd1306.SSD1306_I2C(128, 64, i2c)

# 初始化 Symbol 類別物件並傳入 OLED 物件
dsp = bigSymbol.Symbol(oled)
dsp.clear()            # 清除畫面
dsp.temp(0, 18)        # 放置溫度圖示
dsp.humid(0, 38)       # 放置濕度圖示
dsp.text('18.50c', 34, 18)   # 放置溫度值
dsp.text('25.00%', 34, 38)   # 放置濕度值
oled.show()            # 顯示畫面
```

程式執行後，將在 OLED 螢幕顯示如上文說明的溫濕度。

動手做 12-5　在 OLED 顯示動態溫濕度值

實驗說明：在 OLED 螢幕顯示中文的「溫度」和「濕度」標示，以及 DHT11 感測到的溫溼度值。

實驗電路：請參閱下圖，把 DHT11 資料輸出腳接在 ESP8266 控制板的第 13 腳 (D7)。

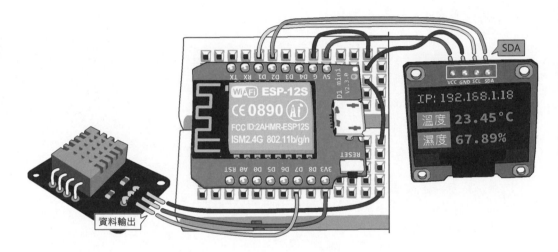

實驗程式：底下是完整的 DHT11 溫濕度顯示程式，用比較時間差的方式，每隔 3 秒在 OLED 螢幕更新 DHT11 檢測值。讀者也可以使用簡單的 time.sleep(3) 敘述，取代時間差的寫法：

```python
import bigSymbol
from machine import Pin, I2C
import ssd1306
import dht
import time

d = dht.DHT11(Pin(13))
i2c = I2C(scl=Pin(5), sda=Pin(4), freq=100000)
oled = ssd1306.SSD1306_I2C(128, 64, i2c)
```

```
dsp = bigSymbol.Symbol(oled)
dsp.clear()        # 清除畫面
dsp.temp(0, 18)   # 在(0, 18)座標顯示「溫度」
dsp.humid(0, 38)  # 在(0, 38)座標顯示「濕度」

interval = 3000   # 間隔時間（毫秒）

def readDHT():

    d.measure()
    temp = d.temperature()
    # 若溫度值不大於 10，則在字串前面補 '0'，後面加上 'c'
    t =  '{:02}c'.format(temp)
    humid = d.humidity()
    # 若濕度值不大於 10，則在字串前面補 '0'，後面加上 '%'
    h =  '{:02}%'.format(humid)
    # 傳回元組格式的溫度和濕度字串
    return (t, h)

def main():
    lastTime = interval
    while True:
        # 比較目前的時間和上次紀錄的時間...
        delta = time.ticks_diff(time.ticks_ms(), lastTime)
        # 若時間差大於或等於 0，則更新 OLED 畫面
        if delta >= 0:
            # 取得 DHT11 感測值，分別存入 temp 和 humid 變數
            temp, humid = readDHT()
            dsp.text(temp, 34, 18)
            dsp.text(humid, 34, 38)
            oled.show()
            # 紀錄（目前的時間加上間隔時間）
            lastTime = time.ticks_ms() + interval

main()   # 執行主程式
```

實驗結果：在終端機輸入以上程式碼之後，即可在 OLED 顯示溫濕度。

5V 和 3.3V 電壓準位轉換

ESP8266 控制板的邏輯電壓準位是 3.3V，無法直接與 5V 輸出訊號的週邊和感測器相連，中間必須加裝電壓準位轉換器，以避免損壞微控制器，而最基本的電位轉換方式是採用電阻分壓電路：

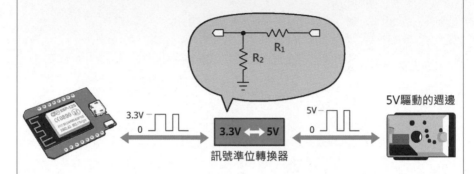

3.3V 輸出訊號在理想情況下，應該會與 5V 輸入訊號同步變化（如下圖左，上方是 5V 原始訊號，底下是經電阻分壓後的 3.3V 輸出）：

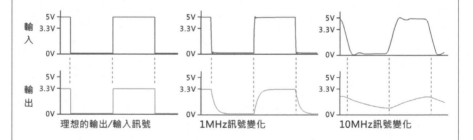

若用示波器觀察，輸入訊號頻率越高，3.3V 輸出訊號的失真度也越高。像上圖右，輸入 10MHz 頻率訊號，輸出訊號完全不像方波，因此無法正確表達高、低訊號。

> 示波器是用來檢視訊號波形變化的儀器。

造成訊號失真的因素之一，是因為電路導線、電路板的佈線和元件本身，都可能產生意料之外的電容效應（稱為「**寄生電容**」）。電容和電阻結合，構成 **RC 低通濾波**電路，導致高頻率訊號被濾除掉。

普通的 USART 序列訊號頻率只有幾 KHz（如：9600bps，也就是 9.6Kbps），可以使用電阻分壓電路；對於 I^2C 或 SPI 這些高速傳輸介面，就得採用 MOSFET 或者專用的邏輯電平轉換 IC 來處理。

只要搜尋關鍵字 "voltage level translator IC"，即可找到邏輯電平轉換 IC 的相關資料，例如 74LVC245。

使用 MOSFET 元件轉換邏輯電位

市面上可以買到像下圖這種用於 I²C 介面的邏輯電平轉換板，其中的元件是電阻和 MOSFET：

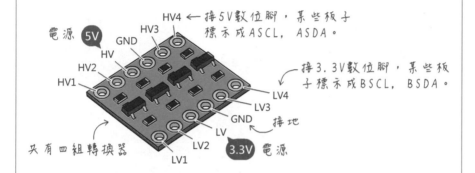

MOSFET 元件是電晶體的一種，中文全名是「金屬氧化物半導體場效電晶體」。它和 9013, 3904, 2N2222 等雙極性 (BJT) 電晶體最大的不同之處在於，**BJT 電晶體是用「電流」控制開關；MOSFET 則是用「電壓」控制。**

MOSFET 也分成 N 通道和 P 通道兩種，底下是兩種常見的 2N7000 和 30N06L 外觀和電路符號，它們都屬於 N 通道 (實際的分類名稱是「增強型 N 通道」)：

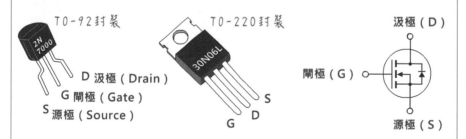

MOSFET 有**閘極 (Gate)**、**汲集 (Drain)** 和**源集 (Source)** 三個接腳。不接電時，D 和 S 腳處在「高阻抗」的絕緣狀態；當 G 腳接正電源 (實際電壓值依元件型號而不同) D 和 S 腳之間的阻抗將急遽下滑，形成「導通」狀態。

上圖兩種 MOFET 的 D 和 S 腳內部有個二極體相連，其作用是避免 MOSFET 元件遭**靜電放電**（Electrostatic Discharge，簡稱 **ESD**）破壞。2N7000 適合用於低電流裝置開關（如：LED 和小型繼電器）以及邏輯電位轉換。底下是 2N7000 開關 LED 的電路：

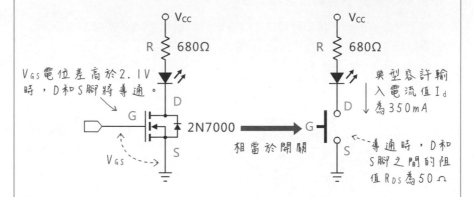

讓 MOSFET 導通的關鍵因素 V_{GS}，稱為臨界（Threshold）電壓，2N7000 和 30N06L 的臨界電壓都小於 3.3V，因此可直接透過 Arduino 或樹莓派驅動。

底下是 2N7000 型的重點規格，詳細規格請參閱技術文件（搜尋 "2N7000 datasheet" 關鍵字）：

- 典型的 V_{GS} **臨界電壓**：2.1V，最大可承受 ±18V。

- D 和 S 腳之間的**耐電壓 V_{DS}**：60V。

- 連續**耐電流量（ID）**：350mA。

- 最大**可承受瞬間電流量（ID）**：1.4A。

30N06L 為中功率型 MOSFET，連續**耐電流量（ID）**達 32A，適合用於大電流開關和驅動直流馬達。

在實際應用中，G 腳通常連接一個 10KΩ 電阻接地（有人接 4.7KΩ 甚至 1MΩ），以確保在沒有訊號輸入或者浮接狀態下，將 G 腳維持在低電位。因為某些 MOSFET 的 V_{GS} 臨界電壓很低，浮動訊號可能讓它導通。底下是採用 2N7000 控制 LED 和小型直流繼電器，且連接 10KΩ 電阻的例子：

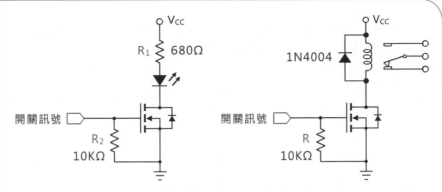

MOSFET 和普通的 BJT 型電晶體，都能當作電子開關，但是大多 DIY 專案都選用 BJT 電晶體元件。成本價格是主因，筆者住家附近的電子材料行，9013 電晶體一個 2 元，2N7000 一個 7 元。然而，MOSFET 比較省電且製造面積也比較小，因此 IC 內部的邏輯開關元件通常是 MOSFET。

底下是 I²C 介面的邏輯電平轉換板的電路，它能用於連接 I²C, SPI, 序列埠和其他數位腳位的週邊。仔細看電路的話，可發現 SCL 和 SDA 其實是兩個相同的 MOFET 電路：每個 MOSFET 的 D 和 S 腳都各接一個電阻。本書採用的週邊 IC 都支援 3.3V，因此不需要使用電平轉換板：

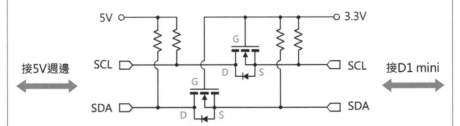

MOSFET 邏輯電位轉換電路原理解說：下圖左是採用 2N7000 元件的 3.3V轉 5V 電路，由於 G 腳固定在 3.3V，所以當 S 腳輸入低電位，D 和 S 腳就會導通，令輸出端呈現低電位；若 S 腳輸入 3.3V，V_{GS} 電位差為 0，所以MOSFET 不導通，輸出端將產生高電位：

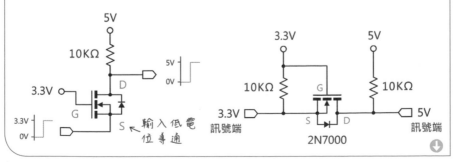

上圖右則是 3.3V 和 5V 雙向電位轉換電路,上文介紹的 I²C 介面的邏輯電位轉換板裡面就包含四組相同的電路。有些電路板採用的 MOSFET 型號是 BSS138,機能相同。

雙向電位轉換的運作原理請參閱下圖,左、右圖分別代表從 3.3V 端輸出 0 和 1 的情況,為了便於解説,MOSFET 及其內部的二極體用兩個開關代表:

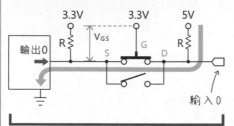 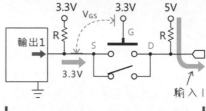

3.3V訊號端輸出0,V_GS電位差3.3V,MOSFET 導通;5V訊號端的電流將流入D腳,因此5V端的訊號為0。

3.3V訊號端輸出1,V_GS電位差0,MOSFET 截止;5V訊號端也將呈現高電位。

下圖則分別是從 5V 端輸出 0 和 1 訊號的情況:

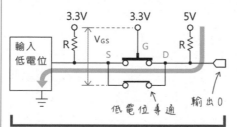 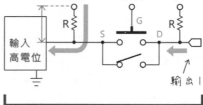

5V訊號端輸出0,MOSFET內部的二極體將導通,連帶使得V_GS電位差3.3V,進而讓MOSFET 導通,因此3.3V端的訊號也降為0。

5V訊號端輸出1,V_GS電位差0,MOSFET截止;3.3V訊號端也將呈現高電位。

由於微處理所能接受的電流量有限,因此電路中的電阻 R 值不宜太低,通常都是用 10KΩ。

01101

超音波距離感測器
與 I²C 直流馬達驅動
控制板實驗

13-1 認識超音波

高於人耳可聽見的最高頻率以上的聲波，稱為**超音波**。自然界的海豚透過超音波傳達訊息，蝙蝠則是運用超音波來定位、迴避障礙物。超音波可以用來探測距離，其原理和雷達類似：從發射超音波到接收反射波所需的時間，可求出被測物體的距離：

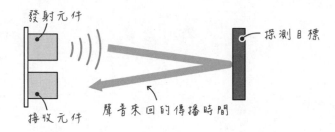

可**在空氣中傳播**的超音波頻率，大約介於 20KHz~200KHz 之間，但其衰減程度與頻率成正比（亦即，頻率越高，傳波距離越短），市售的超音波元件通常採用 38KHz、40KHz 或 42KHz（有些用於清洗機的超音波元件，震動頻率高達 3MHz）。

在室溫 20 度的環境中，聲波的傳輸速度約為 344m/s，因此，假設超音波**往返的時間**為 600μs（微秒，即 10^{-6} 秒），從底下的公式可求得被測物的距離為 10.3 公分：

> 聲音在水中傳播的速度比在空氣快 60 倍。

$$距離 = 344公尺/秒 \times \frac{傳播時間}{2}$$

聲波在室溫下，空氣中的傳播速度

$$距離 = 344公尺/秒 \times \frac{600 \times 10^{-6}}{2}$$

$$距離 = 344公尺/秒 \times 0.0003 \Rightarrow 0.1032公尺$$

從聲音的傳播速度和傳播時間，可求出距離，而物體的實際距離是傳播時間的一半，從此可求得 **1 公分距離的聲波傳遞時間約為 58μs（微秒）**：

計算聲波前進1公分所需的時間

距離 = 344公尺/秒 × $\dfrac{傳播時間}{2}$ ➡ 0.01公尺 = 時間 × 172公尺/秒

聲波在室溫下，
空氣中的傳播速度

➡ 時間 = $\dfrac{0.01公尺}{172公尺/秒}$

➡ 時間 ≈ 58.1 × 10⁻⁶ 秒 ← 前進1公分所需的時間
（單趟）：58.1 μs

⚡ 環境對聲音傳播速度的影響

空氣的密度會影響聲音的傳播速度，空氣的密度越高，聲音的傳播速度就越快，而空氣的密度又與溫度密切相關。在需要精確測量距離的場合，就要考量到溫度所可能造成的影響。考量溫度變化的聲音傳播速度的近似公式如下：

速度 = (331.5+0.6×溫度)公尺/秒 ➡ (331.5+0.6×20)公尺/秒 ➡ 343.5公尺/秒

聲音在0度（攝氏）時的傳播速度　　　　　　　　聲音在20度時的傳播速度

此外，物體的形狀和材質會影響超音波探測器的效果和準確度，探測表面平整的牆壁和玻璃時，聲波將會按照入射角度反射回來；表面粗糙的物體，像是細石或海綿，聲音將被散射或被吸收，測量效果不佳：

入射波　　　　　　　　　　　入射波

　　　　　　　　　　　　　　　　　　　　大於聲音波長
　　　　　　　　　　　　　　　　　　　　1/4的坑洞

反射波　　　　　　　　　　　反射波

不過，只要物體表面的坑洞尺寸小於聲音波長的 1/4，即可視為平整表面。以 40Khz 超音波為例，它將無視小於 2 公釐左右的坑洞，波長的計算方式如下：

音速約344 m/s，此為mm單位。

波長 = $\dfrac{相位速度}{頻率}$ ➡ $\dfrac{344000 公釐/秒}{40000 Hz}$ = 8.6公釐 ➡ 2.15公釐

取1/4

最後，假如超音波的發射和接收元件分別放在感測器的兩側，那麼，聲音的傳播途徑就不是直線，求取距離時也要把感測器造成的夾角納入考量，像這樣：

13-3

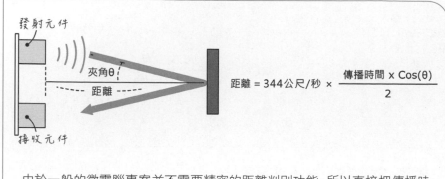

$$\text{距離} = 344\text{公尺/秒} \times \frac{\text{傳播時間} \times \text{Cos}(\theta)}{2}$$

由於一般的微電腦專案並不需要精密的距離判別功能，所以直接把傳播時間除 2 已足敷使用。

超音波感測器元件簡介

超音波感測器模組上面通常有兩個超音波元件，一個用於發射，一個用於接收。也有「發射」和「接收」一體成形的超音波元件，模組體積比較小，汽車的「倒車雷達」就是這種類型的感測器：

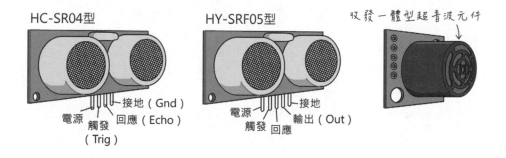

HC-SR04 和 HY-SRF05 的差別是接腳數量和精確度，電路的接法則相同。SRF05 的接腳分別是 **VCC（正電源）**、**Trig（觸發）**、**Echo（回應）**、**Out（輸出）** 和 **GND（接地）**，Out 不用接。根據廠商提供的技術文件指出，SR04 和 SRF05 模組的主要參數如下：

● 工作電壓與電流：5V, 15mA

● 感測距離：2cm~400cm

- 精確度：2mm（SRF05）或 3mm（SR04）

- 感測角度：不大於 15 度

- 被測物的面積不要小於 50cm² 並且盡量平整

在超音波模組的「觸發」腳位輸入 10 微秒以上的高電位，即可發射超音波；發射超音波之後，與接收到傳回的超音波之前，「回應」腳位將呈現高電位。因此，程式可從「回應」腳位的高電位脈衝持續時間，換算出被測物的距離：

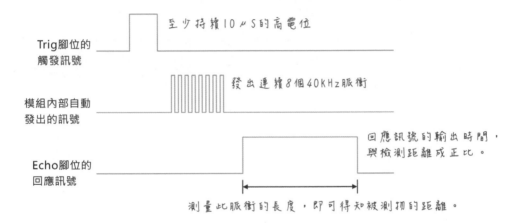

測量脈衝持續時間的 pulseln() 函式

MicroPython 的 machine 程式庫提供一個**測量脈衝時間長度**的 **time_pulse_us() 函式**，時間單位是**微秒**，語法格式如下：

```
machine.time_pulse_us(腳位, 訊號準位, 等待截止時間)
```
　　　　　　　　　　　　　　　　0或1 ↗　　　↖ 截止偵測時間，預設1000000微秒

time_pulse_us() 函式會等待脈衝出現再開始計時，若函式執行時，訊號準位和偵測電位相同（例如，要偵測高電位，而該腳當前就是高電位），則立即開始計時。預設的**等待截止時間**是 1 秒鐘（即 1,000,000 微秒），假如**脈衝信號未在等待時間內出現**，**time_pulse_us() 將傳回 -2**；若測量過程中的脈衝長度超出等待截止時間，則傳回 –1。

由於超音波模組的感測距離上限為 400 公分，而聲波往返每公分耗時約 58 微秒，因此，等待截止時間可設定為 23200。

底下的程式片段將檢測第 14 腳的高電位脈衝持續時間，並將它存入 pulseTime 變數：

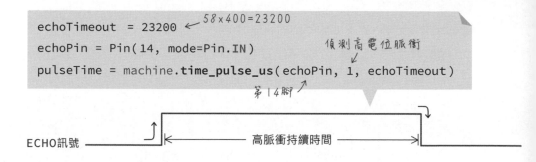

```
echoTimeout = 23200   ← 58x400=23200
echoPin = Pin(14, mode=Pin.IN)
pulseTime = machine.time_pulse_us(echoPin, 1, echoTimeout)
```

偵測高電位脈衝

第14腳

ECHO訊號 ──────── 高脈衝持續時間 ────────

動手做 13-1　使用超音波感測器製作數位量尺

實驗說明：使用超音波感測與障礙物之間的距離，並顯示在終端機中。

實驗材料：

超音波距離感測模組 (SRF05 或 SR04)	1 個
電阻 2.2KΩ (紅紅紅) 或 1KΩ (棕黑紅)	1 個

實驗電路：超音波模組的 Echo 腳輸出是 5V，但 ESP8266 的接腳只能接受 3.3V 輸入，所以我們需要設法把 5V 訊號電壓降成 3.3V，方法之一是採用如右圖的電阻分壓電路：

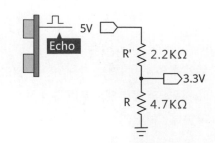

由於超音波感測器的輸出訊號電流很小，我們可只用一個 **1KΩ~3KΩ 左右的**
電阻達成目的，如同替 LED 加上限流電阻。底下是在麵包板組裝電路的示範，
超音波感測器的 Trig（觸發）和 Echo（回應）腳，分別接控制板的 16（D0）和 14
（D5）腳：

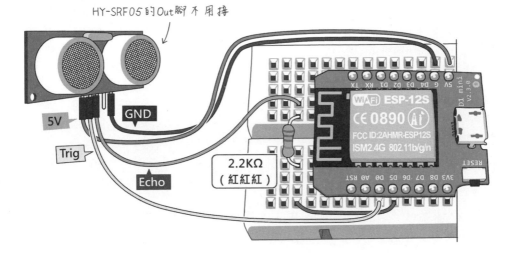

實驗程式：首先定義連接超音波模組的接腳和等待截止時間：

```python
from machine import Pin
import machine
import time


echoTimeout = 23200        # 等待截止時間
# 16 腳設定成「輸出」，接超音波的「觸發」腳
trigPin = Pin(16, mode=Pin.OUT)
# 14 腳設定成「輸入」，接超音波的「回應」腳
echoPin = Pin(14, mode=Pin.IN)
trigPin.value(0)           # 將「觸發」腳預設成低電位
```

把啟動超音波模組並傳回偵測距離（公分）的程式碼，寫成自訂函式 distance()。程式首先在「觸發」腳送出 10 微秒長的高電位脈衝來啟動超音波，再偵測「回應」腳的高脈衝時間：

```python
def distance():
    trigPin.value(1)          發送脈衝訊號        10μS
    time.sleep_us(10)                        ┌─┐
    trigPin.value(0)              TRIG訊號 ───┘ └───

    pulseTime = machine.time_pulse_us(echoPin, 1, echoTimeout)
    if pulseTime > 0:                      偵測echo的高脈衝時間
        return pulseTime / 58
    else:                      換算成公分
        return pulseTime
                        傳回代表感測錯誤的-1或-2
```

最後，每隔 1 秒呼叫 distance() 自訂函式，在終端機顯示偵測距離；若函式的傳回值為負，則顯示 "Out of the detection range."（超出偵測範圍）：

```python
while True:
    cm = distance()   # 開始檢測距離
    if cm > 0:
        print('Distance:', cm, 'cm')
    else:
        print('Out of the detection range.')

    time.sleep(1)
```

實驗結果：底下是此程式在終端機顯示距離的結果：

```
COM3 - PuTTY                              _ □ ×
Distance: 5.12069 cm
Distance: 8.7931 cm
Distance: 10.9138 cm
```

13-2 建立超音波自訂類別與發出自訂例外錯誤

為了方便在專案中使用超音波距離感測模組，我們可以先把此模組的相關程式包裝成類別。筆者將此類別命名為 HCSR04，僅包含一個偵測距離的 distance() 方法，在檢測距離範圍內，此方法將傳回公分值：

上個單元的距離偵測程式，會在距離值超出檢測範圍時傳回 -1 或 -2：

```
if pulseTime > 0:
    return pulseTime / 58
else:
    return pulseTime   # 傳回-1 或-2
```

本單元將把它改成：若超出檢測範圍，則拋出例外 (exception) 錯誤訊息。**拋出例外的指令叫 raise**，代表例外的訊息或資料要包裝在 **Exception 類別物件中**。底下敘述將拋出一個夾帶 'Out of the detection range.' 字串的例外：

```
raise Exception('Out of the detection range.')
```

超音波距離感測的完整自訂類別程式碼如下：

```
from machine import Pin
import machine
import time
```

```python
class HCSR04:
    """
    操控 HC-SR04 與 HY-SRF05 超音波模組的自訂類別
    """
    def __init__(self, trigPin=16, echoPin=14):
        """
        建構式接受「觸發」和「回應」腳參數，分別預設為 16 和 14 腳
        """
        self.echoTimeout = 23200     # 約 400 公分距離
        self.trigPin = Pin(trigPin, mode=Pin.OUT)
        self.echoPin = Pin(echoPin, mode=Pin.IN)
        self.trigPin.value(0)


    def distance(self):
        """
        發射超音波、傳回偵測到的距離（公分）
        """
        self.trigPin.value(1)
        time.sleep_us(10)
        self.trigPin.value(0)

        pulseTime = machine.time_pulse_us(self.echoPin, 1,
            self.echoTimeout)

        if pulseTime > 0:
            return pulseTime / 58
        else:
            # 若脈衝時間為負，則發出自訂的例外錯誤
            raise Exception('Out of the detection range.')
```

筆者將此自訂類別命名成 "hcsr04.py"，請先用 ampy 命令上傳到 D1 mini 板：

上傳檔案到控制板

hcsr04.py

```
D:\python> ampy --port com3 put hcsr04.py
```

攔截自訂的例外錯誤

採用自訂類別建立超音波感測距離的完整程式碼如下（distance.py 檔），由於 HCSR04 類別物件的 distance() 方法可能會拋出例外，所以該行敘述要用 try...except 包圍：

```
from hcsr04 import HCSR04     ← 從hcsr04模組匯入HCSR04類別
import time
                          宣告超音波物件時，可明確指定觸發和回應腳位：
sr04 = HCSR04()
                          sr04 = HCSR04(trigPin=16, echoPin=14)

try:
    while True:                          執行超音波物件的方法
        try:                                  ↓
            print('Distance:', sr04.distance(), 'cm')
        except Exception:     ← 捕捉Exception類型例外
            print(Exception.args[0])
                                    取出Exception裡的訊息
        time.sleep(1)

except KeyboardInterrupt:
    print('Program stopped.')
```

攔截按鍵中斷例外

Exception 類型錯誤將包含一個如下內容的 args 元組值，其第一個元素是我們在自訂類別中拋出的訊息，所以 Exception.args[0] 將能取出當中的訊息。

```
( 'Out of the detection range.', )
```

附帶說明，「例外物件」的名字可以搭配 as 關鍵字來簡化，底下是把 Exception 簡寫成 e 的例子（你可以改成其他名字）：

```
except Exception:
    print(Exception.args[0])
```
簡寫 →
```
except Exception as e:       把Exception簡寫成e
    print(e.args[0])
```

動手做 13-2 超音波距離控制燈光亮度

實驗說明：透過超音波感測器檢測控制器和手掌的距離，若距離在 10cm~30cm 之內，就依照距離調整燈光的亮度：

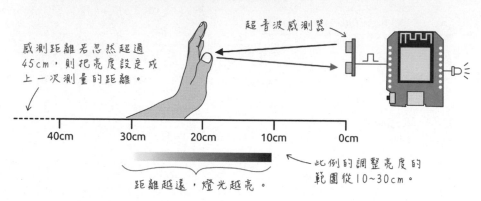

感測距離若忽然超過 45cm，則把亮度設定成上一次測量的距離。

超音波感測器

距離越遠，燈光越亮。

此例的調整亮度的範圍從 10~30cm。

實驗材料及實驗電路與「動手做 13-1」相同。

實驗程式（檢測距離）：首先宣告幾個變數：

```
minDist = 10      # 最小距離（公分）
maxDist = 30      # 最大距離（公分）
limitDist = 40    # 偵測範圍上限（公分）
```

接著撰寫依照量測距離調整 PWM 輸出（亮度）的程式，假設距離是 25cm，根據底下的算式，PWM 輸出的比例值為 0.75，而 D1 mini 控制器輸出的有效 PWM 值介於 0~1023，所以實際輸出為 768：

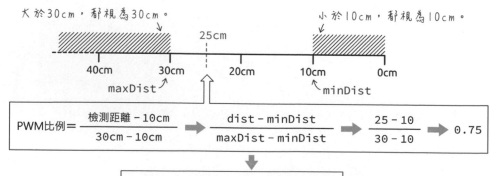

大於30cm，都視為30cm。

小於10cm，都視為10cm。

25cm

40cm 　30cm 　20cm 　10cm 　0cm

maxDist　　　　　　　　　minDist

$$PWM比例 = \frac{檢測距離 - 10cm}{30cm - 10cm} \Rightarrow \frac{dist - minDist}{maxDist - minDist} \Rightarrow \frac{25 - 10}{30 - 10} \Rightarrow 0.75$$

控制器的PWM輸出值：1024 × 0.75 = 768

筆者將處理距離與輸出亮度的自訂函式命名為 "setPWM"：

```python
def setPWM(dist, output):    # 依據輸入距離，調整輸出 PWM
    # 數值限縮在最低與最高限度之間
    dist = max(minDist, min(dist, maxDist))
    pwm = (dist-minDist) / (maxDist - minDist) * 1024
    output.duty(pwm);        # 控制指定腳位的 PWM 輸出
```

完整的程式碼：

```python
from hcsr04 import HCSR04
from machine import Pin, PWM, Signal
import time

sr04 = HCSR04()
ledPin = PWM(Pin(2), freq=1000)  # led 接在第 2 腳
# 反轉第 2 腳的信號，參閱第 3 章「使用 Signal 類別設定正、反相輸出值」
led = Signal(ledPin, invert=True)

def setPWM(dist, pin):          # 依據輸入距離，調整輸出 PWM
    # 數值限縮在最低與最高限度之間
    dist = max(minDist, min(dist, maxDist))
    pwm = (dist-minDist) / (maxDist - minDist) * 1024
    pin.duty(pwm);              # 控制指定腳位的 PWM 輸出

while True:
    try:
        dist = sr04.distance()
        print('Distance:', dist, 'cm')

        if dist < limitDist:  # 若距離在指定範圍內，才需要調整亮度
            setPWM(dist, led)

    except Exception as e
        print(e.args[0])

    time.sleep(1)
```

實驗結果：在 10cm~30cm 檢測範圍之內，LED 燈的亮度會隨著距離變化。

13-3 控制馬達正反轉的 H 橋式馬達控制電路

第 9 章的「電晶體馬達控制電路」只能控制馬達的開、關和轉速，無法讓馬達反轉。許多自動控制的場合都需要控制馬達的正、反轉，以底下的履帶車為例，若兩個馬達都正轉，車子將往前進；若左馬達正轉、右馬達反轉，履帶車將在原地向右迴轉：

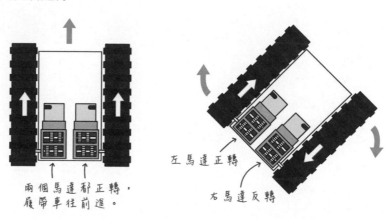

兩個馬達都正轉，
履帶車往前進。

左馬達正轉

右馬達反轉

控制馬達正反轉的電路稱為 **H 橋式 (H-bridge) 馬達控制電路**，因為開關和馬達組成的線路就像英文字母 H 而得名。當開關 A 和 D 閉合 (ON) 時，電流將往指示方向流過馬達；當開關 B 與 C 閉合 (ON) 時，電流將從另一個方向通過馬達：

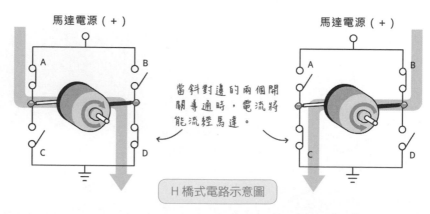

馬達電源 (+)

A   B

當斜對邊的兩個開
關導通時，電流將
能流經馬達。

C   D

馬達電源 (+)

A   B

C   D

H 橋式電路示意圖

馬達旋轉時，突然切斷所有開關，馬達將依慣性旋轉，直到摩擦力使之停止。

這種停止方式又稱為「自由運轉（free-run）」。

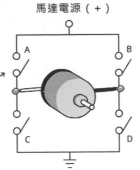

馬達電源（+）

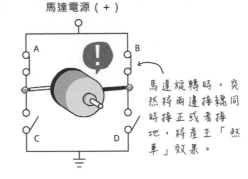

馬達電源（+）

馬達旋轉時，突然將兩邊接線同時接正或者接地，將產生「煞車」效果。

需要留意的是 A, C 或者 B, D 這兩組開關絕對不能同時開啟，否則將導致短路！

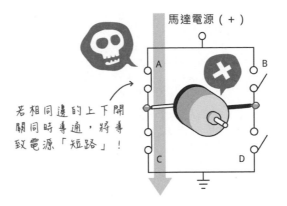

馬達電源（+）

若相同邊的上下開關同時導通，將導致電源「短路」！

電路示意圖裡的開關，可以替換成電晶體。底下是用四個 NPN 型電晶體構成的 H 橋式控制電路：

電路裡的電晶體代號通常用字母 Q 開頭。

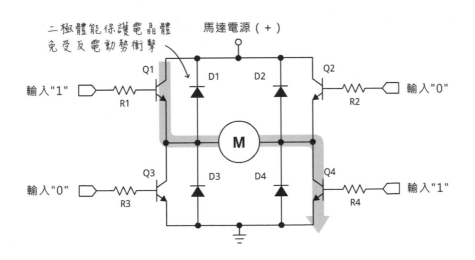

二極體能保護電晶體免受反電動勢衝擊

馬達電源（+）

輸入"1"   Q1   D1   D2   Q2   輸入"0"
R1   R2

M

輸入"0"   Q3   D3   D4   Q4   輸入"1"
R3   R4

下圖是比較常見的 H 橋式控制電路，採用 NPN 和 PNP 電晶體配對，電晶體的 Q1, Q3 以及 Q2, Q4 的基極個別相連，因為 NPN 電晶體是在「高電位」導通，PNP 則是在「低電位」導通：

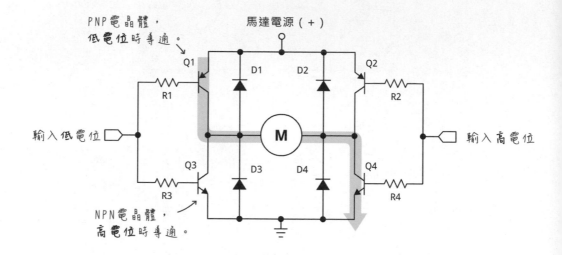

使用專用 IC（TB6612FNG）控制馬達

除了用電晶體自行組裝 H 橋式電路，市面上也有許多馬達專用驅動和控制 IC，例如 ULN2003A, L298N 和 TB6612FNG。TB6612FNG 是東芝生產的馬達驅動與控制 IC，和另一款常見的 L298N 一樣，IC 內部包含兩組 H 橋式電路，可驅動和控制兩個小型直流馬達。這兩個馬達控制板的主要規格比較如下，TB6612FNG 控制板比較嬌小、不用散熱片，而且晶片的工作電壓有支援 3.3V，所以本文選用 TB6612FNG：

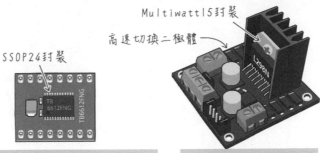

Multiwatt15封裝
高速切換二極體
SSOP24封裝

	TB6612FNG直流馬達驅動板	L298N直流馬達驅動板
馬達工作電壓	2.5V~13.5V	4.5V~46V
晶片工作電壓	2.7V~5.5V	4.5V~7V
單一通道輸出電流	1.2A（極限3.2A）	2A（極限3A）
H橋式電路元件	MOSFET	BJT電晶體
高速切換二極體	晶片內建	外接
高溫保護電路	有	有
效率	91.74%	39.06%

馬達供電6V情況下，輸出功率與輸入功率的比值。

底下是一款常見，也是最精簡的 TB6612FNG 直流馬達驅動模組：

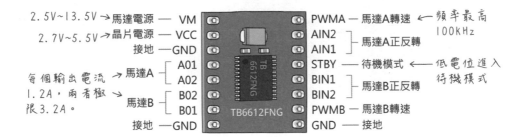

2.5V~13.5V → 馬達電源 — VM
2.7V~5.5V → 晶片電源 — VCC
接地 — GND
每個輸出電流 → 馬達A { A01 / A02
1.2A，兩者極 限3.2A。 → 馬達B { B02 / B01
接地 — GND

PWMA — 馬達A轉速 ← 頻率最高 100KHz
AIN2 / AIN1 } 馬達A正反轉
STBY — 待機模式 ← 低電位進入 待機模式
BIN1 / BIN2 } 馬達B正反轉
PWMB — 馬達B轉速
GND — 接地

某些板子配有直流電壓轉換器替馬達驅動 IC 供電，有的板子具有防止反接馬達電壓的電路，這些 TB6612FNG 板的連接電路和操控方式都一樣。一組馬達都有三個控制接腳，用以控制轉速和正反轉。表 13-1 列舉控制「馬達 A」的輸入和輸出關係，1 代表高電位，0 代表低電位：

表 13-1

輸入			輸出		模式說明
AIN1	AIN2	STBY	AO1	AO2	
1	1	1	0	0	煞車（short brake）
0	1	1	0	1	逆時針方向旋轉
1	0	1	1	0	順時針方向旋轉
0	0	1	0	0	停止（stop）
0	0	0	0	0	待機（standby）

在需要精確定位的場合，可以將兩個輸入訊號反轉，造成「煞車」效果。

在移動的狀態下，突然停止供電，物體將維持移動慣性，藉摩擦力停止。

底下是 TB6612FNG 板和 D1 mini 的接線示範，扣除序列埠，控制板只剩 3 個數位腳可用，因此，不推薦這種接線方式：

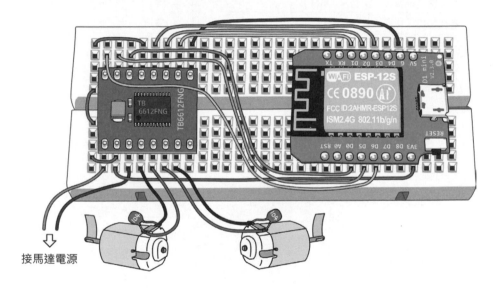

接馬達電源

13-4 WEMOS 馬達擴展板

WEMOS Motor Shield（以下稱為「WEMOS 馬達擴展板」）是 WEMOS 公司推出的直流馬達控制板，馬達驅動 IC 是 TB6612FNG，外加一個 I²C 通訊轉換介面 IC，所以只佔用控制板的兩個數位腳，這個馬達擴展板的方塊簡圖如下：

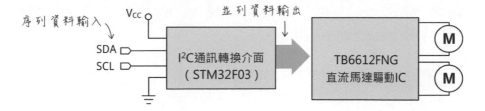

底下是 WEMOS 馬達擴展板的外觀和接腳,負責 I²C 通訊轉換的 IC 是一個 32 位元的微控器,馬達接在控制板右側的接腳,左邊接腳用於燒錄微控器的韌體,通常用不到(參閱下文說明):

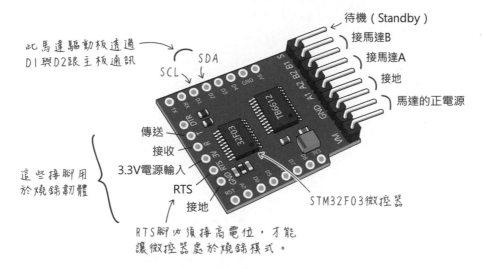

WEMOS 馬達擴展板的插槽設計和 D1 Mini 板相容,但請留意控制板的 I²C 介面佔用了 D1 和 D2 接腳,所以這兩個接腳不能再接除 I²C 設備之外的裝置:

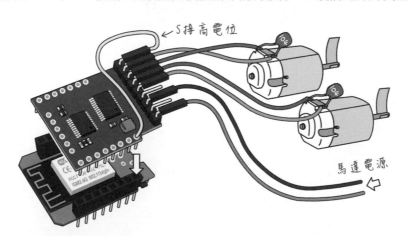

這個馬達控制板的 I²C 位址預設是 0x30，位址可透過控制板背面的焊接點來改變，只是更改過程需要使用電烙鐵：

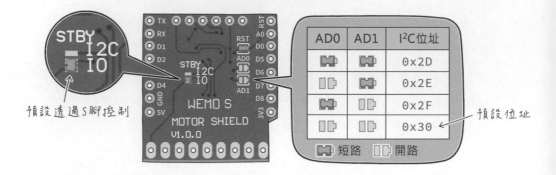

預設透過 S 腳控制

AD0	AD1	I²C位址
		0x2D
		0x2E
		0x2F
		0x30

■ 短路　　■ ■ 開路

預設位址

⚡ I²C 轉換介面 IC

聽起來很不可思議，但這個馬達控制板真的使用一個 32 位元微控器來充當 I²C 轉換介面。STM32F030F4 微控器內建 48MHz ARM Cortex-M0 處理器、16KB 快閃記憶體、4KB SRAM、15 個 GPIO（包含 USART、I²C 和 SPI 序列介面）和一個 ADC（類比數位轉換器），效能比 Arduino Uno 控制板上面的 8 位元微控器強大。

有一款常見、專門用於 I²C 轉並列介面的 IC，型號是 PCA8574，如果你買過 I²C 介面的文字型 LCD 顯示器，那它上面的通訊 IC 八成是 PCA8574。1602 文字型 LCD 顯示器預設採用並列介面，需佔用微控器的多個數位接腳，但只要替它加上一個並列轉 I²C 序列板，可精簡它與微控板之間的接線：

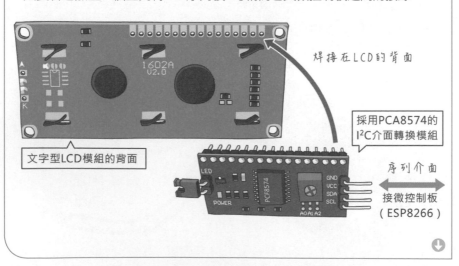

焊接在 LCD 的背面

文字型 LCD 模組的背面

採用 PCA8574 的 I²C 介面轉換模組

序列介面

接微控板 （ESP8266）

既然市面上有 I²C 專屬的通訊轉換 IC，為何 WEMOS 馬達控制板要使用 32 位元微控器呢？我查了一下晶片的報價，在電子零組件採購網站 digikey.com，PCA8574 每次最少的採購數量是 2500 個，平均單價每個美金 $0.6048 元（約台幣 18 元）：

採購數量與單價

同樣在 digikey.com 網站，STM32F030F4 微控器若一次採購 1000 個，平均單價每個美金$0.621 元；如果一次採購 2500 個，單價說不定低於 PCA8574！

跟專用 IC 相比，微控器還需要工程師撰寫程式才能運作，不像 PCA8574 只要裝上去就能用了。但是對於一個專門製造微電腦控制板的公司來說，開發一個 I²C 通訊程式易如反掌～所以當微控器價格越來越低廉，類似這種取代專門 IC 的情況也會更常見。

這有點類似你準備幾千元的預算購買一台輕便型的數位相機，逛了 3C 賣場，結果買了智慧型手機。因為手機上至少有兩個鏡頭，讓你外拍美麗，自拍也漂亮，另外「附贈」通話、無線上網、MP3 播放器、收音機、電玩遊戲...等功能，還送你耳機，說不定價格比數位相機便宜。

控制 WEMOS 馬達擴展板的程式庫

撰寫本書時，WEMOS 公司只為這個馬達擴展板提供 Arduino 程式庫，筆者參考它的原始碼，用 MicroPython 改寫了驅動程式庫，檔名是 wemotor.py，請先將此程式庫上傳到 MicroPython 控制板：

關於這個驅動程式的分析和寫法，請參閱下文「位移和邏輯運算子」一節 。 wemotor.py 包含一個 Motor 類別，請先透過底下的語法建立一個「馬達」物件：

```
馬達物件 = wemotor.Motor(馬達編號, I2C 物件)
```

其中的馬達編號值為 0 或 1，或寫成 wemotor.A 或 wemotor.B，分別代表控制馬達 A 或 B。底下敘述將建立一個控制馬達 A 的物件，叫做 motorA：

```
from machine import I2C, Pin
import wemotor

i2c = I2C(scl=Pin(5), sda=Pin(4), freq=100000)
motorA = wemotor.Motor(wemotor.A, i2c)
```

Motor 類別中，控制馬達轉向和轉速的方法叫做 setMotor：

```
setMotor(控制參數, 轉速)
```

其中的「轉速」值介於 0~100 (支援小數點)，「控制參數」可以是表 13-2 列舉的任一常數或數字，「待機」代表令馬達控制器進入省電的「睡眠」模式。

表 13-2

控制參數	代表值	說明
BRAKE	0	煞車
CCW	1	逆時針方向旋轉
CW	2	順時針方向旋轉
STOP	3	停止
STANDBY	4	待機

例如，這個敘述能令 motorA 馬達物件，以 50% 轉速朝順時針方向旋轉：

```
motorA.setMotor(wemotor.CW, 50)
```

如果你輸入了上面的程式碼，馬達卻都沒有轉動，很可能是因為馬達驅動板的製造商並沒有預先將「I²C 通訊轉換介面」的韌體燒入 STM32 微控器，所以馬達驅動板無法回應 I²C 訊息。這樣的話，請參閱底下的充電時間自行燒錄韌體。

燒錄 STM32 微控器的韌體

STM32 微控器的韌體是透過 USART 串列埠燒錄，馬達擴展板另一邊的序列埠和電源接腳，就是保留給燒錄韌體使用，其中的 RTS 腳與微控器的 Boot 0 接腳相連，Boot 0 平時接地，讓微控器始終處於「執行」狀態；將 Boot 0 接高電位，將置微控器於「燒錄韌體」狀態。

請準備一個具備 3.3V 電壓輸出的 **USB 轉 TTL 序列線**，示範接線如下：

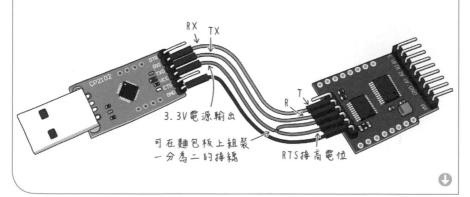

要留意的是，STM32 微控器的工作電壓範圍通常介於 1.8V~3.6V，因此 **USB 轉 TTL 序列線，請選用 3.3V 輸出的規格**，若連接 5V，可能會導致微控器故障。**除了電源，此 STM32 微控器的所有 I/O 腳都能承受 5V。**

如果你有 Arduino Uno 板，可以用它來取代 USB 轉 TTL 序列線。Arduino Uno 板子上面有 USB 轉 TTL 序列訊號的電路，也有 3.3V 穩壓輸出。連接示範如下，請將它的 Reset 接地，讓板子上的微控器處於「停止運作」狀態，接上電腦時，這個板子就只有 USB 轉序列埠的電路還在運作：

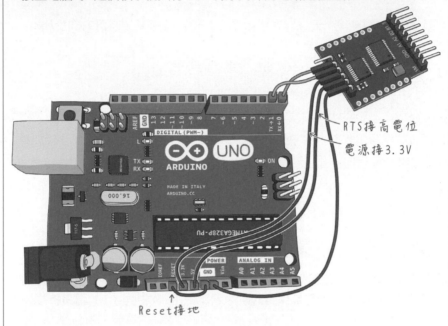

RTS接高電位
電源接3.3V

Reset接地

D1 mini 控制板上面也有 USB 轉 TTL 序列埠電路，可是它不能像 Arduino Uno 板這樣獨立分開來用，因為 D1 mini 板的 USB 晶片的 Reset 腳和 ESP8266 微控器的 Reset 相連（如下圖，省略中間的電晶體電路），若把 Reset 腳接地，這兩者將同時處於不運作狀態：

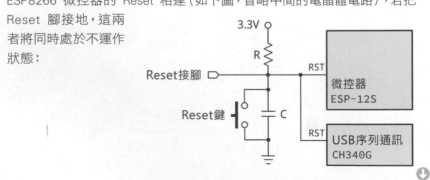

燒錄韌體的步驟如下：

1　下載燒錄韌體用的跨平台 STM32Flash 工具程式（https://sourceforge.net/projects/stm32flash/files/），並將它解壓縮。

2　複製編譯好的 motor_shield.bin 韌體檔案（收錄在範例檔中，原始碼網址：goo.gl/bYTQFy）。

STM32Flash 工具程式沒有圖像介面，為了方便操作，筆者把韌體檔複製到此工具程式的資料夾：

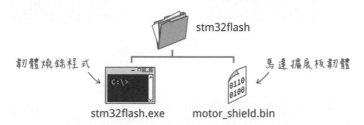

3　組裝好 USB 轉 TTL 電路並接上電腦。

4　開啟命令提示字元（終端機），瀏覽到 stm32flash 所在路徑。先執行底下的命令確認電腦能和 STM32 晶片通訊，只要它出現類似底下的回應，列舉微控器的 ID, RAM 與 Flash 記憶體容量，就表示連線正常：

```
D:\stm32flash> stm32flash COM9          請自行修改
stm32flash 0.5                          通訊埠名稱

http://stm32flash.sourceforge.net/

Interface serial_w32: 57600 8E1
Version      : 0x31
Option 1     : 0x00
Option 2     : 0x00
Device ID    : 0x0444 (STM32F03xx4/6)
- RAM        : 4KiB   (2048b reserved by bootloader)
- Flash      : 32KiB (size first sector: 4x1024)
- Option RAM : 16b
- System RAM : 3KiB
```

5 執行執行 -k 參數解鎖 STM32 微控器,讓它能接受新的韌體,命令執行後,最後出現 "Done" 訊息,代表解鎖完畢:

```
D:\stm32flash> stm32flash -k COM9
stm32flash 0.5                          請自行修改
                                        通訊埠名稱
http://stm32flash.sourceforge.net/
  :
Read-UnProtecting flash
Done.
```

6 執行底下的參數燒錄位於相同路徑裡的 motor_shield.bin 檔:

```
D:\stm32flash> stm32flash -f -v -w motor_shield.bin COM9
stm32flash 0.5                          韌體的檔名和路徑
  :
- System RAM : 3KiB
Write to memory
Erasing memory
Wrote and verified address 0x08000c2c (100.00%) Done.
```

動手做 13-3 自動迴避障礙物的自走車

實驗說明:採用 WEMOS 馬達擴展板以及超音波檢測器,製作一個遇到前方有障礙物時,能自動轉向的自走車。

實驗材料:

超音波感測器模組	1 個
WEMOS 馬達擴展板	1 個
採用雙馬達驅動的模型玩具或 DIY 小車套件	1 個

齒輪箱/滑輪組和動力模型玩具

除了電風扇、吹風機、電鑽等電器,直接把負載(如:風扇)和馬達相連,多數的動力裝置都會採用齒輪箱、滑輪等裝置來降低馬達的轉速,藉以**改變動力輸出方向、減速**及**增加扭力**。

齒輪組是屬於精密機械,不太容易手動組裝,建議買現成的或者從玩具裡面拆下來。在拍賣網站或某些電子材料行,也可以買到包含小型馬達、齒輪箱和選擇性的輪胎:

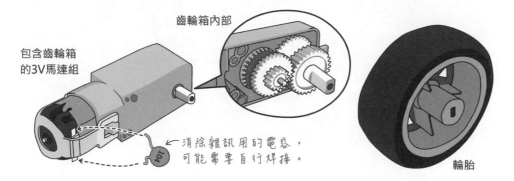

包含齒輪箱的3V馬達組　　齒輪箱內部　　消除雜訊用的電容,可能需要自行焊接。　　輪胎

> 速度和扭力呈現等比例關係變化,假設馬達的每分鐘轉速為 7000,扭力 6.0 g·cm;經減速 1/10 之後,速度降為 700 r/min,扭力將提昇 10 倍為 60 g·cm(實際情況會受機械摩擦等因素影響)。

也可以買到像下圖包含底盤與支架的「小車 DIY 套件」,玩家可自行加裝感測器和微電腦板,就變成了機器人或自走車:

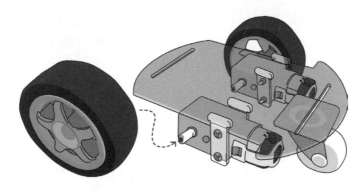

此外,讀者也能改造現有的動力玩具,例如,遙控車/船、電動吹泡泡機、電動槍...等,免除組裝機械裝置的困擾並且體驗改造的樂趣。

自走車的硬體與軟體

請依照下圖組裝硬體（馬達請用外接電源），由於每個模型動力玩具的改裝方式不太一樣，因此下圖僅呈現最原始的樣式，測試完畢後，馬達前端可能接輪胎或履帶，而整個電路也許安裝在玩具的底盤上：

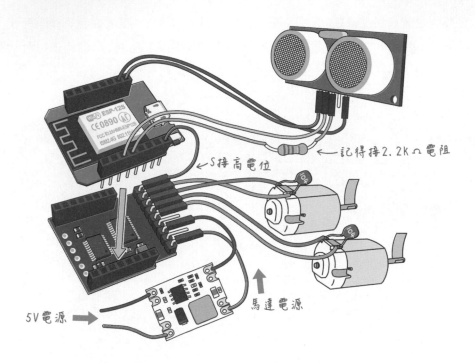

實驗程式：自動迴避障礙物的程式，主要考量如下圖所示。當自走車偵測到前方 10cm 以內有障礙物時，就右轉，直到 10cm 內沒有障礙物再前進。讀者可以嘗試結合隨機指令，讓它遇到障礙物時，隨機決定向左或向右轉：

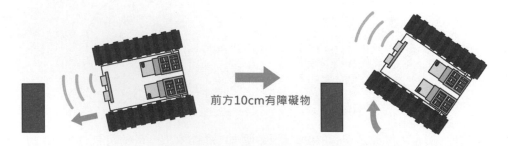

前方10cm有障礙物

程式首先定義超音波與馬達相關物件，以及轉向控制函式：

```python
from machine import I2C, Pin
from hcsr04 import HCSR04
import wemotor
import time


dir = 0          # 記錄行進狀態，0 代表「前進」，1 代表「右轉」
limitDist = 10   # 距離上限 10 公分
sr04 = HCSR04()  # 建立超音波物件

i2c = I2C(scl=Pin(5), sda=Pin(4), freq=100000)
motorA = wemotor.Motor(wemotor.A, i2c) # 建立馬達 A 物件
motorB = wemotor.Motor(wemotor.B, i2c) # 建立馬達 B 物件


def stop():      # 停止
    motorA.setMotor(wemotor.STOP)
    motorB.setMotor(wemotor.STOP)


def forward():   # 前進
    motorA.setMotor(wemotor.CW)
    motorB.setMotor(wemotor.CW)


def turnRight():# 右轉
    motorA.setMotor(wemotor.CW)
    motorB.setMotor(wemotor.CCW)
```

底下是主程式迴圈，它將每隔一秒鐘檢查一次距離，並藉此判斷行走方向：

```python
while True:
    try:
        dist = sr04.distance()  # 讀取距離值
    except Exception:
        dist = 400              # 若超過檢測範圍，則預設為 400 公分

    if dist > limitDist:     # 若距離超過 10 公分
        if dir != 0:         # 若目前不是「前進」狀態
            stop()           # 先停止馬達 0.5 秒
```

```
        dir = 0
        time.sleep(0.5)

    forward()       # 前進
else:               # 若距離小於 10 公分
    if dir != 1:    # 若目前不是「右轉」狀態
        stop()      # 先停止馬達 0.5 秒
        dir = 1
        time.sleep(0.5)

    turnRight()     # 右轉

time.sleep(1)
```

實驗結果：上傳程式碼執行之後，兩個馬達將開始正轉。若用手遮擋在超音波感測器前方，兩個馬達首先暫停 0.5 秒，接著，A 馬達將持續正轉，B 馬達則會反轉；若前方無障礙物，兩個馬達首先暫停 0.5 秒，再一起正轉。

每次在切換馬達狀態之前先暫停 0.5 秒，可以避免馬達頻繁地正、反轉而導致壽命降低。

13-5 用 MicroPython 改寫 WEMOS 原廠的 Arduino 馬達驅動程式庫

從本單元將說明 MicroPython 版的 WEMOS 馬達擴展板驅動程式（wemotor. py 檔）原始碼的編寫過程，此程式碼涉及下列主題，將在底下各節說明：

● 設定 I²C 裝置的暫存器資料

● 使用 ustruct 程式庫封裝二進制資料

● 操作位元 (bit) 資料：位移和邏輯運算

在第 11 章「動手做 11-1」單元，程式透過 writeto() 送出想要讀取的通道編號，再透過 readfrom() 讀取傳回值：

底下是馬達擴展板的硬體架構方塊圖。I²C 通訊晶片裡面有兩個**暫存器（register，IC 內部的記憶體）**，分別用於儲存 A 和 B 馬達的控制狀態。每個暫存器都有唯一的識別「位址」，如果要控制馬達 A，程式需要將轉速和轉向資料傳入 0x10 位址的暫存器，此 I²C 通訊晶片就會自動產生對應的 PWM 訊號，從並列埠輸出給馬達驅動 IC：

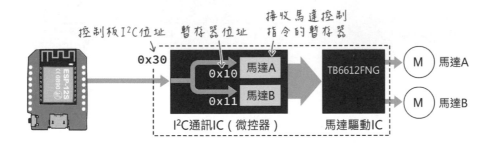

上面的方塊圖是透過閱讀 WEMOS 公司提供的 Arduino 程式庫原始碼推敲出來的。底下是 Arduino 程式庫的控制馬達轉向和轉速的程式片段，讀者不用理會它的語法，但從中可以看出控制此模組的程式運作邏輯：

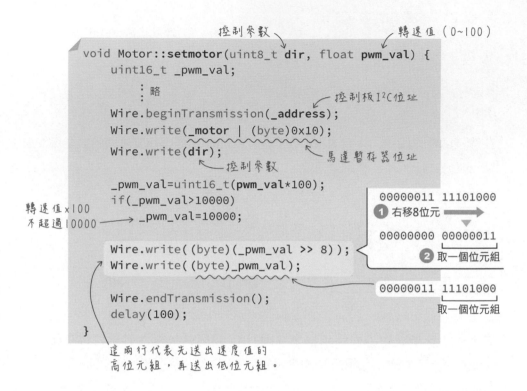

```
void Motor::setmotor(uint8_t dir, float pwm_val) {
    uint16_t _pwm_val;
          ⋮ 略
    Wire.beginTransmission(_address);
    Wire.write(_motor | (byte)0x10);
    Wire.write(dir);

    _pwm_val=uint16_t(pwm_val*100);
    if(_pwm_val>10000)
        _pwm_val=10000;

    Wire.write((byte)(_pwm_val >> 8));
    Wire.write((byte)_pwm_val);

    Wire.endTransmission();
    delay(100);
}
```

控制參數

轉速值（0~100）

控制板I²C位址

馬達暫存器位址

控制參數

轉速值×100
不超過10000

```
00000011 11101000
❶ 右移8位元  ➡
00000000 00000011
❷ 取一個位元組
```

```
00000011 11101000
```
取一個位元組

這兩行代表先送出速度值的
高位元組，再送出低位元組。

上面的程式執行 beginTransmission() 聯繫指定位址的 I²C 裝置之後，陸續透過
write() 發出 4 個位元組資料，「轉速」值分兩個位元組傳送：

指定馬達A或B   進、退或停止   高位元組先傳

傳給位址0x30 ◀ | 暫存器位址 | 狀態碼 | 轉速 | 轉速 |

Arduino 程式庫原始碼的註解裡面有提到，馬達狀態碼是數字 0~4（參閱下
圖左），而上面程式第一行函式定義裡的轉速（pwm_val）參數，在函式中被
乘上 100，最高值不超過 10000。以轉速值 1000 為例，換算成 16 進制值為
0x03e8：

馬達狀態碼	
煞車	0
順時針旋轉	1
逆時針旋轉	2
停止	3
睡眠	4

馬達轉速值　　　最高值10000

10進制	1000

2進制　　0000 0011 1110 1000

16進制	0	3	e	8

位元組1　　位元組0

用 writeto() 和 writeto_mem() 傳遞資料給 I²C 週邊

綜合以上資訊，我們就能開始用 MicroPython 來控制馬達驅動板了。請先在終端機輸入底下的敘述，建立 I²C 物件：

```
🖳 COM3 - PuTTY                                        _ □ ✕
>>> from machine import I2C, Pin
>>> i2c = I2C(scl=Pin(5), sda=Pin(4), freq=100000)
```

然後輸入這個敘述，令馬達 A 以轉速 1000、**逆時針方向**旋轉：

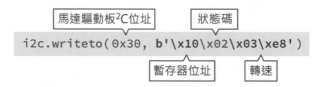

馬達驅動板²C位址　　狀態碼

`i2c.writeto(0x30, b'\x10\x02\x03\xe8')`

暫存器位址　　轉速

輸入底下的敘述，將停止馬達 A：

`i2c.writeto(0x30, b'\x10\x02\x00\x00')`　　轉速值為0

這個敘述會讓馬達 A 以 500（**0x01f4**）轉速值，**順時針方向**旋轉：

`i2c.writeto(0x30, b'\x10\x01\x01\xf4')`

除了 writeto() 方法，MicroPython 還具有**設定 I²C 裝置裡的暫存器資料**的 writeto_mem() 方法，語法如下：

位元組陣列格式

I2C物件.**writeto_mem**(I²C裝置位址，暫存器位址，資料)

13-33

跟上文的 writeto() 相比，這個指令把「暫存器位址」從資料獨立出來，變成一個明確的參數。使用 write_mem() 操控馬達驅動板的範例：

```
         裝置I²C位址              狀態碼
i2c.writeto_mem(0x30, 0x10, b'\x02\x03\xe8')
            暫存器位址            轉速
```

```
i2c.writeto_mem(0x30, 0x10, b'\x02\x00\x00')   ← 停止馬達A
```

```
i2c.writeto_mem(0x30, 0x10, b'\x01\x01\xf4')   ← 順時針方向轉速500
```

使用 ustruct 模組封裝二進制資料

在 I²C 匯流排傳送的資料都是位元組格式，除了手動將暫存器位址、狀態碼和轉速等資料打包成一個位元組陣列，也可以用如下的 bytes 和 bytearray 敘述來打包資料：

```
                 打包3個位元組資料
       bytes([2, 0, 0])    ➡  b'\x02\x00\x00'

    bytearray([2, 0, 0])   ➡  bytearray(b'\x02\x00\x00')
```

超過 255 的整數，可以透過**整數（int）類型物件的 to_bytes() 方法**轉換成位元組陣列。此方法需要兩個參數，第一個參數是位元組數，第二個參數則是代表位元組排列順序的 'big' 或 'little' 參數（參閱下文「大頭派 VS 小頭派」一節）：

```
x = 1000
                    包裝成2位元組                      高位元組在前
x.to_bytes(2, 'big')    ➡     b'\x03\xe8'
                    包裝成3位元組
x.to_bytes(3, 'big')    ➡     b'\x00\x03\xe8'
                    包裝成2位元組
x.to_bytes(2, 'little')    ➡     b'\xe8\x03'
                                                   低位元組在前
```

此外，Python 3 具有一個可靈活打包位元組陣列的 struct 程式庫，MicroPython 的版本稱為 ustruct，我們將使用到其中的三個方法指令：

● pack：依照指定的格式，把資料封裝成位元組陣列。

● unpack：依照指定格式解析位元組陣列，將它還原成原始資料。

● calcsize：計算封裝資料的位元組大小

假設要將 2 和 1000 兩筆資料封裝成位元組陣列，首先要知道這兩筆資料佔用的位元組大小：

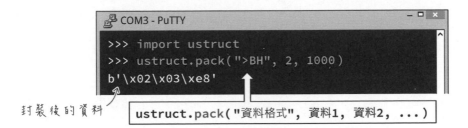

使用 pack() 函式封裝資料的示範如下：

```
>>> import ustruct
>>> ustruct.pack(">BH", 2, 1000)
b'\x02\x03\xe8'
```

封裝後的資料

ustruct.pack("資料格式", 資料1, 資料2, ...)

表 13-3 列舉 ustruct 支援的格式，每個格式都有一個代表符號，代表「大派頭」的大於符號，請參閱下一節說明：

表 13-3

格式符號	格式說明	位元組數	數值範圍
c	字元	1	單一字元，如：'a'
b	帶正負號字元	1	整數 -128~127
B	無正負號字元	1	整數 0~255
?	布林值	1	True 或 False
h	帶正負號短整數	2	整數 -32, 768 ~ 32, 767
H	無正負號短整數	2	整數 0 ~ 65, 535
i	帶正負號整數	4	整數 -2, 147, 483, 648 ~ 2, 147, 483, 647
l	無正負號整數	4	整數 0 ~ 4, 294, 967, 295
f	浮點數	4	可表達至小數點後 6 位的小數
s	字串	1	

底下敘述將封裝一個長度為 5 個字元的字串：

5 個字元的字串　　第 5 個字之後的內容將被忽略

大頭派 VS 小頭派

就像人類的文字，有直式、橫式（從左到右或相反）等不同的寫法，電腦在寫入、讀取和傳送資料時，也分成「高位元」先傳或者「低位元」先傳不同的排列順序，不同作業系統或者週邊 IC，可能有不同的資料排列方式。

以數字 1000（16 進制 0x03e8）為例，有些電腦會先存入 03，再存入 e8；有些則先存入 e8。高位元先存的型式，稱為「**大頭派（Big-Endian）**」；低位元組先存的型式，稱為「**小頭派（Litle-Endian）**」：

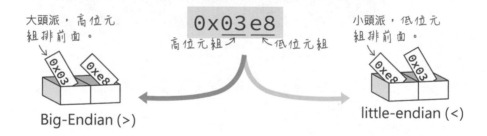

平常我們不用在意電腦的資料儲存順序，因為作業系統會幫我們打理好，但是與週邊設備通訊時，就需要留意並適時調整資料傳遞順序。表 13-4 列舉 ustruct 模組支援的常見位元組順序：

表 13-4

符號	位元組順序
<	Little-endian
>	Big-endian
!	網路（Big-endian）

以數字 1000 為例，大頭派、小頭派和系統預設的封裝結果如下：

Big-Endian（大頭派）

```
ustruct.pack('>H', 1000)  ➡  b'\x03\xe8'

ustruct.pack('<H', 1000)  ➡  b'\xe8\x03'

ustruct.pack('H', 1000)   ➡  b'\xe8\x03'
```

系統預設（小頭派）

綜合以上說明，以「大頭派」格式封裝數字 2 和 1000 的語法：

高位元組在前　第2個資料佔2位元組

$$\text{ustruct.pack}("\!>\!BH", 2, 1000)$$

第1個資料佔1位元組

由於第一個數字沒超過 127，第二個數字沒超過 32, 767，因此上面的敘述也可以寫成：

```
ustruct.pack(">bh", 2, 1000)
```

讀者可以在終端機中嘗試 utracut 的 pack(), unpack() 和 calcsize() 方法，封裝、還原和查看封裝資料的大小：

封裝資料 ➜
還原資料 ➜
查看封裝資料
佔用的位元組數 ➜

```
COM3 - PuTTY

>>> data = ustruct.pack(">BH", 2, 1000)
>>> data
b'\x02\x03\xe8'
>>> ustruct.unpack(">BH", data)
(2, 1000)
>>> ustruct.calcsize('>BH')
3
```

自行編寫 I²C 馬達驅動程式

本節將重點說明編寫 I²C 馬達驅動程式檔（wemotor.py），這個檔案包含一個 Motor 類別定義：

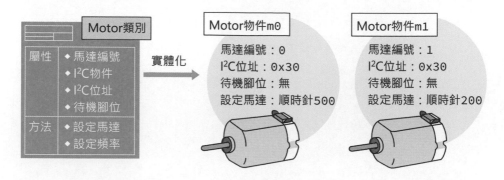

wemotor.py 程式碼一開始先定義了一些常數:

```
A = const(0)          # 馬達 A 位址編號
B = const(1)          # 馬達 B 位址編號

# 定義馬達控制參數
BRAKE = const(0)      # 煞車
CCW = const(1)        # 逆時針 (Counterclockwise) 方向旋轉
CW = const(2)         # 順時針 (Clockwise) 方向旋轉
STOP = const(3)       # 停止
STANDBY = const(4)    # 待機
```

底下是 Motor 類別的主體與建構函式,除了馬達編號和 I²C 物件,每個參數都有預設值:

```
                  馬達編號    I²C物件    I²C位址      PWM頻率      待機腳位
class Motor:
    def __init__(self, motor, i2c, address=0x30, freq=1000,
                                              standbyPin=None):

        if motor==A:
            self.motor=A          如果馬達編號不是0(A),
        else:                     就設定成1(B)。
            self.motor=B

        self.i2c = i2c
        self.address = address    把I²C物件、位址和待機
        self.standbyPin = standbyPin   腳位編號存入物件屬性。

        if standbyPin is not None:    ← 若有指定「待機腳位」,
            standbyPin.init(standbyPin.OUT, 0)   則將該腳設成「輸出」,
                                                 並且輸出低電位。

        self.setFreq(freq)   ← 設定PWM頻率
```

本單元的馬達控制板「待機腳位」始終接在高電位，也就是沒有使用到待機功能。底下是設定 PWM 頻率的 setfreq() 方法，同樣改寫自 WEMOS 原廠的 Arduino 驅動程式，它將傳送 4 個位元組資料，前兩個值都是 0：

```
def setfreq(self, freq):
    self.i2c.writeto_mem(self.address, 0x00, ↵
        ustruct.pack(">BH", 0x00, freq))
```

底下是設定馬達運轉狀態的 setMotor() 方法的原始碼。其中使用到位元資料操作的指令，相關說明請參閱下文：

控制碼　　轉速值

```
def setMotor(self, dir, pwm_val):
    _pwm_val = abs(pwm_val) * 100
                     └── 取絕對值
    if _pwm_val > 10000:
        _pwm_val = 10000

    if dir not in range(0,5):
        dir = 3

    self.i2c.writeto_mem(self.address, self.motor | 0x10,
        ustruct.pack(">BH", dir, _pwm_val))
```

這行 if 敘述等同：
if dir < 0 or dir > 4:

若「控制碼」不是 0~4，則預設為 3（停止）

motor 屬性值為 0 或 1，跟 0x10 做位元 OR 運算後產生 0x10 或 0x11 的暫存器位址。

13-6 位移和邏輯運算子

MicroPython 具有一組操作位元 (bit) 資料的指令，其中**位移 (shift)** 運算子可以將資料裡的所有位元向右或向左移動，空缺的部分補上 0。位元運算子也用於取代乘、除運算，執行效率比較好。

> 若持續執行位移，結果所有的位元都將是 0。

10進制數字	2進制原始值	位移後（2進制）	位移結果
1 << 1	00000001	00000010	2
1 << 2	00000001	00000100	4
1 << 3	00000001	00001000	8
48 >> 1	00110000	00011000	24
48 >> 2	00110000	00001100	12

左移1位相當於乘2

右移1位相當於除2

讀者可以在電腦的 Python 3 環境中嘗試 Python 3 的位移語法：

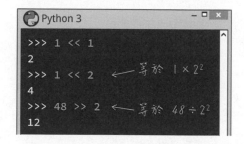

位元邏輯運算子

位元邏輯運算子常用於篩選、結合或反轉二進制資料。假設程式中定義了如下 a, b 兩個位元資料，表 13-5 列舉了這兩個資料的位元邏輯運算結果：

```
a = 0b10000011
b = 0b11101000
```

表 13-5

運算子	說明	範例
&	位元 AND「且」運算	**a & b 結果**：0b10000000（10 進制：128）
|	位元 OR「或」運算	**a | b 結果**：0b11101011（10 進制：235）
^	位元 XOR「互次或」運算	**a ^ b 結果**：0b01101011（10 進制：107）
~	位元一補數運算	**~a 結果**：-0b10000100（10 進制：-132）

其中的 **~（一補數）運算子**，會傳回把資料加 1，再冠上負號，底下是兩個數字
分別執行 ~（一補數）運算的結果，數字 8 將變成 -9：

實際在終端機中測試 Python 敘述的結果：

```
Python 3                                                    _ □ ✕
>>> a = 8
>>> bin(a) ←──── bin()函式可將數字轉成2進制（binary）字串
'0b1000'
>>> bin(~a)
'-0b1001'
```

透過位元邏輯 AND（&）和 >>（右移）運算子篩選資料

位元邏輯 AND（&）運算經常用於「篩選」特定的位元，像第 16 章「認識網路
與 IP 位址」一節的子網路遮罩。假設程式要從數字 1000 中，分別取出高位
元組和低位元組，就要用到 & 和右移運算子，底下的敘述將取出 1000（10 進
制）的低位元組：

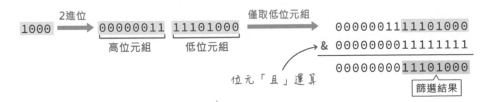

底下則是取出高位元組的步驟。篩選之前，先將資料右移 8 位元：

```
0000001111101000  ──→  0000000000000011  ──→      00000011
└──┬──┘                                         & 11111111
 高位元組               右移8位元                   00000011
```

實際在終端機中測試 Python 敘述的結果：

```
Python 3                          _ □ x
>>> bin(1000 & 0xff)
'0b11101000'
>>> bin(1000 >> 8 & 0xff)
'0b11'  ←── 轉成2進制字串
```

```
Python 3                          _ □ x
>>> hex(1000 & 0xff)
'0xe8'
>>> hex(1000 >> 8 & 0xff)
'0x3'  ←── 轉成16進制字串
```

反轉當前狀態的 XOR 運算

XOR（互斥或）運算子用於**比較兩個位元是否不同**：兩者不同為 1、相同則為 1。如果要反轉每一個資料位元，需要把資料和相同位數的 1 做 XOR 運算：

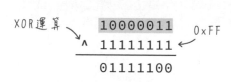

XOR運算 ↘ 10000011 ← 0xFF
^ 11111111
─────────
01111100

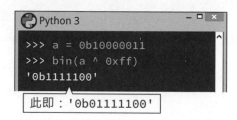

```
Python 3                          _ □ x
>>> a = 0b10000011
>>> bin(a ^ 0xff)
'0b1111100'
```

此即：'0b01111100'

同樣地，反轉當前狀態的程式，也能用 XOR 敘述。以閃爍 LED 為例，底下的程式碼將不停地讀取第 2 腳的值，將它反相之後，設定給第 2 腳，因此 LED 將不斷閃爍：

```python
from machine import Pin
import time

led = Pin(2, Pin.OUT)

while 1:
    led.value(led.value() ^ 1)
    time.sleep(0.5)
```

讀取led腳的值，
和1做XOR運算。

01110

製作 GPS 軌跡
記錄器

14-1 讀取與設定本機時間

UNIX/Linux 作業系統的時間是以「新紀元時間 (Epoch)」為基準,以秒為單位,新紀元時間是協調世界時 (UTC) 1970 年 1 月 1 日 0 時 0 分 0 秒。MicroPython 控制板的「新紀元時間」則是 UTC 時間 2000 年 1 月 1 日 0 時 0 分 0 秒,每次開機,控制板的系統時間就會被重置為新紀元時間。

MicroPython 的 time (或 utime) 程式庫提供操作時間相關的函式,底下列舉一些 time 模組的函式:

● **time()**:傳回自開機以來,經過時間**秒數** (整數值)。

● **localtime(秒)**:把秒數轉換成基於新紀元時間的年、月、日、時、分、秒、週、天,共 8 個元組格式資料。

● **mktime()**:跟 localtime() 相反,這個函式可將年、月、日...等 8 個元組的時間格式轉換成秒數。

● **ticks_ms()**:傳回自開機以來,經過時間**毫秒數** (整數值)。

● **ticks_us()**:傳回自開機以來,經過時間**微秒數** (整數值)。

● **ticks_add(時間, 數值)**:將經過的毫秒或微秒,與指定的整數相加。

● **ticks_diff(時間 1, 時間 2)**:兩個毫秒或微秒的時間差,請參閱「動手做 10-5:拍手控制開關改良版」範例。

底下是連接 MiroPython 板,在終端機執行 time 函式的測試:

執行 time 模組的 time() 函式

```
COM3 - PuTTY
>>> import time
>>> now = time.time()
>>> now
5201314
>>> time.localtime(now)
(2000, 3, 1, 4, 48, 34, 2, 61)
```

傳回自開機時間到現在的秒數，
開機時間是 2000-01-01 00:00:00 UTC

將秒數轉換成日期

從中可看出 MicroPython 的新紀元時間，以及 localtime() 的時間元組格式：

1~12　　1~31　0~23　0~6（週一是 0）　1~366，代表一年中的第幾天。

(2000, 3, 1, 4, 48, 34, 2, 61)

年　　月　　日　　時　　分　　秒　　週　　天

把日期時間轉換成秒數的 mktime() 函式也採相同的格式，例如，2020 年的聖誕節當天是星期五，也是一年的第 360 天，底下的敘述可以取得當天某個時間的秒數：

元組格式參數　　　　　　　　　　　　星期五

time.mktime((2020, 12, 25, 18, 50, 40, 4, 360))

年　　月　　日　　時　　分　　秒　　週　　天

傳回 ➡ 662237440

其實，**若不知道某一天是星期幾或者一年的第幾天也一樣可以取得正確的秒數，並轉回日期時間資料，「週」和「天」填入 0 即可。**請在終端機執行底下的程式測試：

```
COM3 - PuTTY
>>> import time
>>> t = time.mktime((2020,12,25,18,50,40,0,0))
>>> t
662237440
>>> time.localtime(t)
(2020, 12, 25, 18, 50, 40, 4, 360)
```

週和天都輸入 0

還原成日期時間

下一節的程式將透過取得某日某時的秒數這項功能，來計算出正確的台北時間。

在 OLED 螢幕顯示 GPS 定位的台北時間

實驗說明：延續「動手做 7-2：連接 GPS 模組」的 GPS 衛星定位模組與程式，本單元將加入 OLED 螢幕，顯示從 GPS 接收到的日期、時間以及經緯度。

實驗材料：

採 UART 序列介面的 GPS 接收模組	1 個
0.96 吋 I²C 介面 OLED 顯示器	1 個

實驗電路：GPS 模組的接線延續第 7 章，OLED 顯示器接在預設的 I²C 腳，接線示範如下：

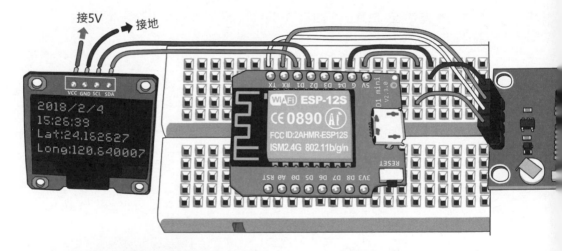

實驗程式：在程式開頭加入定義 OLED 顯示器接腳的變數，並在顯示器 (0, 30) 座標位置顯示 "GPS RUNNING..."（GPS 執行中...）的訊息：

```
from machine import Pin, I2C

i2c = I2C(scl=Pin(5), sda=Pin(4), freq=100000)
oled = ssd1306.SSD1306_I2C(128, 64, i2c)
```

```
oled.fill(0)
oled.text('GPS RUNNING...', 0, 30)
oled.show()
```

底下是在 OLED 顯示經緯度和時間的自訂函式，它接收經度、緯度、日期和時間 4 個參數：

```
def displayGPS(lat, long, today, now):
    lat = 'Lat: ' + lat      # 緯度值前面加上'Lat: '
    long = 'Long: ' + long   # 經度值前面加上'Long: '
    oled.fill(0)
    oled.text(today, 0, 0)   # 日期
    oled.text(now, 0, 10)    # 時間
    oled.text(lat, 0, 20)    # 經度
    oled.text(long, 0, 30)   # 緯度
    oled.show()
```

第 7 章提到，GPS 接收到時間是 UTC 時間，加上 8 小時才是台北時間。根據上一節的說明，我們可撰寫如下的 utcDateTime() 自訂函式來轉換時間；它接收日期、時間兩個字串以及一個時區時數，並傳回 8 個元素的元組格式時間：

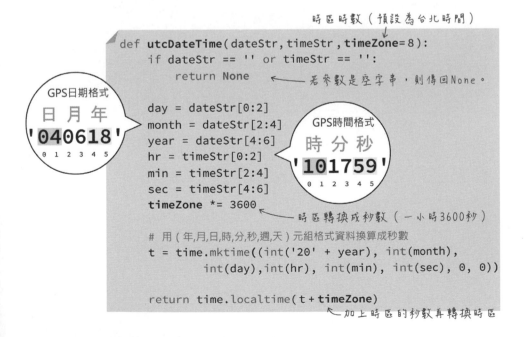

時區時數（預設為台北時間）

```
def utcDateTime(dateStr, timeStr, timeZone=8):
    if dateStr == '' or timeStr == '':
        return None        ← 若參數是空字串，則傳回None。

    day = dateStr[0:2]
    month = dateStr[2:4]   GPS時間格式
    year = dateStr[4:6]
    hr = timeStr[0:2]
    min = timeStr[2:4]
    sec = timeStr[4:6]
    timeZone *= 3600       ← 時區轉換成秒數（一小時3600秒）

    # 用 (年,月,日,時,分,秒,週,天) 元組格式資料換算成秒數
    t = time.mktime((int('20' + year), int(month),
            int(day), int(hr), int(min), int(sec), 0, 0))

    return time.localtime(t + timeZone)
```

← 加上時區的秒數再轉換時區

GPS日期格式
日 月 年
'040618'
0 1 2 3 4 5

時 分 秒
'101759'
0 1 2 3 4 5

修改第 7 章轉換 GPS 訊息字串的自訂函式，讓它呼叫上面的自訂函式：

```python
def convertGPS(gpsStr):
    gps = gpsStr.split(b'\r\n')[0].decode('ascii').split(',')
```
← 去除GPS字串的分行結尾

```python
    lat = latitude(gps[3], gps[4])    # 緯度、北（N）或南（S）
    long = longitude(gps[5], gps[6])  # 經度、東（E）或西（W）
    today = ''    # 今天日期
    now = ''      # 現在時間

    # 把GPS時間轉換成UTC+8時區
    # 傳回的日期時間格式：(年, 月, 日, 時, 分, 秒, 週, 天)
    t = utcDateTime(gps[9], gps[1], 8)
```
　　　　　　　　　　　　日期　　　時間

← 把日期時間轉成字串

```python
    if t != None:
        today = str(t[0]) + '/' + str(t[1]) + '/' + str(t[2])
        now = str(t[3]) + ':' + str(t[4]) + ':' + str(t[5])

    return (lat, long, today, now)
```

最後在主程式 main() 當中，加入呼叫顯示 GPS 自訂函式的敘述：

```python
def main():
    :

    while True:
        data = com.readline()
        if data and (gpsReading or ('$GPRMC' in data)) :
            gpsStr += data

            if '\n' in data:
                gpsReading = False
                # 轉換 GPS 數據
                lat, long, today, now = convertGPS(gpsStr)
                # 顯示 GPS 數據
                displayGPS(lat, long, today, now)
                :
```

實驗結果：把程式命名為 main.py，**GPS 模組的 UART 序列線先不要接**。先使用 ampy 把 main.py 檔上傳到 D1 mini 板，再連接 GPS 模組的 UART 序列線。按 D1 mini 板的 Reset 鍵重置之後，即可在 OLED 螢幕顯示 GPS 座標和台北時間：

上傳檔案到控制板

```
D:\python> ampy --port com3 put main.py
```

main.py

請注意，如果 D1 mini 板的 boot.py 包含連接到 Wi-Fi 基地台的程式敘述，請先將連線 Wi-Fi 的程式設成註解，否則當你在戶外開啟 D1 mini 板的電源時，boot.py 會因找不到指定的 Wi-Fi 基地台，而陷於「等待 Wi-Fi 連線」迴圈：

```
import esp
import webrepl
import gc                          boot.py 檔
esp.osdebug(None)

def connectAP(ssid, pwd):
    import network
    wlan = network.WLAN(network.STA_IF)
    if not wlan.isconnected():
        ⋮
        while not wlan.isconnected():
            pass
    print('network config:', wlan.ifconfig())

# connectAP('Wi-Fi網路ID', "密碼")

webrepl.start()
gc.collect()
```

此迴圈將反覆執行到連線成功為止

將此行設成註解，不要連線到 Wi-Fi 分享器。

修改完畢後，記得重新上傳 boot.py 檔。

上傳檔案到控制板

```
D:\python> ampy --port com3 put boot.py
```

boot.py

第 5 章「使用 dir() 函式確認函式或程式物件的功能」一節提到，Python 系統內建的 __name__ 屬性，包含程式庫（模組）名稱。但如果 Python 程式檔是被「直接」執行的，像 main.py 一樣，__name__ 屬性的值將是 "__main__"。

假設有個名叫 foo.py 的程式檔，程式內容如下：

```python
def A():
    print("It's A.")
    print('Name:', __name__)

def B():
    print("It's B.")
    print('Name:', __name__)

if __name__ ==  '__main__':
    A()
else:
    B()
```

在終端機裡面引用此 foo 模組的結果如下，foo.py 檔是透過 import，也就是被「引用」執行的，所以 __name__ 是 "foo"（模組名稱）：

```
📳 COM3 - PuTTY                                    _ □ ✕
>>> import foo  ←── 透過「引用」方式執行foo
It's B.
Name: foo
```

假如在 main.py 程式檔最後加入底下的敘述，main() 函式將會被執行，因為 MicroPython 會在執行 boot.py 之後，自動執行 main.py 檔（而非透過 import 引用）：

```python
if __name__ ==  '__main__':
    main()
```

14-2 使用 os 程式庫操作檔案

MicroPython 的 uos 程式庫（或寫成 os）具有下列操作檔案和資料夾的函式：

listdir()	列舉目錄（資料夾），dir 代表 "directory"（目錄）
ilistdir()	列舉目錄，傳回包含 3 項資料的迭代器 (iterator) 物件。迭代器代表可透過 for 迴圈遍覽的物件，請參閱下一節的範例說明
getcwd()	傳回目前所在的目錄名稱，cwd 代表 "current working directory"（目前的工作目錄）
chdir()	切換目錄，ch 代表 "change"（改動）
mkdir()	新增目錄，mk 代表 "make"（建立）
rmdir()	移除目錄，rm 代表 "remove"（移除）
rename()	重新命名檔案
remove()	刪除檔案
stat()	傳回檔案的狀態（status）
statvfs()	傳回檔案系統（磁碟）的狀態，vfs 代表 virtual file system（虛擬檔案系統）
sync()	同步所有檔案系統，也就是強制讓系統把暫存在記憶體，尚未寫入檔案的資料（若有的話），存入檔案

假設 D1 mini 控制板快閃記憶體的根目錄包含如下的檔案：

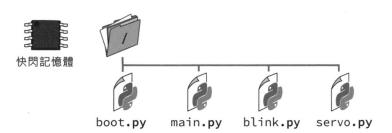

快閃記憶體　　／　　boot.py　main.py　blink.py　servo.py

透過 os 程式庫的 listdir() 函式將傳回所有檔案與資料夾名稱的列表：

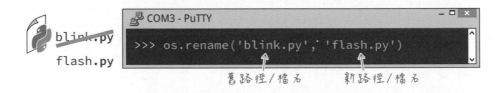

底下的敘述將把 "blink.py" 重新命名為 "flash.py"：

remove() 將刪除指定的檔案，請注意，下達指令之後系統不會提示確認訊息，而直接刪除：

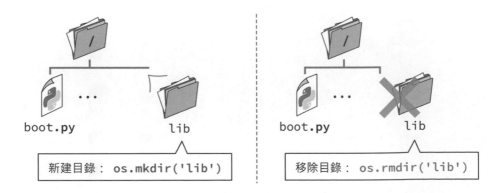

mkdir() 和 rmdir() 分別用於新建和移除目錄；若目錄不是空的，必須先執行 remove() 刪除目錄裡面的所有檔案，才可移除目錄。

切換目錄的指令示範：

透過 ilistdir() 的迭代器列舉目錄內容

os 程式庫的 listdir() 會傳回列表格式的目錄內容，ilistdir() 則傳回一個迭代器：

```
COM3 - PuTTY                              — □ ×
>>> import os
>>> os.ilistdir()
<iterator>  ←——— 代表傳回「迭代器」物件
```

此迭代器物件包含 3 項資料：

● 「檔案」或「目錄」的名稱字串

● 「類型」數字，0x8000 代表「檔案」；0x4000 代表「目錄」。

● inode 數字，此資料在 ESP8266 上始終為 0，可忽略不看。

底下是使用 for 迴圈遍覽迭代器物件的例子，它將列舉當前目錄裡的內容，並依據 type（類型）值辨別檔案和目錄：

```
COM3 - PuTTY                              — □ ×
=== for (name, type, inode) in os.ilistdir():
===     if type == 0x8000:
===         print(name + " is a file.")
===     else:
===         print(name + " is a directory.")
===
boot.py is a file.
blink.py is a file.
servo.py is a file.
lib is a directory.  ←—— "lib"是目錄，其餘是檔案。
```

取得可用的檔案空間大小

os.statvfs() 方法可傳回檔案系統狀態，如底下敘述所示，我們只在乎「區塊大小」和「一般使用者的可用區塊數」兩個參數值：

索引節點（inode）相關資訊

os.statvfs('/')　　　傳回　　　(**4096**, 4096, 869, 842, **842**, 0, 0, 0, 0, **255**)

取得根目錄的資訊　　　　　　區塊大小　　　使用者的可用區塊數　　　檔名長度上限

區塊（block）是檔案的儲存單位，從指令的執行結果可知其值為 4096，也就是 4KB。假設你上傳一個 6.9KB 大小的檔案，它將佔用兩個區塊（8KB）。

索引節點（inode）是 Linux 檔案系統的基礎，負責紀錄每個檔案的權限、類型（檔案或目錄）、儲存位置、修改時間…等資料，但不包括檔案內容和檔名。MicroPython 並未實作「索引節點」，所以相關參數的傳回值都是 0。

把「區塊大小」和「一般使用者的可用區塊數」相乘，即可獲得目前可用（剩餘）的檔案空間大小：

區塊大小　　　　　使用者的可用區塊數　　　　　　　　　　　　　　約3.2MB

4096 x 842 = 3448832位元組　　→　　$\dfrac{3448832}{1024}$ = 3368KB

14-3 建立與寫入檔案

Python 語言內建開啟與建立新檔的函式叫做 open()，執行時需要傳入檔名和選擇性的「模式」參數，它將傳回一個 File（檔案）類型的物件。透過「檔案」物件，程式將能讀取（read）或寫入（write）資料。

底下敘述將在快閃記憶體的根路徑建立一個
"test.txt" 檔案，並在其中寫入兩行文字：

一行文字以 '\r\n' 為分界。

新增檔案

test.txt

file

操作檔案的物件

路徑和檔名　　「附加」模式

```
>>> file = open('/test.txt', 'a')
>>> file.write('hello\r\nworld\r\n')
14
>>> file.close()
```

關閉檔案

hello\r\n
world\r\n

寫入兩行文字

執行 write() 方法寫入檔案之後，它會傳回寫入的字元或位元組數（此例為
14）。**檔案處理完畢後，要執行 close() 方法關閉**，因為寫入檔案會佔用較多時
間，所以資料通常都先暫存在主記憶體，等系統空出時間再寫入，close() 方法
可確保全部資料都寫入檔案再關閉。

檔案「模式」的可能值及意義如下，若省略「模式」參數，則預設為 'r'：

模式	意義	說明
'r'	僅讀 (read)	開啟既有的檔案；讀取內容時的傳回格式是「字串」，適合用於讀取文字檔
'w'	覆寫 (write new)	覆蓋既有的檔案，或者建立新檔
'a'	附加 (append)	在既有檔案內容之後，寫入新的資料，或者建立新檔
'rb'	二進制 (binary) 讀取	以二進制 (binary) 型式開啟既有的檔案；讀取內容時的傳回格式是「位元組 (byte)」，適合用於讀取非文字檔（如：圖檔）
'wb'	二進制 (binary) 覆寫	以二進制 (binary) 型式覆寫既有的檔案，或者建立新檔

讀取檔案內容

open() 函式傳回的「檔案」物件，具有下列寫入和讀取內容的方法：

write()	寫入資料
read()	讀取並傳回整個檔案內容（字串或位元組格式）
readline()	讀取並傳回一行（字串或位元組格式）
readlines()	讀取整個檔案並傳回列表（list）格式資料
seek()	設定讀取內容的「游標」位置

底下是讀取整個 test.txt 檔的例子：

```
>>> file = open('/test.txt', 'r')
>>> file.read()
'hello\r\nworld\r\n'
>>>
```

以「僅讀」模式開啟檔案

傳回整個檔案內容（字串格式）

整個檔案讀取完畢後，若再次執行讀取指令，將得到空字串：

```
>>> file.read()
''
>>>
```

傳回空字串代表已讀取到末尾

假如要重頭讀取，可以先關閉檔案再開啟一次，或者執行 seek() 指令，把代表讀取位置的游標重設到索引 0。檔案內容的索引編號以位元組為單位，一個英文字元佔用一個位元組：

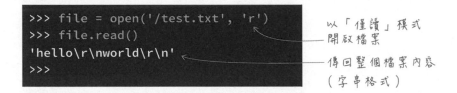

游標 →▼

hello\r\nworld\r\n

索引編號 → 0 1 2 3 4　5　6　7 8 9 10 11 12　13

底下是把讀取位置設定在第 5 個位元組，再次讀取的結果：

```
>>> file.seek(5)
5
>>> file.read()
'\r\nworld\r\n'
```

設定游標（它將傳回設定後的游標位置）

讀取起點
▼

hello\r\nworld\r\n

readline() 將以 "\r\n" 為分界，每次讀取一行：

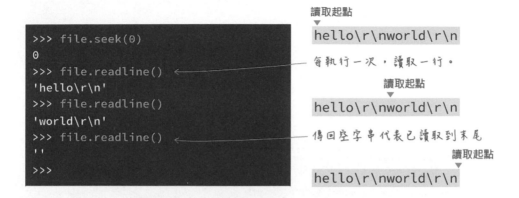

```
>>> file.seek(0)
0
>>> file.readline()
'hello\r\n'
>>> file.readline()
'world\r\n'
>>> file.readline()
''
>>>
```

讀取起點
```
hello\r\nworld\r\n
```
每執行一次，讀取一行。

讀取起點
```
hello\r\nworld\r\n
```
傳回空字串代表已讀取到末尾

讀取起點
```
hello\r\nworld\r\n
```

readlines() 則是一次讀取整個檔案，並以列表格式分開每一行：

```
>>> file.seek(0)
0
>>> file.readlines()
['hello\r\n', 'world\r\n']
>>> file.close()
```
把游標設回起始點

傳回整個檔案內容
（以「行」分割的列表）

操作完畢要關閉檔案

搭配 with 指令開啟檔案

為了避免操作檔案之後忘記關檔造成資料遺失，建議搭配使用 with 指令來開啟檔案，操作完畢後，它將自動關閉檔案：

```
file = open('/test.txt')
file.read()
file.close()
```
等同
```
with open('/test.txt') as file:
    file.read()
```
別忘了冒號

檔案物件名稱

底下的敘述將讀取 "test.txt" 檔，並在終端機逐行顯示檔案內容：

```
with open( 'test.txt') as file:
    while True:
        str = file.readline()
```

```
        if (str != ''):        # 若不是空字串
            print(str)         # 顯示字串內容
        else:
            break              # 退出迴圈
```

在終端機執行上面的程式的結果如下，由於 print() 敘述預設會在行末加入斷行，再加上文字內容的斷行，所以輸出的每一行後面都有一個空行：

```
COM3 - PuTTY                                        _ □ ×
===                     break            # 退出迴圈
===
hello

world

>>>
```

MicroPython 也具有 Python 3 的 exec() 函式，exec 原意為 execution（執行），用於「執行儲存在字串或檔案裡的程式敘述」。例如：

```
COM3 - PuTTY                                        _ □ ×
>>> cmd = "print('hello')"
>>> exec(cmd)              ← 存在字串裡的Python敘述
hello
```

同樣地，底下的敘述將讀取上文的 foo.py 檔再執行它；由於 foo.py 不是透過 import 引用執行，因此它的 __name__ 屬性值等同 '__main__'：

```
COM3 - PuTTY                                        _ □ ×
=== with open('foo.py') as file:
===     str = file.read()    ← 讀取整個檔案內容
===     exec(str)
===
It's A.
Name: __main__
>>>
```

確認檔案是否存在以及檔案大小

os 程式庫的 stat() 函式，可傳回檔案或資料夾的資訊，若指定路徑的檔案或資料夾不存在，它將引發例外錯誤，因此，os.stat() 函式也能用於判斷檔案是否存在。底下敘述將傳回 '/test.txt' 檔的資訊：

```
COM3 - PuTTY
>>> import os
>>> os.stat('/test.txt')
(32768, 0, 0, 0, 0, 0, 14, 210, 210, 210)
>>>
```

我們通常只關注 stat() 傳回值的第 0 個和第 6 個元素值，第 0 個元素值 32768（或 16 進制：0x8000）代表它是個「檔案」；16384（或 16 進制：0x4000）代表它是個「資料夾」：

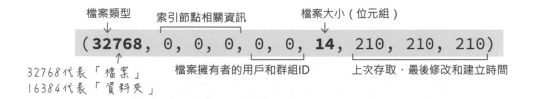

```
檔案類型        索引節點相關資訊              檔案大小（位元組）
( 32768, 0, 0, 0,  0, 0,  14, 210, 210, 210)

32768代表「檔案」    檔案擁有者的用戶和群組ID    上次存取、最後修改和建立時間
16384代表「資料夾」
```

若指定的檔案不存在，stat() 將拋出 OSError 類型例外：

```
COM3 - PuTTY
>>> os.stat('/gps.csv')
Traceback (most recent call last):
  File "<stdin>", line 1, in <module>
OSError: [Errno 2] ENOENT           ← 「無此檔案或資料夾」錯誤
>>>
```

底下是運用 stat() 寫成的判斷檔案是否存在的自訂函式，若檔案存在，則傳回
檔案大小，否則傳回 None：

```python
def fileExists(path) :          # 接收一個檔案路徑參數
    file_size = 0
    try :
        s = os.stat(path)        # 若指定檔案不存在，將拋出例外錯誤

        if s[0] != 0x4000:       # 確認不是資料夾
            file_size = s[6]     # 取得檔案大小值

        return file_size
    except :
        print( 'No such file!')  # 顯示「查無此檔！」
        return None              # 若拋出例外，則傳回 None
```

執行結果如下：

```
COM3 - PuTTY
>>> print('size:', fileExists('/test.txt'))
size: 14
>>> print('size:', fileExists('abc.txt'))    ← 檢測不存
No such file!                                   在的檔案
size: None
```

接收拋出例外的 except 區塊，可以透過例外物件的 args 參數確認例外類
型。由於「檔案不存在」會拋出錯誤代碼 2 的 OSError 例外，所以上面程式的
except 區塊可改寫成：

```
      :      要捕捉的例外類型
            ↓                 錯誤代碼
except OSError as e:      ↓
    if (e.args[0] == 2):
        print('No such file!')
        return None
```

print(e)   顯示→ [Errno 2] ENOENT

print(e.args) 顯示→ (2,)

14-4 輪詢 VS 中斷

第 4 章 「動手做 4-1」的 LED 開關電路，使用 while 迴圈不停地讀取開關接腳的值，藉以得知開關是否被按下：

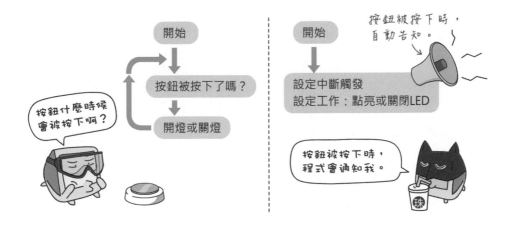

讓微控器反覆不停讀取、查看輸入腳狀態的處置方式，稱為**輪詢**（polling），這種作法其實很浪費時間。就好比你在燒開水的時候，不時地走到爐火旁邊查看；若改用鳴笛壺來燒水，當水沸騰時，它會自動發出悅耳的笛音來通知我們。微控器也有類似的處理機制，稱為**中斷**（interrupt）。

顧名思義，「中斷」代表打斷目前的工作，像鳴笛壺發出笛音時，我們就會暫停手邊的工作，先去關火，之後再繼續剛才的工作。通知並請處理器優先處理的訊息，簡稱 **IRQ**（interrupt request，**中斷要求**），中斷處理程式則叫做 **ISR**（interrupt service routines，**中斷服務常式**）。

觸發中斷的時機與設定指令

觸發中斷的情況有底下四種，大多數的程式僅使用前兩種模式當中的一種，也可以用 OR 運算子合併使用多種模式：

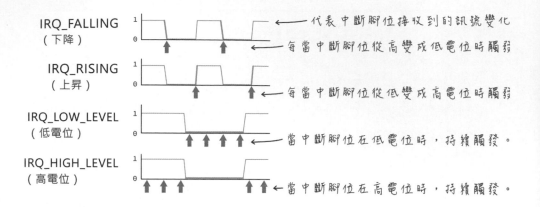

IRQ_FALLING（下降）← 代表中斷腳位接收到的訊號變化
每當中斷腳位從高變成低電位時觸發

IRQ_RISING（上昇）← 每當中斷腳位從低變成高電位時觸發

IRQ_LOW_LEVEL（低電位）← 當中斷腳位在低電位時，持續觸發。

IRQ_HIGH_LEVEL（高電位）← 當中斷腳位在高電位時，持續觸發。

這些觸發模式都是 Pin 物件的常數名稱。MicroPython 使用 Pin 物件的 irq() 方法來設定中斷的觸發時機，以及發生中斷時的服務常式（在 MicroPython 中，交給**稱為 callback 的回呼函式**處理）。

假設預期將發出中斷要求的接腳叫做 sw，處理中斷的回呼函式叫做 callback，處理中斷請求的程式架構如下：

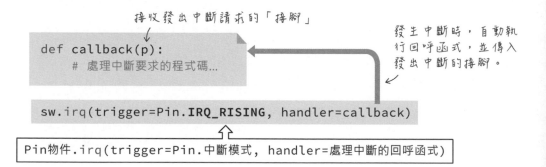

接收發出中斷請求的「接腳」

```
def callback(p):
    # 處理中斷要求的程式碼...
```

發生中斷時，自動執行回呼函式，並傳入發出中斷的接腳。

```
sw.irq(trigger=Pin.IRQ_RISING, handler=callback)
```

Pin物件.irq(trigger=Pin.中斷模式, handler=處理中斷的回呼函式)

動手做 14-2 使用中斷要求開、關 LED

實驗說明：將動手做 4-1 的 LED 開關電路，改用中斷處理程式實作。

實驗材料：

D1 mini 控制板	1 個
輕觸開關或 D1 mini 專屬「按鍵擴展板」	1 個

實驗電路：在第 0 腳和接地之間連接輕觸開關，或者連接 D1 mini 專屬「按鍵擴展板」：

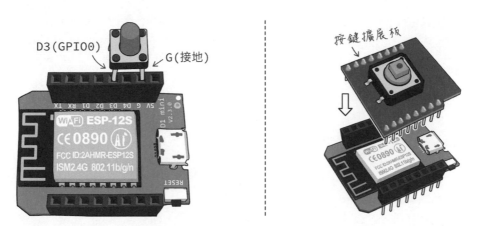

實驗程式：接第 0 腳，啟用上拉電阻的開關，平時處於高電位，按下開關時變成低電位，筆者想讓開關被按下，然後「放開」時，發出中斷請求，因此採用 IRQ_RISING 中斷模式：

完整程式碼如下：

```python
from machine import Pin

led = Pin(2, Pin.OUT, value=1)     # LED 接腳，預設輸出高電位
sw = Pin(0, Pin.IN, Pin.PULL_UP)   # 開關接腳，啟用上拉電阻

def callback(p):
    global led                     # 引用外部定義的 led 物件
    led.value(not led.value())     # 切換 LED 狀態

sw.irq(trigger=Pin.IRQ_RISING, handler=callback)
```

實驗結果：在終端機輸入執行上面的程式碼，終端機會回應 <IRQ>，代表「中斷處理程式」正常運中：

按一下開關，LED 將被點亮；再按一下開關，LED 將熄滅。

以上的開關程式並未包含處理彈跳現象，「按一下」開關時，LED 燈也許不會如預期般點、滅，因為每一次彈跳訊號中的「上升」階段，都會觸發中斷：

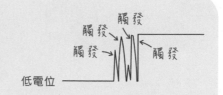

即使在中斷處理函式（此例為 callback）裡面加入 sleep_ms() 敘述也沒有用，因為每個「上升」階段訊號仍會觸發中斷。解決的方法是用「硬體」消除彈跳，如第 4 章的 RC 電路。

此外，「中斷」主要用於處理「緊急狀態」，中斷處理函式的內容應該要簡短，避免耗時的運算，例如迴圈或者設定大量列表資料。

動手做 14-3　建立儲存 GPS 紀錄的 CSV 格式檔案

實驗說明：整合中斷要求和儲存檔案程式，當使用者按一下第 0 腳的開關，第 2 腳的 LED 將被點亮，並且每隔 5 秒開始紀錄 GPS 數據。

本單元的 GPS 檔案命名成 gps.csv，**CSV 是一種純文字檔，存放用逗號分隔（Comma-Separated Values，逗號分隔值）的表格式資料而得名**。檔案內容的第 1 列是欄位標題文字，第 2 列之後都是數據，依照經度、緯度、日期和時間分成 4 欄：

資料用逗號分隔   最後不用加逗號

第一列是標題→ latitude,   longitude,   date,   time
必要有經緯度數據→ 24.140038, 120.661761, 2018/02/01, 09:53:27
24.140117, 120.665848, 2018/02/01, 09:58:42
24.140979, 120.666803, 2018/02/01, 10:07:18
24.138795, 120.669270, 2018/02/01, 10:17:59

CVS 檔可直接用文字編輯器或 Excel 試算表開啟，也能用於下一節介紹的網站，在谷歌地圖呈現 GPS 移動軌跡，該網站所需的 CSV 資料必須包含經緯度，其餘資料都是選擇性的。

實驗材料：

GPS 衛星定位接收模組	1 個
0.96 吋 I²C 介面 OLED 顯示器	1 個
微觸開關	1 個

實驗電路：GPS 模組的接線延續第 7 章，微觸開關同樣接在第 0 腳 (D3) 和接地，OLED 顯示器則接在預設的 I2C 接腳。麵包板接線示範如下：

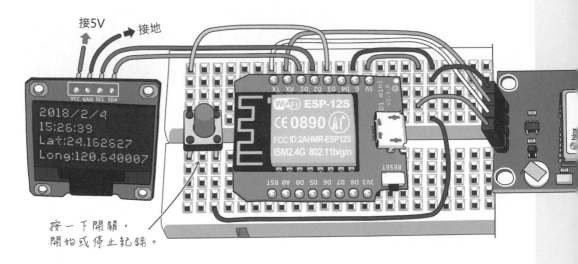

接5V   接地

2018/2/4
15:26:39
Lat:24.162627
Long:120.640007

按一下開關，
開始或停止紀錄。

實驗程式：「儲存 GPS 定位紀錄」功能，需要在 CSV 檔的第 1 列寫入標題，也就是在「唯有建立新檔時，才需要寫入標題」，程式邏輯如下：

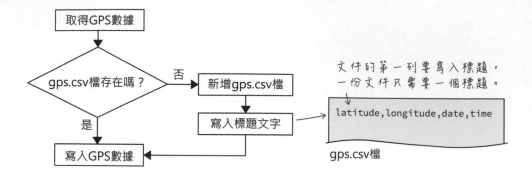

筆者把儲存 GPS 檔案的程式寫成 saveGPS() 自訂函式，並在程式開頭定義如下的全域變數：

```
file = None             # 檔案物件，預設為「空」
saveFile = False        # 是否開始存檔，預設「否」
filePath = '/gps.csv'   # 路徑和檔名
```

自訂函式的完整程式如下，它將接收經度、緯度、日期和時間參數：

```
def saveGPS(lat, long, today, now):
    global file, saveFile, filePath

    if saveFile:
        if file == None:
            try:
                os.stat(filePath)      ← 確認檔案是否存在
                file = open(filePath, 'a')
            except OSError as e:
                if (e.args[0] == 2):              新建檔案並寫入標題文字
                    file = open(filePath, 'a')
                    file.write('latitude,longitude,date,time\r\n')

        file.write(lat +','+ long + ',' + today + ',' + now + '\r\n')
    else:                                    寫入一行經緯度和時間數據
        if file != None:
            file.close()
            file = None
```

為了避免頻繁地紀錄 GPS 資料，所以筆者設定「按一下」開關之後才開始寫入檔案。開關程式沿用上文的「中斷要求」寫法，先在程式開頭宣告兩個全域變數，並且定義 LED 和開關的接腳：

```
saveTime = time.ticks_ms()        # 紀錄「上次存檔」時間


led = Pin(2, Pin.OUT, value=1)    # 預設輸出高電位
sw = Pin(0, Pin.IN, Pin.PULL_UP)  # 啟用上拉電阻
```

定義處理中斷的回呼函式並設定中斷請求腳：

```
def callback(p):
    global saveFile, led, saveTime  # 引用全域變數


    saveTime = 0                    # 存檔時間歸 0，代表立刻紀錄 GPS
    led.value(not led.value())      # 點亮或關閉 LED
    saveFile = not saveFile         # 存檔或者停止儲存

sw.irq(trigger=Pin.IRQ_RISING, handler=callback)
```

開關被按一下後，每隔 5 秒紀錄 GPS 資料（或停止紀錄），間隔時間不使用 sleep() 函式，因為執行到 sleep() 時，微控器會處於「放空」狀態，不做任何事，但這樣一來，OLED 顯示器的畫面也會被凍結，所以要使用如同「動手做 11-5：拍手控制開關改良版」的「比較時間差」寫法。

底下是設定間隔時間的全域變數，以及加入比較時間差的 main() 函式：

```
interval = 5000              # 5 秒間隔時間

def main():
    global saveTime          # 引用「上次存檔」時間全域變數
      :

    while True:
        data = com.readline()
```

```
        if data and (gpsReading or ( '$GPRMC'  in data)) :
            gpsStr += data

        if  '\n'  in data:
            :
            # 比較目前時間和上次存檔時間，若大於間隔時間...
            if time.ticks_diff(time.ticks_ms(), saveTime) > ↵
                interval:
                saveGPS(lat, long, today, now) # 存檔
                saveTime = time.ticks_ms() # 更新上次存檔時間

            gpsStr = b''
        else:
            gpsReading = True
```

完整的程式碼請參閱範例程式的 diy14_3.py 檔。

14-5 在谷歌地圖呈現 GPS 移動軌跡

GPS Visualizer (GPS 視覺化，網址：www.gpsvisualizer.com) 網站，提供免費把包含經緯度值的 CSV 資料，轉換成在 Google Maps 或其他線上地圖描繪 GPS 移動軌跡的服務。

請使用瀏覽器操作 WebREPL 取得快閃記憶體中的 gps.csv 檔 (參閱第 6 章「下載與上傳檔案到控制板」)，或者用 ampy 命令下載到電腦的磁碟：

選取並複製 gps.csv 檔裡的所有內容，接著開啟 GPS Visualizer 網站的 "MAKE A MAP"（製作地圖）頁面（網址：goo.gl/AJz6eg），貼入 CSV 資料：

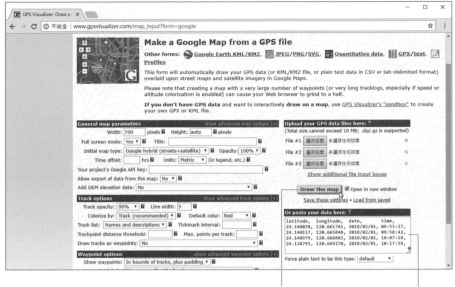

2 按下此鈕（繪製地圖）　　**1** 貼入 GPS 資料

按下 **Draw the map（繪製地圖）**鈕，將開啟新的瀏覽器視窗，呈現地圖和 GPS 軌跡：

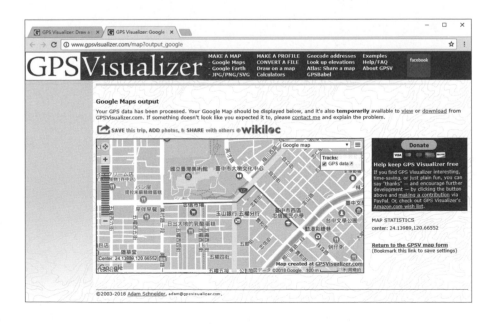

M E M O

15

01111

SPI 介面控制：LED 矩陣和 MicroSD 記憶卡

15-1 LED 矩陣元件

LED 矩陣 (LED Matrix) 是一種把數十個 LED 排列封裝在一個方形元件的顯示
單元，通常是 5×7 或 8×8，常用於廣告看板，它們的外型和接腳編號如下：

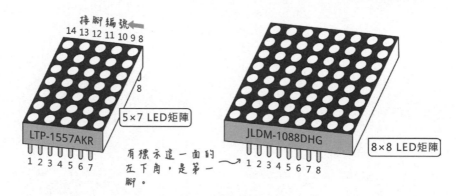

LED 矩陣模組有單色、雙色和三色，以及普通亮
度和高亮度等形式，色彩越多，接腳也越多，當
然控制方式也越複雜。

> 紅、藍、綠三色就能
> 混和出全部色彩。

LED 矩陣也分成「共陽極」和「共陰極」兩種，下圖是共陰極的內部等效電路。
實際上，我們也能依據此電路用數十個單一 LED 組裝成矩陣：

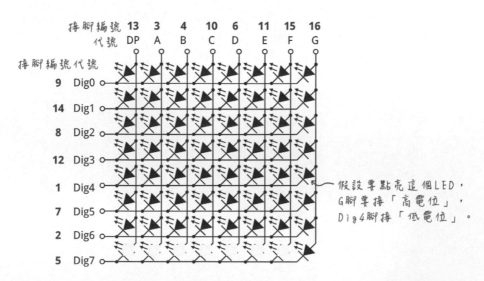

由於 LED 矩陣的接腳數目多，最好用「串聯」的方式連接微處理器。下文將採用專門用來驅動七段顯示器和 LED 矩陣的 IC，型號是 **MAX7219**。

MAX7219 的特點包含：

● 使用 SPI 介面串接微控制板。

● 可同時驅動 8 個**共陰極**七段顯示器（含小數點），或者一個**共陰極** 8 x 8 矩陣 LED。

● 多個 MAX7219 可串接在一起，構成大型 LED 顯示器。

● 只需外接一個電阻，即可限制每個 LED 的電流。

介紹這個 IC 的使用方式之前，我們先來認識一下 SPI 介面。

有一種內建 8 個 LED 的顯示元件，主要用於顯示數字，叫做七段顯示器。它的外觀以及內部等效電路如下，本書並未採用七段顯示器：

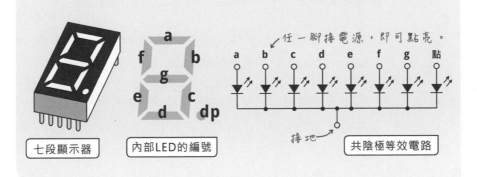

15-2 認識 SPI 介面與 MAX7219 IC

SPI 介面的全名是 Serial Peripheral Interface（序列週邊介面），廣泛用於各種電子裝置，像 SD 記憶卡、數位/類比轉換 IC、LED 控制晶片、佳能（Canon）相機的 EF 接環鏡頭...等等：

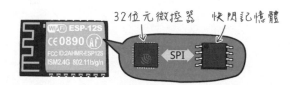

SPI 匯流排包含一個主機（Master）和一個或多個週邊裝置（Slave），匯流排至少包含四條接線，這些接線的名稱和用途如下：

- **SS**：週邊選擇線（Slave Select），指定要連線的週邊設備。此線**輸入 0，代表選取**，1 代表未選。這條線也稱為 **CS**（Chip Select，晶片選擇線）。

- **MOSI**：主出從入，從主機往週邊傳送的資料線（Master Output, Slave Input），在主控端也簡稱 **MO**，在週邊則簡稱 **DI**（data input，資料輸入）。

- **MISO**：主入從出，從週邊往主機傳送的資料線（Master Input, Slave Output），在主控端也簡稱 **MI**，在週邊則簡稱 **DO**（data output，資料輸出）。

- **SCK**：序列時脈線（Serial Clock），這條線也簡稱 **CLK**。

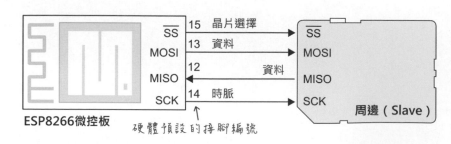

ESP8266 微控器的 **SPI 介面分成「硬體預設」和「軟體實作」兩種**，「硬體預設」位於**數位 12~13 腳**（「晶片選擇」可接任何數位腳），傳輸速度比較快（達 80Mbps）；「軟體實作」則可接任何數位腳。初始化 SPI 介面的程式敘述如下，「晶片選擇」接線要額外設定，可接任何數位腳，通常接在 15 腳：

```
from machine import Pin, SPI

cs = Pin(15, Pin.OUT)    # 指定「晶片選擇」接腳
spi = SPI(1) # 建立 SPI 物件，參數 1 代表採用「硬體預設」的 SPI 接腳
```

SPI() 的參數可以是 0, 1 或 -1，0 和 1 都代表硬體預設的 SPI 接腳，但是編號 0 已被晶片內部的快閃記憶體佔用，所以只能填 1 或 -1。參數 -1 代表「軟體實作」SPI，需要指定 SPI 接腳，例如：

```
cs = Pin(0, Pin.OUT)
spi = SPI(-1, miso=Pin(2), mosi=Pin(5), sck=Pin(4))
```

採「軟體實作」　　　　需要指石每個接腳，可任選數位腳。

SPI 匯流排可連接多個週邊，但**每個 SPI 週邊需要單獨連接 SS 線**，我們可以選用 SPI 介面以外的任何數位腳當做「週邊選擇」線，像這樣：

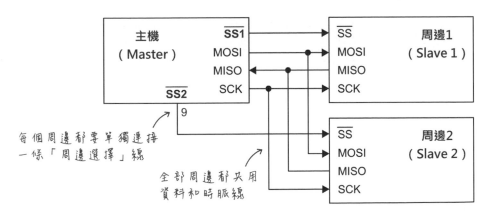

每個周邊都要單獨連接
一條「周邊選擇」線

全部周邊都只用
資料和時脈線

SS 腳平時在高電位，主機要傳送或接收資料之前，必須**先將指定裝置的 SS 腳設定成 0**，然後隨著時脈訊號將資料依序自 MOSI 傳出，或從 MISO 接收。**結束傳送後，再將 SS 腳設定成 1。**

下圖是修改自 MAX7219 規格書的時序圖，看起來有些複雜，不過，讀者只要了解，裝置的 SS 接腳必須為 0，才能接收和傳遞資料。從時序圖也能看出，SPI 介面的裝置能在一個時脈週期內完成「接收」和「輸出」資料的工作：

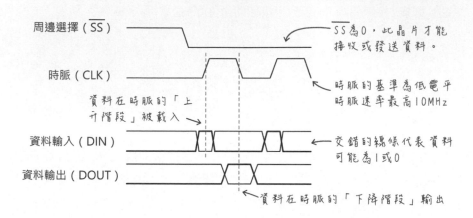

SPI 經常被拿來和第 12 章介紹的 I²C 介面相比，筆者將兩者的主要特徵整理在表 15-1。對我們來說，採用哪一種介面，完全視選用的零件而定：

表 15-1　比較 I²C 與 SPI 介面

介面名稱	I²C	SPI
連接線數量	2 條： 序列資料線 (SDA) 序列時脈線 (SCL)	4 條： 資料輸入線 (MISO) 資料輸出線 (MOSI) 序列時脈線 (SCLK) 晶片選擇線 (CS)
主控端數量	允許多個	只能一個
定址 (選擇從端) 方式	每個從端都有個唯一的地址編號	從端沒有位址， 透過「晶片選擇線」 選取。
同時雙向通訊 (全雙工)	否	可
連線速率	**100kbps** 標準 (standard) 模式 **400Kbps** 快速 (fast) 模式 **3.4Mbps** 高速 (high speed) 模式 ESP8266 支援**標準**和**快速**模式	1~100Mbps， ESP8266 最高達 80Mbps
確認機制	有 (亦即，收到資料時，發出通知確認)	無

動手做 15-1　組裝 LED 矩陣電路

實驗說明：使用 MAX7219 LED 驅動 IC 連接 LED 矩陣，只需佔用 D1 mini 三條數位腳接線。

實驗材料：

採用 MAX7219 的 8×8 LED 矩陣模組	1 個

實驗電路：MAX7219 可以驅動一個 8×8 單色共陰極 LED 矩陣，若要驅動一個雙色 LED 矩陣，需要使用兩個 MAX7219。驅動一個 8×8 單色 LED 矩陣的電路圖如下：

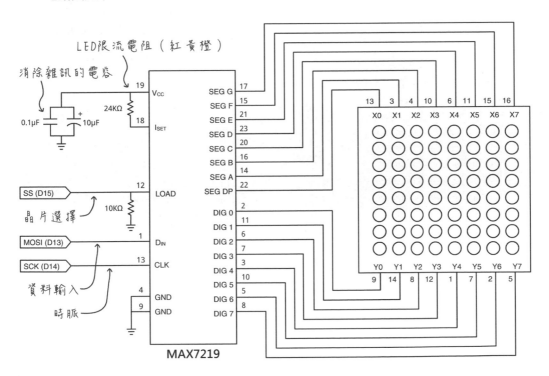

電子材料行或者拍賣網站有販售採用上面電路構成的 8×8 LED 矩陣模組，這是兩種常見的款式：

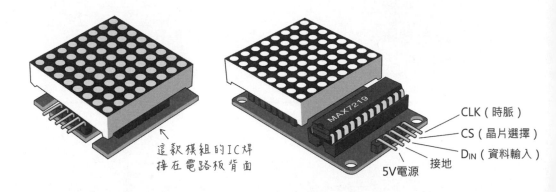

這款模組的IC焊接在電路板背面

CLK（時脈）
CS（晶片選擇）
D_IN（資料輸入）
接地
5V電源

連接 8×8 LED 矩陣模組的麵包板接線示範如下：

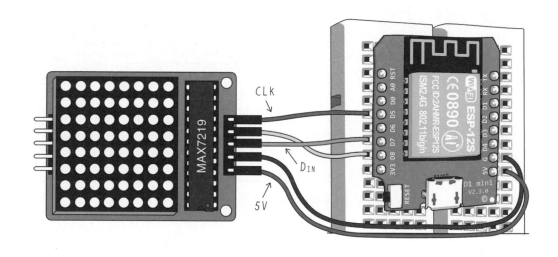

CLK
D_IN
5V

MAX7219 的暫存器與資料傳輸格式

MAX7219 內部包含**用於設定晶片狀態，以及 LED 顯示資料**的**暫存器**，其中最重要的是**資料（Digit）**暫存器，一共有八個，名稱是 Digital 0（資料 0，簡稱 D0）~Digital 7，分別存放 LED 矩陣每一行的顯示內容（或每個七段顯示器所要顯示的數字）：

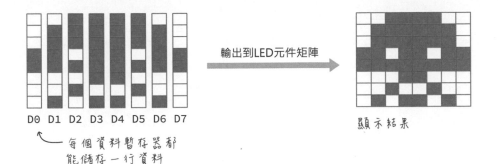

D0　D1　D2　D3　D4　D5　D6　D7

↖ 每個資料暫存器都
能儲存一行資料

輸出到LED元件矩陣

顯示結果

例如，若要改變 LED 矩陣第一行的顯示內容，只要將該行的資料傳給晶片裡的 "Digit 0" 暫存器即可。

MAX7219 內部其餘的暫存器的名稱與說明如下：

暫存器	說明
顯示強度 (Intensity) 暫存器	顯示器的亮度，除了透過 VCC 和 ISET 接腳之間的電阻來調整，也能透過此暫存器來設定，亮度範圍從 0~15 (或十六進位的 0~F)，數字越低亮度也越低
顯示檢測 (Display Test) 暫存器	此暫存器設定為 1，MAX7219 將進入「測試」模式，所有的 LED 都會被點亮；設定成 0，則是「一般」模式。若要控制 MAX7219 顯示，需要將它設定成「一般」模式
解碼模式 (Decode Mode) 暫存器	設定是否啟用 BCD 解碼功能，這項功能用於七段顯示器。設定成 0，代表不解碼，用於驅動 LED 矩陣
停機 (Shutdown) 暫存器	關閉 LED 電源，但 MAX7219 仍可接收資料
掃描限制 (Scan Limit) 暫存器	設定掃描顯示器的個數，可能值從 0 到 7，代表顯示 1~8 個 LED 七段顯示器，或者 LED 矩陣中的 1~8 行。**設定成 7，才能顯示 LED 矩陣的全部行數**
不運作 (No-Op) 暫存器	用於串接多個 MAX7219 時，指定不運作的 IC

每個暫存器都有一個識別位址（參閱表 15-2）。就像在現實生活中寄信一樣，要寫出收信人的地址，郵差才能正確寄送一樣，設定暫存器的值也是透過「位址」。例如，若要改變 LED 矩陣第一行的顯示內容，需要把該行的資料傳給晶片裡的 "D0" 暫存器，而 "D0" 暫存器的位址是 0x1：

表 15-2

暫存器名稱	位址（16 進位）
資料 0（Digit 0）	0x1
資料 1（Digit 1）	0x2
資料 2（Digit 2）	0x3
資料 3（Digit 3）	0x4
資料 4（Digit 4）	0x5
資料 5（Digit 5）	0x6
資料 6（Digit 6）	0x7
資料 7（Digit 7）	0x8
不運作（No-Op）	0x0
解碼模式（Decode Mode）	0x9
顯示強度（Intensity）	0xA
掃描限制（Scan Limit）	0xB
停機（Shutdown）	0xC
顯示器檢測（Display Test）	0xF

MAX7219 每次都會接收 16 位元數據，數據分成兩段，前 8 位元是資料，接著是 4 位元的位址，最後 4 個高位元沒有使用：

傳送資料給「資料 0（Digit 0）」暫存器

D15	D14	D13	D12	D11	D10	D9	D8	D7	D6	D5	D4	D3	D2	D1	D0
×	×	×	×	0	0	0	1	0	1	1	1	0	0	0	1

未使用　　　暫存器位址　　　　　資料

微控制板要先送出 8 位元的位址（高位元組），再傳送資料（低位元組），例如：

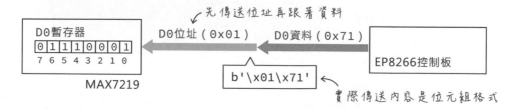

先傳送位址再跟著資料

D0暫存器
| 0 | 1 | 1 | 1 | 0 | 0 | 0 | 1 |
| 7 | 6 | 5 | 4 | 3 | 2 | 1 | 0 |

MAX7219

D0位址（0x01）　　D0資料（0x71）

b'\x01\x71'

EP8266控制板

實際傳送內容是位元組格式

傳資料給 MAX7219 的三個步驟

傳送資料給 MAX7219 需要底下三個步驟，筆者將它們寫成一個名叫 "max7219" 的函數，方便重複使用：

暫存器的位址　　　要傳送的資料

```
def max7219( reg, data ):
    cs.value(0)                        # 1. CS線設定成0 ( 選取晶片 )
    spi.write(bytes([reg, data]))     # 2. 傳送暫存器的位址和資料
    cs.value(1)                        # 3. CS線設定成1 ( 取消選取 )
```

把位址和資料打包成位元組格式

其中的 write() 是 SPI 物件的方法，負責從微控器的 SPI 介面傳送資料。呼叫此自訂函數的範例敘述如下，它將把 LED 的顯示強度 (Intensity) 設定成 8 (中等亮度)：

```
max7219(0xA, 8)                # 向 0xA 位址的暫存器傳送 8
```

為了增加程式碼的可讀性，可以像這樣用常數名稱定義 MAX7219 的暫存器位址：

```
NOOP = const(0)                # 不運作
DECODEMODE = const(9)          # 解碼模式
INTENSITY = const(10)          # 0xA，顯示強度
SCANLIMIT = const(11)          # 0xB，掃描限制
SHUTDOWN = const(12)           # 0xC，停機
DISPLAYTEST = const(15)        # 0xF，顯示器檢測
```

如此一來，設定顯示強度的敘述就能寫成：

```
max7219 (INTENSITY, 8)         # 向「強度」暫存器 ( 位址 0xA ) 傳送 8
```

15-3 顯示單一矩陣圖像

撰寫顯示 8×8 LED 矩陣圖像的程式之前，請先在
紙上繪製一個如下圖 8×8 的表格，將要點亮的部
分標示 1（若是共陽極，則標示 0），並記下每一行的
二進制值或十六進制值：

> 用十進制也行，
> 只是比較不容易
> 聯想到原始圖。

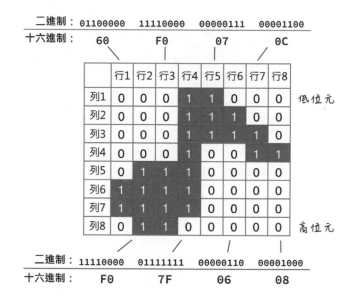

圖像規劃完畢，即可開啟程式編輯器，將每一行的資料值存成一個元組，筆者
將此元組命名為 symbol：

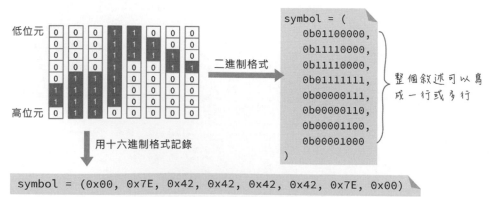

接下來，我們可以像底下一樣，撰寫八行敘述，從 symbol 陣列取出每個元素並傳給 MAX7219 的資料暫存器：

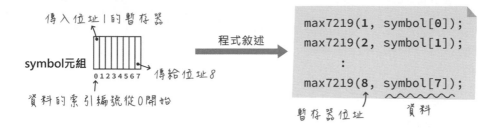

```
max7219(1, symbol[0]);
max7219(2, symbol[1]);
        :
max7219(8, symbol[7]);
```

更好的寫法是用一個 for 迴圈搞定：

```
for i in range(8):
    max7219(i + 1, symbol[i]);
```

資料元素索引從0開始

資料暫存器位址從1開始

動手做 15-2 在 LED 矩陣上顯示音符圖像

實驗說明：本實驗承襲「動手做 15-1」的成果，透過程式在 LED 矩陣上顯示音符圖樣。

實驗程式：根據上一節的說明，在 LED 矩陣顯示一個音符圖樣的程式流程如下：

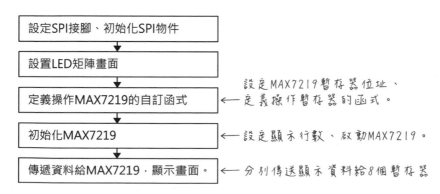

設定SPI接腳、初始化SPI物件

設置LED矩陣畫面

定義操作MAX7219的自訂函式 ← 設定 MAX7219 暫存器位址、定義操作暫存器的函式。

初始化MAX7219 ← 設定顯示行數、啟動 MAX7219。

傳遞資料給MAX7219，顯示畫面。 ← 分別傳送顯示資料給 8 個暫存器

設定 SPI 接腳到定義操作 MAX7219 的自訂函式程式碼如下：

```
from machine import Pin, SPI

cs = Pin(15, Pin.OUT)
spi = SPI(1)                    # 採「硬體模式」

# 定義 MAX7219 暫存器位址
DECODEMODE = const(9)          # 解碼模式
INTENSITY = const(10)          # 0xA，顯示強度
SCANLIMIT = const(11)          # 0xB，掃描限制
SHUTDOWN = const(12)           # 0xC，停機
DISPLAYTEST = const(15)        # 0xF，顯示器檢測

# 定義 8×8 音符圖像
symbol = (0x60, 0xF0, 0xF0, 0x7F, 0x07, 0x06, 0x0C, 0x08)

# 設定 MAX7219 暫存器資料的自訂函數
def max7219(reg, data):
    cs.value(0)
    spi.write(bytes([reg, data]))
    cs.value(1)
```

筆者把初始化 MAX7219 IC 的程序命名成 init()：

```
def init():
    max7219(DISPLAYTEST, 0)  # 關閉顯示器測試
    max7219(SCANLIMIT, 7)    # 設定掃描 8 行
    max7219(INTENSITY, 8)    # 設定成中等亮度
    max7219(DECODEMODE, 0)   # 不使用 BCD 解碼
    max7219(SHUTDOWN, 1)     # 關閉停機模式（亦即，「開機」）
```

15

init() 程式碼重複執行 max7219 函式，每次傳入不同的參數，這種反覆執行同一個函式的敘述，可以用 for...in 迴圈改寫，讀者可選用上面或底下的寫法：

```
def init():
    for reg, data in (
        (DISPLAYTEST, 0),
        (SCANLIMIT, 7),
        (INTENSITY, 8),
        (DECODEMODE, 0),
        (SHUTDOWN, 1)
    ):
        max7219(reg, data)
```

逐一取出元組資料

暫存器位址和資料

執行並傳入資料
給max7219函式

初始化 MAX7219 之後，即可開始傳送顯示內容給它的**資料暫存器**，筆者把顯示自訂圖像的程式碼定義成 show() 函式：

```
def show():
    # 逐一傳送 symbol 的每個元素給 8 個資料暫存器
    for i in range(8):
        max7219(i + 1, symbol[i])
```

最後，分別執行 init() 及 show() 函式：

```
init()       # 初始化顯示器
show()
```

實驗結果：在終端機輸入上面的程式碼，LED 矩陣將顯示一個音符圖像。

動手做 15-3 在終端機顯示矩形排列的星號

實驗說明：以下的矩陣動畫程式需要使用到「雙重迴圈」技巧，也就是一個迴圈裡面包含另一個迴圈。聽起來有點嚇人，但讀者只要跟著本文練習，就會發現它的概念其實很簡單。我們將寫一段程式碼，在終端機排列輸出 5×3 個 '*' 字元：

實驗材料：除了 D1 mini 板，不需要其他材料。

實驗程式解說：遇到比較複雜的問題時，我們可以嘗試先把問題簡化，先解決一小部分。以上圖的 5×3 的星號來說，我們首先要思考，該如何呈現 5 個水平排列的星號？最直白的方法是用 5 個 print() 函數顯示星號，但是這種方式毫無彈性，也不易維護：

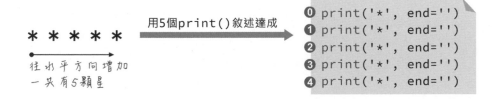

最好用 for 迴圈來達成，日後若要增加星號的數量，或者改用其他字元顯示，程式碼都很容易修改。底下的程式碼將能在序列埠監控視窗顯示一行 5 個星號字元：

由此可知，只要執行 3 次顯示 5 個星號的敘述，後面加上代表換行的「新行」
字元，就能完成 5×3 的排列顯示效果了：

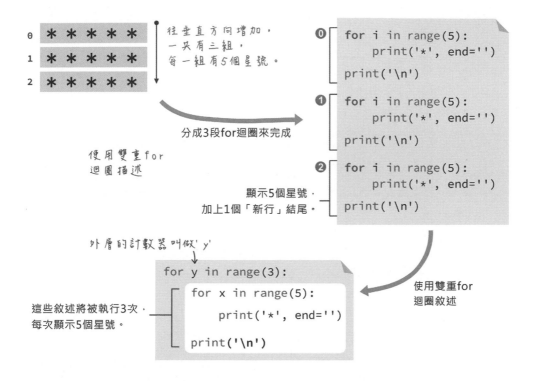

同樣地，這三個重複的敘述可以用一個 for 迴圈來描述，筆者將把計數往下排
列的變數命名成 'y'。

實驗程式：根據以上的說明，請在終端機輸入底下的雙重迴圈敘述：

```
for y in range(3):
    for x in range(5):
        print('*', end='')
    print('\n')
```

執行結果

實驗結果：上傳執行，即可從序列埠監控視窗看見 5×3 排列的星號。

動手做 15-4　LED 矩陣動畫與多維陣列程式設計

動畫是透過視覺暫留原理，快速地播放連續、具有些微差距的圖像內容，讓原本固定不動的圖像變成生動起來。更明確地説，人眼所看到的影像大約可以暫存在腦海中 1/16 秒，如果在暫存的影像消失之前，觀看另一張連續動作的影像，便能產生活動畫面的幻覺。以電影為例，影片膠捲的拍攝和播放速率是每秒 24 格畫面（早期的默劇片每秒播放 16 格），每張畫面的播放間隔時間為 1/24 秒，比視覺暫留的 1/16 秒時間短，因此我們可以從一連串靜態圖片觀賞到生動的畫面。

您可以規劃一系列動畫圖像（如下圖），並讓 LED 矩陣每隔 0.3 秒依序更新顯示圖像，這個「太空侵略者（Space Invader）」就會在顯示器上手足舞蹈：

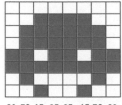 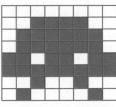 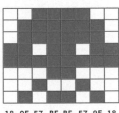

30 7C AE 3E 3E AE 7C 30　　18 BE 57 1F 1F 57 BE 18　　30 BC 6E 3E 3E 6E BC 30　　18 9E 57 BF BF 57 9E 18

上一節的顯示靜態圖像範例程式，只用到一張圖像，因此只需定義一個元組。本節的動態影像使用四張圖，所以需要定義四個元組。我們可以像這樣宣告四個變數：

```
# 圖像 0 資料
pic0 = (0x30, 0x7c, 0xae, 0x3e, 0x3e, 0xae, 0x7c, 0x30)
# 圖像 1 資料
pic1 = (0x18, 0xbe, 0x57, 0x1f, 0x1f, 0x57, 0xbe, 0x18)
# 圖像 2 資料
pic2 = (0x30, 0xbc, 0x6e, 0x3e, 0x3e, 0x6e, 0xbc, 0x30)
# 圖像 3 資料
pic3 = (0x18, 0x9e, 0x57, 0xbf, 0xbf, 0x57, 0x9e, 0x18)
```

也可以把這些資料定義在同**一個元組**裡面。底下是定義一個元組資料的語法：

```
LEDs = (8, 9, 10)
```

儲存兩組元組的「二維元組」的範例如下：

```
LEDs = (
    (5, 6, 7),
    (8, 9, 10)
)
```
每一組用逗號分隔

只有兩組   每組有三個元素

因此，底下的 sprite 變數將定義包含 4 個畫面的太空侵略者資料：

> 動畫的畫面不限於四張，
> 讀者可自行增加。

```
sprite = (
    # 圖像 0 資料
    (0x30, 0x7c, 0xae, 0x3e, 0x3e, 0xae, 0x7c, 0x30),
    # 圖像 1 資料
    (0x18, 0xbe, 0x57, 0x1f, 0x1f, 0x57, 0xbe, 0x18),
    # 圖像 2 資料
    (0x30, 0xbc, 0x6e, 0x3e, 0x3e, 0x6e, 0xbc, 0x30),
    # 圖像 3 資料
    (0x18, 0x9e, 0x57, 0xbf, 0xbf, 0x57, 0x9e, 0x18)

)
```

迴圈程式需要先讀取第一張圖片裡的八行資料，再切換到下一張讀取，我們需要撰寫如下的**雙重迴圈**達成：

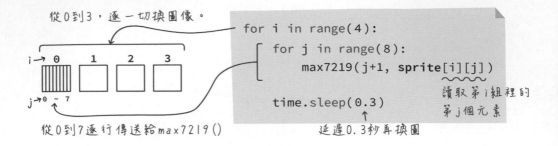

從0到3，逐一切換圖像。

```
for i in range(4):
    for j in range(8):
        max7219(j+1, sprite[i][j])

    time.sleep(0.3)
```

讀取第 i 組裡的
第 j 個元素

從0到7逐行傳送給max7219()

延遲0.3秒再換圖

在 LED 矩陣上顯示動態圖像

根據上文的說明，底下的程式碼將 LED 矩陣上顯示動態的太空侵略者：

```python
from machine import Pin, SPI
import time


DECODEMODE = const(9)
INTENSITY = const(10)   #0xA
SCANLIMIT = const(11)   #0xB
SHUTDOWN = const(12)    #0xC
DISPLAYTEST = const(15) #0xF


sprite = (
    # 圖像 0 資料
    (0x30, 0x7c, 0xae, 0x3e, 0x3e, 0xae, 0x7c, 0x30),
    # 圖像 1 資料
    (0x18, 0xbe, 0x57, 0x1f, 0x1f, 0x57, 0xbe, 0x18),
    # 圖像 2 資料
    (0x30, 0xbc, 0x6e, 0x3e, 0x3e, 0x6e, 0xbc, 0x30),
    # 圖像 3 資料
    (0x18, 0x9e, 0x57, 0xbf, 0xbf, 0x57, 0x9e, 0x18)
)


cs = Pin(15, Pin.OUT)
spi = SPI(1)


def max7219(reg, data):
    cs.value(0)
    spi.write(bytes([reg, data]))
```

```
        cs.value(1)

def init():
    for reg, data in (
        (DISPLAYTEST, 0),  # 關閉顯示器測試
        (SCANLIMIT, 7),    # 設定掃描 8 行
        (INTENSITY, 8),    # 設定成中等亮度
        (DECODEMODE, 0),   # 不使用 BCD 解碼
        (SHUTDOWN, 1)      # 關閉停機模式（亦即，「開機」）
    ):
        max7219(reg, data)

def clear():      # 清除畫面（資料暫存器全部填入 0）
    for i in range(8):
        max7219(i + 1, 0)

def animate():  # 播放動畫
    for i in range(4):
        for j in range(8):
            max7219(j+1, sprite[i][j])
        time.sleep(0.3)

try:
    init()        # 初始化顯示器
    while True:
        animate()
except:
    clear()      # 清除畫面
```

SPI 物件的參數設定補充說明

宣告 SPI 物件時，除了指定「硬體預設」或「軟體實作」的接線之外，其實還有
其他設定參數。SPI 和 I²C 一樣，都屬於「同步式」序列埠，主機和週邊裝置之
間的資料傳遞，都要跟著時脈訊號的起伏一同進行。

時脈訊號就是固定週期（頻率）的高、低電位變化。SPI 介面沒有強制規範時脈訊號與資料格式，不同類型的 SPI 週邊裝置，訊息處理的方式也不盡相同。連線之前要留意下列事項：

● baudrate：**時脈速率**，不能超過裝置所能接受的最高速率，預設為 1000000（約 1Mbps）。

● firstbit：**資料的位元傳遞順序**，分成**高位元先傳（SPI.MSB）**和**低位元先傳（SPI.LSB）**，預設為 SPI.MSB：

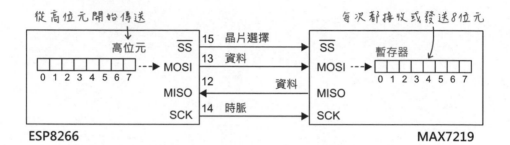

● bits：**每次傳輸的位元數**，預設為 8，也是幾乎所有裝置都支援的位元數。

● polarity：**時脈極性**，時脈訊號的電位基準，預設為低電位（極性為 0）：

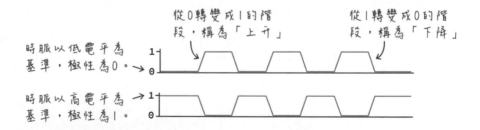

● phase：**時脈相位**，資料在時脈的第 1 個邊緣 (0) 或者第 2 個邊緣 (1) 被讀取，預設為 0：

MAX7219 技術文件指出，其資料從**高位元先傳（SPI.MSB）**、時脈頻率上限為 10MHz、時脈極性（polarity）為低電位、資料在第 1 個階段邊緣接收，這些設定都與 SPI 物件的預設值相同，所以建立 SPI 物件時無須額外設定參數。

底下是透過自訂參數建立 SPI 物件的例子：

```
from machine import Pin, SPI

cs = Pin(15, Pin.OUT)
spi = SPI(1, baudrate=1000000, polarity=0, phase=0, bits=8,
    firstbit=SPI.MSB)
```

動手做 15-5　連接 MicroSD/SD 記憶卡

實驗說明：透過 SPI 介面連接 MicroSD 記憶卡，擴充 D1 mini 板的儲存空間。

實驗材料：

MicroSD 或 SD 記憶卡模組	1 個

D1 mini 有專屬的 MicroSD 擴展板（如下圖左），直接插入微控板即可使用。讀者也可以購買普通的 SD 記憶卡插座模組，或 **SD 轉接卡**代替（需要自行在轉接卡的銅片上焊接連線）：

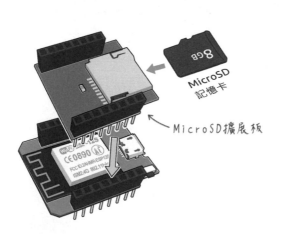

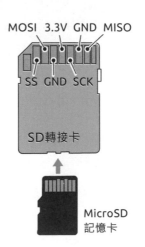

實驗電路：底下是 SD 記憶卡插座模組和 SD 轉接卡的麵包板接線示範，官方的 MicroSD 擴展卡也採用相同的接線，「晶片選擇（SS/CS）」腳接在 D1 mini 的第 15 腳：

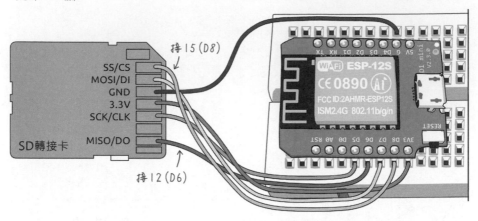

掛載 SD 記憶卡

連接外部磁碟，讓系統得以存取其目錄結構和檔案的動作，稱為**掛載（mount）**。掛載 SD 記憶卡模組需要使用 MicroPython 內建 sdcard 程式庫裡的 SDCard 類別，以及 os 程式庫裡的 VfsFat 類別：

● **SDCard 類別：**包含操作 SD 記憶卡 SPI 介面的敘述，例如，檢測 SD 記憶卡的版本（不同版本的主要差異是傳輸速度和儲存容量上限）、讀取和寫入檔案區塊。

● **VfsFat 類別：**包含處理和解析檔案結構的程式碼。一個磁碟機或記憶卡在可被操作之前，都需要先進行格式化，用蓋房子來比喻，格式化就像是在一片空地上規劃房間的格局大小和用途。作業系統有預設的格式化（規劃）方式，像 Windows 的 FAT32, NTFS，或者 macOS 的 HFS+, APFS，彼此並不相容。**MicroPython 支援 FAT（也稱為 FAT16）和 FAT32 格式。**

請先執行 **ampy** 命令上傳範例檔中的 **sdcard.py**，然後在程式開頭引用必要的程式庫：

```
from machine import Pin, SPI
import os
import sdcard
```

掛載 SD 記憶卡的程式如下：

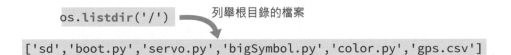

記憶卡物件　　　　　SPI匯流排　　　　　晶片選擇腳

```
sd = sdcard.SDCard(SPI(1), Pin(15))
vfs = os.VfsFat(sd)      # 建立VfsFat物件
os.mount(vfs, '/sd')     # 把磁碟掛載在/sd路徑
```

這時，若列舉根目錄的檔案，就能看到新掛載的 sd 路徑：

```
os.listdir('/')
```
列舉根目錄的檔案

```
['sd','boot.py','servo.py','bigSymbol.py','color.py','gps.csv']
```

SD 記憶卡相當於附加在根目錄底下的資料夾：

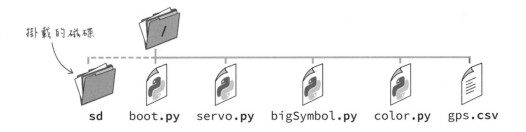

掛載的磁碟

sd　　boot.py　　servo.py　　bigSymbol.py　　color.py　　gps.csv

sdcard 程式庫並不支援所有類型的 SD 記憶卡，也就是會挑卡，建議使用容量不超過 16GB 的記憶卡；讀寫速度方面，筆者測試使用 Class 4 或 Class10 都行。使用不同品牌和容量的 MicroSD 記憶卡，在測試過程曾發生下列錯誤：

- **沒有插入記憶卡**：OSError:no SD card。

- **插入 32GB 記憶卡，拋出「等待記憶卡超時」錯誤**：OSError:timeout waiting for v2 card。

- **無法判斷 SD 記憶卡版本**：OSError:couldn't determine SD card version。

- **程式執行中抽換記憶卡重新讀取，發生 EIO 錯誤**：OSError:〔Errno 5〕EIO。

- **查無此裝置（ENODEV 錯誤，no such device）**：OSError:〔Errno 19〕ENODEV。

如果程式執行過程發生上述錯誤，請更換記憶卡。

在記憶卡中寫入資料

成功掛載，我們就能用一般的檔案指令來操作記憶卡。例如，用 statvfs() 方法來取得 SD 記憶卡的儲存容量和可用空間：

```
os.statvfs('/sd')          取得記憶卡資料

(4096, 4096, 1965312, 1965308, 1965308, 0, 0, 0, 0, 255)
   ↑          ↑              ↑
 區塊大小    磁碟容量      使用者的可用區塊數
```

例如，筆者手邊的 8GB 記憶卡測得的儲存容量為 7767MB：

```
4096 × 1965312 = 8049917952 Bytes    ÷1024÷1024 → 7677 MB
```

在 MicroSD 記憶卡建立 test.txt 檔，寫入兩行文字的完整程式碼如下：

```python
from machine import Pin, SPI
import os
import sdcard


sd = sdcard.SDCard(SPI(1), Pin(15))
vfs = os.VfsFat(sd)          # 建立 VfsFat 物件
os.mount(vfs, '/sd')         # 把磁碟掛載在/sd 路徑


with open('/sd/test.txt', 'a') as f:
    f.write('hello\r\nworld\r\n')
```

16

10000

網路程式基礎入門

網際網路無遠弗屆，最適合用於遠端監測：只要能透過瀏覽器上網，不管你是用手機還是電腦，甚至掌上型遊戲機，都能操控遠端的 MicroPython 控制板。

然而，開發人員必須具備網路連線、HTML 網頁和網站伺服器等相關知識，才能有效活用 ESP8266 晶片內建的 Wi-Fi 無線網路和 MicroPython 的相關程式庫。也因此，本章前半段的主軸是網路基礎概念說明。倘使讀者已具備網路連線的背景知識，可直接閱讀「**使用 Socket 建立網路通訊程式**」單元。

16-1 認識網路與 IP 位址

電腦之間有數種連結方式（稱為「網路拓蹼（Network Topologies）」），最常見的是像右下圖一樣，使用稱為**集線器（hub）**或**交換式集線器（Switching Hub）**的裝置來連結與交換訊息：

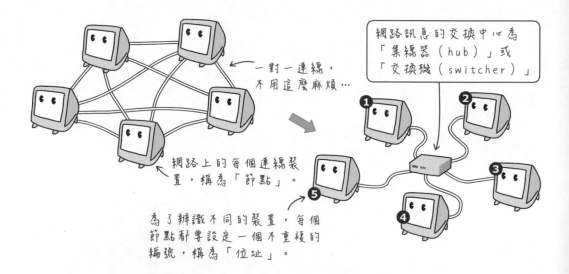

網路訊息的交換中心為「集線器（hub）」或「交換機（switcher）」

一對一連線，不用這麼麻煩⋯

網路上的每個連線裝置，稱為「節點」。

為了辨識不同的裝置，每個節點都要設定一個不重複的編號，稱為「位址」。

連結兩台以上電腦時，提供資源的一方叫做**伺服器（server）**。例如，分享印表機給其他電腦使用，分享者就叫做「印表機伺服器」；分享檔案資料給其他電腦者，稱為「檔案伺服器」。取用資源的一方叫做**用戶端（client）**。

16

網路的每個裝置都有一個位址。在網際網路上，**位址編號是一串 32 位元長度的二進位數字，稱為 IP（Internet Protocol，網際網路協定）位址**。為了方便人類閱讀，IP 位址採用「點」分隔的 10 進位數字來表示：

11000000101010000000000100011001 ← 32位元長的二進位數字

192.168.1.25 ← 用點分隔的四組十進位數字，每一組數值介於0~255之間。

IP 位址也可以寫成一連串十進位數字，像是 3232235801，只是這種寫法不易記憶，也容易打錯：

$$\mathbf{192} \times 2^{24} + \mathbf{168} \times 2^{16} + \mathbf{1} \times 2^{8} + \mathbf{25} \times 2^{0} \implies 3232235801$$

> IP 位址有 IPv4 和 IPv6 兩種版本，上文介紹的是在 70 年代開發出來的 IPv4（IP 第 4 版），也是目前廣泛使用的版本，由於目前的網路連線設備數量遠超過當時的預估，因此 90 年代出現了 IPv6（IP 第 6 版），它的位址長度為 128 位元，根據維基百科的描述「以地球人口 70 億人計算，每人平均可分得約 4.86 x 1028 個 IPv6 位址」，因此 IPv6 位址足敷使用。
>
> IPv6 位址的模樣如下：
>
> ```
> FE80:0000:0000:0000:0202:B3FF:FE1E:8329
> ```

私有 IP 與公共 IP

許多 3C 裝置都具備網路連線功能，IP 位址恐怕不敷使用。現實生活中的地址也有這種問題，像各地都有「成功路」和 "42" 號，但只要加上**行政區域規劃**，就不會搞錯，例如，**台中市**成功路和**高雄市**成功路，很明顯是兩個不同地點。

IP 位址也按照區域劃分，家庭和公司內部（或者四公里以內的範圍）的網路，稱為**區域網路（Local Area Network，簡稱 LAN）**，在區域網路內採用的 IP 位址，稱為「私有 IP」。

負責管理網際網路的 IP 位址的 IANA（Internet Assigned Numbers Authority，網際網路號碼分配機構），定義了如下的私有 IP 位址範圍，所以小型區域網路的**私有 IP 位址，通常以 192.168 開頭**。

- 10.0.0.0 ～ 10.255.255.255
- 172.16.0.0 ～ 172.31.255.255
- 192.168.0.0 ～ 192.168.255.255

若以公寓大廈來比喻，區域網路內部的 IP 位址，類似**住戶編號**，由公寓社區自行指定，只要號碼不重複即可：

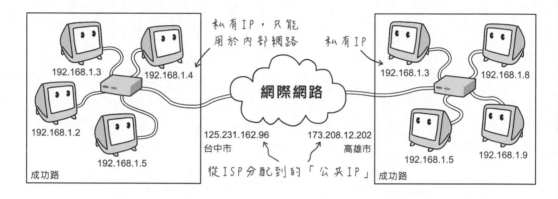

公共 IP 是網際網路上獨一無二的 IP 位址，相當於公寓大廈的**門牌號碼**。我們在家裡或一般公司內上網時，都會從 **ISP**（Internet Service Provider，**網際網路服務提供者**，像中華電信等提供上網服務的公司）分配到一個公共 IP。

當兩個區域之間交流時，就要用到「公共 IP」，這就好比，台中市成功路上的某人要寫信給高雄市成功路的朋友，要在地址上註明「高雄市」，不然郵差會以為你要寫給住在相同城市的人。

一般家庭所分配到的公共 IP 通常是變動的**動態 IP**（Dynamic IP），這代表每一次開機上網時，公共 IP 位址可能都不一樣。動態 IP 就像一個人經常更換電話號碼，撥電話出去時沒有什麼問題，但是反過來說，別人就不容易和他取得聯繫。公司行號的聯繫電話和網址，不能隨意更換，他們採用的是**固定 IP**（Static IP）。一般人也可以向 ISP 申請使用固定 IP，但通常需要額外付費。

閘道（Gateway）：連結區域網路（LAN）與網際網路

如果家裡或者公司有多台設備需要上網，可透過**路由器**（Router）或者**交換式集線器**（Switching Hub）等網路分享器，將它們連上網際網路，這種連結內、外網路的裝置通稱**閘道（Gateway）**：

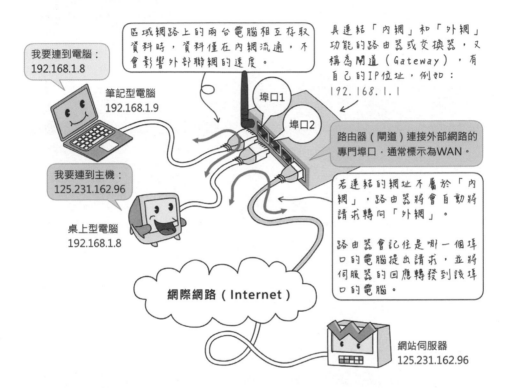

區域網路裡的連網設備所採用的**私有 IP 位址**，也分成**靜態 IP** 和**動態 IP** 兩種。動態 IP 代表電腦或其他裝置的位址，全都由網路分享器動態指定；靜態 IP 則需要使用者自行設定。

子網路遮罩

我們經常使用不同的分類與歸納手法，有效地整理或管理人事物。像是把數位相機記憶卡裡面成百上千張的照片，依照拍攝日期、地點或主題存放在不同的資料夾，以便日後找尋。

大型企業內的區域網路位址也需要分類，才方便妥善管理，假設區域網路依照研發部、行銷部...等，劃分成不同的**子網路**（subnet），當行銷部門廣播內部訊息時，這些訊息只會在該部門的網路內流動，不會佔用其他部門的網路資源。

劃分子網路的方法是透過**子網路遮罩**（subnet mask），雖然一般家庭裡的網路裝置可能只有少數幾台，不需要再分類，但按照規定至少還是得劃分一個類別：

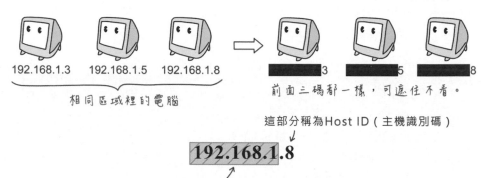

「子網路遮罩」用於篩選出網址的「網路識別碼」，像底下的網址和子網路遮罩經過 **AND 運算**之後，得到的位址就是網路識別碼（192.168.1）：

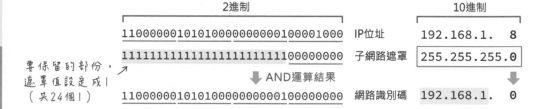

另一個網址經過相同的運算之後，可以得到相同的網路識別碼，因此可得知上面和底下網址位於相同區域：

11000000101010000000000100011000	IP位址	192.168.1. 24
11111111111111111111111100000000	子網路遮罩	255.255.255.0
⬇ AND運算結果		⬇
11000000101010000000000100000000	網路識別碼	192.168.1. 0

16

主機識別碼 255，保留給廣播訊息之用；主機識別碼 0 和網路識別碼一起，用於標示設備所在的區域。因此，設定 IP 位址時，主機識別碼不可以用 0 和 255。網路遮罩也可以用叫做 **CIDR** 的記法標示，IP 位址斜線後面的數字，代表遮罩的位元數：

CIDR記法 ➡ 192.168.1.19/24

⬅ 代表遮罩前24個位元

實體（MAC）位址

每個網路卡都有一個全世界獨一無二，且燒錄在網路卡的韌體中，稱為 **MAC**（Media Access Control，直譯為**媒體存取控制**）的位址或者稱為**實體位址**。

以身分證號碼和學號來比喻，**實體位址相當於身分證號碼**，是唯一且無法隨意更改的編號，可以被用來查詢某人的戶籍資料，但是大多只有在填寫個人資料和發生事故，需要確認身分時才會用到：

設備在網路上的識別編號
IP位址
網路卡的唯一號碼
實體位址

IP位址相當於學號：MAC位址則像身份證號碼。

Makers University
學號：10072007
有效日期：2025-10-17
Sophia Chao
學生證 STUDENT

IP 位址則像是學號，學號是由學校分配的，在該所學校內是獨一無二的。從學號可以得知該學生的入學年度、就讀科系，對學校和同學來說，學號比較實用，如果學生轉到其他學校，該生將從新學校取得新的學號。

MAC 位址總長 48 位元，分成「製造商編號」和「產品編號」兩部分。「製造商編號」由 IEEE（電機電子工程師學會）統一分配，「產品編號」則是由廠商自行分配，兩者都是獨一無二的編號。路由器和交換器等網路裝置，都會在商品底部的貼紙上標示該設備的 MAC 位址，例如：

MAC address: 08:00:69:02:01:FC
（實體位址）　　　製造商編號　產品編號

路由器就是透過 MAC 位址來辨識連接到埠口上的裝置，無線基地台也可以讓用戶輸入並儲存連線裝置的 MAC 位址，藉以限定只有某些裝置才能上網。查詢 D1 mini 板實體位址的說明，請參閱第 6 章「查詢 MAC 位址與修改 AP 的名稱、密碼和頻道」一節。

16-2 網域名稱、URL 網址和傳輸協定

在設定網路連線以外的場合，我們鮮少使用 IP 位址，瀏覽網站常用的是**網域名稱**（domain name，底下簡稱「域名」），像筆者的網站域名是 swf.com.tw，讀者只要在瀏覽器輸入此域名，就能連到該網站。

然而，網路設備最終還是只認得 IP 位址，因此域名和 IP 位址之間，需要經過一道轉換手續，提供這種轉換服務功能的伺服器稱為 **DNS**（Domain Name Server，網域名稱伺服器）：

DNS伺服器記得每個網站的名稱和對應的IP位址

域名需要額外付費註冊並且支付年費才能使用，讀者只要上網搜尋「網域名稱註冊」或者「購買網址」等關鍵字，即可找到辦理相關業務的公司。也有公司提供**免費域名轉址服務**，像 No-IP（http://www.no-ip.com/），註冊之後，用戶即可透過○○○.no-ip.com 這樣的網址（○○○代表你的註冊帳號）連結到你指定的 IP 位址。

免費轉址服務很適合個人和家庭使用。幾乎每個網路分享器都有提供**虛擬非軍事區**（De-Militarized Zone，簡稱 **DMZ**）功能，讓公共 IP 位址對應到區域網路內的某個裝置位址。以下圖為例，網際網路使用者可透過 no-ip.com 或者直接輸入 IP 位址，連結到 Arduino 微電腦：

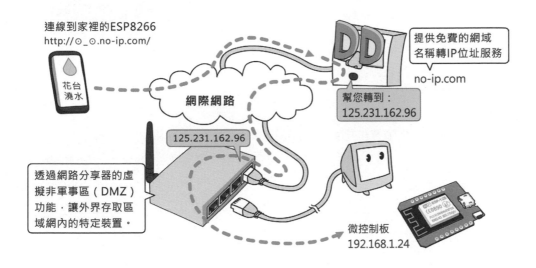

非軍事區代表私人網路中，開放給外界連結的設備。

認識 URL 網址

URL 是為了方便人們閱讀而發展出來，使用文字和數字來指定網際網路上的資源路徑的方式。URL 位址是由**傳輸協定**和**資源路徑**所構成的，中間用英文的**冒號**(:)分隔，常見的 URL 格式如下：

寄出電郵 → `mailto:cubie@yahoo.com`

瀏覽網頁 → `http://www.swf.com.tw/index.php`

下載檔案 → `ftp://swf.com.tw/files/Sony_NEX_Shutter_Controller.zip`

以底下的「瀏覽網頁」的 URL 為例：

它包含三個部份：

- **傳輸協定**：當瀏覽器向網站伺服器要求讀取資料時，它採用一種稱為 HTTP 的傳輸協定和網站溝通，這就是為何網頁的位址前面都會標示 "http" 的緣故。

  網際網路上不只有網站伺服器，因此和不同類型的伺服器溝通時，必須要使用不同的傳輸協定。由於大多數人上網的目的就是為了觀看網頁，所以目前的瀏覽器都有提供一項便捷的功能，不需要我們輸入 "http://"，它會自行採用 http 協定和伺服器溝通。

  > 網站伺服器一般也稱為「http 伺服器」或「web 伺服器」。

- **主機位址**：www.swf.com.tw 稱為主機位址，就是提供 WWW 服務的伺服器的位址。您也可以用 IP 位址的形式，例如 http://69.89.20.45，來連結到指定的主機。

- **資源路徑**：放在該主機上的資料的路徑。就這個範例而言，我們所取用的是位於這個主機的 arcadeFLAR 目錄底下的 index.html 檔。

埠號（Port）

如果把伺服器的網路位址比喻成電話號碼，那麼**埠號（Port）**就相當於分機號碼。**埠號被伺服器用來區分不同服務項目的編號**。例如，一台電腦可能會同時擔任網站伺服器（提供 HTTP 服務）、郵件伺服器（提供 SMTP 服務）和檔案

伺服器(提供 FTP 服務),這些服務都位於相同 IP 位址的電腦上,為了區別不同的服務項目,我們必須要將它們放在不同的「分機號碼」上:

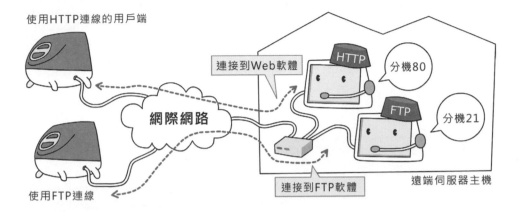

這就好像同一家公司對外的電話號碼都是同一個,但是不同部門或者員工都有不同的分機號碼,以便處理不同客戶的需求。埠號的編號範圍可從 1 到 65536,但是**編號 1 到 1023 之間的號碼大多有其特定的意義**(通稱為 Well-known ports),不能任意使用。

幾個常見的網路服務的預設埠號請參閱表 16-1:

表 16-1

名稱	埠號	說明
HTTP	80	HTTP 是超文本傳輸協定(HyperText Transfer Protocol)的縮寫,因為 WWW 使用 HTTP 協定傳遞訊息,因此網站(Web)伺服器又稱為 HTTP 伺服器。
HTTPS	443	超文本傳輸安全協定,S 代表 Secure(安全)。HTTP 用明文(普通文字)傳輸訊息,有心人士可偵聽網路上的封包並取得內容(如:信用卡號碼);HTTPS 的內容經過加密,不易被破解。
FTP	21	用於傳輸檔案以及檔案管理,FTP 是檔案傳輸協定(File Transfer Protocol)的縮寫。
SMTP	25	用於郵件伺服器,SMTP(Simple Mail Transfer Protocol)可用於傳送和接收電子郵件。不過它通常只用於傳送郵件,接收郵件的協定是 POP3 和 IMAP。
TELNET	23	讓用戶透過終端機(相當於 Windows 的「命令提示字元」視窗)連到主機。

例如，當我們使用瀏覽器連結某個網站時，瀏覽器會自動在網址後面加上（我們看不見的）埠號 80；而當網站伺服器接收到來自用戶端的連線請求以及埠號 80 時，它就知道用戶想要觀看網頁，並且把指定的網頁傳給用戶。

因為這些網路服務都有約定成俗的埠號，所以在大多數的情況下，我們不用理會它們。但有些主機會把 WWW 服務安裝在 8080 埠，因此在連線時，我們必須在網域名稱後面明確地寫出 8080 的埠號（中間用冒號區隔）。假設 swf.com.tw 網域使用 8080 的埠號，URL 連線網址的格式如下：

```
http://swf.com.tw:8080/
```

16-3 網路的連線標準與封包

不同的電腦系統（例如 Windows 和 Mac）的網路連結、磁碟以及資料的儲存格式，必須要支援共同的標準格式才能互通。網路系統很複雜，無法用一個標準囊括所有規範，以大眾交通系統為例，從道路的寬度、速限、司機的資格審核...等，各自有不同的規範。

網路系統的標準可分成四個階層，以實際負責收發資料的網路介面層為例，不管購買哪一家公司製造的網路卡，都能和其他網路卡相連，因為它們都支援相同的標準規範：

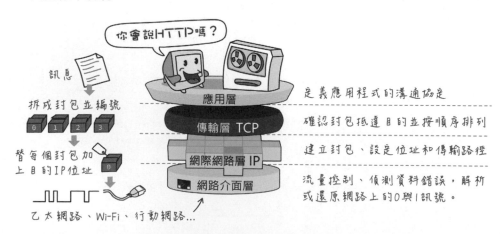

早期（90 年代）的電腦網路比較封閉，區域網路和網際網路採用不同的標準。PC 流行採用一家叫做 Novel 公司的網路產品，蘋果自己也有推出名叫 AppleTalk 的網路協議，若要連上網際網路，早期的 Mac 系統必須額外安裝 TCP/IP 的通訊程式元件，才能將訊息包裝成網際網路所通用的格式。現在，TCP/IP 已經成為網路通訊的主流標準。

封包

網路設備之間交換訊息不像電話語音通訊會佔線，因為訊息內容被事先分割成許多小封包（packet）再傳送，每個封包都知道自己的傳送目的地，到達目的之後再重新組合，如此，每個設備都可以同時共享網路：

傳統的語音訊息交換，一條線路只能傳送單一訊息。

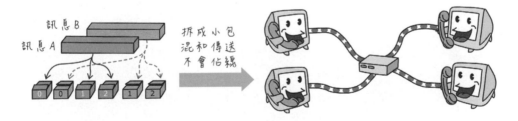

> **傳輸層**的協定有 TCP 和 UDP，若用郵差寄信來比喻，**TCP 相當於掛號信，UDP 則是普通信件。**
>
> 採用 TCP 的設備會在收到封包時，回覆訊息給發送端，確認資料接收無誤。若發送端在一段時間內沒有收到回覆訊息，它會認為封包在傳遞過程中遺失了，會重發一次該封包。
>
> UDP 不會確認封包是否抵達目的地，因為少了確認的流程，因此可以節省往返的交通時間，也增加處理效率。許多網路影音應用都採用 UDP，因為就算少傳送一些資料，也只些微影響到畫質，使用者察覺不到。

16-4 使用 Socket 建立網路通訊程式

"socket"（直譯為「插座」，這個網路名詞似乎沒有正式的中文譯名）代表軟體中的通訊介面，它能讓兩個不同的程序彼此溝通。用現實生活比喻，socket 相當於「電話」，有了電話，就能和其他人通訊。

socket 包含**位址**、**埠口**和**通訊協定**這三大要素（相當於電話號碼、分機和溝通語言），每個網路通訊軟體都會用到它。例如，當瀏覽器連線到遠端伺服器時，本機系統就會建立一個 socket，並隨機指派 1024~65535 之間的埠號，讓遠端網站資料從這個 socket 進出電腦：

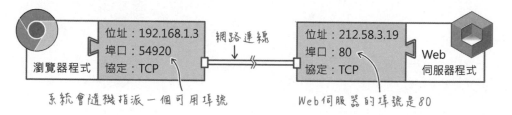

若要觀察本機的 socket 運作狀態，讀者可先用瀏覽器開啟任何網站，接著在 Windows 命令列輸入 netstat（原意為 network status，網路狀態），或者在 Mac OS X/Linux 系統上的終端機輸入 netstat -n。底下是在命令列執行 netstat 的結果，它將列舉通訊協定、本機位址和埠號，以及外部連線位址：

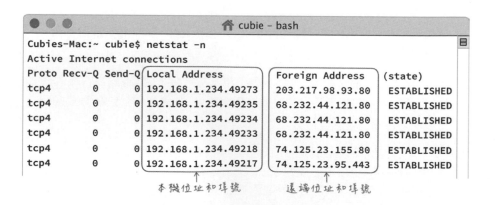

動手做 16-1 使用 Socket 建立 一對一通訊程式

MicroPython 有內建處理網路通訊的 socket 程式庫,程式語法和電腦版 Python 3 一樣,所以本單元將在電腦上練習建立一個簡單的前、後端通訊程式,把用戶端在文字命令列 (終端機) 輸入的訊息,透過 socket 傳遞給伺服器:用戶端和伺服器都是在同一台電腦上執行:

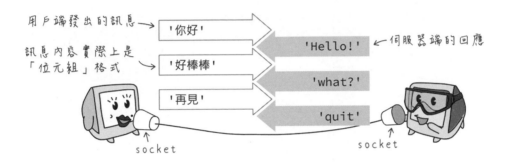

若用戶傳遞「你好」,伺服器將回應 "Hello!";若傳遞「再見」,伺服器將回應 "quit" 並中止連線、退出程式;傳遞其他訊息,伺服器都將回應 "what?"。

底下是使用 socket 物件建立用戶/伺服器連線的程式流程,以及相關的函式 (方法) 名稱:

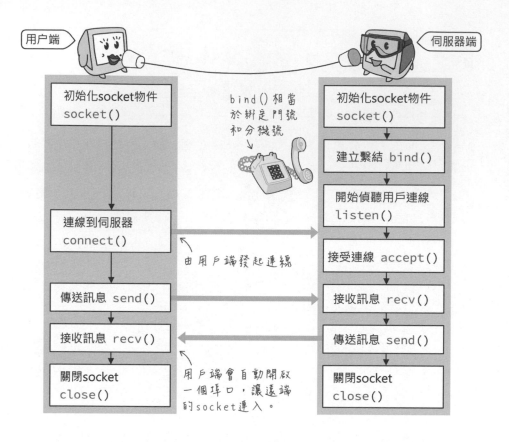

Socket 物件的 getservbyname() 方法，可傳回常見服務的預設埠號，例如，查詢 HTTP 服務的埠號：

```
>>>import socket
>>>socket.getservbyname('http')
80
```

的預設埠號 → 80

服務名稱

建立用戶端 socket 程式

用戶端的 socket 程式比較簡單，程式首先匯入 socket 模組，然後執行其中的 socket() 方法建立並初始化 socket 物件，此例指定 socket 採用 IPv4 位址以及 TCP 協定進行通訊：

初始化 socket 物件時，**socket() 若沒有輸入任何參數，預設將採 IPv4 位址和 TCP 協定通訊**，由於 ESP8266 尚不支援 IPv6，因此使用預設值即可。執行上面的程式之後，socket 物件將被存入 s 變數，底下是 socket 物件具備的一些方法：

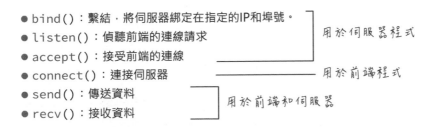

- bind()：繫結，將伺服器綁定在指定的IP和埠號。
- listen()：偵聽前端的連線請求
- accept()：接受前端的連線
- connect()：連接伺服器
- send()：傳送資料
- recv()：接收資料

令 socket 連線到本機 5438 埠的敘述如下，**位址和埠號是元組格式**：

其中的 'localhost' 可以替換成 IP 位址 '127.0.01'（這兩者都代表「本機位址」），或者本機的實際 IP 位址（如：192.168.1.25 之類的位址）。

完整的用戶端程式如下，連線之後，程式將進入 while 迴圈，讀取並傳送用戶輸入的訊息，直到接收到 'quit' 訊息，就關閉連線：

```python
import socket

s = socket.socket()          # 若不填寫參數，預設採IPv4, TCP協定。
s.connect( ('127.0.0.1', 5438) )
                             # 可輸入'localhost'或'127.0.0.1'

while True:                  # 讀取終端機的輸入文字
    msg = input('請輸入訊息：')
    s.send( msg.encode('utf-8') )    # 把輸入文字轉成UTF-8編碼，
                                     # 再從socket發送出去。
    reply = s.recv(128)     # 接收伺服器端的回應，最多128位元組。

    if reply == b'quit':    # 若回應是'quit'，則跳出
        print('關閉連線')    #   while迴圈（結束程式）。
        s.close()           # 關閉socket
        break

    print( str(reply) )     # 在終端機顯示回應內容
                            # 把回應的byte類型轉成英文字串
```

client.py 檔

在網路上傳遞的資料是位元組格式。因此，使用 send() 方法傳送用戶輸入的訊息（msg），要先用 encode() 轉換成 UTF-8 格式。

接收資料的 recv() 方法（原意為 receive，接收），每一次所能接收的最大資料量，由其參數決定。此參數值需要考量到微控器的記憶體與網路連線情況，應該取較小的 **2 次方整數值**，例如，在電腦上可以設定成 4096，但是在 MicroPython 控制板，建議設定成 1024 或更低。

recv() 方法的傳回值也是 byte 類型，例如：b'quit'，要經過 decode() 或者 str() 方法才能轉換成字串格式。

伺服器端通訊程式

相較於用戶端，伺服器程式需要綁定一個主機位址和埠號：

```
import socket

HOST = 'localhost'    ← 前後端的主機名稱和埠號必須一致，否則無法相連。
PORT = 5438
s = socket.socket( socket.AF_INET, socket.SOCK_STREAM )
s.bind( ( HOST, PORT ) )
```
      ↖ 代表「繫結」、「綁定」

若把 socket 比喻成電話，bind（譯成「綁定」或「繫結」）就相當於替電話綁定一個門號。若指定的埠號已經被其他程式佔用，Python 將會產生 "Address already in use（位址已在使用中）" 的錯誤訊息。

綁定位址和埠號，就可以偵聽用戶的連線，ESP8266 微控器最大可同時處理 5 個連線：

偵聽、等待用戶連線 ↘   ↙ 相當於「來電等候」數，通常設為5（最大值）。

```
s.listen( 5 )
print('{}伺服器在{}埠開通了！'.format( HOST, PORT ))
```

當有用戶連入時，程式透過 accept() 接受用戶的連線。accept() 將傳回兩個參數，第 1 個是負責跟此用戶連線的 socket 物件，第 2 個是用戶端的 IP 位址：

用戶端socket物件 ↘   ↙ 用戶端位址

```
client, addr = s.accept( )
print('戶端已連線。')
```

到此，伺服器端程式裡面將會有兩個 socket 物件，一個負責偵聽與處理新的連線請求（變數 s），另一個負責與當前的用戶端聯繫（變數 client）。完整的伺服器程式如下：

```
import socket

HOST = 'localhost'              建立socket物件，採預設的
PORT = 5438                     IPv4, TCP類型連線。
s = socket.socket()
s.bind((HOST, PORT))
s.listen(1)
print('{}伺服器在{}埠開通了！'.format(HOST, PORT))

client, addr = s.accept()

print('用戶端位址：{}·埠號：{}'.format(addr[0], addr[1]))

                         等待接收用戶端的訊息，每次最多128位元組。
while True:
    msg = client.recv(128).decode('utf-8')
    print ('收到訊息：', msg)
    reply = ''                         用UTF-8解碼

    if msg == '你好':               回應的訊息也必須是位元組格式
        reply = b'Hello!'
    elif msg == '再見':              若訊息是「再見」，則回應
        client.send(b'quit')         b'quit'並且跳出迴圈。
        break

    else:
        reply = b'what??'

    client.send(reply)
                                                    server.py 檔
client.close()
```

程式將先停在這裡 ⓐ

ⓑ

socket 物件的方法，都屬於阻斷式（block）敘述，會阻止程式繼續執行。以 accept() 方法為例，唯有等到用戶連入，程式才會接著執行底下的 while 迴圈敘述。

接著，程式會停在接收用戶端訊息的 recv() 那一行（標示 b 的那一行），待收到用戶傳入的訊息才繼續執行。

最後來驗收一下成果，請先打開命令列（或終端機）啟用 Python 3 執行 server. py，再執行 client.py，然後在用戶端的視窗內輸入訊息：

16

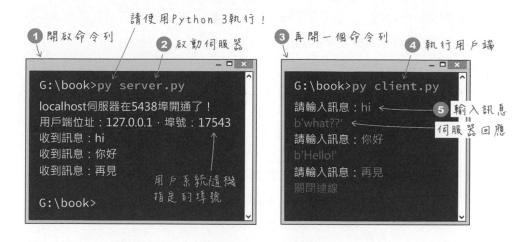

在用戶端輸入「再見」，將中斷連線並退出 Python 3 執行環境。

16-5 認識網頁與 HTML

網站伺服器的基本功能是提供網頁文件給用戶端瀏覽。因此，建立網站伺服器之前，讀者首先要了解如何製作基本的網頁。

網頁文件是副檔名為 .html 或 .htm 的純文字檔。網頁的原始碼包含許多**標籤（tag）指令**，也就是指揮瀏覽器要如何解析或呈現網頁的指令。網頁標籤指令語言稱為 **HTML**（Hypertext Markup Language，**超文本標記語言**的縮寫）。

標籤指令是用 < 和 > 符號，包圍瀏覽器預設的指令名稱所構成，例如，**代表斷行（break）的標籤指令寫成：\<br\>**，在文字編輯器（如 Windows 的記事本或 macOS 的 TextEditor）輸入左下圖的內容，命名成 "index.html" 儲存，此檔將能在瀏覽器呈現右下圖的畫面：

斷行
↓
甲：做這一行太辛苦了，我想換行......\<br\>
乙：按一下\<b\>Enter鍵\</b\>。

↑
' b ' 代表 ' b o l d ' ，粗體。

```
browser
← → c  index.html
```
甲：做這一行太辛苦了，我想換行......
乙：按一下**Enter鍵**。

附帶說明，若未使用
 標示斷行，僅用 Enter 鍵分行，並不會在瀏覽器中顯示成兩行。**許多標籤指令都是成雙成對的**，像左上圖裡的 <b> 和 </b>（結尾的標籤前面有個斜線符號），告訴瀏覽器這個區域裡的文字用「粗體（bold）」呈現。

網頁的檔頭區和內文區

除了傳達給閱聽人的訊息，**網頁文件還包含提供給瀏覽器和搜尋引擎的資訊**。例如，設定文件的標題名稱和文字編碼格式，這些資訊並不會顯示在瀏覽器的文件視窗裡。

為了區分文件裡的描述資訊與內文，網頁分成**檔頭（head）**與**內文（body）**兩大區域，分別用 <head> 和 <body> 元素包圍，這兩大區域最後又被 <html> 標籤包圍，例如：

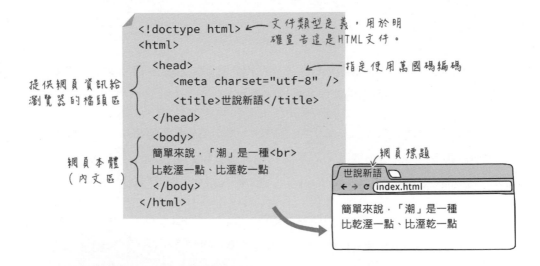

總結上述的說明，基本的網頁結構如下：

● <!doctype html>：網頁文件類型定義，告訴瀏覽器此文件是標準的 HTML。

● <html>...</html>：定義網頁的起始和結束。

- <head>...</head>：檔頭區，主要用來放置網頁的標題（title）和網頁語系的文字編碼。當瀏覽器讀取到上面的檔頭區資料時，就會自動採用 UTF-8 格式來呈現網頁內容。

- <body>...</body>：放置網頁的內文。

16-6 認識 HTTP 通訊協定

網站伺服器使用的通訊協定稱為 **HTTP**（HyperText Transfer Protocol，**直譯為「超文本傳輸協定」**）。與網站伺服器連線的過程分成 **HTTP 請求**（request）和 **HTTP 回應**（response）兩個狀態。在瀏覽器裡輸入網址之後，瀏覽器將對該網站伺服器主機發出連結「請求」，而網站伺服器將會把內容「回應」給瀏覽器：

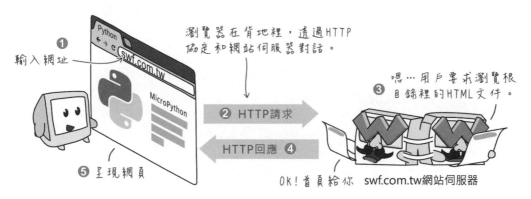

伺服器會持續留意來自用戶的請求，當回應用戶的請求（送出資料）之後，伺服器隨即切斷與該用戶的連線，以便釋出資源給下一個連線用戶。

HTTP 的請求指令

在瀏覽器中輸入 swf.com.tw 首頁連結後，瀏覽器會在背地裡發出如下的 HTTP 請求訊息。平時我們不用理會這些訊息，但是在開發網路應用程式時，例如，用 ESP8266 取代瀏覽器，我們的程式必須自行發出這些訊息：

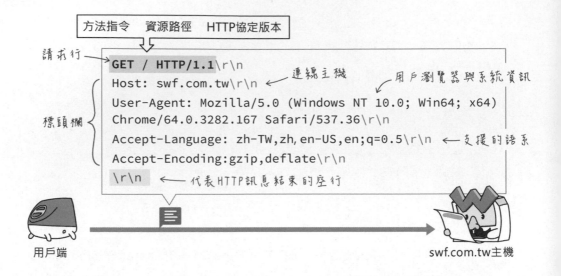

方法指令　資源路徑　HTTP協定版本

請求行 → **GET / HTTP/1.1**\r\n

Host: swf.com.tw\r\n ← 連線主機

User-Agent: Mozilla/5.0 (Windows NT 10.0; Win64; x64)
標頭欄 Chrome/64.0.3282.167 Safari/537.36\r\n ← 用戶瀏覽器與系統資訊

Accept-Language: zh-TW,zh,en-US,en;q=0.5\r\n ← 支援的語系

Accept-Encoding:gzip,deflate\r\n

\r\n ← 代表HTTP訊息結束的空行

用戶端　　　　　　　　　　　　　　　　　　swf.com.tw主機

「請求」訊息的第一行是發出指令的**請求行**，後面跟著數行**標頭欄**（header field）。**請求行**包含指出「請求目的」的 **HTTP 方法**，表 16-2 列舉 HTTP 協定 1.1 版本提供的 8 種標準方法，其中最常見的就是 GET 和 POST。目前廣泛使用的 HTTP 協定版本是 1.1，資源路徑 '/' 代表根目錄，也就是網站的首頁。

標頭欄用於描述用戶端，相當於向伺服器介紹：我來自 Chrome 瀏覽器、作業系統是 Windows 10、我讀懂中文和英文...等等。HTTP 訊息後面的 \r\n 代表「換行」，訊息**結尾包含一個空行**：

表 16-2

方法	說明
GET	向指定的資源位址請求資料
POST	在訊息本體中附加資料（entity），傳遞給指定的資源位址
PUT	上傳文件到伺服器，類似 FTP 傳檔
HEAD	讀取 HTTP 訊息的檔頭
DELETE	刪除文件
OPTIONS	詢問支援的方法
TRACE	追蹤訊息的傳輸路徑
CONNECT	要求與代理（proxy）伺服器通訊時，建立一個加密傳輸的通道

16

HTTP 回應訊息與狀態碼

收到請求之後，網站伺服器將發出 HTTP 回應給客戶端，訊息的第一行稱為**狀態行（status line）**，由 **HTTP 協定版本**、三個數字組成的**狀態碼**和**描述文字**組成。例如，假設用戶請求的資源網址不存在，它將回應 404 的錯誤訊息碼：

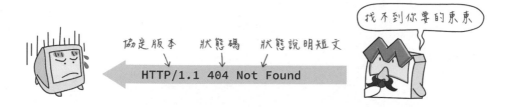

HTTP 回應用狀態碼代表回應的類型，其範圍介於 1xx~5xx（第 1 個數字代表回應的類型，參閱表 16-3），用戶端可透過狀態碼得知請求是否成功。最著名的狀態碼大概就是代表資源不存在的 404。完整的狀態碼數字及其意義，請參閱維基百科的「HTTP 狀態碼」條目（goo.gl/a7YAc3）：

表 16-3　狀態碼的類型

代碼	類型	代表意義
1××	Informational（訊息）	伺服器正在處理收到的請求
2××	Success（成功）	請求已順利處理完畢
3××	Redirection（重新導向）	需要額外的操作來完成請求
4××	Client Error（用戶端錯誤）	伺服器無法處理請求
5××	Server Error（伺服器錯誤）	伺服器處理請求時發生錯誤

如果請求的資源存在而且能開放用戶存取，伺服器將回應 "200 OK" 的狀態碼。「狀態行」的後面跟著標示內容長度（位元組數）與內容類型的「標頭欄」，**資源主體（payload）**附加在最後；**標頭欄**和**資源主體**之間包含一個空行：

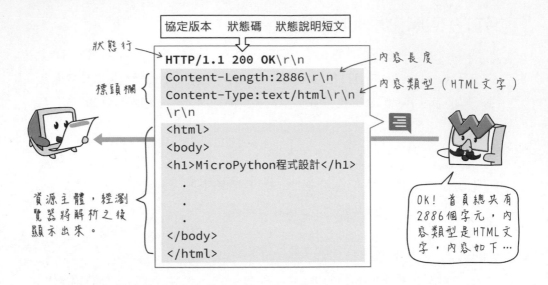

協定版本　狀態碼　狀態說明短文

狀態行 → **HTTP/1.1 200 OK**\r\n　　　　　內容長度

Content-Length:2886\r\n　　內容類型（HTML文字）
標頭欄 { Content-Type:text/html\r\n

\r\n

<html>
<body>
<h1>MicroPython程式設計</h1>
.
.
.
資源主體，經瀏
覽器將解析之後　　</body>
顯示出來。　　　　</html>

OK！首頁總共有
2886個字元，內
容類型是HTML文
字，內容如下…

實驗說明： 使用 socket 物件，從 D1 mini 控制板連接底下的網址，並在終端機顯示網站伺服器傳回的 HTML 內容：

http://swf.com.tw/openData/test.html

　　　　　　主機　　　　　　　路徑

本單元的實驗材料僅需一片 D1 mini 控制板。

使用 split() 分割字串： 連接一般網頁時，用戶端發出的 HTTP 訊息只需要包含一個「請求行」和一個標頭欄：

請求的方法 → GET /openData/test.html HTTP/1.1\r\n
指令全部大寫　Host: swf.com.tw\r\n
　　　　　　　\r\n

為了保持程式碼的彈性，本節的程式將完整網址存入名叫 url 的變數，然後透過字串的 split（分割）方法，從網址分割出主機名稱和路徑。以底下的網址為例，split() 將依斜線（'/'）分割出 5 個子字串：

```
url = 'http://swf.com.tw/openData/test.html'
foo = url.split('/')
```

```
['http:', '', 'swf.com.tw', 'openData', 'test.html']
```

```
'http://swf.com.tw/openData/test.html'
```

split() 方法的第 2 個參數為「分割次數」，由於網址的第 3 個斜線是「主機」和「路徑」的分隔線，所以底下的敘述將「分割次數」設成 3：

主機　　　　　　　　路徑

```
bar = url.split('/', 3)
```

```
['http:', '', 'swf.com.tw', 'openData/test.html']
```

用前3個斜線分割

實際使用時，我們可以把「主機」存入名叫 host 的變數，「路徑」存入 path 變數，前兩個子字串不重要，所以存入用單一底線命名的變數：

```
'swf.com.tw'
```

```
_, _, host, path = url.split('/', 3)
```

用過即丟的變數，習慣命名成底線。

```
'openData/test.html'
```

不是每個網址都要分割成 3 個部份，底下的網址只能拆分成兩個部份，硬要拆成 3 個部份將會產生錯誤：

```
url =  'http://swf.com.tw'   # 連線網址
_, _, host = url.split( '/', 2)
```

此外，在終端機裡面（Python 語言直譯模式），底線有特殊意義，代表「上一次的運算值或表達式」。例如：

```
>>> 10 * 2
20
>>> _          ← 取得上次的運算值
20
>>> _ * 2      ← 將上次的運算值乘2
40
```

但如果像上文一樣，用底線當作變數名稱，底線就是一般的變數，不再具備這項功能。在 Python 程式中暫存不重要的資料時，習慣上都會用單一底線命名的變數。

建立 HTTP 請求字串：若 HTTP 請求的訊息缺少包含「用戶端資訊」的 User-Agent 欄位，多數網站（包含筆者的網站在內）都會拒絕連線。在 Windows 系統上，使用 Chrome 瀏覽器上網時，User-Agent 欄包含如下的用戶端資訊：

```
User-Agent:Mozilla/5.0 (Windows NT 10.0; Win64; x64)
 AppleWebKit/537.36 (KHTML, like Gecko) Chrome/58.0.3029.110
 Safari/537.36
```

有些網站甚至會拒絕 User-Agent 值不是以 "Mozilla" 開頭的連線請求。筆者將本範例的 User-Agent 設定成 "MicroPython"，你可以改用其他名稱。底下的敘述採用元組與 format() 方法動態建立字串：

```
httpHeader = (
    'GET /{path} HTTP/1.1\r\n'
    'Host: {host}\r\n'
    'User-Agent: MicroPython\r\n'
    '\r\n'
).format(
    path=path,
    host=host
)
```

透過format()
動態合成字串

openData/test.html

```
'GET /        HTTP/1.0\r\n
Host: swf.com.tw\r\n
User-Agent: MicroPython\r\n
\r\n'
```

此字串實際是一行，為了方便理解，所以寫成數行。

透過 send() 方法傳送之前要先轉換成 utf-8 格式，例如：

```
httpHeader.encode('utf8')
```

或者，我們也可以直接建立位元組字串，如右邊的程式，其結果和上面的程式相同：

建立位元組格式的多行字串 ↓

```
httpHeader = b'''\
GET /{path} HTTP/1.0\r
Host:{host}\r
User-Agent: MicroPython\r
\r
'''.format(
    path=path,
    host=host
)
```

每行都要 \r\n 結尾

📈 **為何瀏覽器的「用戶端資訊」都是用 Mozilla 起頭？**

Mozilla 是第一個商用網頁瀏覽器 Netscape Navigator 的開發代號，它定義的 User-Agent 值是 Mozilla/1.0 (Win3.1)。後來的瀏覽器，像 Opera、微軟的 IE、蘋果的 Safari、Google 的 Chrome...等，都保留了這個傳統，用 Mozilla 當作 User-Agent 的開頭。但主要原因是，某些網站伺服器程式會透過解析 User-Agent 來判斷用戶端的功能 (譬如支援的 HTML 版本)，因此加上 'Mozilla' 相當於向伺服器宣告：對手有的功能，我也有！

取得網站的 IP 位址並建立連線：連接網站伺服器時，socket 物件的 connect() 方法必須填入網站的 IP 位址。socket 提供一個查詢並傳回網站的 IP 位址和其他資訊的方法，叫做 **getaddrinfo** (也就是 get address information，取得位址資訊)。

getaddrinfo() 接受**域名**和**埠號**兩個參數，並傳回列表 (list) 類型資料，而列表裡面包含一個元組 (tuple)，元組裡面包含 5 個元素：

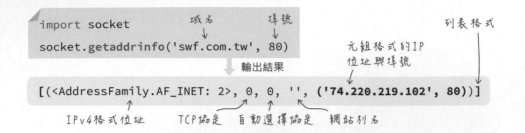

絕大多數的網路程式只需取得其中的 IP 位址和埠號，底下敘述中的 addr 變數，將存放元組格式的 IP 與埠號：

取得列表裡的元祖
↓
```
addr = socket.getaddrinfo('swf.com.tw', 80)[0][-1]
```
↑
取得元組裡的倒數第一個元素

⚡ 網站別名（canonical name 或 CNAME）

假設你註冊了一個叫做 example.com 的域名，不僅將能它用於 HTTP 網站伺服器，也可以用在其他伺服器。例如，把網站伺服器的網址設定成 www.example.com、FTP 伺服器的設成 ftp.example.com，郵件伺服器設成 mail.example.com…這些名稱就是「別名」。

完整請求並顯示網頁 HTML 的程式碼如下：

```
import socket

url = 'http://swf.com.tw/openData/test.html' # 連線網址
_, _, host, path = url.split('/', 3)

# 取得指定網站主機的 IP 位址
addr = socket.getaddrinfo(host, 80)[0][-1]
s = socket.socket()
s.connect(addr)    # 連線到指定主機

httpHeader = b'''\
```

```
GET /{path} HTTP/1.0\r
Host:{host}\r
User-Agent:MicroPython\r
\r
'''

# 送出 HTTP 請求訊息
s.send(httpHeader.format(path=path, host=host))

while True:
    data = s.recv(128)     # 接收伺服器的回應
    if data:      # 若有回應資料...以 UTF-8 解碼並顯示出來
        print(str(data, 'utf8'), end='')
    else:
        break     # 當全部資料讀取完畢時，跳出無限迴圈

s.close()         # 關閉 socket 連線
```

筆者把此程式命名成 http_basic.py 儲存，執行結果如下：

```
G:\book>py http_basic.py
HTTP/1.1 200 OK                              ← 回應狀態
Server: nginx/1.12.0
Date: Fri, 23 Mar 2018 02:14:27 GMT
Content-Type: text/html
Content-Length: 147                          } HTTP標頭
Connection: close
Last-Modified: Sat, 20 May 2017 09:05:28 GMT
Accept-Ranges: bytes
Vary: Accept-Encoding

<!doctype html>                              ← 空行
<html><head>
    <meta charset="utf-8"><title>Weather</title>
</head><body>                                } 主體的承載內容
    <h1>We Love Open Data!</h1>                （網頁文件）
</body>
</html>
```

第 16, 17 和 18 章的程式碼，都假設 D1 mini 控制板的 boot.py 程式包含連接到 Wi-Fi 分享器的程式碼，所以像本單元的 socket 物件才能連上網站主機。或者，我們也可以在網路程式的開頭加入底下的敘述，確認 D1 mini 板已經連上 Wi-Fi 分享器，若沒有，就先建立連線：

```python
import network
wlan = network.WLAN(network.STA_IF)          Wi-Fi連線程式

if not wlan.isconnected():     # 若尚未連上Wi-Fi…
    wlan.active(True)
    wlan.connect('Wi-Fi網路ID', '密碼')

    while not wlan.isconnected():
        pass

print('network config:', wlan.ifconfig())
```

```python
import socket                               原有的Socket程式

url = 'http://swf.com.tw/openData/test.html'   # 連線網址
_, _, host, path = url.split('/', 3)
  ⋮
  ⋮
```

從 Host 欄位指定連線主機

讀者也許會感到納悶，既然 socket 的 connect() 方法已經指定了連線目標（swf.com.tw），為何還需要在 HTTP 標頭列舉一次？這是因為 connect() 的參數是網站的位址，就像辦公大樓的地址，但是同一棟大樓裡面可能有不同的公司，這時就得透過 Host 欄位指名聯繫的對象。

網站主機託管（Web Hosting）公司為了有效運用硬體設備，通常採取虛擬服務，也就是讓同一部電腦主機同時執行多個作業系統，每個系統都是獨立的網站，但是對外的 IP 位址都是相同的，相當於同一棟大樓裡的不同公司：

16

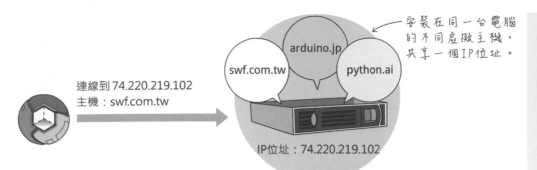

安裝在同一台電腦的不同虛擬主機，共享一個IP位址。

連線到74.220.219.102
主機：swf.com.tw

arduino.jp

swf.com.tw

python.ai

IP位址：74.220.219.102

如果 HTTP 標頭缺少 Host（主機）欄位，遠端伺服器將回應 "HTTP/1.1 400 Bad Request" 錯誤訊息；若 HTTP 標頭沒有 User-Agent（用戶端程式）欄位，將回應 "HTTP/1.1 403 Forbidden" 錯誤，下圖顯示兩個錯誤訊息：

```
G:\book>py http_basic.py
get ready!
HTTP/1.1 403 Forbidden
Server: nginx/1.12.0
:

Forbidden
```

缺少 User-Agent 欄位

```
G:\book>py http_basic.py
HTTP/1.1 400 Bad Request
Server: nginx/1.12.0
:
```

缺少 Host 欄位產生的錯誤

16-7 認識 HTTPS 加密連線

HTTP 是使用純文字（明文）進行通訊的協定，它主要有兩個缺點：

1 訊息可能在傳輸過程中遭到監聽或者竄改

2 無法判定用戶端和伺服器的身份

舉例來說，假設你打算登入某個網站並購買軟體。你在瀏覽器中輸入的個人資料和信用卡號碼若是用純文字傳送，就可能在傳送過程中被攔截取得。或者，你所登入的網站也許是山寨版，下載的檔案可能內藏病毒：

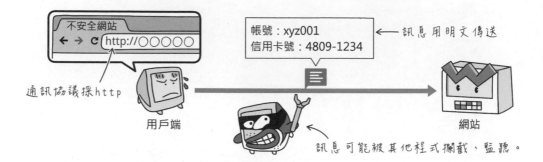

HTTPS 就是把原本的純文字訊息採用稱為 SSL 或 TSL 的技術加密之後再傳送出去，如此，即便在傳送過程被監聽，監聽者也只能看到一堆亂碼。缺點是，訊息加密和解密運算都會耗用處理器和記憶體資源，訊息量也會增加：

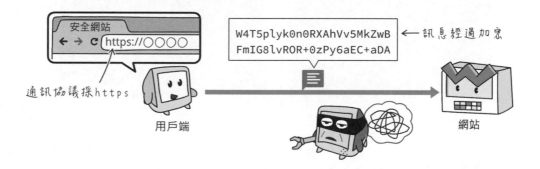

此外，採用 HTTPS 協定的網站伺服器，必須向第三方認證機構申請 SSL/TSL 憑證。這有點類似超市販售食品的「履歷認證」，由第三方機構（也就是生產者和販售者以外的機構）證明該食品是由某某公司或農民生產，各項檢驗安全無虞之類。

SSL/TSL 憑證通常分成三種等級：

● 網域驗證（Domain Validation，簡稱 DV）：僅提供 SSL/TSL 加密功能，主要用於個人網站和非營利組織。

● 組織驗證（Organization Validation，簡稱 OV）：相當於「實名制」憑證，能證明該網站確實為某公司或機構所有。

● 延伸驗證（Extended Validation，簡稱 EV）：「實名＋徵信」憑證，具核實持有憑證單位的地址、電話和執行業務等功能。

憑證的年費視種類和需求，介於數十美金至數千美金。有些網站可核發免費的「網域驗證」憑證，例如 Let's Encrypt（letsencrypt.org）和 SSL For Free（www.sslforfree.com）。

建立 HTTPS 連線

MicroPython 不支援使用 SSL/TSL 憑證建立網站伺服器，但支援跟採用 SSL/TSL 加密的網站連線。建立 HTTPS 連線的用戶端主程式架構和 HTTP 一樣，只是有三點不同：

● HTTPS 服務的埠號是 443。

● socket 物件要用 ussl 程式庫的 **wrap_socket() 方法**進行加密。

● 傳輸 HTTP 訊息的 send() 方法，改用 ussl 程式庫的 **write() 方法**來傳送加密過的訊息。

底下的範例程式採用 HTTPS 連線到 MicroPython 官網（**micropython.org**）的測試網頁：

```
import socket
import ussl as ssl  # 引用 ussl 程式庫

url = 'https://micropython.org/ks/test.html' # 連線網址

httpHeader = b'''\
GET /{path} HTTP/1.0\r
Host:{host}\r
User-Agent:MicroPython\r
\r
```

```
'''
_, _, host, path = url.split('/', 3)
# 取得網站的 IP 位址，埠號是 443。
addr = socket.getaddrinfo(host, 443)[0][-1]
s = socket.socket()
s.connect(addr)
# 附加安全加密功能
s = ssl.wrap_socket(s)
# 傳送經過加密的訊息
s.write(httpHeader.format(path=path, host=host))

while True:
    data = s.read(128)
    if data:
        print(str(data, 'utf8'), end='')
    else:
        break
s.close()
```

在終端機貼入上面的程式碼執行後，將能看到 MicroPython 網站傳回的訊息
和 HTML 內容：

```
=== s.close()
===
73
HTTP/1.1 200 OK
Server: nginx/1.12.2
Date: Fri, 23 Mar 2018 16:29:47 GMT
Content-Type: text/html
Content-Length: 180
   :
```

17

10001

物聯網應用初步

本章延續第 16 章的網路 socket 程式,上半部將説明如何透過 socket 建立網站伺服器,再搭配檔案物件,讓用戶端存取快閃記憶體裡的 HTML 和圖檔,提供圖文並茂的網頁。章末將示範結合按鈕與滑桿的互動網頁,控制數位接腳的輸出訊號。

17-1 建立網站

在上一章中我們已經瞭解網站所使用的 HTTP 通訊,並且撰寫了一個能夠連接到指定網站,取得文件內容的程式。接著我們要反過來,動手撰寫程式讓 D1 mini 控制板變成是網站,可讓使用者利用瀏覽器連上,提供內容給使用者。

動手做 17-1 建立網站伺服器

實驗說明:在 D1 mini 板建立一個簡單的 HTTP 伺服器,每當收到用戶連線請求時,就回應 "Welcome to MicroPython!"(歡迎光臨 MicroPython)的訊息:

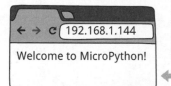

```
HTTP/1.0 200 OK\r\n
\r\n
Welcome to MicroPython!\r\n
```

實驗程式:程式首先定義 socket 物件和基本的變數,要傳遞給用戶端的訊息存在 httpHeader 變數裡面:

```
import socket

s = socket.socket()
HOST = '0.0.0.0'        ← 或者輸入控制板的IP位址
PORT = 80
                        ← HTTP訊息是位元組格式
httpHeader = b"""\
HTTP/1.0 200 OK


Welcome to MicroPython!
"""
```

```
HTTP/1.0 200 OK\r\n
\r\n
Welcome to MicroPython!\r\n
```

伺服器程式的 IP 位址設定成 0.0.0.0，代表監聽所有連結到本機（控制器）的
IP；以筆電為例，它可能同時銜接有線和無線網路，因此它將從兩個網路交換
機分別取得 IP 位址。網站伺
服器程式可以綁定在這兩個
位址之一，若設定成 0.0.0.0，
則外界用這兩個 IP 位址都能
連上本機伺服器：

無線網路IP位址：
210.60.142.128

乙太網路

乙太網路IP位址：
192.168.1.13

相較於 0.0.0.0 位址，127.0.0.1 這個 IP 只能從「本機」的程式連接（如：在本機
執行的瀏覽器或自訂的前端程式），本機以外的網路程式無法連入。

不同於用戶端的 socket，網站伺服端的 socket 物件需要使用 setsocketopt() 方
法來設定 socket 的參數。socket 有多個參數選項，但網站伺服器幾乎都採用
底下的設定敘述，代表當伺服器的 socket 被關閉時，該 socket 可以立即被重
複使用；若不設定這個參數，作業系統會在 socket 關閉時保留一段時間（由系
統的 TIME_WAIT 值決定，通常是數分鐘），再釋放給程式使用。

代表"set socket option"，設定socket選項。   "reuse address"，重用位址。

```
s.setsockopt(socket.SOL_SOCKET, socket.SO_REUSEADDR, 1)
s.bind((HOST, PORT))
s.listen(5)    ← 一次最多處理5個連結
print("Server running on port", PORT)
```

「動手做 16-1：使用 Socket 建立一對一通訊程式」的伺服器程式只能連接一個用戶，而此網站伺服器需要服務多人，所以接受用戶端連線的 accept() 方法必須寫在 while 迴圈。收到用戶端連線請求時，accept() 底下的敘述才會被執行：

處理用戶端連線的socket →
```
while True:
    client, addr = s.accept()
    print("Client address:", addr)

    req = client.recv(1024)        ← 最多接收1024字元
    print("Request:")
    print(req)                     顯示連線請求內容 →
    client.send(httpHeader)        ← 傳送HTTP內容給用戶
    client.close()                 關閉連線 →
    print('------------------------')
```

完整的網頁伺服器程式碼如下：

```
import socket

s = socket.socket()
HOST = '0.0.0.0'
PORT = 80
httpHeader = b"""\
HTTP/1.0 200 OK

Welcome to MicroPython!
"""

s.setsockopt(socket.SOL_SOCKET, socket.SO_REUSEADDR, 1)
s.bind((HOST, PORT))
s.listen(5)
print("Server running on port ", PORT)

while True:
    client, addr = s.accept()
```

```
print("Client address:", addr)

req = client.recv(1024)
print("Request:")
print(req)
client.send(httpHeader)
client.close()
print( '------------------------')
```

實驗結果：上面的程式碼執行後，開啟瀏覽器連結到 D1 mini 控制板，終端機將顯示用戶的 IP、埠號和 HTTP 請求內容：

```
_____用戶端的IP___用戶端系統分配的埠號_____
Server running on port 80          ↓          ↓
Client address: ('192.168.1.19', 3838)
Request:
b'GET / HTTP/1.1\r\nHost: 192.168.1.144:5438\r\nConnection:...\r\n'
41              ←── 請求首頁
------------------------
Client address: ('192.168.1.19', 3840)
Request:
b'GET /favicon.ico HTTP/1.1\r\nHost: 192.168.1.144:5438\r\n...\r\n'
41                      ←── 請求根目錄的網站圖示
------------------------
```

網站圖示（favicon.ico）是顯示在瀏覽器標題列左邊的圖示，瀏覽器每次都會自動到網站根目錄抓取 favion.ico 檔，所以一個網頁連結，瀏覽器至少會發出兩次 HTTP 請求。本實驗單元沒有準備網站圖示，瀏覽器將顯示空白圖示：

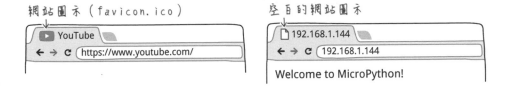

網站圖示（favicon.ico）　　　　空白的網站圖示

動態顯示溫濕度資料

實驗說明：連接 DHT11 溫濕度感測器，將溫濕度值顯示在 ESP8266 網站伺服器的首頁。

實驗材料和實驗電路與「動手做 7-1：製作數位溫濕度計」單元相同，底下是麵包板接線示範：

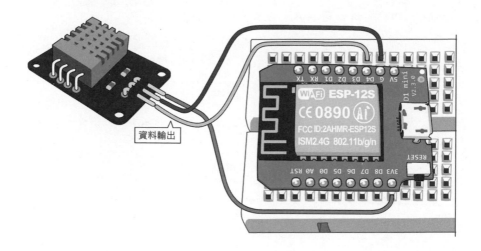

資料輸出

實驗程式：程式首先定義 DHT11 物件及 socket 物件：

```
from machine import Pin
import dht, socket

d = dht.DHT11(Pin(2))

s = socket.socket()
HOST = '0.0.0.0'
PORT = 80
```

底下是回應首頁請求訊息的 HTTP 內容：

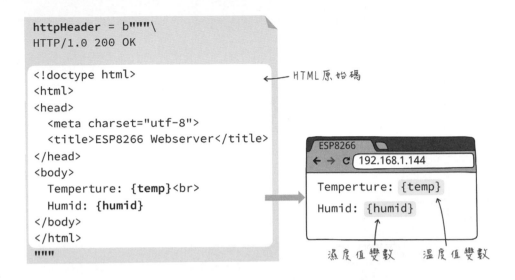

```
httpHeader = b"""\
HTTP/1.0 200 OK

<!doctype html>                      ← HTML原始碼
<html>
<head>
  <meta charset="utf-8">
  <title>ESP8266 Webserver</title>
</head>
<body>
  Temperture: {temp}<br>
  Humid: {humid}
</body>
</html>
"""
```

ESP8266
← → C 192.168.1.144

Temperture: {temp}
Humid: {humid}

濕度值變數　　　溫度值變數

底下是在 80 埠口啟用網站伺服器，以及定義讀取 DHT11 資料的自訂函式：

```
s.setsockopt(socket.SOL_SOCKET, socket.SO_REUSEADDR, 1)
s.bind((HOST, PORT))
s.listen(5)      # 開始偵聽用戶端連線
print("Web server is running.")

def readDHT():   # 讀取 DHT11 資料
    d.measure()
    # 資料後面連接攝氏溫度符號
    t = '{:02}\u00b0C'.format(d.temperature())
    # 資料後面連接百分比符號
    h = '{:02}%'.format(d.humidity())
    return (t, h)
```

最後加上迴圈，不停地等待用戶連線：

```
while True:
    client, _ = s.accept()
    temp, humid = readDHT()
    client.send(httpHeader.format(temp=temp, humid=humid))
    client.close()
```
在HTML原始碼填入
溫度和濕度值

實驗結果：執行上面的程式後，開啟瀏覽器連接到 D1 mini 板，網頁將呈現溫濕度值：

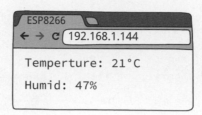

動手做 17-3　讀取並顯示 HTML 網頁和圖像

實驗說明：以上實驗的網頁原始碼和 HTTP 伺服器程式原始碼混合寫在同一個檔案，修改網頁時，就要修改伺服器原始碼，很不方便也容易改錯程式。本實驗把網頁和相關檔案（如：圖檔）放在根目錄裡的 www 資料夾，每當用戶請求首頁時，就傳送 www 裡的 index.html 檔：

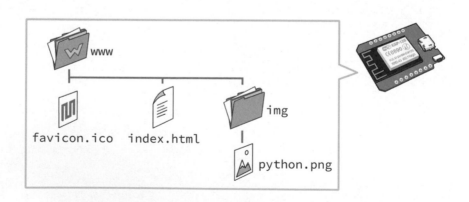

底下是本單元的 HTML 原始檔內容，網頁本體包含兩個段落，第二個段落嵌入
一張圖像：

```
<!doctype html>
<html>
  <head>
    <meta charset="utf-8">
    <title>MicroPython</title>
  </head>

  <body>
    <p>歡迎來到MicroPython世界！</p>
    <p><img src="img/python.png" width="278" height="112"/></p>
  </body>
</html>
```

嵌入影像　　　影像檔來源　　　影像寬　　　影像高
（image）

此 HTML 將在瀏覽器呈現如右圖的畫面：

請先執行 ampy 命令，上傳本單元的 www 資料夾到 D1 mini 板。上傳資料夾，
ampy 會一併上傳裡面的檔案和子資料夾：

上傳整個資料夾

www

```
D:\python> ampy --port com3 put www
```

處理與回應影像檔的 HTTP 請求

一般網頁使用 HTTP 通訊協定，伺服器在傳送網頁資料給用戶端之後，就切斷與該用戶的連線，以便空出資源服務下一個用戶。假設瀏覽器向伺服器請求 index.html 網頁，而瀏覽器在解析 HTML 碼之後發現網頁有嵌入一張圖像，那麼，這個連線將包含兩個請求和兩個回應：

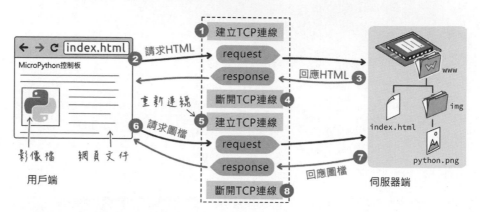

「建立 TCP 連線」相當於「撥打電話」，處理和回應請求則是通話內容；若使用 HTTP 1.0 版協議傳遞訊息，用戶端會在每次接收回應後，隨即斷開 TCP 連線，所以傳送兩個檔案就需要分別建立兩次連線（如下圖）。HTTP 1.1 版則預設會「建立持久連線 (keep-alive)」，我們也可以自行在 HTTP 標頭欄指定採用持久連線，代表所有相關檔案都傳遞完畢後再斷開連線，可節省網路流量並增進處理效率：

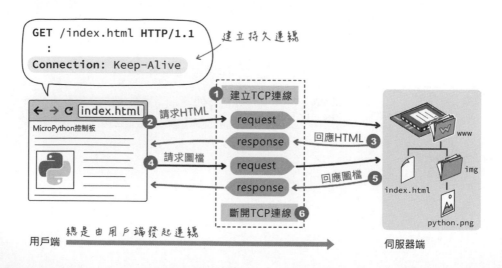

當今的瀏覽器會在發起網頁請求之後，自動請求網站圖示（favicon.ico 檔），而且為了加快載入資源的效率，瀏覽器會在收到並分析 HTML 內容之後，同時發起多個連線請求向伺服器索取檔案。例如，假設某個網頁嵌入了 5 張影像，瀏覽器將會對伺服器連續發出 5 個請求。

ESP8266 同時只能應付 5 個連線請求，如果網頁嵌入多項資源（圖檔、CSS 樣式檔、JavaScript 程式檔…等），將會超出 ESP8266 的負荷，瀏覽器會一直處於「載入中」狀態。

畢竟 ESP8266 只是個微控器，網頁檔案應該要精簡，否則你需要選用高階的控制板來提供網站服務，例如，具備 1GB 主記憶體、執行 Linux 系統的 Raspberry Pi（樹莓派）。

用戶端發出的請求圖檔 HTTP 訊息內容大致如下：

瀏覽器支援的點陣圖檔格式為 JPEG, GIF 和 PNG，還有 SVG 向量圖。底下是回應 PNG 圖檔的 HTTP 訊息範例，其中的 Content-Type（內容類型）欄必須指出正確的格式，瀏覽器才知道怎樣將此「回應內容」還原成圖像：

網頁資料的內容類型又稱為 MIME 類型,筆者用「字典」格式紀錄常見的副檔名,及其對應的 MIME 類型名稱,供底下單元的程式使用:

```
mimeTypes = {
    '.txt':'text/plain',
    '.htm':'text/html',
    '.html':'text/html',
    '.css':'text/css',
    '.js':'application/javascript',
    '.xml':'application/xml',
    '.json':'application/json',
    '.jpg':'image/jpeg',
    '.png':'image/png',
    '.gif':'image/gif',
    '.svg':'image/svg+xml',
    '.ico':'image/x-icon'
}
```

比對檔名與 MIME 類型的自訂函式

綜合上文的説明,接收與處理影像檔請求的流程如下:

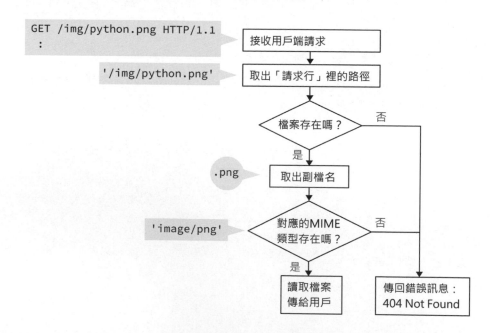

HTTP 訊息的第一行，也就是「請求行」，包含請求的**方法名稱**和**路徑**。底下程式將取出 HTTP 訊息的第一行，存入 firstLine 變數：

接收用戶端的請求，並解碼成字串。

```
GET /img/python.png HTTP/1.1\r\n
Host: 192.168.1.144\r\n
User-Agent: Mozilla/5.0 (Linux; Android 7.0)\r\n
   :
```

```
req = client.recv(1024).decode('utf-8')
firstLine = req.split('\r\n')[0]  ------------>
```

依 '\r\n' 分割，並取出第0個字串。

```
0  'GET /img/python.png HTTP/1.1'
1  'Host: 192.168.1.144'
2  'User-Agent: Mozilla/5.0 ...'
```

然後依**空白字元**分割字串，取出**方法名稱**、**路徑**和**版本**參數，存入變數：

```
'GET'      '/img/python.png'     'HTTP/1.1'      'GET /img/python.png HTTP/1.1'
    httpMethod, path, httpVersion = firstLine.split()
```

依空白字元分割

如果 firstLine 值是空字串，執行上面的敘述將會引發錯誤，所以這一行要用 try...except 包圍（參閱下一節的完整程式碼）。

接著，使用底下的自訂函式比對副檔名和 mimeTypes 變數內容，若比對到符合者，則傳回對應的 **MIME 類型字串**，否則傳回 **None**。假設輸入 "Python.PNG" 給此函式，它將傳回 "image/png"：

```
def checkMimeType(fileName):
    fileName = fileName.lower()  ----------->

    for ext in mimeTypes:
        if fileName.endswith(ext):  ----------->
            return mimeTypes[ext]
    return None  ----------->
```

傳入： 'Python.PNG'

'python.png'
轉成小寫

'python.png'
比對字串結尾   ext的值

傳回 'image/png'

底下的自訂函式將接收一個**路徑**參數，如果檔案存在則傳回**檔案大小**，否則傳回 **None**。

```python
def checkFileSize(path):
    try:
        s = os.stat(path)     # 取得檔案資訊

        if s[0] != 16384      # 確認不是資料夾
            fileSize = s[6] # 取得檔案大小
        else:
            fileSize = None
        return fileSize
    except:
        return None
```

底下的自訂函式負責產生 HTTP 錯誤訊息：

```python
def err(socket, code, msg):
    socket.write("HTTP/1.1 " +code+ " " +msg+ "\r\n\r\n")
    socket.write("<h1>" +msg+ "</h1>")
```

例如，底下的敘述代表回應給用戶端「找不到檔案」的 "HTTP 404" 錯誤：

```python
err(client, "404", "Not Found")
```

處理用戶連線請求檔案的程式

本單元的程式檔名是 http_file.py，程式一開始先引用程式庫並定義幾個變數。
gc 程式庫用於回收記憶體空間和查看記憶體可用量。

```python
import socket, os, gc

HOST = '0.0.0.0'      # 主機的 IP 位址
PORT = 80             # 埠號
WWWROOT = '/www/'     # 存放網頁檔案的根目錄

# 定義請求成功的 HTTP 訊息
httpHeader = '''HTTP/1.0 200 OK
```

```
Content-type:{}
Content-length:{}

'''
```

底下是處理用戶連線請求的自訂函式，它接收一個**用戶端 socket** 參數，透過它傳遞訊息給用戶端：

```python
def handleRequest(client):
    req = client.recv(1024).decode('utf8')
    firstLine = req.split('\r\n')[0]  # 取出請求的第一行
    print(firstLine)

    httpMethod = ''  # 儲存 HTTP 方法名稱
    path = ''        # 儲存請求路徑

    try:
        # 嘗試取出請求裡的 HTTP 方法、路徑和 HTTP 版本等訊息
        httpMethod, path, httpVersion = firstLine.split()

        del httpVersion            # 刪除不再需要的變數
    except:
        pass

    del firstLine                  # 刪除不再需要的變數
    del req

    if httpMethod == 'GET':        # 處理 GET 請求
        fileName = path.strip( '/') # 去除路徑檔名最前面的斜線

        # 若路徑是空字串，則設定成' index.html'
        if fileName == '':
            fileName = 'index.html'
        sendFile(client, fileName)  # 傳遞檔案給用戶端

    else:    # 若用戶端的 HTTP 請求不是 'GET' ...
             # 回應「未實作此方法」錯誤訊息
        err(client, "501", "Not Implemented")
```

負責傳遞檔案的自訂函式程式碼：

```
def sendFile(client, fileName):
    contentType = checkMimeType(fileName) # 確認檔案類型

    if contentType :# 如果是支援的檔案類型...
        fileSize = checkFileSize(WWWROOT+fileName)

        if fileSize != None:# 如果檔案存在...
            f = open(WWWROOT+fileName, 'r')
            httpHeader.format(contentType, fileSize)
            print('file name:' + WWWROOT+fileName)

            client.write(httpHeader.encode('utf-8'))

            while True:      # 傳送檔案給用戶端
                chunk = f.read(64)
                if len(chunk) == 0:
                    break   # 檔案結束
                client.write(chunk)

            f.close()
        else: # 若檔案不存在...
            # 回應「找不到檔案」錯誤
            err(client, "404", "Not Found")
    else: # 若是不支援的檔案類型...
        # 回應「不支援的媒體類型」錯誤
        err(client, "415", "Unsupported Media Type")
```

特別要留意的是，在傳送檔案之前，程式必須透過**檔案**物件 **read() 方法**先把檔案讀入記憶體，但微控制板的主記憶體容量不如個人電腦般充裕，**在程式執行階段，可用的主記憶體不到 45KB**，往往無法一次讀取整個檔案。

為此，上面的自訂函式將 read() 方法設定成 64 位元組，每次讀取一點，分批傳送檔案：

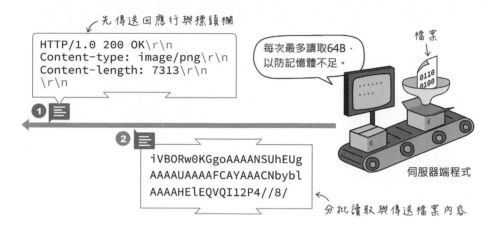

先傳送回應行與標頭欄

```
HTTP/1.0 200 OK\r\n
Content-type: image/png\r\n
Content-length: 7313\r\n
\r\n
```

每次最多讀取64B，以防記憶體不足。

檔案

①

②
```
iVBORw0KGgoAAAANSUhEUg
AAAAUAAAAFCAYAAACNbybl
AAAAHElEQVQI12P4//8/
```

分批讀取與傳送檔案內容

伺服器端程式

此外，程式中不再使用的變數，最好透過 del（刪除）指令將它刪除。

回收記憶體空間並觀察記憶體可用量

底下是網站伺服器的主函式，負責初始化、啟用網站伺服器。它使用了 gc 程式庫的兩個方法：

- mem_free()：傳回目前的可用記憶體量，單位是位元組。

- collect()：回收被刪除的變數空間。

每次處理完一個連線請求，就嘗試執行 gc 程式庫的 **collect() 方法**回收已刪除的記憶體空間：

```
def main():
    s = socket.socket()
    s.setsockopt(socket.SOL_SOCKET, socket.SO_REUSEADDR, 1)
    s.bind((HOST, PORT))
    s.listen(5)    # 開始偵聽用戶端的請求
    print('Web server running on port', PORT)

    while True:
        # 接受連線請求並取得用戶端 socket 物件
        client = s.accept()[0]
```

```
    handleRequest(client)    # 處理用戶端的請求
    client.close()           # 處理完畢後關閉連線

    print('Free RAM before GC:', gc.mem_free())
    gc.collect()             # 立即回收記憶體
    print('Free RAM after GC:', gc.mem_free())
```

實驗結果:將本單元的程式碼貼入終端機執行,再開啟瀏覽器連線到微控器的網站,除了可以在瀏覽器呈現網頁和圖像之外,終端機將顯示如下的訊息,代表程式確實執行了記憶體回收任務:

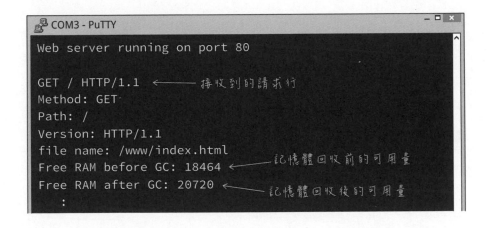

17-2 認識 ThingSpeak 物聯網雲端平台

雲端 IoT 平台用於儲存、管理、分享和處理各種物聯網裝置上傳的數據。例如,從各地上傳空氣品質感測器的 GPS 座標地點與採集到的數據,然後結合線上地圖,描繪即時或者過往的空氣品質變化。

在網路上搜尋 iot cloud platform（物聯網雲端平台）關鍵字，可找到許多相關網站，例如，知名的 Xively（https://www.xively.com/）和 ThingSpeak（https://thingspeak.com/）、開源 IoT 平台 ThingsBoard（https://thingsboard.io/），以及各科技巨頭提供的 IoT 雲端服務：

● 谷歌 Cloud IoT：https://goo.gl/mk8emc

● 微軟 Azure IoT Suite：https://goo.gl/WL92SX

● 亞馬遜 AWS IoT 平台：https://goo.gl/RD2DAZ

● 三星 ARTIK：https://artik.cloud/zh/

在 ThingSpeak 建立一個物聯網通道

ThingSpeak 有提供免費、非商業用途的 IoT 雲端服務，使用此免費方案時，物聯網裝置的訊息發送**時間間隔不可小於 15 秒**、每年可發送 300 萬則訊息（每一天約 8200 則）。

ThingSpeak 平台的**資料儲存空間叫做 Channel（通道）**，每次上傳的資料**最多能有 8 個欄位（field）**。例如，從控制板送出溫度和濕度資料，就需要「溫度」和「濕度」兩個欄位：

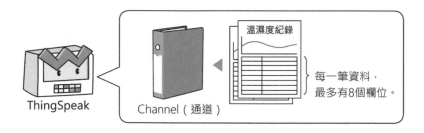

在 ThingSpeak 註冊一個帳號並登入之後，在 **Channels** 分頁按下 **New Channel**（新增通道）鈕：

接著在底下的畫面設定通道的名稱、說明、勾選需要的欄位數量。本單元的例子只需要兩個欄位，欄位 1 儲存溫度、欄位 2 儲存濕度，其餘內容不用填，直接捲到網頁底下，按下 **Save Channel**（**儲存通道**）：

ThingSpeak 通道的 ID 和 API Key

ThingSpeak 的每一個通道都有一個識別編號，稱為 Channel ID（通道 ID）。對此通道寫入（上傳）資料時，用戶端必須提交 Write API Key（寫入資料的 API 碼），它的作用相當於驗證碼；若 API Key 錯誤，就無法上傳資料到此通道。

點選新建立通道的 API Keys 分頁，即可看見寫入資料所需的 API Key：

通道 ID   點擊此分頁

產生新的寫入 API Keys   寫入資料所需的 API Keys

17-3 透過查詢字串傳遞資料

GET 方法除了「請給我這個資源」的含意，還能**附加訊息傳給伺服器**，以筆者的部落格為例，只輸入網站的域名，代表觀看首頁；在網址後面加上問號，以及指定頁面的 p 參數和編號，代表觀看特定的文章：

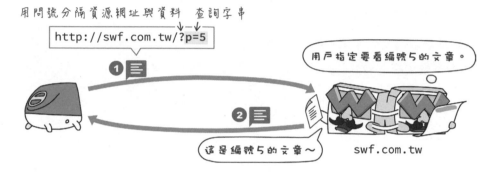

網址問號後面連接「參數=值」格式文字，叫做**查詢字串**（query string），參數名稱相當於程式的變數名稱。

查詢字串可包含多個參數，不同參數之間用 '&' 隔開（參數的排列順序不重要），以 ThingSpeak 雲端平台為例，它支援使用查詢字串上傳欄位值，底下的敘述代表在 field1（欄 1）存入溫度、field2（欄 2）存放濕度，另外要加入一個 key 參數，傳入你的 API_KEY 讓伺服器驗證身份：

資源網址?參數1=值1&參數2=值2&參數3=值3

http://api.thingspeak.com/update?key=你的API_KEY&field1=溫度&field2=濕度

ThingSpeak欄位名稱可能值：field1~field8

直接在瀏覽器的 URL 欄位輸入上面格式的位址，即可把溫度和濕度寫入對應的 ThingSpeak 通道。請嘗試透過瀏覽器上傳虛構的 22 度氣溫和 25% 濕度：

```
http://api.thingspeak.com/update?key=你的 API_KEY&field1=
22&field2=25
```

輸入上面的網址後，瀏覽器頁面將顯示 ThingSpeak 傳回的資料紀錄編號數字，第 1 筆資料的編號是 1，每新增一筆資料，編號就會自動加 1；若編號數字為 0，代表你的 API_KEY 輸入錯誤：

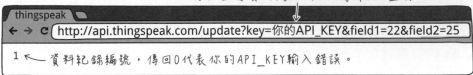

上傳溫濕度資料到你的ThingSpeak空間

http://api.thingspeak.com/update?key=你的API_KEY&field1=22&field2=25

1 ← 資料紀錄編號，傳回0代表你的API_KEY輸入錯誤。

為了方便稍後觀察紀錄，請過 15 秒之後再上傳一次虛構的溫濕度資料，溫濕度值不要重複，例如：

```
http://api.thingspeak.com/update?key=你的 API_KEY&field1=
19&field2=37
```

若網頁的資料紀錄顯示 0，代表上傳的間隔時間太短，請等一下再傳。新資料上傳成功之後，回到 ThingSpeak 的 Preview（預覽）頁面，將能看到剛剛上傳的溫濕度資料以線條圖呈現出來：

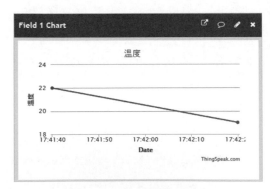

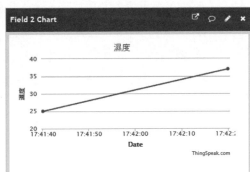

動手做 17-4　用 urequest 程式庫上傳資料到 ThingSpeak 平台

實驗說明：從 D1 mini 板，採用 **urequest 程式庫**上傳溫濕度資料到 ThingSpeak 雲端平台。urequest 程式庫把 socket 網路程式包裝成類別，大幅簡化 HTTP 網路前端程式。

實驗材料：本實驗的材料與接線，皆與「動手做 17-2」相同。

實驗程式 1：urequest 程式庫提供 get(), post(), head(), put(), delete() 方法，分別對應 HTTP 訊息的 GET, POST, HEAD, PUT, DELETE 方法指令，以及下列屬性：

● **text：**文字，取得純文字格式的 HTTP 內容

● **content：**內容，取得 byte（位元組）格式的 HTTP 內容

● **raw：**原始，傳回 socket 物件

● **status_code：**狀態碼，取得 HTTP 狀態碼。

底下是透過 urequests 程式庫上傳虛構的溫濕度到 ThingSpeak 的完整程式：

```python
import urequests as req   ← 匯入urequests程式庫並將其名簡化成req

apiURL = '{url}?key={key}&field1={temp}&field2={humid}'.format(
    url   = 'http://api.thingspeak.com/update',   ← API網址
    key   = '○○○○○○○○○○○○○○○○',   ← 你的API_KEY
    temp  = 22,   ← 溫度和濕度
    humid = 25
)

r = req.get(apiURL)   ← 對API網址發出GET請求

print('content:', r.content)   ← 取得原始的訊息本體（位元組格式）
print('text:', r.text)   ← 取得轉成純文字的訊息本體
```

發出 GET 請求上傳資料到 ThingSpeak,該伺服器將回應如下的 HTTP 訊息。urequests 物件的 content 和 text 屬性只會取得其中的內容:

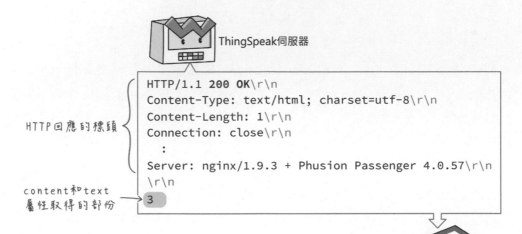

實驗結果:在終端機輸入程式後,將接收到 ThingSpeak 傳回的資料紀錄編號數字:

實驗程式 2:如果 API_KEY 錯誤,或者發出請求時間過於頻繁,ThingSpeak 將回覆 400 Bad Request 的狀態碼:

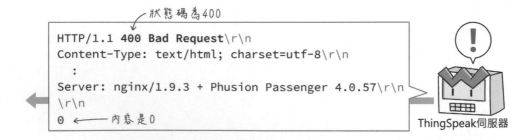

使用 urequest 物件的 status_code 屬性可讀取 HTTP 狀態碼,因此「實驗程式1」的程式可改成加入判斷狀態碼的敘述:

```
        :
r = req.get(apiURL)

if r.status_code != 200:     # 若狀態碼不是 200...
    print( 'Bad request')    # 顯示 HTTP 錯誤
else:# 否則，顯示傳回的編號
    print( 'Data saved, id:', r.text)
```

實驗程式 3：底下的程式採用 Timer 定時器物件，每隔 20 秒讀取 DHT11 感測器的溫濕度值，並採用 GET 方法上傳到 ThingSpeak：

```
from machine import Pin, Timer
import urequests as req
import dht
import time


d = dht.DHT11(Pin(2))    # 建立 DHT11 物件
running = True            # 預設不停地執行程式

# 建立 ThingSpeak 連線
apiURL= '{url}?key={key}'.format(
    url = 'http://api.thingspeak.com/update',
    key = '你的 API KEY',
)


def sendDHT11(t):
    global apiURL, running

    try:
        d.measure()      # 嘗試讀取 DHT11 資料
    except OSError as e:
        print(e)
        return           # 若讀取錯誤，則退出函式

    # 加入
    apiURL+= '&field1={temp}&field2={humid}'.format(
        temp = d.temperature(),
        humid = d.humidity()
```

```
    )

    r = req.get(apiURL)

    if r.status_code != 200:# 若狀態碼不是 200...
        t.deinit()
        print('Bad request error.')
        running = False      # 中止主迴圈程式
    else:                # 否則，顯示傳回的編號
        print('Data saved, id:', r.text)

tim = Timer(-1)      # 設置計時器，每隔 20 秒觸發一次
tim.init(period=20000, mode=Timer.PERIODIC,
    callback=sendDHT11)

try:
    while running:
        pass
except:                  # 捕捉錯誤，例如，鍵盤中斷
    tim.deinit()      # 中止計時器
    print('stopped')
```

執行結果：程式啟動後，它將每隔 20 秒上傳資料，按下 `Ctrl` + `C` 鍵即可中止程式。

17-4 使用 POST 方法傳遞資料

另一種常見的 HTTP 方法是 POST，用於傳遞大量數據。相較於 GET 方法把資料附加在網址後面，POST 方法則是把資料附加在 HTTP 標頭欄後面。

底下是使用 GET 方法傳遞資料到 ThingSpeak 的 HTTP 訊息：

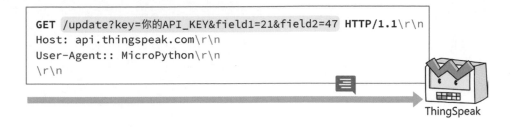

底下則是傳送相同資料，但改用 POST 方法的 HTTP 訊息：

跟 GET 指令相比，採用 POST 方法的 HTTP 訊息有三個差異：

● 要指定 **Content-Type（內容類型）**欄，其值為 application/x-www-form-urlencoded

● 要設定 **Content-Length（內容長度）**欄，其值為資料的位元組數。

● 傳給伺服器的資料附加在 HTTP 標頭欄的空行之後。

使用 POST 方法傳送資料的主要兩個優點：

● 傳送資料長度不限，實際視伺服器而定。使用 GET 方法傳送的資料上限通常在 2KB 以內。

● 傳送的資料內容不限於文數字，可傳遞圖像和影音檔。

使用 POST 方法傳遞資料給 ThingSpeak

使用 urequests 程式庫的 post 方法傳遞 POST 訊息，它會自動設定 HTTP 標頭的「內容類型」和「內容長度」欄，所以程式碼很簡單：

```python
import urequests as req

apiURL = 'http://api.thingspeak.com/update'
payload = 'key={key}&field1={temp}&field2={humid}'.format(    ← 準備資料
    key='你的API_KEY',
    temp=21,    ← 溫濕度值
    humid=47
)
        使用POST方法
        ↓
r = req.post(apiURL, data=payload)
print(r.text)    附加資料
```

在終端機輸入上面的程式碼，ThingSpeak 將回覆資料紀錄編號。

17-5 解析查詢字串

MicroPython 沒有內建解析查詢字串的程式庫，但其實自己寫一個相關程式也不難。假設我們要開發一個 MicroPython 網站伺服器程式，它允許使用者透過查詢字串設定某個接腳輸出 0 或 1，例如，假設控制器的 IP 位址是 192.168.1.144，這個網址：192.168.1.144/sw?pin=2&val=0，代表將第 2 腳設定成低電位輸出：

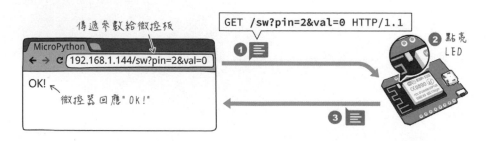

解析查詢字串，就是依照 '&' 和 '=' 號，拆解並取出查詢字串當中的關鍵字和數值。底下是解析查詢字串的 parse 自訂函式，假設輸入 'pin=2&val=1'，它將傳回字典格式的 {pin:'2', 'val':'1'}，以利後續程式處理。底下的動手做單元將會用到這個函式：

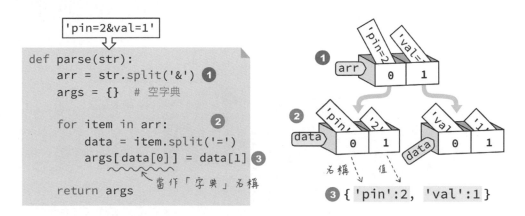

```
'pin=2&val=1'

def parse(str):
    arr = str.split('&')    ①
    args = {}   # 空字典

    for item in arr:        ②
        data = item.split('=')
        args[data[0]] = data[1]    ③
              當作「字典」名稱
    return args
```

③ { 'pin':2, 'val':1 }

動手做 17-5　搭配互動網頁介面的燈光調控器

實驗說明：使用事先製作好的網頁控制燈光開關和調光。網頁存放在 ESP8266 晶片，透過本文的 MicroPython 伺服器程式提供給使用者瀏覽：

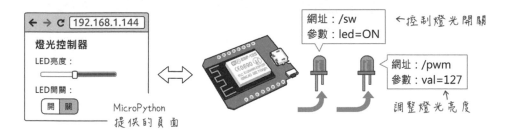

按一下網頁上的 LED 開關時，網頁裡的 JavaScript 程式將在背地裡發出 GET 請求給 ESP8266，並且傳遞 "led=ON" 或者 "led=OFF" 的參數給網站伺服器程式，藉以開、關第 2 腳的 LED。

從 JavaScript 向伺服器發出連結請求的程式的説明，超出本書的範圍，有興趣的讀者請參閱**超圖解物聯網 IoT 實作入門**第 1, 2 和 13 章。本文著重在撰寫接收和解析查詢字串的 MicroPython 程式。

實驗電路：本實驗使用兩個 LED：一個內建在控制板第 2 腳、一個接在第 13 腳，麵包板示範接線如下：

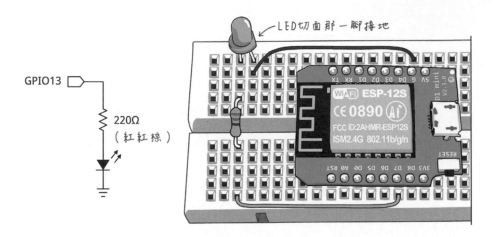

LED切面那一腳接地

GPIO13

220Ω
（紅紅棕）

實驗程式：修改「動手做 17-3」的「處理連線請求」的 handleRequest 自訂函式，在其中加入**判斷請求路徑是否包含問號**的敘述，若有，則呼叫處理查詢字串的 query 自訂函式：

```
def handleRequest(client):
        :
        :
    if httpMethod == 'GET':
        fileName = path.strip('/')

        if fileName == '':
            fileName = 'index.html'

        if '?' in fileName:      # 若檔案路徑包含問號
            query(client, fileName) # 處理查詢字串
        else:
            sendFile(client, fileName)
    else:
        err(client, "501", "Not Implemented")
```

新增與修改的部份

"sw?led=ON"
↑
路徑裡有問號

處理查詢字串的程式架構如下，首先將字串依問號分割成「命令」和「查詢字串」兩個部份，再依據命令處理請求：

```
def query(client, path):
    cmd, str = path.split('?')        ← 依問號分割

    if cmd == 'sw':
        args = parse(str)
        ⋮
        處理燈光開關的程式
        ⋮

    elif cmd == 'pwm':
        args = parse(str)
        ⋮
        處理調光的程式
        ⋮

    err(client, "404", "Not Found")
```

完整的程式碼如下，若「命令」值不是 'sw' 或 'pwm'，則回應 HTTP 404「檔案不存在」錯誤；若查詢字串值不符合預期，例如，預期的開關燈參數名稱是 "led"，但傳入的參數是 "light"，則回應 HTTP 400「請求無效 (Bad Request)」錯誤：

```
def query(client, path):
    cmd, str = path.split('?')

    if cmd == 'sw':
        args = parse(str)                # 解析查詢字串

        try:
            # 讀取 "led" 參數並轉成小寫；
            # 若參數不存在，將引發錯誤
            state = args['led'].lower()

            if state == 'on':            # 若參數值是 'on' ...
                lamp.value(0)            # 開燈
            else:                        # 否則...
```

```
                    lamp.value(1)          # 關燈

                client.send(feedback)  # 回應 "OK" 給用戶端
            except:
                err(client, "400", "Bad Request")

        elif cmd == 'pwm':
            args = parse(str)          # 解析查詢字串

            try:
                val = int(args['val'])  # 將參數值轉換成整數

                if 0 <= val <= 1023:    # 確認數值介於 0~1023
                    dimmer.duty(val)    # 調整燈光亮度
                else:
                    dimmer.duty(0)      # 亮度設定成 0

                client.send(feedback)  # 回應 "OK" 給用戶端
            except:
                err(client, "400", "Bad Request")
        else:
            err(client, "400", "Bad Request")
```

其中的 lamp 和 dimmer 是在程式開頭定義的接腳，這兩個物件以及回應 'OK!'
給用戶端的程式內容如下：

```
from machine import Pin, PWM

lamp = Pin(2, Pin.OUT, value=1)          # 燈光
dimmer = PWM(Pin(13), 1000)              # 指定 PWM 接腳和頻率


feedback = b'''\
HTTP/1.1 200 OK


OK!
'''
```

完整的程式請參閱範例程式裡的 http_query.py 檔。

實驗結果：本單元的配套 HTML 網頁存放在 webroot 資料夾，請先把資料夾上傳到 D1 mini 板：

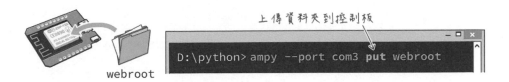

webroot

上傳資料夾到控制板

```
D:\python> ampy --port com3 put webroot
```

接著上傳 http_query.py 檔。上傳完畢後，用終端機連線到 D1 mini 板並且透過 import 指令匯入此 Python 檔，再開啟瀏覽器連結到 D1 mini 控制板：

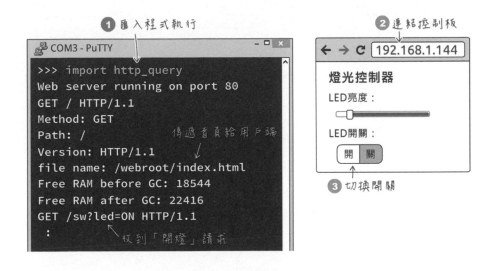

❶ 匯入程式執行

COM3 - PuTTY

```
>>> import http_query
Web server running on port 80
GET / HTTP/1.1
Method: GET
Path: /
Version: HTTP/1.1
file name: /webroot/index.html
Free RAM before GC: 18544
Free RAM after GC: 22416
GET /sw?led=ON HTTP/1.1
  :
```

傳遞首頁給用戶端

收到「開燈」請求

❷ 連結控制板

← → C 192.168.1.144

燈光控制器

LED亮度：

LED開關：

開　關

❸ 切換開關

你也可以直接在瀏覽器輸入查詢字串來控制燈光：

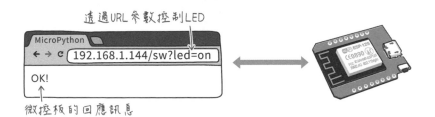

透過URL參數控制LED

MicroPython

← → C 192.168.1.144/sw?led=on

OK!

微控板的回應訊息

17-6 控制家電開關

家庭電器用品的電源大都是 110V 交流電,微電腦的零件則大多是用 5V 直流電,電子零件若直接通過 110V 電壓,肯定燒毀,因此在控制家電時,必須要隔開 110V 和 5V:

我們可以製作一個機械手臂來控制家電開關,如此,就不會接觸到 110V 了:

微電腦用電磁機械打開或關閉高電壓設備的開關

110V

認識繼電器

我們其實不需要運用機械手臂,只要加裝**繼電器**(relay)就好啦!繼電器是「用電磁鐵控制的開關」,微電腦只需控制其中的電磁鐵來吸引或釋放開關,就能控制 110V 的家電了,繼電器的結構如下:

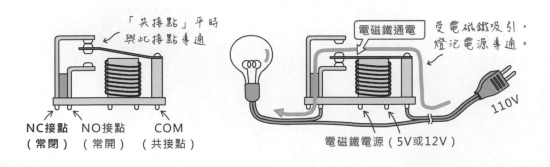

「夾接點」平時與此接點導通

NC接點 NO接點 COM
(常閉) (常開) (共接點)

電磁鐵通電

受電磁鐵吸引,燈泡電源導通。

110V

電磁鐵電源(5V或12V)

其中電磁鐵的電源部分，稱為**輸入迴路**或**控制系統**，連接 110V 電源的部份，叫做**輸出迴路**或**被控制系統**。繼電器的外觀和符號如下：

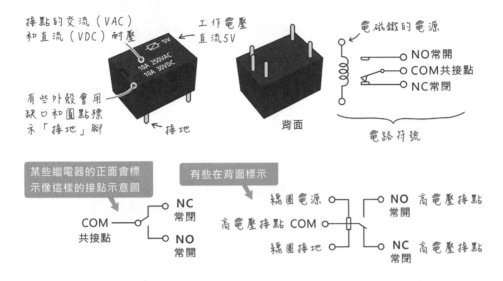

普通的繼電器工作電壓（通過電磁鐵的電壓）通常是 5V 或 12V，而電磁鐵的消耗電流通常大於微處理器的負荷，因此微控板需要使用一個電晶體來提供繼電器所需的大電流。

市面上很容易可以買到現成的繼電器模組，下圖是 D1 mini 專用的繼電器擴展板和電路圖。跟馬達的驅動電路一樣，繼電器內部的線圈在斷電時，會產生反電動勢，因此需要在線圈處並接一個二極體。

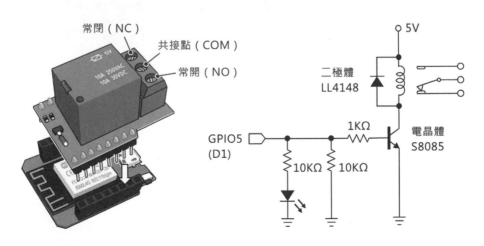

使用繼電器控制家電開關

實驗說明：替「動手做 17-5」單元的電路加裝繼電器控制模組，即可透過網路控制家電開關。

實驗材料：

直流 5V 驅動的繼電器控制板	1 個
110V 燈泡與燈座	1 組
附帶插頭的 110V 電源線	1 條

實驗電路：底下是用現成的繼電器模組的組裝圖，電源線的連接方式請參閱下一節說明：

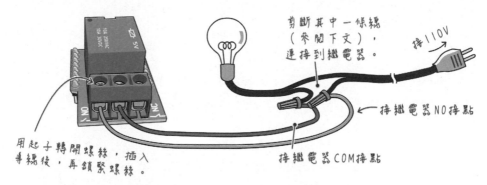

剪斷其中一條線
（參閱下文），
連接到繼電器。

接 110V

接繼電器 NO 接點

接繼電器 COM 接點

用起子轉開螺絲，插入
導線後，再鎖緊螺絲。

實驗程式：修改「動手做 17-5」當中的 LED 開關程式，把第 2 腳改成繼電器模組的第 5 腳，預設輸出低電位；當網站伺服器收到 "sw?led=ON" 的查詢字串時，就在第 5 腳輸出高電位，令繼電器的 NO 和 COM 接點導通。完整的程式請參閱 http_relay.py 檔：

```
lamp = Pin(5, Pin.OUT, value=0)
```

電源線的連接方式

家電的電源線內部通常是由多根（30 根以上）細小的導線（直徑 0.18mm）組成，一般稱為**花線**或**多芯線**。我們必須剪斷其中一邊，並延伸一段出來連到繼電器，處理步驟如下：

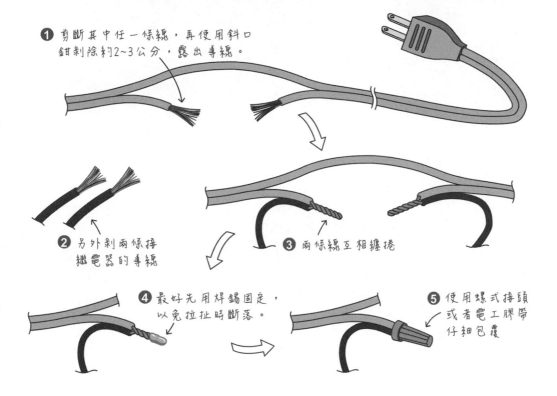

❶ 剪斷其中任一條線，再使用斜口
鉗剝除約2~3公分，露出導線。

❷ 另外剝兩條接
繼電器的導線

❸ 兩條線互相纏捲

❹ 最好先用焊錫固定，
以免拉扯時斷落。

❺ 使用螺式接頭
或者電工膠帶
仔細包覆

螺式接頭內部有螺旋狀的金屬，可縮緊電線也避免電線外露，水電從業人員在配線（如：裝配電燈）時經常使用。但是在製作實驗的過程中，讀者可能會經常移動電線，因此先將電線扭緊之後，再用電工膠帶（PVC 電氣絕緣膠帶）緊密纏繞，效果比螺式接頭還好。使用 PVC 電工膠帶包覆的要領如下：

至少包覆到電線外皮的1.5cm

從電線外皮開始，以45度角方式
來回交錯纏繞四次。每次纏繞
時，都要覆蓋膠帶的一半寬度。

電子元件都有工作電壓、電流，以及最大耐電壓和電流等規格，挑選元件時，必須要留意它們是否在電路允許的範圍值。以繼電器為例，它的主要規格是驅動電磁鐵的電壓和電流，以及開關側的耐電壓和電流，像本文的小型繼電器，採用 5V 的電源驅動，開關部分最大允許流通 250VAC, 10A 電流，因此，我們可以採用它來控制小型電器，例如桌燈，但是不適合用於控制電視、洗衣機等大型電器（繼電器可能會燒毀，引起火災）。

MEMO

18

10010

物聯網應用

18-1 網路應用程式訊息交換格式： XML 與 JSON

網路上有許多開放資料，可供機器（程式）和人類取用。台灣行政院環境保護署的**環境資源資料開放平臺**就是一例，它網羅從各地收集到的不同感測數據，包裝成三種常見的資料交換格式：CSV（逗號分隔檔，參閱第 13 章）、XML 和 JSON，底下是**空氣品質指標(AQI)**的檢索頁面：

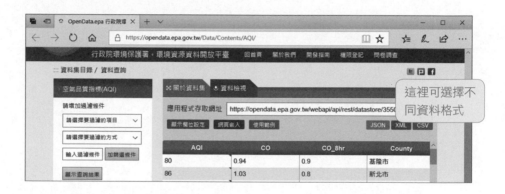

認識 XML

XML（eXtensible Markup Language，可延伸標記式語言）是在純文字當中加入描述資料的標籤，標籤的寫作格式有標準規範，看起來和 HTML 一樣，最大的區別在於 **XML 標籤名稱完全可由我們自訂，**而 HTML 的標籤指令則是 W3 協會或瀏覽器廠商制定的。就用途而言：

- HTML：用於**展示**資料，例如，<h1> 代表大標題文字、<p> 代表段落文字。

- XML：用於**描述**資料

下圖左是筆者自訂的 XML 格式訊息，無須額外的解釋，即可看出這是一段描述某個控制器的溫濕度和數位腳的資料；下圖右則是電腦解析此 XML 訊息的結果，也就是將資料從標籤中抽離出來（這只是個示意圖，我們無須了解運作細節）：

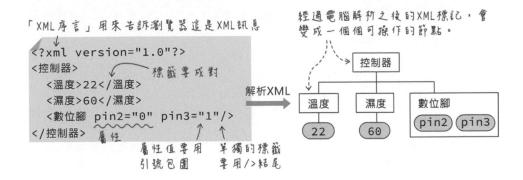

廣泛用於部落格和新聞網站的 RSS,就是 XML 格式。某些應用軟體的「偏好設定」,像 Adobe Photoshop 影像處理軟體的「鍵盤快速鍵」設定,亦採用 XML 格式紀錄。

> RSS 是節錄網站內容與連結的訊息格式。

認識 JSON

JSON (JavaScript Object Notation,直譯為「JavaScript 物件表示法」,發音為 "J-son") 也是通行的**資料描述格式**,它採用 JavaScript 的物件語法,比 XML 輕巧,也更容易解析,因此變成網站交換資訊格式的首選。

JavaScript 的物件語法相當於 Python 的字典 (dict) 格式,主要的差異在資料類型的定義,表 18-1 列舉 JSON (JavaScript 語言) 支援的資料類型名稱和 Python 語言的對照:

表 18-1

JSON (JavaScript)	中文名稱	Python	中文名稱
object	物件	dict	字典
array	陣列	list	列表
string	字串	str	字串
int	整數	int	整數
float	浮點數	float	浮點數
true	邏輯成立 (t 小寫)	True	邏輯成立 (T 大寫)
false	邏輯不成立 (f 小寫)	False	邏輯不成立 (F 大寫)
null	空 (n 小寫)	None	無 (N 大寫)

下圖左是以 JSON 格式描述 ESP8266 控制板的例子，**JSON 的語法規定資料名稱要用雙引號包圍**，不能用單引號：

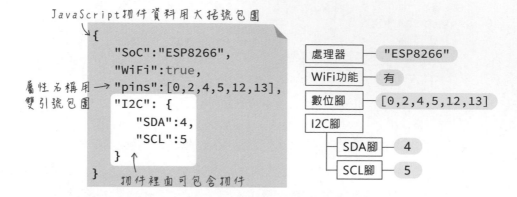

使用 ujson 程式庫建立與解析 JSON

MicroPython 提供的 JSON 資料處理程式庫叫做 ujson，底下是這個程式庫提供的兩個轉換和解析 JSON 資料的方法：

● **loads()**：載入 JSON 格式字串，並轉換成 Python 的**字典**類型。

● **dumps()**：把 Python 的**字典**類型資料轉換成 JSON 格式字串。

使用 loads() 方法載入與解析 JSON 資料的範例如下。JSON 資料可寫成一行，為了便於閱讀，大多分成數行：

```
import ujson

# 建立 JSON 格式資料字串
D1 = '''
{
    "SoC" :"ESP8266",
    "WiFi" :true,
    "pins" :[0, 2, 35, 16],
    "I2C" :{
        "SDA" :2,
        "SCL" :3
```

```
        }
    }
    '''
obj = ujson.loads(data)   # 載入並解析 JSON
```

在終端機執行上面的程式之後，obj 變數將存放的字典類型資料，讀者可嘗試
取出其中幾項：

已轉成Python → 資料類型

```
>>> obj['WiFi']
True
>>> obj['I2C']['SDA']
2
>>>
```

底下是透過 dumps() 方法把字典資料轉換成 JSON 字串的例子：

```
import ujson

# 建立字典資料
microPython = {
    'creator':'Damien George',
    'year':2013,
    'fun':True
}

str = ujson.dumps(microPython)   # 將字典類型轉換成 JSON
```

執行上面的程式之後，str 變數將存放如下的字串內容；Python 的字典和
JavaScript 的物件格式，不像**列表**或**陣列**按照編號順序存放元素，所以轉換成
字串之後的內容順序可能與原始定義不同：

```
'{ "year" :2013, "fun" :true, "creator" :"Damien George" }'
```

讀取 JSON 格式的
世界各地天氣資料

實驗說明：在全球性的開放天氣資料網站（openweathermap.org）註冊免費帳號，並且取得**應用程式介面驗證碼（API Key）**，然後透過 MicroPython 取用該網站的開放資料。

請先瀏覽到 openweathermap.org，按一下網頁上方的 **Sign up（註冊）**，建立帳號，接著按一下導覽列上的 **Price（價格）**，進入價格方案說明頁取得免費的 API Key：

1 進入 **Price（價格）**頁

2 按一下此鈕，取得免費的 API Key

日後登入 OpenWeatherMap 網站，你便能在 API Keys 頁面（home.openweathermap.org/api_keys）查看 API 碼：

取得 API Key 之後，在瀏覽器輸入底下格式的網址，取得台北地區的氣象：

```
http://api.openweathermap.org/data/2.5/weather?
```

q=Taipei,TW&APPID=cc513e2○○○○○○

區域名稱   你的API Key

將能收到如下格式的 JSON 資料，其中包含座標（coord）、天氣、氣溫、濕度、能見度、風速、雲量…等等。這些欄位的完整說明，請參閱 API 文件（openweathermap.org/current），我只要取出其中的天氣（weather）、溫度（temp）和濕度（humidity），而 "weather" 欄位裡的 icon 值，包含代表天氣狀況的圖示編號（參閱「動手做 18-2」說明）：

```json
{
  "coord" :{ "lon" :121.56, "lat" :25.04},
  "weather" :[{
    "id" :803,
      "main" :"Clouds",
      "description":"broken clouds",
      "icon" :"04d" }],
  "base" :"stations",
  "main" :{
    "temp" :287.63, "pressure" :1021,
    "humidity" :93, "temp_min" :287.15, "temp_max" :288.15},
```

```
    "visibility" :10000,
    "wind" :{ "speed" :3.1, "deg" :90},
    "clouds" :{ "all" :75},
    "dt" :1519562400,
    "sys" :{
        "type" :1, "id" :7479, "message" :0.0243,
        "country" :"TW", "sunrise" :1519510804,
        "sunset" :1519552428},
    "id" :1668341,
    "name" :"Taipei",
    "cod" :200
}
```

傳回的溫度單位是 K（Kelvin，絕對溫度），減去 273.15 才是攝氏溫度值。

若不確定你所在都市的英文名稱，可以按下導覽列的 Maps 選單裡的 Weather maps（天氣地圖）選項，從世界地圖上觀看都市名稱（這個網站會嘗試取得你的位置資訊並顯示最近地區）：

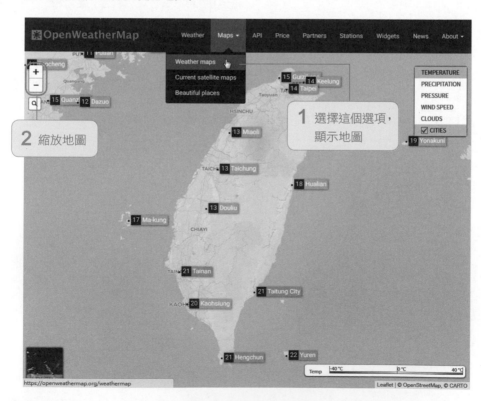

地區名稱後面最好加上**逗號**和代表台灣的 'TW'，例如，台北地區寫成：'Taipei, TW'。

讀取並解析 OpenWeatherMap 的 JSON 資料

底下程式使用 **requests 程式庫**發出 GET 請求，取得 OpenWeatherMap 網站傳回的氣象文字，再透過 **ujson 程式庫**的 loads() 方法，將它轉換成**字典**格式：

```python
import urequests as req
import ujson

apiURL= '{url}?q={city}&APPID={key}'.format(
    url  =  'http://api.openweathermap.org/data/2.5/weather',
    city = 'Taipei, TW',    # 區域名稱
    key  =  '你的 API Key'
)

r = req.get(apiURL)
obj = ujson.loads(r.text)   # 載入並解析 JSON

del r                       # 刪除變數 r
```

在終端機執行以上程式之後，即可透過 obj 字典取得各項該區域的天氣資料，例如，其中的 'weather' 包含如下的**列表類型**值：

```
COM3 - PuTTY                                          _ □ ✕
>>> obj['weather']
[{'id':803,'icon':'04d','main':'Clouds','description':'......'}]
```

「列表」類型資料　　　「字典」裡的"main"　代表「多雲」

在終端機顯示溫度、濕度和天候狀況的敘述：

```
>>> print('Temperature:', obj['main']['temp'] - 273.15)
Temperature: 18.0                          轉換成攝氏
>>> print('Humidity:', obj['main']['humidity'])
Humidity: 68                         濕度
>>> print('Weather:', obj['weather'][0]['main'])
Weather: Clouds          main位在列表的第0個元素之中
>>>
```

動手做 18-2 在 OLED 螢幕顯示氣象資訊

實驗說明：擷取 OpenWeatherMap 的氣象資料，在 OLED 螢幕呈現地區、溫濕度與圖示。本單元的實驗材料和電路與「動手做 12-3」相同：

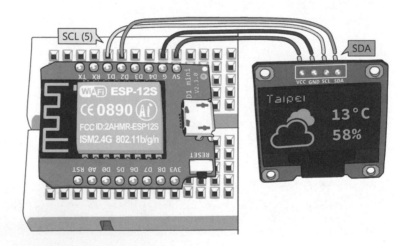

從 OpenWeatherMap 擷取的數據中，"weather" 欄位裡的 icon 值代表天氣狀況的圖示編號，這些編號以及圖示外觀，都列舉在該網站的 Weather Conditions 說明頁 (https://openweathermap.org/weather-conditions)。

筆者在網上找到 Ashley Jager 設計師提供的免費天氣圖示（https://goo.gl/N6LCun，Adobe Illustrator 向量格式檔），取出其中 10 張圖，並且用 LCD Assistant 工具將它們轉換成「位元組」格式，依照 OpenWeatherMap 的圖示編號命名：

01d.bin	02d.bin	03d.bin	04d.bin	09d.bin	10d.bin	11d.bin	13d.bin	50d.bin	na.bin
01n.bin	02n.bin	03n.bin	04n.bin	09n.bin	10n.bin	11n.bin	13n.bin	50n.bin	

圖示編號之中用 d 或 n 來區分日（day）、夜（night），例如，官網上的 '01n' 是「月亮」圖示。筆者僅準備一組圖示，分別存成兩個檔名。最後的 na.bin 是我額外預備在找不到對應編號時顯示的圖示。

我們可以像第 12 章顯示 DHT11 溫濕度數據一樣，把轉換成 bytearray 的圖像資料存放在一個類別程式當中，但有礙於圖像的數量，而且程式每次只取用其中一張圖，沒有必要將所有圖像都載入記憶體。本單元的圖示資料採用個別讀入的方式處理。

筆者把所有轉成位元組格式的天氣圖都放在 icons 資料夾，請先將它們上傳到 D1 mini 板：

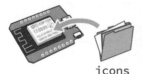

上傳圖示資料夾到控制板

```
D:\python> ampy --port com3 put icons
```

附帶說明，假如把圖示資料用純文字檔型式儲存，將來透過 MicroPython 的「檔案」物件讀入之後，內容將會是字串格式：

```
bytearray(b'\x00\x00\x00\x00
\x00\x00\x00\x80\x80\...')
```

01d.txt 檔

讀取後

```
"bytearray(b'\\x00\\x00\
\x00\\x00\\x00\\x00\\x00
\\x80\\x80\\...')"
```

因此，筆者採用底下的程式（用電腦的 Python 3 或控制板的 MicroPython 環境執行皆可），以「二進制」格式產生圖示檔，為了與純文字檔區分，副檔名特意設置成 .bin：

```
data = b'\x00\x00\x00\x00\x00\x00\...'
fileName = '01d.bin'  # 檔名
                                        圖示的位元組資料

f = open(fileName, 'wb')
f.write(data)                    用二進制格式寫入
f.close()
```

01d.bin

將來讀取這些圖示檔案時，也要用「二進制」格式，如此，讀入的資料就是 OLED 顯示器能夠使用的**位元組**格式。

實驗程式：首先引用程式庫並宣告一些變數：

```
from machine import Pin, I2C, Timer
import bigSymbol
import ssd1306
import framebuf
import os
import urequests as req
import ujson

i2c = I2C(scl=Pin(5), sda=Pin(4), freq=100000)
oled = ssd1306.SSD1306_I2C(128, 64, i2c)  # OLED 顯示器物件

apiURL= '{url}?q={city}&APPID={key}'.format(
    url = 'http://api.openweathermap.org/data/2.5/weather',
    city = '城市名稱',
    key = '你的 API _KEY'
)
```

檢查指定編號的圖示是否存在的自訂函式如下：

```
def checkIcon(n):
    path = '/icons/' + n          # 圖檔路徑
    try:
        os.stat(path)
        return path               # 若檔案存在，則傳回此路徑
    except:
        return '/icons/na.bin'    # 若檔案不存在，則傳回此路徑
```

從 OpenWeatherMap
取得的數據將以右圖
的格式排列顯示：

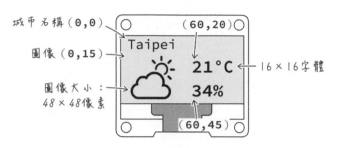

讀取並顯示氣象資料的程式碼，寫在 update() 自訂函式，以便讓 Timer（計時器）物件定時呼叫執行：

```
def update(t=None):                # 接收一個定時器參數，預設為 None
    r = req.get(apiURL)
    obj = ujson.loads(r.text)

    city = obj['name']        # 城市名稱
    icon = obj['weather'][0]['icon']     # 圖示編號
    # 溫度轉成攝氏再取整數
    temp = int(obj['main']['temp'] - 273.15)
    humid = obj['main']['humidity']      # 濕度

    path = checkIcon(icon + '.bin')     # 確認圖示檔案是否存在
    f = open(path, 'rb')      # 使用「唯讀二進制」模式開檔
    buf = f.read()            # 讀取整個圖示檔（位元組資料）
    f.close()

    oled.fill(0)
    # 把 48x48 圖像資料（先轉成 bytearray 格式）置入顯示緩衝區
    fb = framebuf.FrameBuffer(
        bytearray(buf), 48, 48, framebuf.MVLSB)
```

```
oled.text(city, 0, 0)          # 在座標(0, 0)顯示城市名稱
oled.blit(fb, 0, 15)           # 把圖示安排在座標(0, 15)

dsp = bigSymbol.Symbol(oled)
dsp.text(str(temp) + 'c', 60, 20)    # 用 16x16 字體顯示攝氏溫度
dsp.text(str(humid) + '%', 60, 45)   # 在座標(60, 45)顯示濕度
oled.show()
```

最後，定義計時器物件，設定讓它每 10 分鐘觸發執行一次 update：

```
tim = Timer(-1)
tim.init(period=600000, mode=Timer.PERIODIC, callback=update)
update()  # 顯示氣象資料

try:
    while True:
        pass
except:
    tim.deinit()
    print( 'stopped!')
```

實驗結果：在終端機貼入執行上面的程式，OLED 將呈現氣象資料和圖示。

18-2 認識 MQTT

MQTT 是由 IBM 的 Andy Stanford-Clark 博士和 Arcom（已更名為 Eurotech）的 Arlen Nipper 博士發明的通訊協定，發明的契機是為了在狹窄的網路頻寬和微小電力損耗的需求前提之下，提供石油管線感測器和人造衛星之間一個輕量、可靠的二進制通訊方式。IBM 和 Eurotech 將 MQTT 協定捐贈給負責管理開放原始碼專案的 Eclipse 基金會，之後變成開放的 OASIS 國際標準（Organization Advancement Structured Information Standards，資訊標準架構促進會，一個制定電子商務、網路服務和電子出版的非營利機構）。

MQTT 最初代表的意思是 Message Queueing Telemetry Transport（訊息佇列遙測傳輸），現在已經不用這種說法，MQTT 就是 MQTT，不是其他單字的縮寫。由於 MQTT 協定的訊息內容很精簡，非常適合用於處理器資源及網路頻寬有限的物聯網裝置，再加上已經有許多 MQTT 程式庫被陸續開發出來，用於 Arduino 控制板（C/C++）、JavaScript(Node.js, Espruino 控制板), Python, ...等等，還有開放原始碼的 MQTT 伺服器，使得開發 MQTT 物聯網、**機器之間**（**Machine-to-Machine, M2M**）的通訊變得非常簡單。Facebook Messenger 的即時通訊也是用 MQTT 協定。

比較 HTTP 和 MQTT 通訊協定

MQTT 和 HTTP 的底層都是 TCP/IP，也就是物聯網裝置可以沿用既有的網路架構和設備，只是在網路上流通的「訊息格式」以及應用程式的處理機制不同。若把網路比喻成道路，HTTP 就是大巴士、MQTT 則是機車，都在相同的道路上奔馳。

底下是 ThingSpeak 網站回應給前端的 HTTP 訊息，從瀏覽器看來，表面上 ThingSpeak 只回覆了資料索引編號，但背後實際卻有一長串 HTTP 標頭：

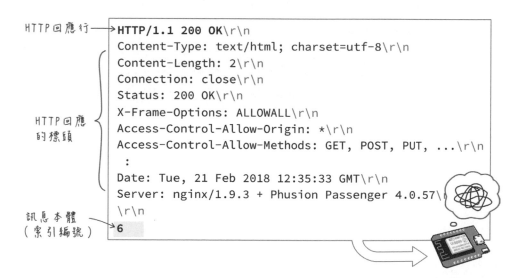

HTTP回應行 →
```
HTTP/1.1 200 OK\r\n
Content-Type: text/html; charset=utf-8\r\n
Content-Length: 2\r\n
Connection: close\r\n
Status: 200 OK\r\n
X-Frame-Options: ALLOWALL\r\n
Access-Control-Allow-Origin: *\r\n
Access-Control-Allow-Methods: GET, POST, PUT, ...\r\n
 :
Date: Tue, 21 Feb 2018 12:35:33 GMT\r\n
Server: nginx/1.9.3 + Phusion Passenger 4.0.57\
\r\n
6
```

HTTP回應的標頭

訊息本體（索引編號）

這些 HTTP 標頭包含文件類型、長度、允許所有用戶端存取、支援的 HTTP 方法指令、伺服器軟體版本...等資訊。這些資訊在許多物聯網通訊應用不僅僅是多餘的，還會佔用網路頻寬、記憶體並且浪費處理時間。

假設微控器每隔 20 秒透過 HTTP GET 方法上傳一次資料到 ThingSpeak，這些 HTTP 訊息一天可能就佔用了 800KB 以上的流量（某些網路連線是以 byte 為單位計費，如：衛星）。

MQTT 訊息格式

採用 MQTT 發布溫度的訊息格式類似這樣：

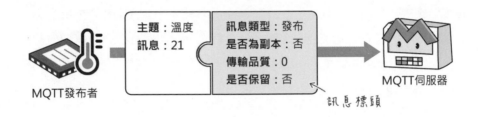

不同於 HTTP 1.1 的標頭採用文字描述，MQTT 的標頭採用數字編碼，整個長度只佔 2 位元組，等同兩個字元，後面跟著訊息的主題（topic）和內容（payload），實際格式如下：

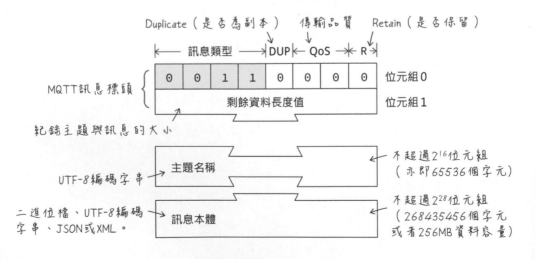

「訊息類型」相當於 HTTP 的「方法」指令；QoS 代表發布者與代理人，或者代理人與訂閱者之間的傳輸品質。**MQTT 定義了 0, 1 和 2 三個層級的品質設定：**

● **0：**最多傳送一次 (at most once)

● **1：**至少傳送一次 (at least once)

● **2：**確實傳送一次 (exactly once)

實際支援情況依伺服器軟體而定，ThingSpeak 僅支援 QoS 0。用寄信來比喻，QoS 0 就像寄平信，不保證訊息會送達；QoS 1 相當於寄掛號信。詳細的 QoS 說明，參閱筆者網站的**MQTT 教學（五）：「保留」發布訊息以及 QoS 品質設定**文章，網址：https://swf.com.tw/?p=1015

MQTT 的 Publisher, Broker 和 Subscriber

根據 MQTT 3.1.1 版本規格書 (https://goo.gl/37PDSC) 的描述，**MQTT 是一種基於「發布/訂閱」機制的訊息傳輸協定** (MQTT is a Client Server publish/subscribe messaging transport protocol)，我們可以把它想成雜誌發行和訂閱的機制。MQTT 訊息發送端，相當於雜誌出版社，雜誌出版之後並不直接寄給消費者，而是交給經銷商或者書店一般的**代理人（broker）**，來統籌管理發行和訂閱事宜。每一個訊息來源（刊物）都有個唯一的主題名稱（刊物名稱）。

代理人是個伺服器軟體，**向伺服器發送主題的一方是發布者（publisher），從伺服器獲取主題的一方則是訂閱者（subscriber）。**以下圖為例，傳送感測器資料的一邊是發布者，接收感測器資料的一邊則是訂閱者。每個感測器/微控器的訊息都需要有個主題名稱以利識別，像下圖的主題 A、B 和 C：

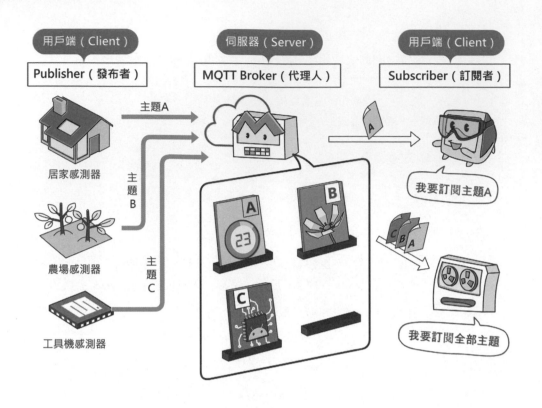

用戶端（Client）

Publisher（發布者）

伺服器（Server）

MQTT Broker（代理人）

用戶端（Client）

Subscriber（訂閱者）

主題A

主題B

主題C

居家感測器

農場感測器

工具機感測器

我要訂閱主題A

我要訂閱全部主題

代理人可儲存發布者的訊息，在發布者中斷連線的情況下，提供訂閱者最近更新的訊息。「訂閱者」需要告知代理人想要訂閱的主題，每當「發布者」傳入新訊息時，代理人就會依照主題，傳送給所有訂閱者。「發布者」和「訂閱者」都是用戶端，代理人是伺服器。由於兩個用戶端之間有伺服器當作中繼站，所以兩邊並不需要知道彼此的 IP 位址。

MQTT 的主題（Topic）名稱

MQTT 主題名稱是 UTF-8（萬國碼）編碼的字串，我們可以自行決定主題名稱，例如，傳送溫度的訊息主題可命名成「溫度」、傳送亮度的訊息叫做「照度」…等等。主題名稱也支援類似檔案路徑的階層式命名方式，假設住家裡面有許多感測器，我們可依照測器所在位置，規劃如下的命名階層結構：

18

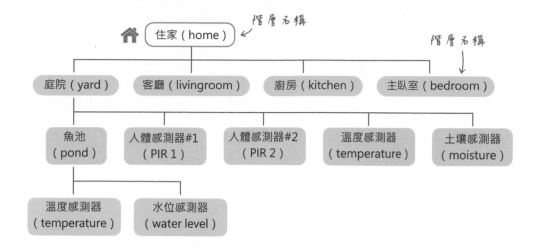

每個階層之間用斜線分隔，例如，位於庭院的人體感測器 #1，其主題名稱可命名為：

主題階層分隔字元
↓
住家/庭院/人體感測器1
↑　　　　　　　　↑
可用中文命名，但不建議。　不可包含#和+字元。

命名主題的注意事項：

● 由於某些微控器或程式語言不支援 UTF-8 編碼或中文，**主題名稱請使用英文**，並且取個有意義的名字。

● 名稱長度不可超過 2^{16} 位元組（65536 個字元）。

● 自訂的**主題名稱請勿用 $ 開頭**（"$SYS" 是 MQTT 伺服器的控制介面主題的保留字），也不可包含 # 和 + 字元；減號和乘號 (*) 在程式語言中有特殊意義，為了避免誤會，也不建議使用。

● 名稱的**英文大小寫有區別**，home 和 Home 是兩個不同的名稱。

● 雖然名稱可以包含空格，但是英文的「半形」空格和中文的「全形」空格的內碼不一樣，若輸入名稱時沒有統一，會導致程式讀取不到，因此**名稱最好不要加入空格**。

- 階層名稱可以空白，像這樣的命名（連續的斜線）是合法的："home//yard"，代表有三個階層，中間階層沒有名字，在語意上怪怪的。

- 有些程式設計師習慣在主題名稱最前面加上一個斜線（在 Linux 系統中，檔案路徑開頭的斜線代表根目錄），但這是不必要的。請注意，**"/home" 和 "home" 是兩個不同的名稱**，前者代表「空白名稱的根階層」底下的 "home"，單一個 "/" 也是合法的名稱。

```
home/yard/PIR 1    }  名稱可包含空格和
home/yard/PIR-1    }  減號，但不建議。

Home/yard/pir_1    ← 大小寫有區別
```

不需要在開頭加上斜線 → `/home/yard/PIR_1`

除了依據裝置安裝地點來命名主題，當同一個地點包含許多感測器的時候，用編號或者唯一識別碼來命名主題是比較合理的選擇。例如，假設某個位於廚房的裝置的 MAC 位址是 DEADBEEFFEED，它可以被命名成：

```
home/kitchen/DEADBEEFFEED
```

取得 ThingSpeak 伺服器的 MQTT 驗證碼

ThingSpeak 雲端平台有支援 MQTT 協定，使用這項協定來訂閱訊息之前，需要先**取得 MQTT API Key，也就是讓前端程式登入 ThingSpeak MQTT 伺服器的驗證碼**。步驟如下：

1. 按一下 ThingSpeak 網站右上方的『**Account（帳戶）/My Profile（我的資料）**』功能表：

2 按一下 My Profile 頁面底下，**MQTT API Key** 欄位當中的 **Generate New MQT API Key（產生新的 MQTT API 碼）** 按鈕：

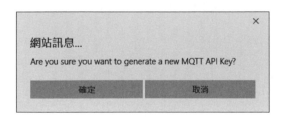

此時，網頁將出現底下的訊息，詢問你是否要產生新的 Key，請按下**確定**：

請選取並複製此 MQTT API Key，稍後將需要它來登入 ThingSpeak。

使用 ESP8266 發布資料到
ThingSpeak MQTT 伺服器

實驗說明：採用 MQTT 協定傳送 DHT11 的溫濕度值到 ThingSpeak 雲端平台。
本單元的實驗材料和電路皆與「動手做 17-2」相同。

實驗程式：MicroPython 內建處理 MQTT 協定的 MQTTClient 程式庫，本章將
使用此程式庫的下列方法：

● **connect()**：連接 MQTT 伺服器

● **disconnect()**：中斷連線

● **publish()**：發布訊息給指定主題

● **subscribe()**：訂閱主題

● **set_callback()**：設定處理收到新的訂閱訊息的回呼函式

● **check_msg()**：檢查是否有新的訂閱訊息

程式首先引用必要的程式庫：

```
import machine
import ubinascii
import time
import dht
from machine import Pin
from umqtt.simple import MQTTClient
```

筆者把所有與連接 ThingSpeak MQTT 伺服器相關的資料都存入名叫 config 的
字典變數中；連接 ThingSpeak 時，user（使用者）和 id（用戶端識別名稱）可隨
意填寫：

```
config = {
    'broker':'mqtt.thingspeak.com'     # MQTT代理人網址
    'user':'cubie',                    # 使用者名稱
    'key':'你的MQTT API Key',          # 密碼
    'id' :'yard001',                   # 用戶端識別名稱
    'topic' : b'channels/頻道ID/publish/你的寫入API KEY'  # 主題名稱
}
           位元組格式      代表「發布」        Write
                                              解碼成字串
'id' : 'room/' + ubinascii.hexlify(machine.unique_id()).decode(),
           取得控制板的實體位址（位元組格式）
```

如果你打算採用控制板的實體位址當作用戶端識別名稱，可以將 id 欄位值改成像上面的敘述。

接下來執行 MQTTClient() 建立 MQTT 用戶端物件。「發布」MQTT 訊息給 ThingSpeak 時，它並不會檢查密碼，但是如果不設定密碼，程式會在執行階段拋出 TypeError（類型錯誤），所以密碼至少要設定為空字串：

```
client = MQTTClient(client_id=config['id'],   # 用戶端識別名稱
                    server=config['broker'],  # MQTT 代理人網址
                    user=config['user'],      # 使用者名稱
                    password=config['key'])   # 密碼
```

最後，執行連線和發布指令，底下敘述將發布 DHT11 感測器的溫濕度數據：

```
d = dht.DHT11(Pin(2))
d.measure()     # 讀取DHT11感測器值

data = 'field1={}&field2={}'.format(
        d.temperature(),    # 取出溫度值
        d.humidity())       # 取出濕度值

client.connect() # 連線        發布的主題
client.publish(config['topic'], data.encode())
time.sleep(2)                        資料要轉成位元組格式
client.disconnect()  # 斷線
```

實驗結果：在終端機執行上面的程式之後，再回到 ThingSpeak 網站瀏覽，將能看到剛剛新增的資料。

訂閱 ThingSpeak MQTT 訊息

實驗說明：用 D1 mini 板訂閱 MQTT 主題，每隔 10 秒檢查是否有新的訊息，並將訊息顯示在終端機。本實驗單元的材料只需使用 D1 mini 控制板。

訂閱 MQTT 主題的程式流程如下：

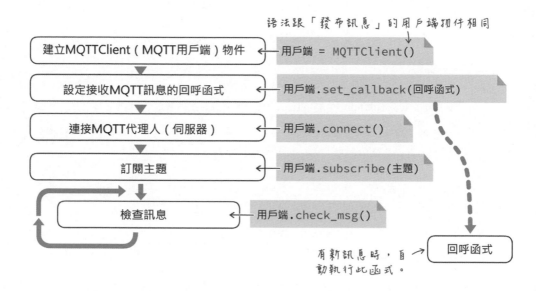

ThingSpeak 回傳的 MQTT 訊息可以是 CSV, XML 或 JSON 格式，我們要在訂閱的主題名稱裡面指定**要訂閱的頻道、資料格式**以及 **API KEY**：

訂閱主題的格式 ⟩	channels/**頻道ID**/subscribe/**格式**/**你的讀取API KEY**

csv, xml 或 json

「讀取 API KEY」位於你的 ThingSpeak 通道的 **API Keys** 分頁，其中的 **Read API Keys** 欄位：

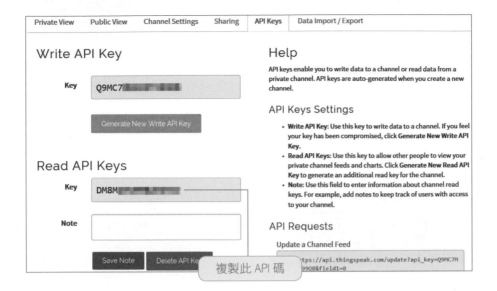

假設我們要訂閱上一個動手做單元所發布資料的頻道，程式開頭先引用這些
程式庫：

```
import machine
import ubinascii
import ujson
from umqtt.simple import MQTTClient
```

接著設定一些連線參數，請自行修改 API KEY 和頻道 ID：

```
config = {
    'broker':'mqtt.thingspeak.com'    # MQTT代理人網址
    'user':'cubie',                   # 使用者名稱
    'key':'你的MQTT API Key',          # 密碼
    'id' :'iot/'+ubinascii.hexlify(machine.unique_id()).decode(),
    'topic': b'channels/頻道ID/subscribe/json/你的讀取API KEY'  # 主題
}
```

代表「註冊」　　資料格式　　Read

筆者把接收 MQTT 主題訊息的回呼函式命名成 subCallback，它將接收兩個參數，把 JSON 格式訊息轉換成字典、再取出其中代表溫濕度的 field1 和 field2 值：

主題 ↘　　訊息 ↙

```
def subCallback(topic, msg):
    obj = ujson.loads(msg)  ← 將JSON訊息轉換成「字典」
    print(topic, msg)  ← 顯示主題和訊息原始內容
    print('----------------------')
    print('temp:',  obj['field1'])
    print('humid:', obj['field2'])
    print('')
```

主程式內容如下：

建立MQTT用戶端物件

```
def main():
    client = MQTTClient(client_id=config['id'],
                        server=config['broker'],
                        user=config['user'],
                        password=config['key'])

    client.set_callback(subCallback)
    client.connect()
    client.subscribe(config['topic'])

    try:
        while True:
            client.check_msg()  ← 每隔10秒檢查是否有新訊息
            time.sleep(10)
    except:
        client.disconnect()
        print('bye!')
```

必須在connect()之前，先設定回呼函式。

回呼函式名稱

訂閱主題

實驗結果：把程式碼貼入終端機後，輸入 main() 執行主程式，它將每隔 10 檢查是否有新訊息，直到你按下 Ctrl + C 鍵中斷。第一次執行時，ThingSpeak 都會傳回指定頻道最後更新的一筆訊息：

```
COM3 - PuTTY                                    — ☐ ✕
>>> main()
(b'channels/△△△△/subscribe/json/○○○○○○○○',
b'{"channel_id":"△△△△","created_at":"2018-03-
01T12:37:28Z","entry_id":6,"field1":"20","field2":"33","latitud
e":null,"longitude":null,"elevation":null,"status":null}\n')
--------------------
temp: 20  ←──從JSON資料取出的溫度和濕度值
humid: 33

bye!  ←──按Ctrl+C結束程式
>>>
```

為了測試程式是否能接收更新的數據，你可以在瀏覽器的 URL 欄位輸入底下的格式的位址，將溫度和濕度寫入對應的 ThingSpeak 通道。請嘗試透過瀏覽器上傳虛構的 22 度氣溫和 25% 濕度：

上傳溫濕度資料到你的ThingSpeak空間

```
thingspeak
← → C  http://api.thingspeak.com/update?key=你的API_KEY&field1=24&field2=37

7
```

上傳之後不久，你將能在終端機看到 D1 mini 接收到剛剛發布的訊息。

18-3 ESP8266 微控器的即時鐘 （RTC）

MicroPython 控制板具有即時鐘（Real Time Clock，簡稱 RTC），它的作用像附帶月曆和鬧鈴功能的時鐘：

RTC 位於 machine 程式庫，具有下列方法；alarm() 和 irq() 方法用於「動手做 18-5」的睡眠和喚醒功能。

● **datetime()**：設定或傳回目前時間，資料是由 8 個元素的元組格式。

● **memory()**：存取即時鐘區域的記憶體。

● **alarm()**：設定觸發鬧鈴的毫秒數。

● **alarm_left()**：距離鬧鈴觸發前的剩餘毫秒數。

● **irq()**：指定被鬧鈴觸發的中斷程式。

透過 RTC 取得目前時間的程式片段如下：

```
>>> import machine
>>> rtc = machine.RTC()          ← 建立 RTC 物件
>>> rtc.datetime()               ← 取得當前日期與時間
(2000, 1, 1, 5, 0, 0, 33, 785)
      日期           時間
```

RTC 時鐘會在開機時「歸零」成 2000/1/1 零時，我們的程式需要將它調整成正確的時間。例如，底下的敘述將把 RTC 調整成 2020 年的聖誕節，除了日期和時間，其他兩個參數設定成 0 即可：

```
>>> import machine
>>> rtc = machine.RTC()                        設定 RTC 初始日期時間
>>> rtc.datetime( (2020, 12, 25, 0, 18, 50, 40, 0))  ↓
>>> print(rtc.datetime())
(2020, 12, 25, 4, 18, 51, 30, 438)
                 週            倒數的毫秒
```

動手做 18-5　透過網際網路更新時間

實驗說明：透過網際網路的時間伺服器（Network Time Protocol，網路時間協定，簡稱 **NTP 伺服器**），設定 ESP8266 內部的即時鐘。

實驗程式：若要將 RTC 調整為本地時間，可以使用 GPS 或者網路。MicroPython 提供一個可連接 NTP 時間伺服器，傳回 UTC 時間的 ntptime 程式庫（原始碼位址：https://goo.gl/q4w5H6），此程式庫包含兩個函式：

● **time()**：傳回 UTC 時間秒數

● **settime()**：使用從 NTP 伺服器取得的時間，設定微控器的 RTC 即時鐘。

從 NTP 伺服器取得時間的程式碼如下：

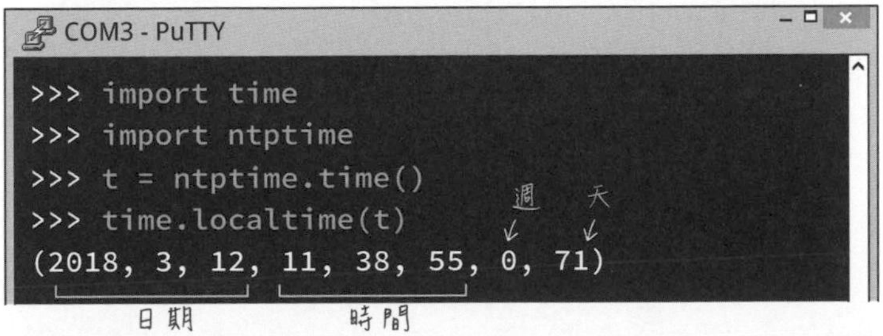

如果執行上面的程式時，發生底下的錯誤，代表**網路連線超時**，請稍候一會兒，再執行一次上面的敘述即可成功取得時間：

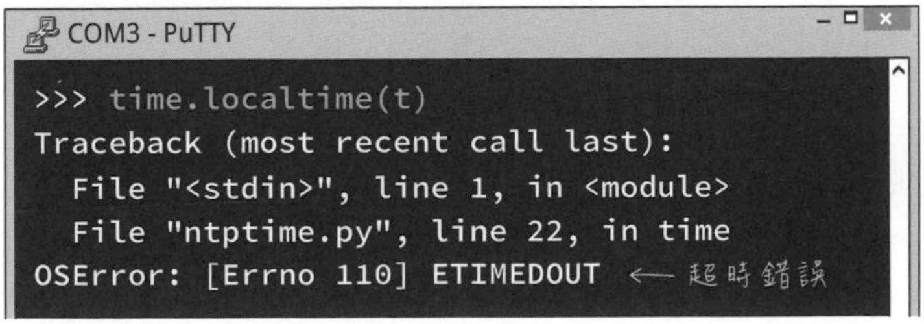

就像 GPS 時間，NTP 時間要加上 8 小時才是台北時間。筆者把採用 NTP＋8 時間，調整 RTC 即時鐘的程式寫成自訂函式 setUTC8Time()：

```python
def setUTC8Time():
    import time, ntptime, machine
    t = ntptime.time() + 28800   ← NTP時間加上8小時
    tm = time.localtime(t)
    machine.RTC().datetime(tm[0:3] + (0, ) + tm[3:6] + (0,))
    print(time.localtime())      轉成RTC的日期時間格式
```

補充說明轉成 RTC 日期時間格式的敘述。附加一個元組元素時，例如 0，不能只寫成 (0)，而要在數值後面加上逗號，底下的敘述將產生 (2017, 11, 7, 0, 15, 36, 30, 0) 元組：

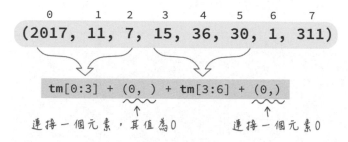

在終端機輸入上面的自訂函式，再執行它，即可設定 RTC 並顯示當前的日期和時間：

```
COM3 - PuTTY
>>> setTUC8Time()
(2018, 3, 12, 11, 39, 21, 0, 71)
>>> import time
>>> time.localtime()   ← 3秒後再次讀取時間
(2018, 3, 12, 11, 39, 24, 0, 71)
```

ESP8266 控制板的 RTC 記憶體每隔 7 小時 45 分會溢位（overflow，超出計數範圍），所以需仰賴 RTC 長時間運作的程式，必須要至少每隔 7 小時內執行一次 time() 或 localtime()，MicroPython 將會自動處理溢位的問題。

18-4 超低功耗的深度睡眠模式

D1 mini 像電腦和手機一樣，也具備睡眠/休眠/待機功能。在睡眠狀態下，系統幾乎完全停止運作，只保留基本的偵測功能，因此只消耗少許電力。以電腦為例，在睡眠狀態下，可被鍵盤按鍵或者網路訊息喚醒。

樂鑫信息科技（ESP8266 晶片製造商）的**ESP8266 低功耗解決方案**技術文件的表 1-1「三種睡眠模式比較」（所有簡體中文技術文件都能在此網址下載：https://goo.gl/BX4mh4）：

項目	Modem-sleep		Light-sleep		Deep-sleep
	自動	強制	自動	強制	強制
Wi-Fi連線	保持	斷線	保持	斷線	斷線
GPIO狀態	保持		保持		保持（2µA）
Wi-Fi	關閉		關閉		關閉
系統時脈	開啟		關閉		關閉
RTC	開啟		開啟		開啟
CPU	開啟		暫停		關閉
基板電流	15mA		0.4mA		~2µA

微控器的消耗電流

在**深度睡眠**模式下，僅即時鐘仍在運作（GPIO 腳的輸出電流非常低，用於保持電平高、低狀態，形同關閉），所以微控器的耗電量也降到最低，這功能對採用電池運作的物聯網裝置尤其重要。

動手做 18-6　進入深度睡眠與喚醒微控器

實驗說明： 在終端機顯示倒數 5 秒的訊息後，令微控器進入深度睡眠，每隔 10 秒喚醒一次。

實驗材料：

D1 mini 控制板	1 個
1KΩ（棕黑紅）電阻	1 個

實驗電路： 當微控器進入深度睡眠之後，RTC 時鐘將能透過第 16 腳輸出一個低電位訊號，請先在第 16 腳（D0）連接一個 1KΩ 電阻到 RST（重置）腳，以便透過「重置」喚醒微控器：

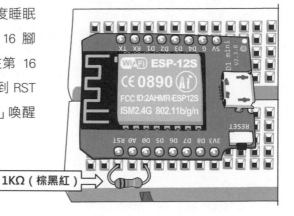

1KΩ（棕黑紅）

實驗程式： MicroPython 的 machine 程式庫提供三種讓 ESP8266 進入睡眠的方法指令：

● **idle()：** 進入 Modem-sleep（調製睡眠）模式

● **sleep()：** 進入 Light-sleep（輕度睡眠）模式

● **deepsleep()：** 進入 Deep-sleep（深度睡眠）模式

在深度睡眠模式下，能喚醒 ESP8266 微控器的只有 RTC 和「重置」按鍵。讓微控器進入深度睡眠之前，必須先設置喚醒它的 RTC 程式，步驟如下：

1 建立 RTC 物件，並且設定**觸發中斷的事件來源**以及**欲喚醒的睡眠模式**。被 RTC 觸發的中斷物件，其觸發來源必定是 RTC 物件的 ALARM0 常數，當指定鬧鈴時間到時，它將在第 16 腳輸出訊號來「重置」處理器：

即時鐘物件

```
rtc = machine.RTC()
rtc.irq( trigger=rtc.ALARM0, wake=machine.DEEPSLEEP )
```
設定觸發來源　　　　　　　指定要喚醒的睡眠模式

2 設定鬧鈴：時間到時觸發 ALARM0 事件，底下的敘述將時間設定為 10 秒：

觸發事件　　毫秒數

```
rtc.alarm( rtc.ALARM0, 10000 )
```

3 讓微控器進入深度睡眠：

```
machine.deepsleep()
```

完整的程式如下，令微控器進入深度睡眠之前，程式將於終端機顯示倒數 5 秒的 5, 4, 3, 2, 1 訊息，並且在每次啟動 10 秒之後進入深度睡眠：

```
import machine
import time

rtc = machine.RTC()
rtc.irq(trigger=rtc.ALARM0, wake=machine.DEEPSLEEP)
rtc.alarm(rtc.ALARM0, 10000)



machine.deepsleep()
```

取得「導致重置的因素」

```
if machine.reset_cause() == machine.DEEPSLEEP_RESET:
    print('woke from a deep sleep')
else:
    print('power on or hard reset')

for i in range(5):
    print('Going sleep in {} sec.'.format(5-i))
    time.sleep(1)
```

在終端機顯示倒數5秒訊息

machine 程式庫的 reset_cause() 方法可傳回「導致重置的因素」，其值是底下之一：

- machine.PWRON_RESET：開機。

- machine.HARD_RESET：按下控制板的 Reset 鍵導致的**硬重置**。

- machine.SOFT_RESET：在程式裡執行 **machine.reset() 方法**導致的**軟重置**。

- machine.DEEPSLEEP_RESET：自深度睡眠中被喚醒。

- machine.WDT_RESET：看門狗重置，參閱下文「看門狗計時器簡介」說明。

上面程式裡的 if 條件式將判斷重置因素，若是「自深度睡眠中被喚醒」，則顯示 "woke form a deep sleep" 訊息；若是透過 Reset 按鍵重置，則顯示 "power on or hard reset"。

實驗結果：先把上面的程式命名為 main.py，上傳到 D1 mini 板。

重新接上 micro USB 之後，透過終端機連接 D1 mini 板，將能在終端機看到如下的訊息。從深度睡眠被「重置」喚醒之後，**微控器仍將先執行 boot.py，再執行 main.py**。筆者的 boot.py 檔包含連網敘述，所以終端機將出現一連串網路 IP 訊息：

```
connecting to network...
network config: ('192.168.1.144', '255.255.255.0', '192.168.1.1'
WebREPL daemon started on ws://192.168.4.1:8266
WebREPL daemon started on ws://192.168.1.144:8266
Started webrepl in normal mode
woke from a deep sleep
Going sleep in 5 sec.
Going sleep in 4 sec.
Going sleep in 3 sec.
Going sleep in 2 sec.
Going sleep in 1 sec.
```

被喚醒之後，會先執行 boot.py。

←── 開始深度睡眠

由於 D1 mini 板透過「重置」被喚醒，我們將無法再從終端機控制它，若要清除此測試程式，請透過 ampy 命令的 rm 參數刪除 main.py 檔：

```
D:\python> ampy --port com3 rm main.py
```

使用 RTC 即時鐘的記憶體暫存資料

每次微控器從深度睡眠被「重置」喚醒，都會重新執行 boot.py 和 main.py 程式，進入睡眠之前的變數資料也都會被清空。如果有需要保存的資料，需要在進入深度睡眠先儲存下來，儲存的方式有兩種：

● 儲存在快閃記憶體或 SD 記憶卡：可儲存大量資料，而且即使關閉電源，資料也不會消失。

● 暫存在 RTC 時鐘的記憶體區：RTC 物件的 **memory() 方法**可保存 **512 位元組**以內的**位元組格式**資料，重置之後仍保留，但斷電即消失。

本單元將使用 RTC 時鐘的記憶體區達成下列功能：

● 設定一個 counter（計數器）變數，每次從深度睡眠喚醒時，累加並顯示計數器的值。

● 按下控制板的「重置」鍵，「計數器」值將被清零。

請把「動手做 18-5」的 if...else 條件式改成底下的敘述。最初執行時，rtc.
memory() 的傳回值是 b"（空位元組），所以一開始它將被成設置成 b'0'：

```
轉成字串，假設counter值為2  ────────→  str(counter)
              轉成位元組格式  ────────→  bytes(  '2'  , 'utf-8')
儲存資料必須是位元組格式  ────────→  rtc.memory(        b'2'        )
```

```python
if machine.reset_cause() == machine.DEEPSLEEP_RESET:
    if rtc.memory() != b'':
        counter = int(rtc.memory()) # 將記憶體值轉成整數
        counter += 1
        rtc.memory(bytes(str(counter), 'utf-8'))
    else:
        rtc.memory(b'0')   # 在RTC記憶體存入 b'0'

    print('woke from a deep sleep')
    print('counter:', counter) # 顯示計數器的值'
else:
    print('power on or hard reset')
    rtc.memory(b'')   # 清空RTC記憶體
```

將修改後的程式命名成 main.py，上傳到控制板。透過終端機重新連線，將能看
counter 值再每次被喚醒之後增加 1：

```
COM3 - PuTTY                                              _ □ ×
woke from a deep sleep
counter: 3      ←───────    每次被喚醒，counter值都會增加。
Going sleep in 5 sec.
Going sleep in 4 sec.
Going sleep in 3 sec.
Going sleep in 2 sec.
Going sleep in 1 sec.
                ←────── 開始深度睡眠
```

動手做 18-7 自動睡眠、喚醒並上傳資料 到 ThingSpeak 平台

實驗說明：上傳溫濕度資料到 ThingSpeak 平台後，令微控器進入深度睡眠，每隔 20 秒喚醒一次，再次上傳資料。

實驗材料：

1KΩ（棕黑紅）電阻	1 個
DHT11 溫濕度感測器模組	1 個

實驗電路：DHT11 電路延續「動手做 17-2」；當微控器進入深度睡眠之後，RTC 時鐘將能透過第 16 腳輸出一個低電位訊號，請先在第 16 腳（D0）連接一個 1KΩ 電阻到 RST（重置）腳，以便透過「重置」喚醒微控器：

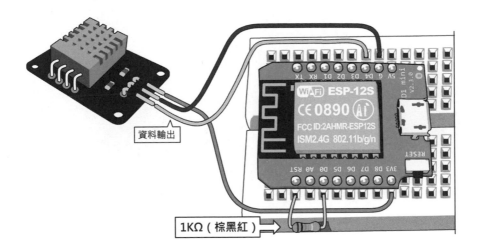

實驗程式：底下程式將每隔 20 秒發布 DHT11 的感測值到 ThingSpeak 的 MQTT 伺服器並進入深度睡眠。由於深度睡眠模式會關閉 Wi-Fi，因此程式加入判斷是否連線的敘述，不過，每次重置控制板時，boot.py 都會被執行，如果 boot.py 檔有設定 Wi-Fi 連線敘述，它就會自動連線：

```python
from umqtt.simple import MQTTClient
from machine import Pin
import dht
import machine
import network
import time
import ubinascii

rtc = machine.RTC()
rtc.irq(trigger=rtc.ALARM0, wake=machine.DEEPSLEEP)
rtc.alarm(rtc.ALARM0, 20000)    # 每隔 20 秒喚醒控制板

# 建立並啟用「基站 (station)」模式的無線網路
sta_if = network.WLAN(network.STA_IF)
sta_if.active(True)

# 確認網路是否已連線，若無，則重新建立連線。
if sta_if.isconnected():
    print('WiFi connected!')
else:
    sta_if.connect('WiFi 網路 ID', 'WiFi 密碼')
    print(sta_if.ifconfig())    # 顯示網路連線設置

# 設置 ThingSpeak 的 MQTT 連線參數
config = {
    'broker':'mqtt.thingspeak.com',
    'user':'cubie',
    'key':'JZIYJQEQ5MOF8FE6',
    'id':'room/'  + ↵
        ubinascii.hexlify(machine.unique_id()).decode(),
    'topic':b'channels/352801/publish/WMWBJQS44Y5TAH30'
}

client = MQTTClient(client_id=config['id'],
        server=config['broker'],
        user=config['user'],
        password=config['key'])

d = dht.DHT11(Pin(2))                # 建立 DHT11 物件
```

```
# 每次控制板自深度睡眠中甦醒，就發布最新的溫溼度值。
if machine.reset_cause() == machine.DEEPSLEEP_RESET:
    print('Publish data to ThingSpeak.')

    d.measure()
    data = 'field1={}&field2={}'.format(
        d.temperature(),
        d.humidity())

    client.connect()
    # 發布 MQTT 訊息
    client.publish(config['topic'], data.encode())
    time.sleep(2)
    client.disconnect()

print('Going to sleep...')
machine.deepsleep()       # 進入深度睡眠
```

實驗結果：把上面的程式命名為 main.py，上傳到 D1 mini 板之後，按下 reset 鍵重置控制板，它將每隔 20 秒上傳資料給 ThingSpeak。

看門狗計時器簡介

看門狗計時器（Watchdog Timer, 簡稱 WDT）是微控器內部的「當機」監控器，若微控器當掉了，它會自動重新啟動微控器。其運作原理是，看門狗內部有個計時器，微處理器必須每隔一段時間，向看門狗發出一個訊號，重設計時器值。

若看門狗遲遲沒有收到微處理器的訊號，計時器仍將繼續倒數，直到計時值變成零，它就會認定微處理器已經當掉了，進而重新啟動微處理器。

M E M O

uPyCraft 與 Tera Term
使用說明

A-1 uPyCraft 整合開發工具使用說明

uPyCraft 是大陸 DFRobot 公司推出的 MicroPython 免費整合開發工具,支援該公司研發製造的 FireBeetle 開發板(採 ESP8266 或 ESP32 微控器),以及英國 BBC 的 Micro:bit, pyboard 和 ESP8266 系列控制板,支援 Windows 和 Mac 電腦。

> 在筆者撰寫本書時,
> Mac 版尚未推出。

「整合開發工具(IDE)」代表在一個軟體當中,整合了 Python 程式編輯器、軟體上傳/燒錄以及終端機等,開發人員所需要的功能。

> 大陸把韌體(Firmware)譯作「固件」,我們習慣的「上傳」程式到控制板,大陸稱為「下載」到控制板,「序列埠」在大陸叫做「串口」。

安裝 uPyCraft

uPyCraft 可從 DFRobot 的網站(網址:dfrobot.gitbooks.io/upycraft_cn/)下載,雙按下載後的 uPyCraft.exe 檔即可進行安裝。uPyCraft 預設使用名叫 Monaco 的字體來顯示程式碼,如果你的系統沒有這個字體,在安裝過程將會出現右邊的對話方塊,要求你安裝這個字體:

按下 OK 後,會出現字體安裝畫面,請按下**安裝**,然後關閉字體安裝視窗:

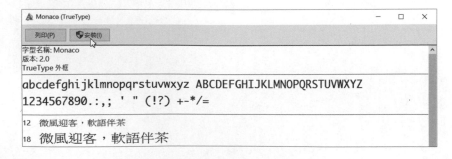

最後安裝完畢後，將能看到 uPyCraft 的操作畫面：

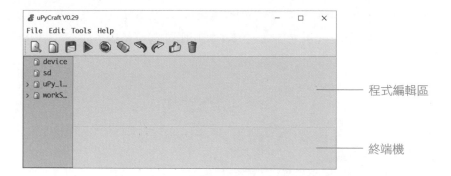

程式編輯區

終端機

開啟 uPyCraft 後，假如出現右邊
的對話方塊，代表有更新檔，請
按下 **OK** 鈕進行下載：

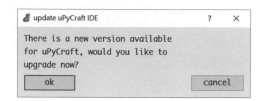

燒錄 MicroPython 韌體

uPyCraft 具備燒錄韌體功能。選擇『**Tools/Burn Firmware（工具/燒錄韌體）**』
指令，可從下圖的對話方塊選擇並燒錄韌體。**韌體選擇（Firmware Choose）**
有兩個選項，**uPyCraft** 代表使用 DFRobot 公司修改自 MicroPython 官方
的韌體；**Users（用戶）**則代表使用我們自己準備的韌體檔案，也就是從
MicroPython 官網下載的 .bin 檔（參閱第 1 章說明）：

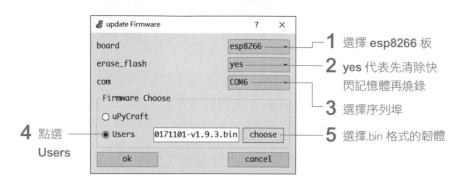

1 選擇 **esp8266** 板

2 **yes** 代表先清除快
閃記憶體再燒錄

3 選擇序列埠

4 點選 **Users**

5 選擇 .bin 格式的韌體

按下 **OK** 鈕即可開始燒錄。為了順利進行本書的 DIY 實驗，建議讀者採用
MicroPython 官網的韌體。

與控制板連線並啟用內建的終端機

選擇『**Tools/Board/esp8266（工具/控制板/esp8266）**』指令，設定開發板，再選擇『**Tools/Serial/序列埠（工具/序列埠/序列埠編號）**』指令或工具列的 **Connect（連結）**鈕，即可啟用終端機：

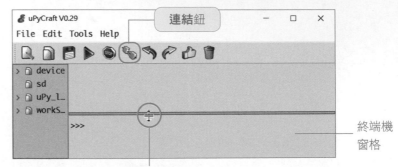

按著分隔線可調整區域大小

我們可以直接在終端機窗格輸入 Python 敘述來跟控制板交流，就像使用 PuTTY 一樣：

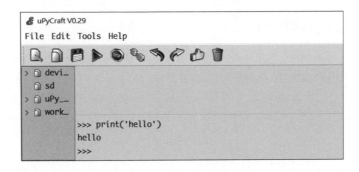

按一下工具列的 **Clear（清除）**鈕，可清空終端機畫面。

若要中斷連線，請按一下工具列上的 **Disconnect（中斷）**鈕：

開啟範例檔並上傳到控制板

uPyCraft 內建一些範例程式，放在『**File（檔案）**』功能表的『**Examples（範例）**』選單底下，例如，選擇『**File/Examples/Basic/blink.py**』，將能開啟「閃爍 LED」的程式：

開啟的「閃爍 LED」範例

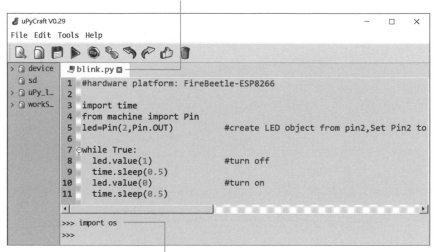

請從終端機引用 os 程式庫

若你的 D1 控制板燒入的是 MicroPython 官方的韌體，上傳範例檔之前，請先在終端機輸入 "import os" 敘述，引用 os 程式庫，否則稍後執行範例檔時可能會出現錯誤。

按下工具列的 **Download And Run（下載並執行）**鈕，程式碼將被傳入 D1 mini 控制板並執行，令第 2 腳的 LED 開始閃爍：

若要停止執行程式，可按下工具列的 **Stop（停止）**鈕，或者先按一下終端機窗格內的任何地方，再按 Ctrl + C 鍵。

操作控制板快閃記憶體的檔案

與控制板連線之後，便能點擊左邊窗隔裡的 **device（裝置）**，列舉控制板的快閃記憶體當中的檔案；在檔案名稱上按右鍵，可選擇執行相關指令：

點擊此
三角形

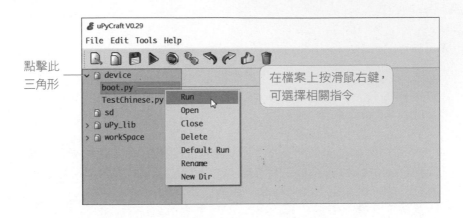

以下列舉滑鼠右鍵的指令和説明，但也許是程式尚未完善，在筆者撰寫本文時，有些功能無法如預期般執行，像『**Open（開啟檔案）**』：

● Run：執行檔案

● Open：開啟檔案

● Close：關閉檔案

● Delete：刪除檔案

● Default Run：將檔案設成開機預設執行檔，相當於複製此檔並重新命名為 main.py 檔。

● Rename：重新命名

● New Dir：新增資料夾

A-2 使用 Tera Term 終端機軟體

Tera Term 是 Windows 平台上的一款知名、免費終端機軟體，官網 (osdn.net/ projects/ttssh2) 提供 .exe 和 .zip 壓縮檔兩種下載格式。.zip 是免安裝檔，解壓縮之後，雙按其中的 ttermpro.exe 檔，即可開啟它，但是它沒有內建中文語系。

Tera Term 安裝版的安裝過程，只須採用預設選項，一路按 **Next（下一步）** 到安裝完成，底下是其中的語言選項，選擇最後一個 **Chinese (Traditional)**，預設操作介面將是繁體中文：

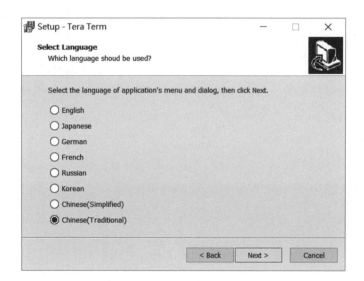

開啟 Tara Term 時，螢幕上將出現如右的對話方塊，請選擇 **連接埠**以及 D1 mini 控制板所在的 COM 編號：

接著選擇主功能表『**設定/連接埠**』指令，將**鮑率**改成 115200：

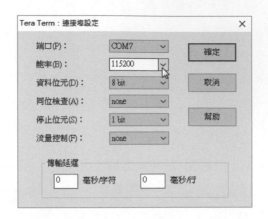

這樣就能連上 MicroPython (D1 mini) 控制板了，底下是在終端機按下 Ctrl ＋ C 鍵「重置」控制板之後的畫面。跟 PuTTY 一樣，反白選取終端機裡的文字即可複製，在終端機裡按滑鼠右鍵，即可貼上。在連接控制板的情況下，按 **Reset** 鍵重置控制板之後，終端機仍可操作。選擇主功能表的『**設定/字型**』可更改字體和大小：

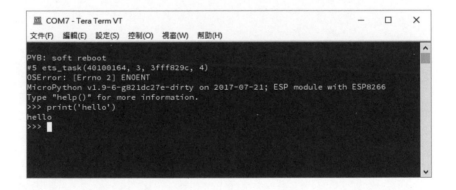

最後，選擇『**設定/儲存設定**』指令，儲存目前的序列埠與字體等設定。

10100

編譯客製化的
MicroPython 韌體

MicroPython 韌體是開放原始碼，任何人都能下載、修改，甚至將它移植到不同的控制板。MicroPython 韌體原始碼是用 C 語言寫成的，第 1 章說明與下載的 .bin 檔則是已經編譯好，可直接在 ESP8266 控制板執行的韌體。用電腦來比喻的話，.bin 相當於 .exe 可執行檔。

自行編譯韌體的主要原因是，你可以把自己編寫的程式庫納入韌體，像筆者把本書中的 servo.py（伺服馬達）、random.py（隨機數字）、hcsr04.py（超音波距離感測）、wemotor.py（馬達驅動）...等程式一起編譯到韌體裡面，變成專屬的「客製化」版本，此舉可減少記憶體用量。

B-1 在 Windows 10 系統中安裝與執行 Linux 工具軟體

微控制板的韌體原始碼和開發工具，通常都要在 Linux 系統中執行和編譯，讀者可以使用 Windows, Mac 或者執行 Linux 系統的高階控制板，像樹莓派（Raspberry Pi）來編譯 MicroPython 韌體。

編譯 MicroPython 韌體之前，Windows 作業系統需要事先搭建 Linux 軟體的執行環境，方法大致有三種：

1 **安裝 Cygwin 軟體**（www.cygwin.com），它包含 Linux 指令工具，讓使用者在 Windows 系統環境內執行 Linux 指令並安裝和執行 Linux 軟體，執行效率高也可存取 Windows 系統資源（如：磁碟檔案和序列埠），廣受微電腦開發人員使用。

2 **安裝虛擬機**，例如 VirtualBox（www.virtualbox.org），也就是用軟體模擬一個電腦執行環境，並在其中安裝作業系統。好處是，你可以在虛擬機當中執行完整的作業系統（例如，在 Windows 電腦的虛擬機執行 Linux 和 macOS 系統），缺點是執行效率較差且佔用大量記憶體。

3 透過 Windows 10 的 Linux 子系統（WSL），安裝 Linux 作業系統和工具軟體。

微軟與 Ubuntu 的開發公司 Canonical 合作，在 Windows 10 系統內建「**適用於 Linux 的 Windows 子系統（Windows Subsystem for Linux，簡稱 WSL）**」，讓 Windows 10 系統能夠原生（native，亦即「非模擬」）執行 Linux 應用程式。

> Ubuntu 是一款知名的 Linux 系統發行版本。

WSL 並非完整、真正的 Linux 作業系統，因為它沒有 Linux 作業系統的核心。WSL 相當於在 Windows 核心裡面扮演「介面」或進階版的 Cygwin，讓 Linux 應用程式得以「無縫接軌」Windows 系統環境，而這樣對大多數應用就足夠了：

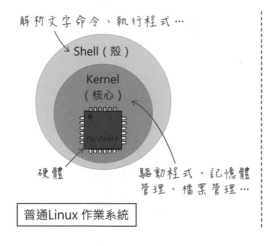

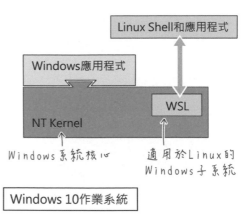

本文將使用 WSL，在 Windows 10 系統上安裝 Debian Linux 系統和 MicroPython 韌體編譯工具。Debian 是另一款知名的 Linux 系統發行版本，樹莓派微電腦官方的 Raspbian 作業系統就是一個為樹莓派硬體最佳化與客製化的 Debian 系統。

啟用 WSL

請先確認你有啟用 WSL，步驟如下：

1 按下**設定**面板**應用程式與功能**右邊的**程式和功能**相關設定：

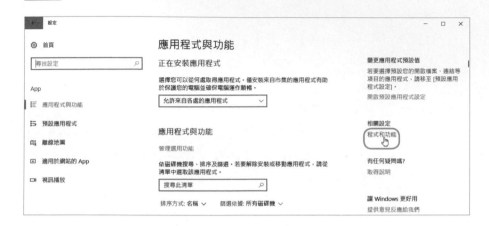

2 在開啟的**程式和功能**面板中，按一下**開啟或關閉 Windows 功能**：

3 在 **Windows 功能**面板，確認**適用於 Linux 的 Windows 子系統**有勾選：

如果你的 Windows 10 系統沒有**適用於 Linux 的 Windows 子系統**選項，請先升級 Windows 10 系統。

在 Windows 10 安裝與執行 Debian GNU/Linux

Microsoft Store（微軟線上商店）已經有多種 Linux 發行版本可選，由於不同版本的 Linux 的操作指令不盡相同，本文以 Debian 版示範。請在 **Microsoft Store** 搜尋 "debian" 關鍵字，找到 **Debian GNU/Linux** 並按**取得**鈕安裝：

第一次啟動 Debian Linux 時，需要等待一會兒讓它完成初始化作業，接著，請依照畫面指示，設定新的 UNIX 使用者（帳號）和密碼，**此使用者名稱和密碼不需要跟 Windows 系統相同**。當它出現命令提示符號（$），代表帳號密碼已設定完成：

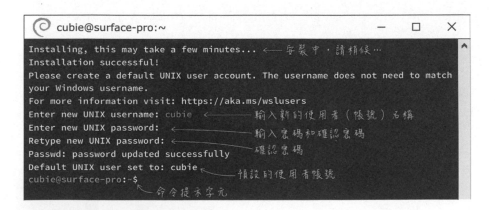

命令提示符號前面的文字是「帳號@電腦名稱」和路徑，筆者的帳號是 cubie，電腦名稱是 surface-pro：

這個 Linux 系統僅包含基本的工具程式，編譯 MicroPython 所需的程式需要額外下載安裝，它也沒有圖形操作介面（如有需要，也可自行下載安裝）。

Debian Linux 透過 **apt-get 命令**安裝軟體，執行此命令時，前面通常都要加上 **sudo，代表「以系統管理員」權限執行該命令**。請先輸入 "sudo apt-get update" 命令，取得更新軟體清單：

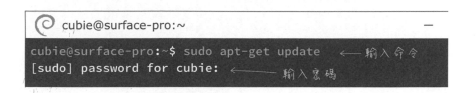

第一次用 sudo 執行命令時，系統會要求你輸入密碼，在密碼輸入過程中，終端機不會顯示任何文字。正確輸入密碼並按下 Enter 鍵之後，系統將開始從網路下載最新的軟體清單：

```
cubie@surface-pro:~$ sudo apt-get update
[sudo] password for cubie:
Ign:1 http://deb.debian.org/debian stretch InRelease
Get:2 http://security.debian.org/debian-security stretch/updates InRelease [63.
 :
 :
Get:11 http://deb.debian.org/debian stretch/main Translation-en [5,394 kB]
Fetched 13.3 MB in 88 (1,623 kB/s)
Reading package lists... Done
cubie@surface-pro:~$
```

軟體更新清單下載完畢

到此，Linux 系統環境已準備就緒，底下將開始安裝編譯工具。由於需要下載的相關工具程式很多，為了避免輸入錯誤，筆者把這些命令都整理在範例檔「附錄 B」的「編譯 MicroPython 韌體 .txt」檔案，方便讀者用複製、貼上的方式執行它們。

在 Debian Linux 視窗標題列按滑鼠右鍵，選擇『**編輯/貼上**』即可貼上先前複製的文字：

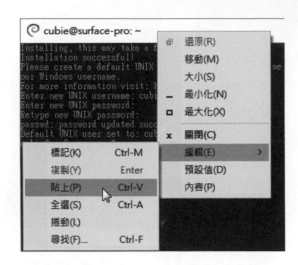

B-2 交叉編譯 MicroPython 韌體

編譯 MicroPython 韌體過程可粗略分成兩大部份：

● 在 Linux 系統中安裝開放原始碼的 ESP8266 整合開發套件，此套件稱為 esp-open-sdk。

● 下載與編譯 MicroPython 原始碼

esp-open-sdk 和 MicroPython 的原始碼都存放在 GitHub 網站，本文的編譯説明，分別參考自 esp-open-sdk 專案原始碼的主頁（https://goo.gl/4kJxdm），以及 MicroPython 專案原始碼的 "MicroPython port to ESP8266" 頁面（https://goo.gl/8WPQVJ）。

編譯程式時，若負責編譯的機器（通常是個人電腦）和將來執行二進位檔的目標機器屬於不同的類型，例如，在 Windows 電腦上編譯將交給 ESP8266 微控器執行的程式，這種編譯器稱為**交叉編譯器（cross-compiler）**：

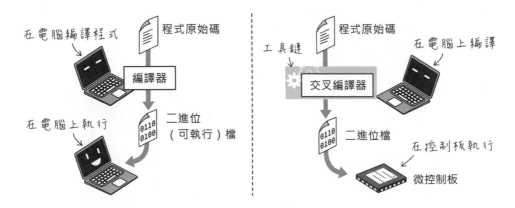

除了編譯器之外，編譯程式的過程還會用到程式庫、連結器（linker，把編譯好的檔案和程式庫整合成一個二進位檔）和除錯器（debugger）等工具軟體，這些軟體統稱為**工具鏈（toolchain）**。安裝 esp-open-sdk 就是在電腦上建置編譯 ESP8266 程式所需的工具鏈。

下載與編譯 esp-open-sdk

安裝軟體的命令是 "sudo apt-get install"，後面跟著軟體名稱；這個命令可一次安裝多個軟體，軟體名稱用空格相隔。請輸入（或貼上）底下的命令安裝編譯程式所需的軟體：

```
sudo apt-get install make unrar-free autoconf automake
libtool gcc g++ gperf flex bison texinfo gawk ncurses-dev
libexpat-dev python-dev python python-serial sed git unzip
bash help2man wget bzip2 libtool-bin
```

按下 Enter 鍵執行，它將開始下載並安裝指定的軟體，請等候命令提示符號出現，代表安裝完畢。

接著透過 git 命令，將存放在 GitHub 網站上的 esp-open-sdk 原始碼複製（clone）到本機：

```
git clone --recursive https://github.com/pfalcon/esp-open-sdk.git
```

複製完畢後，原始碼將被存入當前所在路徑的 esp-open-sdk 目錄。這個目錄包含的是開發工具套件原始碼，必須經過編譯才能被執行，例如，在使用 Intel x86 處理器的 PC 上編譯，這個開發工具就能在 PC 上執行；在使用 ARM 處理器的樹莓派上編譯，就能用於樹莓派。

用 cd 命令切換到 esp-open-sdk 目錄裡面：

```
cd esp-open-sdk
```

執行 make 命令編譯開發工具套件：

```
make
```

在筆者的 Surface Pro 筆電（第一代，處理器：Intel Core i5-3317U、4GB 主記憶體）編譯開發工具套件並同時執行文書處理和瀏覽網頁的情況下，耗時將近 70 分鐘；在 Raspberry Pi 3B+上編譯則超過 90 分鐘。

漫長的編譯作業結束之後，請留意它提示的一則訊息：Xtensa 工具鏈已建立完成，要使用它，請執行底下的 export 命令，將此工具的路徑加入系統 PATH 變數：

> Xtensa 是 ESP8266 微控器的名字。

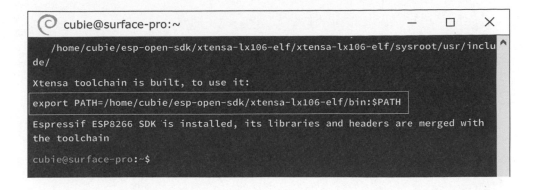

這個**加入系統路徑**命令的格式如下：

```
export PATH=/home/你的帳號名稱/esp-open-sdk/xtensa-lx106-elf/bin:$PATH
```

若未將工具鏈加入路徑，將來建立 MicroPython 韌體時，會出現 "xtensa-lx106-elf-gcc:Command not found"（找不到命令）的錯誤。

筆者在樹莓派執行上述命令，沒有問題。但是在 Windows 10 的 Debian Linux 環境執行時，工具鏈的路徑並不會被保存下來，所以我改將這道敘述透過底下的命令存入 ~/.profile 檔：

```
echo "PATH=/home/你的帳號名稱/esp-open-sdk/xtensa-lx106-elf/
bin:\$PATH" >> ~/.profile
```

"~/" 代表使用者**家目錄的根路徑**，".profile" 則用於存放每次使用者登入系統時，自動執行的初始化程式。若要確認工具鏈路徑是否被加入 PATH 路徑變數，請執行底下的命令，它將顯示 PATH 變數內容：

```
echo $PATH
```

下載與編譯 MicroPython 韌體原始碼

我們將要在 esp-open-sdk 路徑底下，存放 MicroPython 韌體的原始碼。請確認你目前的工作目錄是 "esp-open-sdk"，若不是的話，請先執行底下的指令切換路徑：

> 執行 pwd 命令可顯示目前所在目錄。

```
cd ~/esp-open-sdk
```

執行 git clone（複製）命令，將 MicroPython 原始碼複製到本機：

```
git clone --recursive https://github.com/micropython/micropython.git
```

執行之後，原始碼將被儲存在 esp-open-sdk 路徑底下的 micropython 目錄：

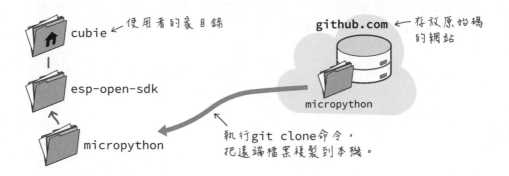

切換到 micopython 目錄：

```
cd micropython
```

加入編譯韌體所需的外部程式庫：

```
git submodule update --init
```

MicroPython 韌體的主程式是用 C 語言開發的，而上文提到，MicroPython 韌體內建一些程式庫，這些程式庫是用 Python 語言寫的，因此編譯韌體時，需要分別**使用 Python 語言編譯器把 .py 原始碼編譯成 .mpy 中介碼，再使用 C 語言編譯器編譯主程式**，最後將兩者合併在一起：

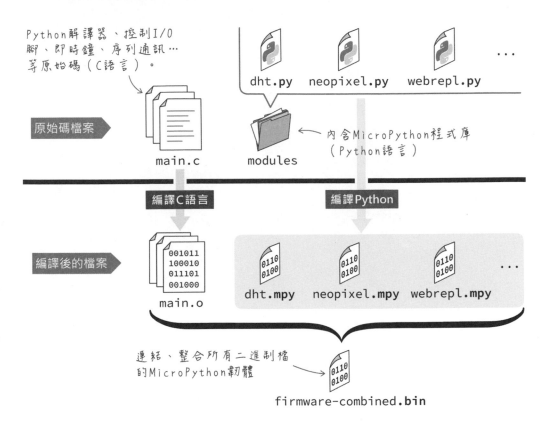

Python解譯器、控制I/O腳、即時鐘、序列通訊…等原始碼（C語言）。

dht.py　neopixel.py　webrepl.py　...

原始碼檔案

main.c　　modules

← 內含MicroPython程式庫（Python語言）

編譯C語言　　**編譯Python**

編譯後的檔案

001011
100010
011101
001000

main.o

0110
0100　dht.mpy　neopixel.mpy　webrepl.mpy　...

連結、整合所有二進制檔的MicroPython韌體 →

0110
0100

firmware-combined.bin

Python 的中介碼與 Frozen Modules

第 1 章提到，MicroPython 韌體內部有個 Python 解譯器，將在初次讀取 Python 程式時，將它編譯成**中介碼（bytecode）**。下次再執行相同的程式，Python「虛擬機」就可直接執行此中介碼，節省翻譯程式的運算資源和記憶體，而且「中介碼」是經過編譯器仔細檢查語法和最佳化之後的程式，可加快執行效率：

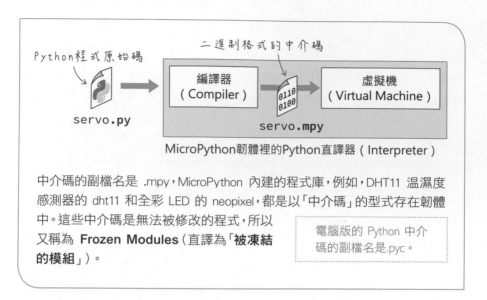

中介碼的副檔名是 .mpy，MicroPython 內建的程式庫，例如，DHT11 溫濕度感測器的 dht11 和全彩 LED 的 neopixel，都是以「中介碼」的型式存在韌體中。這些中介碼是無法被修改的程式，所以又稱為 **Frozen Modules**（直譯為「**被凍結的模組**」）。

電腦版的 Python 中介碼的副檔名是.pyc。

請執行底下的程式碼，先產生負責交叉編譯 Python 語言的編譯器（mpy-cross）：

```
make -C mpy-cross
```

MicroPython 最初僅支援特定的微控器，後來被**移植（port）**到不同微控器，在 MicroPython 原始碼網頁的 ports 分頁，可看到目前支援的微控器（網址：github.com/micropython/micropython/tree/master/ports）；這些原始碼也都在之前的 git clone 命令執行後，被複製到本機。

我們的目標是建立用於 ESP8266 微控器的韌體，請切換到 ports/esp8266 路徑：

```
cd ports/esp8266
```

最後執行底下的命令，開始編譯韌體，中間的 axtls 代表處理 SSL/TSL 的 axTLS 程式庫（專案網址：axtls.sourceforge.net），適用於記憶體容量小的微控板，第 16 章「建立 HTTPS 連線」單元的程式背後就是透過它加密、解密訊息。

```
make clean; make axtls; make
```

編譯 ESP8266 韌體不需要很長時間，從編譯完成的訊息可看到**韌體位於 esp8266 路徑裡的 build 目錄，檔名是 firmware-combined.bin**：

```
cubie@surface-pro:~/esp-open-sdk/micropython/ports...        —
CC ../../drivers/dht/dht.c
LINK build/firmware.elf
   text    data    bss     dec    hex filename
 581356    1092   64424  646872  9ded8 build/firmware.elf
Create build/firmware-combined.bin
esptool.py v1.2                         ── 韌體的路徑和檔名
('flash      ', 35504)
('padding  ', 1360)
('irom0text', 546984)
('total     ', 583848)
('md5       ', '?9dd7e52bc1a?0f0dcd4ef21efda899b')
cubie@surface-pro:~/esp-open-sdk/micropython/ports/esp8266$
```

B-3 從 Linux 環境複製檔案到 Windows 環境

ESP8266 韌體編譯成功了，可是它存在 Linux 環境中，有兩個方法能將它複製到 Windows 系統環境：

1　從 Linux 環境複製到 WIndows

2　在 Windows 裡面瀏覽並複製 Linux 環境的檔案

從 Linux 環境複製到 WIndows

在 Linux 環境中，**Windows 的磁碟掛載（mount，有「連接」之意）在 '/mnt/'
路徑**，像 C 磁碟位於 '/mnt/c'、D 磁碟位於 '/mnt/d'… 以此類推。複製檔案的
命令是 cp，假設目前所在的目錄是 esp8266，韌體的路徑和檔名就是 'build/
firmware-combined.bin'，底下的指令將能把韌體檔複製到 Windows 的 D 磁碟
根目錄：

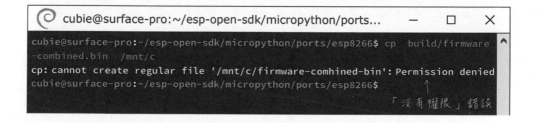

若嘗試複製到 C 磁碟的根目錄，將會出現 "Permission denied"（沒有權限）錯
誤：

```
cubie@surface-pro:~/esp-open-sdk/micropython/ports...        —    □    ✕
cubie@surface-pro:~/esp-open-sdk/micropython/ports/esp8266$ cp  build/firmware
-combined.bin  /mnt/c
cp: cannot create regular file '/mnt/c/firmware-comhined-bin': Permission denied
cubie@surface-pro:~/esp-open-sdk/micropython/ports/esp8266$
                                                    「沒有權限」錯誤
```

你可以將檔案複製到 C 磁碟的其他路徑，例如，你的使用者目錄底下，或者，
先在 C 磁碟的根目錄新增資料夾，假設此資料夾命名為 "micropython"，底下命
令將能把韌體複製到該目錄：

```
cp build/firmware-combined.bin /mnt/c/micropython
```

在 Windows 環境中瀏覽與複製 Linux 環境的檔案

WSL 的 Linux 系統環境檔案存放在 Windows 使用者帳號的這個路徑：

```
C:\Users\帳號\AppData\Local\Packages
```

這是筆者電腦上的 Packages 路徑內容，第一個資料夾是 Debian Linux 系統環境檔案，**請勿任意更動這裡面的檔案**，但是可以瀏覽內容或者將檔案複製出來：

Debian Linux 系統環境的資料夾

Linux 使用者的「家目錄」位於這個資料夾裡的 LocalState\rootfs\home 路徑，例如，底下是筆者的家目錄內容：

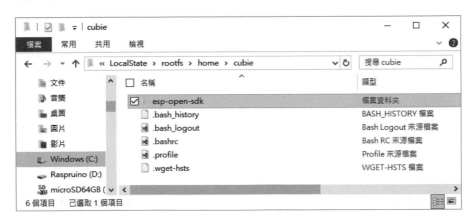

之前編譯完成的韌體位於 "esp-open-sdk\micropython\ports\esp8266\build" 路徑，我們可以直接將它複製到 Windows 環境的其他資料夾：

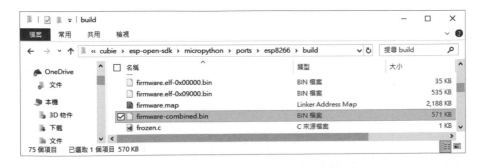

B-4 建立客製化的 MicroPython 韌體

上文建立的韌體與 MicroPython 官方版無異，但其實在編譯韌體之前，我們可以在 ports/esp8266 路徑底下的 **modules 目錄**，存入自訂的 Python 程式檔。例如，筆者打算把本書使用的幾個自訂類別納入自訂的韌體，這些類別可以直接存入 modules 路徑，但是為了明確區別其它程式庫，筆者先把它們存入一個名叫 "cubie" 的自訂目錄，再置入 modules：

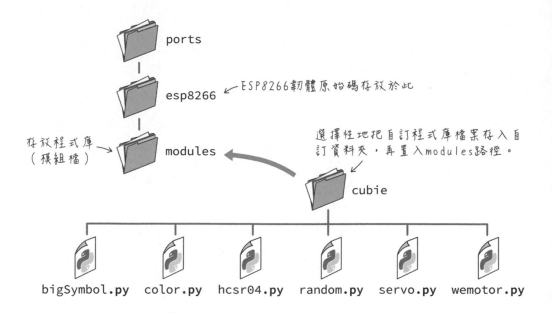

筆者把包含自訂程式庫的 cubie 資料夾，存放在 D 磁碟的 Python 資料夾裡面，然後在 Debian Linux 系統中，執行底下的複製指令，將 "cubie" 複製到 modules 路徑（假設目前的工作路徑是~/esp-open-sdk/micropython/ports/esp8266）：

```
cp  /mnt/d/Python/cubie  modules
```

實際執行畫面如下：

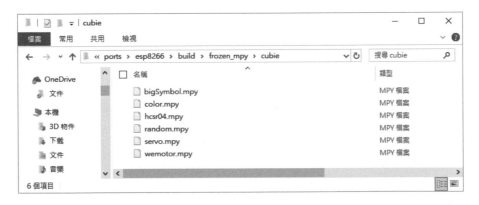

接著按照之前編譯 ESP8266 的說明，再次執行編譯指令：

```
make clean; make axtls; make
```

編譯完成後，你可以在 Windows 系統中瀏覽到 Debian Linux 環境裡的
esp8266 資料夾，在其中的 build\frozen_mpy\cubie，將能看到交叉編譯成 .mpy
格式的中介檔：

引用自訂韌體裡的自訂程式庫

依照第 1 章的說明，把自訂的韌體燒錄到 D1 mini 板，日後就能直接使用這些
自訂程式庫。這些程式庫位於 cubie 路徑，所以引用它們時，程式庫名稱前面
要加上 "cubie."。以引用產生隨機數字的 random 為例：

MEMO

旗 標 FLAG

好書能增進知識　提高學習效率　卓越的品質是旗標的信念與堅持

旗 標 FLAG

http://www.flag.com.tw

旗 標 FLAG

好書能增進知識　提高學習效率　卓越的品質是旗標的信念與堅持

旗 標 FLAG

http://www.flag.com.tw